V 1420 porti
5.

+   8687

V 1420/5

8687

ESSAI
SUR
L'HORLOGERIE.
TOME SECOND.

ESSAI
SUR
L'HORLOGERIE;

DANS LEQUEL ON TRAITE DE CET ART

RELATIVEMENT A L'USAGE CIVIL,
A L'ASTRONOMIE ET A LA NAVIGATION,

EN ÉTABLISSANT DES PRINCIPES CONFIRMÉS PAR L'EXPÉRIENCE.

Dédié aux Artistes & aux Amateurs.

Par M. FERDINAND BERTHOUD, *Horloger.*

TOME SECOND.

Avec Figures en Taille-douce.

A PARIS,

Chez { J. CL. JOMBERT, Libraire, rue Dauphine, à la belle Image.
{ MUSIER, Libraire, quai des Augustins.
{ CH. J. PANCKOUCKE, Libraire, rue & près la Comédie Françoise.

M. DCC. LXIII.
Avec Approbation & Privilege du Roi.

TABLE
DES CHAPITRES
Contenus dans cette seconde Partie.

Chapitre premier. *Du Levier*, Page 2

Chap. II. *Des Roues & Pignons*, 3

Chap. III. *Du Calcul de la force transmise par le moteur à la derniere roue d'un rouage*, 6

Chap. IV. *Des Engrenages des roues & pignons : des défauts des mauvais engrenages*, 11

Chap. V. *Démonstration de l'engrenage : des Courbes des dents des roues & pignons : De la maniere de tracer les courbes*, 13

Chap. VI. *Du Calcul des révolutions des roues*, 24

Méthode pour trouver les révolutions des roues ou rouages quelconques, sans employer les fractions : Celle de déterminer le nombre de dents que l'on doit mettre aux roues d'échappement pour une longueur de pendule donnée, 25

Chap. VII. *Usage du calcul des fractions pour trouver le temps de la marche des Pendules ou Montres, le nombre de dents que l'on doit mettre aux roues d'échappement*, 30

Chap. VIII. *Méthode pour trouver le nombre de dents qu'il faut mettre aux roues d'un rouage donné*, 38

Regle générale pour trouver le nombre des dents des roues & des pignons qui doivent produire un nombre de tours donné, 40

Probleme I. Trouver les dents des roues pour former un rouage de Montre, qui soit tel, que tandis que la roue des minutes fait un tour, le balancier batte 15200 vibrations, 45

TABLE DES CHAPITRES.

PROBLEME II. Trouver les nombres à mettre à un rouage, pour avoir une roue qui acheve sa révolution en 365 jours, 46

PROBLEME III. Trouver les nombres de dents des roues propres à former un rouage, pour qu'une roue fasse un tour en 365 jours 6 heures, *ibid*

PROBLEME IV. Trouver les nombres de dents qu'il faut mettre à un rouage d'horloge, pour le faire marcher 96 jours sans remonter, 47

PROBLEME V. Trouver le nombre de dents qu'il faut mettre à un rouage de Montre à secondes d'un seul battement, pour la faire marcher un an sans remonter, 49

CHAP. IX. *Du Pendule simple*, 52

PROBLEME I. La longueur d'un pendule étant donné, trouver combien il doit faire de vibration par heures, 54

PROBLEME II. Le nombre de vibrations qu'un pendule doit faire par heure étant donné, trouver la longueur de ce pendule, *ibid*.

Usage de la table des longueurs des pendules, 57

CHAP. X. *Des propriétés du Pendule simple*, 57

CHAP. XI. *De la maniere la plus avantageuse de suspendre un pendule pour lui faire conserver le plus longtemps possible le mouvement imprimé*, 59

DESCRIPTION de la Machine propre à faire des expériences sur les suspensions & sur la résistance de l'air, *ibid*.

CHAP. XII. *Des résistances qu'éprouve un Pendule qui se meut dans l'air*, 64

CHAP. XIII. *Des Expériences faites sur le Pendule libre*, 67

CHAP. XIV. *De la force requise pour entretenir le mouvement d'un Pendule, selon que les arcs qu'il décrit sont grands ou petits : Comparaison de cette force avec la quantité de mouvements du pendule dans ces différends cas*, 77

PROBLEME I. Trouver la force qui seroit requise pour entretenir le mouvement d'un pendule à secondes, dont la lentile pese 21 liv. $\frac{1}{7}$, & qui décriroit 10 liv. *ibid*.

PROBLEME II. Trouver la force requise pour entretenir ce même pendule, lorsqu'il décrit des arcs d'un degré, 79

TABLE DES CHAPITRES.

PROBLEME III. Trouver la force requise pour entretenir le mouvement du même pendule, lorsqu'il décrit 15 minutes ou $\frac{1}{4}$ de degré, 81

CHAP. XV. *Suite du cacul sur le Pendule libre,* 84

PROBLEME I. Trouver la force requise pour entretenir le mouvement d'un pendule à secondes qui décrit 10 degrés, & dont la lentille pese 7 liv. 5 onces, pour servir à comparer avec la force employée à entretenir le mouvement du pendule qui pese 21 liv. $\frac{1}{4}$. *ibid.*

PROBLEME II. Comparer la force de mouvement d'un pendule à secondes avec celui à demi-secondes, qui décrit les même arcs, & dont la lentille est de même pesanteur, 86

PROBLEME III. De la force requise pour entretenir le mouvement du pendule dont la lentille pese 63. 88

CHAP. XVI. *Des Pendules qui sont mus par l'action inégale des ressorts,* 91

Différences des Oscillations des Horloges à ressort, 92
Expérience faite sur une Horloge à demi-seconde, dont l'échappement est à repos, 93

CHAP. XVII. *Description de la Machine que j'ai construite pour vérifier les effets des échappements, & le changement qu'ils causent aux Pendules libres, & selon la nature de l'échappement,* 95

Expérience sur un échappement rendu isochrone, 101

CHAP. XVIII. *De la dilatation & contraction des métaux par le chaud & le froid,* 102

CHAP. XIX. *Description du Pyrometre que j'ai composé pour faire les expériences sur la dilatation & contraction des Métaux,* 105

CHAP. XX. *Précis des Expériences que j'ai faites sur les dilatations de différents corps,* 111

Table de ces dilatations, 114
Remarques sur la maniere dont ces expériences ont été faites, 115
Expérience faite sur une verge de fer doré, 116

CHAP. XXI. *Calcul de la variation des Horloges causée par l'extension & contraction de la verge du pendule,* 118

a ij

TABLE DES CHAPITRES.

CHAP. XXII. *Description & calcul d'un Pendule composé pour compenser la dilatation & contraction de la verge,* 122

    EXPÉRIENCE faite avec ce pendule, 127
    CONSTRUCTION d'une verge de pendule composée de deux regles: Expériences faites avec cette verge, 128
    DESCRIPTION du pendule à canon de M. de Rivaz, 130
    REMARQUE sur la maniere de graduer l'écrou qui soutient la lentille pour régler l'horloge, 131

CHAP. XXIII. *Des verges composées pour compenser de la maniere la plus avantageuse les effets de la dilatation & contraction des Métaux : Du calcul & dimension de ces verges,* 133

    I. PROPOSITION pour servir à ce calcul, ibid
    II. PROPOSITION, 134
    DESCRIPTION d'un Pendule composé à chassis, 138
    PROBLEME. Trouver les dimensions du pendule à chassis, 139

CHAP. XXIV. *Description de l'Horloge que j'ai composée pour les Observations astronomiques,* 143
CHAP. XXV. *Du Régulateur des Montres,* 151
CHAP. XXVI. *Du Ressort spiral des vibrations qu'il produit au balancier,* 152
CHAP. XXVII. *Reflexions sur la nature du meilleur balancier de Montre,* 155
CHAP. XXVIII. *Du balancier régulateur des Montres : De la maniere de déterminer celui qui est le plus propre à mesurer le temps,* 156

    AXIOME ou PRINCIPE, ibid.
    II. PRINCIPE, ibid.
    III. PRINCIPE, 157
    I. PROPOSITION sur les balanciers, 157
    II. PROPOSITION, 158
    III. PROPOSITION, 160

CHAP. XXIX. *Des Frottements; pour servir à la théorie des Montres : Des effets du chaud & du froid sur l'huile que l'on met à ces machines, afin d'en diminuer les frottements,* 163

TABLE DES CHAPITRES.

Maniere de réduire le frottement, 164
De l'effet des huiles pour diminuer le frottement, 167

CHAP. XXX. *Des effets du chaud & du froid sur les Montres. Comment il arrive que la chaleur retarde ou accélere la vîtesse des vibrations du balancier, selon la nature des frottements, la disposition du balancier, &c. & produit ainsi des effets contraires: moyens de compenser ces vices inséparables des Montres,* 173

CHAP. XXXI. *Des expériences que j'ai faites pour vérifier les principes établis sur la compensation des effets du chaud & du froid dans les Montres. Maniere de parvenir à cette compensation,* 181

 DESCRIPTION *d'un instrument que j'ai composé pour éprouver les Montres par le chaud & le froid,* 188

CHAP. XXXII. *De l'usage des échappements: Leurs propriétés de l'isochronisme, des vibrations du balancier: Comment on peut y parvenir,* 189

CHAP. XXXIII. *Principe sur les forces de mouvement des balanciers,* 195

CHAP. XXXIV. *De la maniere de calculer les pesanteurs que doivent avoir les balanciers relativement au moteur, à l'étendue des arcs, diametres, nombres de vibrations, &c.* 198

CHAP. XXXV. *De la puissance motrice d'une Montre, (du ressort),* 210

CHAP. XXXVI. *Description d'une Montre à secondes, à deux vibrations par secondes,* 214

CHAP. XXXVII. *Description d'une Montre à secondes qui va 8 jours sans remonter. Le régulateur formé par deux balanciers qui font une vibration par seconde. Expériences sur les vibrations lentes,* 216

CHAP. XXXVIII. *Recherches & expériences concernant les Horloges astronomiques,* 221

 De la suspension du pendule, 227

CHAP. XXXIX. *Description de l'Horloge astronomique,* 229

TABLE DES CHAPITRES.

Du Mouvement, 231
De la Sonnerie des secondes, 232

Chap. XL. *De l'utilité de l'Horlogerie pour la Marine, & pour découvrir les longitudes en mer,* 235

De la LONGITUDE des lieux sur le globe terrestre, 238

Chap. XLI. *Examen des principes que l'on doit suivre dans la composition d'une Horloge Marine, au moyen de laquelle on puisse déterminer les longitudes en mer,* 245

Causes de l'isochronisme des vibrations du pendule, & de la justesse d'une Horloge astronomique, 246
Recherches pour parvenir à substituer un régulateur aux Horloges Marines, qui ait les mêmes propriétés que le pendule, 249

Chap. XLII. *Description de l'Horloge Marine que j'ai composé pour servir à la navigation, & à déterminer les longitudes de mer,* 258

Chap. XLIII. *Détail de main-d'œuvre, calcul & expérience concernant l'Horloge marine,* 272

Des Ressorts spiraux des balanciers, ibid.
Des Agathes, dans lesquelles roulent les pivots des balanciers, 274
De l'Echappement, 276
Des verges de compensation pour corriger les variations par le chaud & le froid, 278
Dimension de ces verges, 280
Dimension actuelle des verges de compensation, 282

Chap. XLIV. *Construction d'une Horloge Marine plus simple que la précédente,* 286

Des obstacles que cause le ressort employé pour moteur d'une Horloge Marine, 287
Moyens d'appliquer le poids pour moteur de l'Horloge Marine, ibid.
Des autres parties de l'Horloge, 289
Description de cette Horloge, 291
Détail du poids; de la détente, de la suspension de l'Horloge & des pivots de balanciers, 294
Remarque sur cette Horloge, 297

TABLE DES CHAPITRES.

Description d'une Horloge Marine d'un seul balancier horizontal & & suspendu. Cette Horloge est à poids; elle a des verges de compensation, &c. *ibid.*

CHAP. XLV. *Additions & Expériences sur les verges de pendule propres à corriger les dilatations & contractions des Métaux, &c.* 299

1°, Expérience faite avec un pendule à châssis, *ibid.*
2°, Remarque sur la construction d'un pendule de trois verges, 300
3°, Dimension & description de ce pendule, 303
4°, Remarques sur les verges simples de pendule, 305
5°, Expériences sur les effets des résistances des huiles & les frottements de l'échappement à repos dans une Horloge astronomique, 306
6°, Expérience faite avec une Horloge à secondes sur les effets de l'échappement à repos, 307
7°, Note sur les couteaux de suspension, 308
8°, Méthode pour prendre très-exactement l'heure du temps moyen par le passage du soleil au méridien pour servir à régler l'Horloge, 309

CHAP. XLVI. *Additions à différentes parties des Montres,* 310

1°, Sur le calcul des pesanteurs de balancier, *ibid.*
2°, Description du Compas propre à mesurer exactement les grosseurs des pivots, 311
3°, Sur les résistances des huiles pour la compensation de l'action du chaud & du froid sur le spiral, 312
4°, Proposition sur cette compensation, 313
5°, Dimension d'une Montre à secondes, dont l'échappement est à cylindre, 316
6°, Sur les frottements du Cylindre, 317
7°, Remarques sur la manière de rendre les frottements constants, 320
8°, Description d'une Machine à fendre toutes sortes de roues de Montres, roues plates, rochets, roues de rencontre ennarbrées: elle sert aussi à fendre les roues de cylindre, 322
9°, De l'Outil à tailler les fraises pour exécuter les roues de cylindre, 337
10°, De l'exécution de l'échappement à cylindre, 338

TABLE DES CHAPITRES.

Remarque fur la cheville de renverfement du balancier d'une Montre à fecondes à vibrations lentes, 343
12°, De l'Outil à égalifer les roues de rencontre, 344

CHAP. XLVII. *De la conftruction & de l'exécution d'une Montre dans laquelle on réunit tout ce qui peut contribuer à fa juftefle,* 347

Obfervations préliminaires pour fervir à la conftruction de la Montre, 348
Defcription de cette Montre, 363
Détails de pratique pour l'exécution de la Montre à roue de rencontre, 374
Faire les platines, & monter la cage, 375
Du finiffage de la Montre, 398
De l'exécution de l'échappement du Balancier, 404
De la verge de Balancier, 407

FIN de la Table des Chapitres de la feconde Partie.

ESSAI

ESSAI
SUR
L'HORLOGERIE.

SECONDE PARTIE.

CHAPITRE PREMIER.

1402. Jusques ici j'ai traité de l'Horlogerie, en suivant la route ordinaire des Auteurs qui ont écrit de cet Art; c'est-à-dire, en me bornant simplement aux descriptions des machines, & en prescrivant certains soins de main-d'œuvre aux Ouvriers. Il reste une partie plus essentielle, & dont on n'a point encore écrit, c'est d'établir une théorie & des principes de construction, fondés sur les loix du mouvement, & vérifiés par l'expérience, & d'après lesquels on puisse partir, pour disposer & exécuter les machines qui mesurent le temps, ensorte qu'elles marchent avec la plus grande justesse possible: voilà le but que je me suis proposé dans cette seconde Partie de mon *Essai*. Je suis fort éloigné de penser que j'aie rempli cet objet ; mais j'en ai du moins tracé le chemin ; & j'ai essayé de traiter cette matiere, de sorte que les Artistes à qui mon Ouvrage est destiné, puissent en profiter. Je vais donc traiter séparément de toutes les parties essentielles des machines qui servent à la mesure du temps, en commençant par les plus simples.

Du Levier.

PLANCHE XX.

Définition.

1403. A B (*Pl. XX, fig.* 1), est une verge inflexible, à laquelle sont attachés deux corps P & p sans pesanteur (on nomme *Levier* cette verge). Concevons qu'on fasse tourner la verge autour d'un point fixe H, & que le corps P décrivant l'arc $A a$, le corps p décrive l'arc $B b$; il est visible que les arcs $A a$, $B b$ seront dans le rapport des distances $H A$, $H B$; c'est-à-dire, par exemple, que si $B H$ est double, triple, &c, de $A H$; $B b$ sera double, triple, &c, de $A a$; donc le corps p tournera avec une vîtesse double, triple, &c, de celle du corps P : Donc,

1404. 1°, Si ces corps sont égaux ; pour arrêter immédiatement le corps p, il faudra une force double, triple, &c, de celle qui seroit nécessaire pour arrêter immédiatement le corps P :

1405. 2°, Si le corps p est triple du corps P, il est visible que P décrivant toujours $A a$, & p, $B b$, on pourra, au lieu du corps p, concevoir trois masses égales à P, dont chacune seroit animée de la vîtesse $B b$; & alors la force nécessaire pour arrêter immédiatement p, sera triple de ce qu'elle devoit être dans le cas précédent ; donc si la masse p, au lieu d'être triple de P, n'est au contraire que le tiers, la force nécessaire pour l'arrêter, devra être trois fois moindre que dans le même cas précédent ; donc elle devra être égale à celle qui arrêteroit immédiatement le corps P; donc la distance HB étant triple de la distance AH, si la masse p est au contraire le tiers de la masse P, ces masses pourront chacune être arrêtée par la même force; donc elles pourront être arrêtées l'une par l'autre : donc si l'on imagine ces deux masses pesantes, leurs efforts pour tourner étant alors directement opposés & égaux, elles se feront mutuellement équilibre. Par un raisonnement tout-à-fait semblable, on verra que si la distance BH est quadruple, quintuple, &c, de la distance AH, & la masse p, le quart, le cinquieme, &c, de la masse P, elles se feront équilibre, d'où l'on déduira en général ce principe : *Si deux masses* P *&* p *attachées aux extrémités d'une verge inflexible* AB, *sont telles que la masse* P *contienne autant de fois la masse* p, *que le bras du levier* HB *contient le bras* AH, *il y aura équilibre.*

CHAPITRE II.

Des Roues & Pignons.

1406. Si autour du point H (*fig.* 2) on décrit deux cercles Aa, Bb qui ayent pour rayons les longueurs AH & HB des leviers (nous supposons HB triple de AH), & sur la circonférence desquels soient enveloppés, comme sur des poulies dont le point H soit le centre, deux fils chargés des poids P, p; ces poids resteront en équilibre, si la masse p est à celle de P comme HA est à HB (1405); & si l'on veut communiquer au poids P une force capable de le faire descendre dans un temps donné de P en C, ensorte que le point A vienne en a; alors il faudroit que le poids p montât en d, & que le point B vînt en b; le poids p feroit conséquemment trois fois plus de chemin que le poids P.

1407. D'où il suit : 1°, que le mouvement qu'on auroit

A ij

voulu communiquer au poids P, seroit exactement compensé par celui qui en résulteroit dans le poids p, & qu'ainsi ces deux poids ne peuvent manquer de se maintenir en équilibre, ou de s'y remettre, si, après qu'on les a mis en mouvement, on les laisse en liberté; puisque, selon la supposition, $A a$ & $B b$ sont des poulies, & que par conséquent $H A$ est égal à $H a$, & $H B$ est égal à $H b$.

1408. 2°, Il suit encore que lorsque deux corps se soutiennent en équilibre, les vîtesses qu'ils tendent à acquérir, par un mouvement communiqué, sont en raison inverse de leurs masses.

1409. Maintenant si l'on ôte le poids p, le poids P entraînera le levier & la circonférence A, & fera tourner le point b avec une force capable de communiquer une action d'une livre (poids supposé au corps p); ainsi, si au lieu de la circonférence $B b$, on imagine des rayons ou leviers $H B$, $H b$, &c. (*fig. 3*), & également distants l'un de l'autre, chacun de ces leviers agira avec une livre de force. C'est en considérant les leviers sous ce point de vue, que cette circonférence devient une roue, & chaque rayon ou levier seront des dents: si l'on fait une seconde roue ou pignon C qui ait des rayons ou dents distantes entr'elles comme celles de la roue B, c'est-à-dire, que le nombre de dents de C soit à celui de B, comme la circonférence C est à celle de B, & qu'on place le pignon, ensorte que les dents de la roue puissent agir sur celles de ce pignon, comme dans la figure; les dents de la roue communiqueront aux dents du pignon la force qu'elles ont (*a*), de sorte que si l'on applique à la circonférence de ce pignon un poids d'une livre, il fera équilibre avec celui P, rien n'ayant dû changer l'équilibre qui existoit auparavant; & si l'on fait mouvoir cette roue

(*a*) Je ne fais pas entrer ici la décomposition de la force dans l'engrenage, & le frottement qui en résulte; ce qui retranche toujours une partie de la puissance du poids *P*: il suffit, pour le moment actuel, d'envisager ces roues comme si elles étoient sans poids & sans frottement, ainsi qu'il a fallu le faire pour le levier simple qu'il falloit supposer sans pesanteur: on verra dans le Chapitre cinquieme, quelle doit être la courbure qui doit terminer les dents des roues & pignons.

SECONDE PARTIE, CHAP. II.

& ce pignon, la circonférence du pignon parcourra le même espace, puisque chacune de ces dents sont distantes entr'elles comme celles de la roue. Ainsi le nombre des révolutions du pignon sera à celui de la roue comme la circonférence du pignon est à la circonférence de la roue ; mais les circonférences des cercles étant entr'elles comme leurs diametres ou leurs rayons, le nombre de révolutions du pignon C sera à celui de la roue B comme Cd est à BH.

1410. On vient de voir (1409) qu'une roue qui mene un pignon communique à la circonférence de ce pignon, la force qu'elle a à la sienne : soit donc une roue & un pignon que nous avons supposé avoir une livre de force à leurs circonférences ; si l'on fixe sur le centre C de ce pignon une roue D trois fois plus grande que le pignon, elle parcourra trois fois plus de chemin, & aura trois fois plus de vîtesse que ce pignon ; & pour faire équilibre avec le poids P, il ne faudra appliquer au point D de la roue qu'un poids trois fois plus léger que p, & par conséquent neuf fois plus léger que P (1405) ; le point D va donc neuf fois plus vîte & parcourt un espace neuf fois plus grand que le point A : passons maintenant à la maniere de trouver cette force dans les rouages composés de plusieurs roues, & d'une maniere générale.

REMARQUE.

1411. Nous venons de voir qu'étant donnés les diametres ou les circonférences d'une roue & d'un pignon engrené dans cette roue, le nombre des révolutions du pignon pour un de la roue, est déterminé par celui qui exprime combien de fois le diametre du pignon est contenu dans celui de la roue. Cela posé, le nombre des dents d'une de ces deux pieces, c'est-à-dire, ou de la roue ou du pignon est arbitraire : ainsi l'on peut donner à volonté à une roue 100, 200, &c, dents, ou tout autre nombre quelconque ; mais alors il faut que le nombre des dents du pignon soit contenu dans le nombre des dents de la roue, autant de fois que la circonférence de la roue contient celle du pignon; par exemple, fur un pignon qui eſt dix fois plus petit que la roue qui le mene, & qui fait par conſéquent dix tours pour un de cette roue, on peut mettre indifféremment ſix, huit, dix dents, douze, quinze, vingt, &c, pourvu que la roue en ait toujours dix fois autant : il ſuit de-là qu'une roue & ſon diametre étant donnés, ainſi que le nombre de tours du pignon qu'elle conduit, le diametre de ce pignon eſt déterminé.

CHAPITRE III.
Du calcul de la force tranſmiſe par le Moteur à la derniere Roue.

1412. La proposition ſuivante ſervira à prouver comment on doit calculer les forces tranſmiſes à la derniere roue d'un rouage quelconque.

PROPOSITION.

1413. L'eſpace parcouru par D (*fig.* 3) eſt à l'eſpace parcouru par B, comme la longueur CD eſt à Cd : c'eſt une ſuite de ce que nous avons fait voir, que l'eſpace parcouru par le pignon C eſt le même que celui de la roue B (1409); & ſi $DC = BH$, l'eſpace parcouru par D ſera à l'eſpace parcouru par B, comme Cd eſt à BH : or le nombre de révolutions du pignon C eſt à celui de la roue B, comme Cd eſt à BH (1409) : ainſi, afin que la vîteſſe de D ſoit à la vîteſſe de B, comme le nombre des révolutions du pignon C eſt à celui de B, il faut que la roue D ait le même diametre que la roue B à laquelle le poids eſt appliqué ; & dans ce cas la force tranſmiſe à la roue D par le poids p, eſt au poids de p, comme le nombre des révolutions du pignon C eſt à celui de la roue B.

Seconde Partie, Chap. III.

1414. Nous avons vu (1408) que lorsque deux corps sont en équilibre, il faut que les vîtesses soient en raison inverse des masses; lors donc que l'on voudra avoir la vîtesse d'une roue quelconque d'un rouage, il faudra non-seulement comparer ses révolutions avec la roue où le poids est appliqué, mais comparer les diametres de l'une & de l'autre roues; car on voit que si l'on suppose la roue D (*fig*.3) plus grande que B, l'espace parcouru par D ne sera plus dans le rapport de la révolution du pignon C, & que par conséquent il n'y aura plus équilibre; la pesanteur du poids q sera trop grande, & ne sera pas à celle de p comme le nombre de révolutions du pignon C est à celui de la roue: & au contraire, si la roue D est plus petite que B, le poids q sera trop petit pour faire équilibre à p; car l'espace parcouru par D ne sera plus à l'espace parcouru par B, comme le nombre des révolutions de C est à B.

1415. On démontrera de la même maniere que quelque soit le nombre des roues & pignons, pour trouver la force transmise à la derniere roue, il faut comparer non-seulement les révolutions, mais encore les diametres de la premiere & derniere roues, afin d'avoir les espaces parcourus, puisque les révolutions ne suffisent pas pour donner la vîtesse.

1416. On tirera donc de-là une regle pour trouver la force transmise à la circonférence d'une roue; on supposera la derniere roue du même diametre que la premiere; on fera ensuite la proportion: *Le poids* P *appliqué à la circonférence de la premiere roue est au poids* p, *qu'il faut appliquer à la circonférence de la derniere roue pour faire équilibre, comme le nombre des révolutions de cette derniere roue dans un temps donné est au nombre des révolutions de la premiere dans le même temps :* Ce poids p étant trouvé, on en déduira facilement celui qu'il faudra appliquer pour faire équilibre, lorsque la derniere roue sera d'un diametre plus grand ou plus petit que celui de la premiere; comme si la derniere roue d'un rouage étoit cinq fois plus petite que la premiere, elle parcourroit cinq fois moins d'espace que si elle eût été d'un diametre égal; & par conséquent le poids requis doit être cinq fois plus pesant.

REMARQUE.

1417. Nous avons supposé que le poids P étoit appliqué à la circonférence de la premiere roue; mais il arrive souvent qu'il n'agit que sur la circonférence d'un cylindre concentrique à cette roue, & plus petit; alors on voit que le poids ou la force appliquée à la circonférence du cylindre est à la force communiquée à la circonférence de la roue, comme le diametre de la roue est au diametre du cylindre; c'est-à-dire, que si le diametre de cylindre n'est que la moitié de celui de la roue, la force transmise à la circonférence de la roue B, ne sera que la moitié de celle du poids P, & ainsi des autres.

1418. Nous allons maintenant appliquer ce principe, pour trouver la force transmise à la derniere roue E de la Pendule à secondes (*Planche II*, *fig.* 2); ce sont ces mêmes roues qui sont représentées dans la quatrieme figure de la Planche XX. Nous allons premiérement calculer le nombre de révolutions du pignon d qui porte la roue E, pour un de la roue A.

Roue A... 84 dents, engrene Pignon a de 12 ailes qui fait 7 tours pour un de la roue A.

Roue B... 80 . . . . . Pignon b 10 . . . 8 tours pour un de la roue B.

              56 tours pour un de la roue A.

Roue C... 80 . . . . . Pignon c 10 . . . 8 tours pour un de la roue C.

              448 tours pour un de la roue A.

Roue D... 75 . . . . . Pignon d 10 . . . 7½

              3136

              224 moitié de 448.

              3360 tours pour un de la roue A.

Seconde Partie, Chap. III.

1419. Le pignon *d* & la roue *E* qu'il porte fait donc 3360 tours, pendant que la premiere *A* en fait un, ce qu'il eſt aiſé de voir: car la roue *B* fait ſept tours pour un de la roue *A*; or le pignon *b* fait huit tours pour un de la roue *B*; ce pignon *b*, ainſi que la roue *C* qu'il porte, fait donc 56 tours pendant que la roue *A* en fait un, puiſque ſept tours de la roue *B*, multipliés par 8 du pignon *b*, font 56; pareillement le pignon *C* fait 8 tours pour un du pignon *b* & de la roue *C*; ainſi multipliant les 56 tours de la roue *C* par les 8 tours du pignon *c*, cela donne 448 tours du pignon *c* & de la roue *D* pendant un de la roue *A*; enfin, à chaque tour de la roue *D*, le pignon *d* fait 7 tours & demi; il faut multiplier 448 tours de la roue *D* par les $7\frac{1}{2}$ qu'elle fait faire, & on aura 3360 tours du pignon *d* (& de la roue *E* qu'il porte) pour un de la premiere.

1420. Si on veut ſavoir le temps que reſtera la premiere roue à faire un tour, on voit que cela dépend de celui que reſtera la roue *E* à faire une révolution; car la roue *A* fera toujours 3360 fois plus de temps à faire un tour que la roue *E*, puiſque cette derniere fait 3360 fois plus de tours; ſi donc on ſuppoſe que la roue *E* fait un tour par minute, la roue *A* en fera un en 3360 minutes: pour ſavoir combien cela fait d'heures, il faut diviſer ce nombre par 60 (nombre de minutes pendant une heure); la diviſion faite, on trouve 56 heures; c'eſt donc deux jours & huit heures qu'elle reſte à faire une révolution.

1421. Pour trouver combien le poids *P* tranſmettra de force à la circonférence de la roue *E*: je ſuppoſe qu'il peſe 12 livres, & que le diametre du cylindre *F* eſt à celui de la roue *A*, comme 8 eſt à 12, ou 2 à 3; dans cette ſuppoſition le poids agira à la circonférence de la roue *A* avec huit livres qui font 128 onces = 1024 gros ou 73728 grains; on fera donc la proportion: La force qui s'exerce à la circonférence de la roue *A* eſt à la force qu'elle communique à la circonférence de la roue *E* (j'appelle *x* cette force) ſuppoſée de même diametre, comme le nombre de révolutions de la roue *E* eſt au nombre de

II. Partie. B.

révolutions de la roue A, ou $73728 : x :: 3360 : 1$; multipliant les extrêmes, & divisant par le terme moyen connu, on a la valeur de x, qu'on trouve de 21 grains $\frac{3168}{3360}$; & la fraction $\frac{3168}{3360}$ étant réduite, on a 21 grains $\frac{33}{35}$; c'est donc la force qui seroit transmise à la roue E, si elle étoit de même diametre que la roue A; mais en la supposant trois fois plus petite, le poids p qui y est appliqué parcourt alors trois fois moins d'espace : ainsi, pour qu'il fasse équilibre avec le même poids P, il faut qu'il soit triple de ce qu'on a trouvé dans le calcul précédent; il doit donc être de grains $65 \frac{29}{35}$.

Remarques.

1422. Il ne suffit pas d'avoir calculé la force transmise par le moteur à la derniere roue d'un rouage, il faut encore faire abstraction des frottements, & de la résistance causée par l'inertie des roues : cette derniere considération est très-essentielle; car à chaque battement du pendule les roues ont un instant de repos, ensorte qu'il faut que la force qui les met en mouvement se renouvelle à chaque vibration, & qu'elle tire les roues du repos. Les frottements causés par le poids des roues, & cette inertie exigent donc une surabondance de force au-delà de la quantité que nous avons calculée.

1423. Ces deux quantités, la force qu'il faut pour vaincre la résistance causée par l'inertie, & la force pour vaincre les frottements, augmentent d'autant plus que les roues sont pesantes, & qu'elles ont plus de vîtesse. Il est donc très-essentiel de réduire les roues à leur moindre pesanteur : pour cet effet, il faut les tenir très-petites; ce qui est sur-tout possible dans les dernieres roues qui n'ont que peu d'effort à vaincre; & comme les pignons nombrés exigent que les roues qui les menent soient d'un plus grand diametre, il vaut mieux n'employer dans les dernieres roues que des pignons de six (par rapport aux engrenages, en formant de bonnes courbures aux dents, ils seront aussi parfaits que si les pignons étoient nombrés) : ainsi les roues seront réduites à leur moindre grandeur, & par conséquent à la plus petite pesanteur: la force motrice deviendra donc plus constante, & sera réduite à la plus petite quantité: si l'on veut tenir les roues plus grandes, il faut les nombrer le plus qu'il est possible, sans avoir cependant des dents trop foibles; & ne les faisant engrener que dans des pignons peu nombrés, on rallentira leurs révolutions. Nous traiterons cet objet des roues plus au long ci-après.

CHAPITRE IV.

Des Engrenages des Roues & Pignons: des conditions requises pour faire de bons Engrenages.

1424. LA PERFECTION des engrenages est une partie si essentielle dans les machines, & sur-tout dans celles qui mesurent le temps, comme les Montres & Pendules, qu'on ne peut trop y apporter de soin & d'attention; j'ai donc cru nécessaire de présenter ici les effets qui résultent dans les Montres, des engrenages mal faits; de donner ensuite les principes sur lesquels la théorie de l'engrenage est appuiée; enfin d'enseigner les moyens pratiques de faire de bons engrenages.

Examen des effets qui résultent des mauvais Engrenages.

1425. Lorsque les courbes des dents sont mal faites, la roue mene le pignon avec différents degrés de force, d'où il arrive; 1°, (si cette roue communique sa force à un balancier) que le balancier perd son isochronisme, ou, ce qui est le même, qu'il *vibre* avec différents degrés de vîtesse, & que la durée de la vibration change selon les actions différentes de la roue sur le pignon; 2°, que la force du moteur, pour faire tourner le pignon, doit être plus grande qu'il ne feroit nécessaire, si la roue faisoit tourner le pignon d'une maniere uniforme : ainsi cet excédent de force motrice tend seul (indépendamment des autres variations) à détruire la machine par les frottements qu'elle cause ; & ceux-ci produisent à la longue des variations au régulateur.

1426. Si une roue mene un pignon trop gros, ou, ce qui est le même, dont les dents ou ailes sont plus distantes entr'elles que ne le sont celles de la roue, la force communiquée par la roue, sera en partie détruite par les dents du pignon qui arcbouteront contre celles de la roue : cette force ainsi détruite, exigera qu'on emploie une plus grande force motrice, pour entretenir le mouvement de la machine ; il en résultera des frottements, de l'usure, des variations, &c.

1427. Si une roue mene un pignon trop petit, ou dont les dents sont moins distantes entr'elles que ne le sont celles de la roue, il arrivera que la dent de la roue agissant sur un levier, ou dent trop courte, le pignon tournera avec une moindre force & plus de vîtesse, comme on le verra dans le Chapitre suivant : il suivra encore de-là qu'une partie de la force de la roue se perdra par la chûte qu'il y aura du passage de la dent qui mene à celui de la suivante qui doit mener. Le pignon ne tournera donc qu'avec une partie de la force de la roue : ainsi le moteur devra avoir une plus grande puissance qu'il ne seroit besoin si la roue menoit le pignon uniformément ; cette force excédente, & les inégalités de l'engrenage tendront à détruire la machine, à la faire varier, &c.

1428. Enfin un rouage étant composé de roues & de pignons dont les engrenages sont mauvais, dans certains moments chaque roue agira sur son pignon avec le plus grand avantage ; ainsi la force transmise au régulateur sera la plus grande possible : & dans d'autres instants, chaque roue agissant sur le pignon avec le moindre avantage, la force du moteur en sera comme anéantie ; le régulateur ne recevra que des

SECONDE PARTIE, CHAP. V.

impulsions extrêmement petites; or la force du moteur doit être suffisante pour le cas le moins favorable des engrenages; elle est donc trop grande dans le cas le plus favorable, d'où résultent les inconvénients que nous avons déjà remarqués.

1429. Voilà en gros ce qui résulte des mauvais engrenages; nous allons voir dans le Chapitre suivant comment les roues doivent agir sur les pignons, & déterminer la forme des dents des roues, pour qu'elles menent le pignon uniformément, de maniere qu'elles lui communiquent également toute la puissance du moteur.

CHAPITRE V.

Démonstration de l'engrenage; des Courbes des Dents des Roues & Pignons; de la maniere de tracer ces Courbes.

PLANCHE XX, figure 5.

1430. Si L'ON suppose que deux leviers angulaires $b A D$(*) $b a C$ mobiles sur deux appuis fixes A, a, ayent chacun un bras constant $A D, a C$ dirigé dans la droite $A a$, qui joint les points d'appui, & chargés à leur extrémité d'un poids constant P, p, & chacun un bras variable $A b, a b$, de sorte que leurs extrémités agissent toujours réciproquement l'une

---

(*) Je ne considere maintenant que les simples leviers $b A D$, $b a C$, pour ne pas compliquer cette matiere : lorsque j'aurai fait voir comment ils doivent se mener uniformément, soit que le grand levier mene le petit après la ligne des centres, ou que le petit mene le grand après la ligne des centres, ou enfin, soit que le grand ou le petit levier menent avant & après la ligne des centres; tout cela, dis-je, bien établi pour de simples leviers, s'appliquera facilement aux roues & aux pignons qui ne sont dans le fond que des assemblages de leviers.

sur l'autre; je dis que les deux poids P, p qui sont équilibre dans le cas où les deux bras variables ont leur point de contact en O, situé dans la ligne droite AO, aO, le feront aussi tant que le point b où ils s'arcboutent, se trouvera dans la circonférence d'un cercle dont AO ou aO sera le diamètre.

DÉMONSTRATION. Que bn perpendiculaire sur bA (& qui représente le petit arc que le levier bA tend à parcourir en un instant, en tournant sur A) exprime la force absolue qui s'exerce à l'extrémité b du levier angulaire bAD par l'action du poids P ; si l'on suppose cet effort bn décomposé en deux autres bm, bi, dont l'un, savoir bm, soit perpendiculaire à ac, & dont la direction passe par le point de contact s (puisque l'angle b qui a son sommet à la circonférence abs est droit); & l'autre bi soit dirigé suivant bA : on voit que bm exprime la partie de l'effort bn qui est employée à pousser le point b du levier ac de b vers o, & par conséquent à faire tourner le levier ac, tandis que bi exprime la partie de l'effort bn qui tend à pousser le point b vers A, & qui est détruite par la résistance du point fixe A : or je dis que bn exprime aussi la force absolue qui s'exerce à l'extrémité b du levier angulaire Cab pour s'opposer à la rotation du point b autour du point a; car à cause des droites DP, bn perpendiculaires aux bras de leviers AD, Ab, le poids P est à l'effort bn, comme Ab est à AD; mais en tirant AB perpendiculairement sur bs prolongée, les triangles semblables nbm & AbB donnent $bn : bm :: AB : Ab$; donc (en multipliant par ordre) $P : bm :: AB : AD$; maintenant nommons x la force absolue avec laquelle le poids p tend à faire tourner le point b dans le sens opposé à bo, & nous aurons $p : x :: ab : ac$, ou à cause des triangles semblables abO, ABO, comme AB à AO; mais dans la supposition que ces deux poids p & P puissent se faire équilibre, lorsqu'ils se communiquent leurs actions par le point O, on peut, à cause des bras de leviers égaux aC, aO, supposer que le poids p est suspendu au point O : donc alors $P : p :: AO : AD$;

donc en multipliant par ordre $P : x :: AB : AD$; or, on vient de prouver que $P : mb :: AB : AD$: donc $bm = x$: donc il y aura équilibre, puisque la force bm est égale à la force avec laquelle le point b est sollicité à tourner par le poids P ; on démontrera de même qu'il y aura équilibre, lorsque les leviers Ab, ab se communiqueront leurs forces par tout autre point u de la circonférence $abuO$.

COROLLAIRE I.

1431. Si par les points O, (*fig.* 5 & 6) des centres Aa de mouvement, on décrit les cercles R, X, & qu'on suppose qu'un de ces cercles agisse sur l'autre par un engrenage de dents infiniment petites, les poids P, p resteront en équilibre ; & si le cercle R, par exemple, va uniformément, le cercle X sera aussi mû uniformément : car 1°, les dents étant infiniment petites, les rayons AO, aO, par lesquels ces dents agissent, seront toujours de même longueur, & l'action des poids p & P sera toujours appliquée de la même maniere : donc il y aura toujours équilibre. 2°, Si l'un des deux cercles est mû d'un mouvement uniforme, il en sera de même de l'autre : car chaque point d'un cercle s'appliquera successivement à tous les points de l'autre, de sorte que l'espace parcouru par un point O situé à la circonférence de l'un, sera égal à celui O situé à la circonférence de l'autre : or cet espace étant le même, ainsi que le temps du mouvement, la vitesse des cercles R, X sera aussi la même, d'où suit l'uniformité de mouvement.

1434. On appelle *rayons primitifs* les rayons AO, aO des cercles R, X qui expriment le rapport des révolutions des cercles X, R.

COROLLAIRE II.

1432. Le point b (*fig.* 5.), par lequel le levier bAD conduit le levier baC, étant toujours supposé dans la circonférence abO, les cercles primitifs tendent à tourner avec la même force & la même vîtesse; car 1°, soient F, f les forces avec lesquelles tendent à tourner dans ce cas la circonférence du cercle R, & celle du cercle X, on aura $bn : F :: AO : Ab$ & $f : bm :: ab : ac$ ou aO; d'ailleurs on a vu ci-dessus que $bm : bn :: Ab : AB$; donc $f : F :: AO \times ab : aO \times AB$; mais les triangles semblables abO & ABO donnent $aO : AO :: ab : AB$; donc $aO \times AB = AO \times ab$; donc $f = F$; donc le cercle R étant mu d'un mouvement uniforme, le cercle X sera aussi mu d'un mouvement uniforme; 2°, quelle que soit la vîtesse du point b du levier DAb, celle qu'il communiquera au levier baC, suivant la perpendiculaire bm au point de contact, doit être la même que celle de ce même point b dans le même sens: or si l'on abaisse la perpendiculaire no, la vîtesse suivant bn étant représentée par bn, la vîtesse suivant bm sera représentée par bo. Soient maintenant V la vîtesse de la circonférence R de la roue, & u celle de la circonférence X du pignon, il est évident que $V : bn :: AO : Ab$ & $bo : u :: ab : ac$ ou aO; d'ailleurs les triangles semblables bno & AbB donnent $bn : bo :: Ab : AB$; donc $V : u :: AO \times ab : aO \times AB$; or ces deux derniers produits sont égaux, comme on l'a déjà vu; donc $u = V$.

COROLLAIRE III.

1433. Si le point b (*fig. 6*), où agit le levier DAb sur le levier abc, n'est pas situé dans la circonférence d'un cercle décrit sur aO, ou sur AO: s'il étoit, par exemple, placé en dedans comme en g, ou en dehors comme en h, les poids P, p ne seront plus en équilibre; pour le prouver, il faut tirer la ligne nh perpendiculaire au levier abc; alors suivant ce qui a été dit ci-dessus, on a

$$P : hn :: Ah : AD$$
$$hn : hm :: Ax : Ah$$
$$p : P :: AD : AO$$
$$z : p :: aO : ah$$

Seconde Partie, Chap. V.

1434. En nommant z la force avec laquelle le poids p tend à faire tourner le point h dans le sens opposé à xh : on a $z : hm :: Ax \times aO : AO \times ah$; or il est facile de démontrer que si le point h n'est point sur le cercle abO, le produit $Ax \times aO$ ne peut jamais être égal au produit $AO \times ah$; donc z ne peut jamais (dans la même supposition) être égal à hm; donc il ne peut y avoir équilibre.

Corollaire IV. *fig. 6.*

1435. Les choses restant les mêmes que dans le corollaire précédent, on démontrera d'une maniere analogue à celle qu'on a employée dans le corollaire second, que les forces avec lesquelles les circonférences primitives tendent à se mouvoir, ne peuvent être égales, & qu'ainsi la vîtesse de l'une étant uniforme, celle de l'autre ne sauroit l'être; donc le point h par lequel le levier Ah pousse le levier ac, ne peut être à une distance de A, qui soit toujours la même, puisqu'il y auroit une infinité de cas où ce point ne seroit point sur la circonférence abO; ce qui est cependant nécessaire pour l'uniformité du mouvement; donc la figure qu'on doit donner aux dents de la roue pour conduire uniformément l'aile rectiligne d'un pignon, ne peut être une ligne droite.

Corollaire V. *Planche XXI, fig. 1.*

1436. Enfin si le levier prolongé AOb est formé par une courbe $bs''t''N$ qui soit telle que lorsqu'un point fixe N du cercle R aura décrit un espace quelconque ON, le levier ac touche cette courbe en un point b qui soit sur sa circonférence abO, & tellement placé que l'arc Ob soit égal à l'arc ON; alors ce levier conduira le pignon avec une force & une vîtesse uniforme; car l'arc Ob étant égal à l'arc Oc, comme il est aisé de s'en convaincre, il sera aussi égal à

II. Partie. C

l'arc ON; & par conséquent ce point N & le point c auront décrit en même-temps des espaces égaux: d'où suit naturellement la méthode suivante de tracer la figure des dents des roues, lorsqu'elles doivent conduire un pignon dont les ailes sont des lignes droites.

Problème I.

1437. Un levier AO (*fig.* 1) agissant sur le levier aO, dans le point O de la ligne des centres, & les poids P, p étant d'équilibre, on veut tracer sur le bout prolongé du levier AO une courbe $O\,t'r's'b'$ qui soit telle; 1°, qu'elle fasse parcourir au cercle X un espace égal à celui du cercle primitif R; 2°, qu'à tous les points de mouvements les poids P, p restent en équilibre.

Solution.

1438. Par les points $A\,a$ des centres de mouvement des leviers Ao, aO, & de leur point d'attouchement O, il faut tracer les cercles primitifs R & X, diviser la circonférence du cercle X, en partant du point O, en un nombre à volonté d'arcs égaux, diviser de même le cercle R, en partant du point O, en un nombre d'arcs égaux qui soit au nombre de ceux du cercle X, comme le rayon AO est au rayon aO; dans cet exemple les rayons étant entr'eux comme 3 est à 1, & le cercle X étant divisé en 6 parties égales, on divisera le cercle R en 18 : si donc ces deux cercles s'entraînent par ce simple attouchement, le cercle X fera trois tours pendant que celui R en fera un; & lorsque le point O du cercle primitif X aura parcouru un arc de 60 degrés, comme Oc, le point O du cercle primitif R aura parcouru l'espace ON ou l'arc de 20 degrés: ces deux quantités Oc, ON sont donc égales, & expriment le développement des deux cercles; on divisera ensuite chaque espa-

SECONDE PARTIE, CHAP. V.

ce ON, Oc en un même nombre de parties égales, comme en 5; ainsi lorsque les deux cercles R, X s'entraînent par le simple attouchement, chaque division 1, 2, 3, 4, & $1'$, $2'$, $3'$, $4'$ se rencontrent en O, division à division. Du centre a l'on tirera les lignes ac, $a1$, $a2$, $a3$, $a4$, qui marqueront les différentes positions du levier aO, lorsqu'il tourne de O en c; & les points b, r, s, t, O, expriment les longueurs excédentes du levier AO, lorsque celui-ci agit sur celui aO, dans ses différentes positions $a4$, $a3$, $a2$, $a1$; si donc on tire par ces points d'intersection b, r, s, t du demi-cercle aO des portions de cercle $b'b : r'r : s's : t't$, &c, ces portions de cercle marqueront les différentes longueurs que doit avoir le levier AO, pour mener celui aO uniformément; enfin on portera ces longueurs $Ob : Or : Os : Ot$, &c, en $5''b' : 4''r' : 3''s' : 2''t' : 1''u'$, & l'on décrira des portions de cercles $b'r's't'$ qui coupent celles $b'b : r'r : s's : t't$, &c; si l'on joint ces intersections par des petites lignes courbes, on aura la courbe $b'r's't'u'O$ qui remplira les conditions demandées : car lorsque le point O du cercle primitif R aura parcouru l'espace ON, la ligne $5''b'$ se confondra avec celle Ob; ainsi les poids P seront d'équilibre, & le cercle primitif X aura parcouru l'espace semblable Oc; de même, lorsque le point O aura parcouru l'espace Ox, la ligne $4''r'$ s'appliquera sur celle Or, & le levier aO sera parvenu en $ar1$, les poids seront d'équilibre, & les espaces $O1$, $O1'$ des cercles primitifs X, R seront semblables, & ainsi de suite, &c.

1439. On déterminera (*fig.* 2) la courbe $Ot's'r'b'$ que doit porter le levier aO, pour mener uniformément le levier rectiligne AO, en se servant de la même méthode, & en appliquant les mêmes raisonnements, &c, dont on vient de se servir pour le cas où le grand levier mene le petit : on opérera sur le grand cercle primitif R, comme on fait sur le cercle X; on tracera sur AO un demi-cercle ABO; on divisera le cercle X en 6 parties égales, par exemple, &

20 ESSAI SUR L'HORLOGERIE.

le cercle R en 18; on divisera de même les espaces Oc, ON en des parties semblables 1, 2, 3, 4; 1', 2', 3', 4'; & on tirera, comme dans l'exemple précédent, les rayons Ac, $A1$, $A2$, &c. & on tirera par les points d'intersection avec le demi-cercle ABO, les portions de cercles bb'': rr': ss': tt': &c, qui serviront à former la courbe, en décrivant des points $5''$, $4''$, $3''$, $2''$, &c, les portions de cercles $b'r's't'u'$ qui coupent celles bb'; de maniere que $5''b'$ soit égal à ob, $4''r'$ à or, $3''s'$ à os, &c, & menant par ces points une ligne, on aura la courbe $b'r's't'O$, & par les mêmes opérations sa semblable $br''s''t''N$; par ces moyens, dans tous les points de mouvements, les poids P, p seront d'équilibre, & les espaces parcourus par les cercles primitifs X & R seront semblables.

REMARQUE.

1440. Les mêmes choses subsisteront, soit que la courbe $Ou't's'r'b'$ (fig. 2) mene le levier AO de O en B, ou que le levier AB mene la courbe $br''s''t''N$ de B en O, ou soit que (fig. 1) la courbe $Ou't's'r'b'$ mene le levier aO de O en c, ou que le levier abc mene la courbe $br''s''t''N$ de c en O; mais quoique dans ces différents cas les espaces parcourus par les cercles primitifs soient égaux, & que les poids P, p soient toujours en équilibre, il ne s'ensuit pas de-là qu'il soit indifférent de faire mener ces leviers avant ou après la ligne des centres (a); au contraire, il est toujours préférable de faire mener *après la ligne des centres*, comme lorsque la courbe $Ot's'r'b'$ (fig. 1) mene le levier aO de

---

(a) On appelle ligne des centres, la droite aOA, qui passe du centre de la roue au centre du pignon; on dit que la roue mene avant la ligne des centres, lorsqu'une dent R (fig. 4) qui avance de R en N, commence à agir sur l'aile s du pignon, avant que ce point s soit parvenu dans la droite aOA. La roue mene après la ligne des centres, après que ce point s est parvenu dans la droite aOA, & que la dent continue de mener l'aile, en tournant de R en N.

SECONDE PARTIE, CHAP. V.

O en *c* : car dans ce cas, si la courbe n'est pas d'une extrême précision, il ne s'ensuivra que des inégalités de force & de mouvement ; au contraire, si le levier mene la courbe avant la ligne des centres, il en peut résulter des arcboutements & des frottements capables d'empêcher les leviers de tourner ; la raison en est que la force du levier qui mene avant la ligne des centres se décompose, ensorte qu'une partie tend à mener, & l'autre est détruite par le centre du levier, où se dirige une partie de la force, & d'autant plus que comme dans la figure 1, le levier *a b c* menera la courbe *b r s t N* dans un point qui soit plus distant de la ligne des centres de mouvements. La ligne *b B* exprime la direction de la force qui tend à mouvoir ; & celle *b A*, la direction de la force qui est détruite par le centre *A*.

PROBLEME II.

1441. Le nombre de dents d'une roue étant donné, ainsi que celui du pignon qu'elle doit mener, tracer les courbes des dents de la roue & du pignon, & déterminer la menée avant & après la ligne des centres ; soit (*Planche XXI, fig. 3*), *R N* le cercle primitif de la roue, laquelle aura 18 dents, & *X* celui du pignon qui en aura 6, on divisera le cercle *R* en 18 parties, en partant de la ligne des centres *a O A*, & le cercle *X* en 6 parties, en partant de cette même ligne ; on sous-divisera en plusieurs parties semblables, comme en 5 par exemple, les divisions *O N*, *O c* de la roue & du pignon ; ces divisions serviront à former, par la méthode que donne le premier Problême, la courbe *N u' t' s' r' d* ; supposant ensuite que l'aile ou dent du pignon doit être de l'épaisseur de *O u*, on divisera l'arc *N* 4 restant de la division de la roue, en deux parties *N m*, *n m*, en laissant une petite distance entre *n* & *u* pour le jeu de l'engrenage ; du point *m* & du centre *A* de la roue, on tirera la ligne *A m d* qui coupera la courbe $b\,s\,t\,u\,N$ en un point d; ainsi la courbe $d\,r'\,s'\,t'\,u'\,N$ sera celle des dents de cette roue, & $m\,d$ l'excédent des dents sur le rayon primitif; enfin $n\,N$ sera l'arc de menée après la ligne des centres, & $n\,O$ celui qui devra être parcouru avant la ligne des centres.

1442. Maintenant pour construire la roue & le pignon, on tracera de nouveau (*fig.* 4) les rayons primitifs de la roue & du pignon; & sur la ligne des centres $A\,a$, on tracera le demi-cercle $O\,d\,a$ sur le rayon du pignon; ensuite du centre A (*fig.* 3), & du sommet de la dent $N\,u'\,t'\,s'\,d'\,n$, on prendra la distance $A\,d$, qu'on portera (*fig.* 4); du centre A on fera passer une portion de cercle qui coupera le demi-cercle $a\,d\,O$ en un point d; ce point marquera le sommet de la dent; ainsi en tirant du centre a du cercle primitif X, le rayon $a\,d\,c$, ce rayon représentera le flanc de l'aile du pignon; ainsi en partant de ce point, on divisera le cercle X en 6 parties, par lesquelles on tirera des rayons au centre a; on fera l'épaisseur des ailes de la quantité $O\,u$ (*fig.* 3), & les flancs du pignon seront formés.

1443. Enfin pour former les dents de la roue, on tirera du centre A & du point d la ligne $A\,m\,d$; & partant du point m, on divisera le cercle R en 18 parties, & on tirera des lignes comme $A\,R\,n$, qui marquent les distances des dents; & sur les côtés de ces lignes, on formera les courbes tracées (*fig.* 3); on aura (*a*) par ce moyen une roue qui fera mouvoir un pignon aussi uniformément que si le cercle R entraînoit celui X par le seul attouchement. Les courbures des ailes du pignon se traceront, comme je l'ai dit ci-devant (1439); mais comme dans l'exemple proposé, elles deviennent très-petites, n'ayant pour longueur que l'inter-

(*a*) Pour former des dents semblables à celles $N\,d\,n$ (*fig.* 3), sans recommencer les opérations précédentes, on prendra du centre A le sommet d de cette dent; & on le portera sur une ligne quelconque $A\,d$ (*fig.* 9); on décrira du même centre A les portions $s's$, $t't$, $u'u$, $N\,n$ que l'on portera sur cette ligne $A\,d$; enfin on prendra les longueurs, $m\,N$, $o\,u'$, $p\,t'$, $1\,s'$, & on décrira des petites portions de cercles, qui coupent celles $s's$, &c; & menant par les points d'intersection une ligne $N\,u'\,t'\,d\,s\,t\,n$, on aura deux courbes, & par conséquent une dent semblable à celle, $N\,t'\,d\,n$, fig. 3.

valle qui eſt entre le point *r* du cercle primitif *X*, & le point *s* du demi-cercle *A B s O* (*fig.* 4); en prenant cette plus grande longueur *r s* du pignon, & la portant (*fig.* 2), de manière que du centre *a* on coupe la courbe *N t*, la petite ſection *v* déterminera la longueur *o v* de cette courbe du pignon : ſi la menée commençoit plutôt avant la ligne des centres, on pourroit déterminer la courbe du pignon, en opérant, comme on a fait dans la figure 2, & en appliquant la même méthode dont on s'eſt ſervi pour les dents de la roue ; mais on doit éviter, le plus qu'il eſt poſſible, de faire beaucoup mener avant la ligne des centres.

1444. Pour rendre un engrenage le plus parfait qu'il eſt poſſible, & éviter les inégalités des courbes des dents, dans le cas même de la menée après la ligne des centres, il faut faire des pignons d'un plus grand nombre de dents, comme de 8, 10, de 12, &c ; par ce moyen on réduit à la moindre quantité les obſtacles qui naiſſent de la menée avant & après la ligne des centres, & les courbures des dents devenant inſenſibles, il en réſulte de moindres inégalités lorſqu'elles ſont mal formées ; car l'engrenage des pignons de 6 exige des ſoins pour être bien fait, ſoit pour en déterminer la groſſeur (ce qui varie), ſoit pour former exactement les courbes, & éviter en même-temps les inégalités, les accottements, les frottements, &c.

1445. L'exemple que je viens de donner ſuffit pour faire entendre comment on peut tracer en grand toutes les eſpeces de roues & de pignons poſſibles, & former ainſi des engrenages qui menent uniformément.

1446. On obſervera que la menée avant & après la ligne des centres differe ſelon les nombres de dents des roues & des pignons, & ſelon le rapport des ailes des pignons au nombre des dents de la roue ; ainſi il ſeroit à propos que pour chaque nombre différent on fît des figures en grand ; de ſorte que par-là on détermineroit pour tous les cas la menée avant & après la ligne des centres, les groſſeurs des pignons, l'excédent des dents de la roue ſur le rayon primitif; car il faut encore remarquer que les groſſeurs des pignons de 6, par exemple, ou tout autre, différent, ſelon qu'ils font plus ou moins de tours, par rapport à la roue: ainſi un pignon de 6 qui eſt mené par une roue de 60, eſt d'une groſſeur différente de celui du pignon de 6 qui eſt mené par une roue de 30, quand même les roues feroient d'une grandeur proportionnée à leurs nombres de dents, & la menée, dans l'un & dans l'autre cas, ne ſe fait pas également avant & après la ligne des centres; ayant ainſi fixé ces différentes choſes, les Ouvriers feroient de bons engrenages.

1447. Il y auroit encore beaucoup à dire ſur cet objet; mais les bornes de mon ouvrage ne me permettent pas de m'arrêter plus long-temps ſur cette matiere que je n'ai fait qu'ébaucher, pour en donner une notion aux Artiſtes, mais que l'on doit voir parfaitement traitée dans l'excellent Ouvrage de M. Camus (*Cours de Mathématique*); nous renvoyons au même Ouvrage ceux qui deſireront s'inſtruire de la nature des engrenages formés par une roue de champ. M. de la Lande a auſſi traité de la figure des dents; ce que l'on peut voir *Traité d'Horlogerie* de M. le Paute. Voyez auſſi *Encyclopédie*, Tome IV, Article *Dent*.

CHAPITRE VI.
Du Calcul des révolutions des Roues.

1448. Mon objet, en publiant cet Ouvrage, étant ſur-tout de le rendre utile aux amateurs Artiſtes & aux Ouvriers, j'ai cru qu'en faveur des derniers, qui ſont ceux qui en ont le plus de beſoin, qu'il falloit le traiter le plus ſimplement poſſible, en les inſtruiſant : c'eſt en ſuivant ces vues que je place ici les méthodes communes de trouver

SECONDE PARTIE, CHAP. VI. 25

le nombre de révolutions de la derniere roue d'un rouage, de calculer le nombre des vibrations, de déterminer facilement le nombre de dents qu'il faut mettre sur les rochets des pendules ou roues d'échappements des montres, &c; enfin de donner quelques méthodes de trouver le nombre d'un rouage; j'avoue que ceux qui favent calculer, n'ont que faire de lire ce que je donne ici fur cette matiere; mais je n'écris pas pour ceux qui favent.

1449. Lorfqu'on parle du nombre de vibrations que fait une Pendule ou une Montre, on fous-entend toujours que c'eft en une heure; ainfi lorfqu'on dit qu'une Montre fait 3600 vibrations, on entend que c'eft par heure.

MÉTHODE pour trouver les Révolutions des Roues ou Rouages quelconques, fans employer les fractions: Celle de déterminer le nombre de dents que l'on doit mettre aux Roues d'échappement, pour qu'un pendule donné faffe en une heure le nombre des vibrations qui lui eft propre.

1450. Si l'on multiplie les nombres de dents d'un rouage quelconque, l'un par l'autre (en quel ordre qu'on voudra) & de même les nombres d'ailes des pignons l'un par l'autre, & qu'on divife le produit des roues par celui des pignons, le quotient de cette divifion marquera le nombre de tours du dernier pignon pour un de la premiere roue: foit, par exemple, un rouage dont la premiere roue ait 97 dents, & engrene dans un pignon de 12 ailes ou dents; que la feconde ait 73 dents, & engrene dans un pignon 7; la troifieme 65 dents, engrene pignon 7; on trouvera que le dernier pignon fera 782 tours $\frac{442}{588}$ pour un de la premiere roue.

II. Partie   D

26 ESSAI SUR L'HORLOGERIE.

1451. J'arrange ces nombres en cette sorte :

1 Roue. . . . 97 dents, engrene. . . . Pignon 12.
2 Roue. . . . 73 . . . . 7.
3 Roue. . . . 65 . . . . 7.

Je multiplie la premiere roue. 97
par la seconde. 73
$$\overline{}$$
$$291$$
$$679$$
$$\overline{}$$
Ce qui donne 7081
que je multiplie par la troisieme. 65
$$35405$$
$$42486$$
Le produit des roues est donc . . . . 460265.

1452. Je multiplie de même les pignons l'un par l'autre;

Le premier 12 par le second 7
fait 84
qui multiplié par le troisieme 7
$$\overline{}$$
donne . . . . 588.

1453. On divisera le produit des roues par celui des pignons.

Produit des roues 460265 ⌠ 588 Produit des pignons.
 4866 ⌡ 782 $\frac{449}{588}$
 1625
Reste 449.

1454. On aura donc pour quotient le nombre 782 avec la fraction $\frac{449}{588}$; ce nombre exprimera la quantité de tours du troisieme pignon pour un de la premiere roue; je prends ici pour second exemple, deux roues 78, 76, qui engrenent

SECONDE PARTIE, CHAP. VI.

l'une & l'autre dans des pignons de 7 ailes : je les place de même que dans l'autre exemple.

1 Roue 78 dents ; engrene 7 Pignon.
2 Roue 76 7
$\overline{}$
468   49 Produit des pignons.
546
$\overline{5928}$ Produit des roues.

Divisant le produit des roues par celui des pignons,

$$5928 \left\{ \frac{49}{120\ \frac{48}{49}} \right.$$
102

Reste $\overline{48.}$

on aura $120\ \frac{48}{49}$ pour quotient, lequel est égal à celui qu'on trouvera par la méthode des fractions.

1455. Si l'une des roues dont on vient de faire le calcul est la roue de minutes d'une Pendule ; que la seconde soit celle de champ, & que le second pignon porte le rochet d'échappement, on trouvera le nombre de vibrations qu'il fera battre au pendule en une heure, en multipliant le quotient $120\ \frac{48}{49}$ du pignon par le double du nombre de dents du rochet (puisque chaque dent du rochet fait faire deux vibrations au pendule (26)); supposant que le rochet est de 33 dents.

On multipliera . . . . $120\ \frac{48}{49}$
par 66, double de 33 66
$\overline{}$
720
720
$64\ \frac{32}{49}\ (a)$
$\overline{}$
Nombre des vibrations par heure, $7984\ \frac{32}{49}$

(a) Ce nombre 64 & la fraction $\frac{32}{49}$ qui l'accompagne est le produit de la fraction $\frac{48}{49}$ multipliée par le multiplicateur 66.

1456. Ainsi l'on trouvera que le pendule battra 7984 $\frac{32}{47}$ vibrations, tandis que la roue de 78 dents fera un tour, & celle de rochet 120 $\frac{48}{49}$.

1457. On voit que si l'on a un rouage quelconque donné, on pourra trouver aisément par cette méthode le nombre des révolutions de chacune des roues & pignons, ainsi que le nombre des vibrations que bat le pendule (ou le balancier, si c'est une Montre).

1458. Si l'on veut, par exemple, savoir le nombre de vibrations que fera battre le rouage ci-dessus, dont le rochet est donné; on peut encore abréger l'opération en multipliant le produit des roues par le double du nombre du rochet; & divisant ce dernier produit par celui des pignons, le quotient donnera le nombre des vibrations.

EXEMPLE.

```
1. Roue des minutes . . . . . . 78 engrene 7 Pignon.
   Roue de champ . . . . . . . 76 . . . . 7
                               ─────      ───
                                468        49
                                546
                               ─────
Produit des roues . . . . . 5928
Rochet 33 dents, dont le double est  66
                                    ─────
                                    35568
                                    35568
                                   ──────
                                   391248  ⎰ 49   Produit des pignons.
                                      482  ⎱ ─────
                                      414    7984 32/47
                                      228
                                     ─────
                                       32
```

1459. Ayant ainsi trouvé les révolutions des roues, & le nombre des vibrations, lorsque les nombres de la roue d'échappement sont donnés, il faut voir maintenant comment

SECONDE PARTIE, CHAP. VI.

on détermine le nombre de dents qu'il faut mettre à une roue d'échappement, lorsque la longueur du pendule & le nombre des autres roues sont donnés.

1460. Soit, par exemple, une roue de minutes de 73 dents qui engrene dans un pignon 6, la roue de champ de 65 engrene pignon 6, lequel porte le rochet d'échappement ; on demande quel nombre de dents il faut mettre sur ce rochet, pour qu'il entretienne la vibration d'un pendule de 15 pouces, la roue de minutes faisant un tour par heure ; pour cet effet on trouvera par la méthode précédente, le nombre de tours que fera le pignon du rochet pour un de la roue de minute; ce nombre ainsi trouvé, on cherchera dans la table de la longueur des Pendules, placée à la fin du Livre, quel est le nombre des vibrations que doit battre par heure un pendule de 15 pouces; on trouve 5600 pour un pendule de 15 pouces 2 lignes (*a*); j'ai fait remarquer au commencement de cet Ouvrage (26) que chaque dent de la roue d'échappement fait faire deux vibrations au pendule ; ainsi chaque tour du rochet, lui fait faire deux fois plus de vibrations que ce rochet n'a de dents : or si l'on double le nombre de tours de cette roue, & qu'on divise les vibrations du pendule en une heure par ce nombre, on aura le nombre des dents du rochet.

APPLICATION.

Roue de minutes . . . . 73 engrene 6. Pignon.
multipliée par la roue de champ 65 . . . . . 6.

365
438

Produit des roues 4745   36   Prod. des pignons.
                            114   131 29/36
                            65
                            29

___

(*a*) Je n'ai pas calculé les longueurs des pendules de ligne en ligne ; cela m'auroit entraîné trop loin ; ainsi lorsqu'on cherchera le nombre des vibrations d'un pendule, on prendra toujours la longueur la plus approchante du pendule donné.

1461. Le rochet fait donc 131 tours $\frac{29}{36}$ pendant que la roue de minutes en fait un. Le double de 131 $\frac{29}{36}$ est 263, avec une fraction $\frac{22}{36}$ qu'on peut négliger: il faut donc diviser 5600 par 263; & le quotient 21 sera le nombre le plus approchant qu'on peut mettre à une roue qui fait 131 tours par heure, pour faire battre 5600 vibrations à un pendule de 15 pouces 2 lignes.

1462. On voit par cette méthode que l'on peut trouver dans l'instant le nombre de dents d'un rochet quelconque; on voit de plus que 21 dents ne font pas battre exactement 5600 vibrations par heure; car 263 $\frac{22}{36}$ multipliés par 21, donne 5535 $\frac{30}{36}$, c'est-à-dire, 63 vibrations $\frac{6}{36}$ de moins que le nombre demandé, différence très-petite sur une heure; d'ailleurs si l'on mettoit une dent de plus au rochet, il feroit faire un plus grand nombre de vibrations que l'on n'a demandé; 21 est donc le plus approchant.

CHAPITRE VII.

Usage du Calcul des Fractions, pour trouver le temps de la marche des Pendules ou Montres, le nombre de dents que l'on doit mettre aux Roues d'échappement, &c.

1463. Quoique la méthode que j'ai employée dans le Chapitre précédent, pour calculer les révolutions des rouages, soit la plus simple à bien des égards, il y a cependant des cas particuliers où le calcul par les fractions est plus commode. Je donnerai donc dans ce Chapitre la maniere d'en faire usage dans des cas qui sont applicables à l'Horlogerie, comme par exemple, pour trouver le temps

Seconde Partie, Chap. VII.

de la marche d'une Pendule ou Montre, de calculer les vibrations, trouver les nombres de dents convenables aux roues d'échappements, pour de longueur de Pendule, &c.

1464. 1°, Trouver le temps de la marche d'une Pendule dont le rouage est donné, & le nombre de tours que doit faire le poids ou ressort pour la faire aller un temps quelconque donné.

1465. Il faut, par exemple, trouver le temps que marchera un rouage dont la premiere roue qui porte le poids, ou contient le ressort, a 90 dents, & qui engrene dans un pignon de 14, sur l'axe duquel est fixé la grande roue moyenne de 84 dents ; celle-ci engrene dans un pignon de 8, dont l'axe prolongé doit porter l'aiguille des minutes ; ce pignon porte la roue qu'on appelle *roue des minutes* ; elle fait par conséquent un tour par heure.

1466. C'est en calculant le nombre de tours de cette roue des minutes pour un de la premiere, que l'on saura le temps que cette premiere roue reste à faire un tour, & par conséquent le nombre de tours que devra faire un ressort (ou poids, ce qui est le même,) pour faire aller ce rouage pendant 15 jours ; c'est ce que nous allons trouver de la maniere suivante.

Exemple.

1. Roue.. 90, engrene.. Pignon 14 qui fait 6 tours, $\frac{6}{14}$.
2. Roue.. 84, engrene.. Pignon 8, ... 10 tours, $\frac{4}{8}$.

$\frac{90}{14}$ ($\frac{14}{14}$ = 6 tours $\frac{6}{14}$ = 6 tours $\frac{3}{7}$

$$\begin{array}{r} 60 \\ 4\ \frac{2}{7} \\ 3\ \frac{3}{14} \\ \hline 67 : \frac{2}{7} + \frac{3}{14} \text{ d'heures} = 67 \text{ heures } \frac{1}{2}. \end{array}$$

$\frac{84}{8}$ ($\frac{8}{8}$ = 10 tours $\frac{4}{8}$ = 10 tours $\frac{1}{2}$.

1467. La roue de minutes fait donc 67 tours $\frac{1}{2}$ pour un de la premiere, c'est-à-dire, deux jours 19 heures & 30 minutes que la premiere roue reste à faire une révolution (*a*) ;

(*a*) Ceux qui savent les fractions, calculeront très-facilement ces révolutions ; mais comme il y a des personnes qui ignorent comment on opere sur les fractions,

actuellement pour trouver le nombre de tours de la premiere roue en 15 jours, il ne faut que réduire 15 jours en heures ; ce qui donne 360 heures qu'il faut diviser par 67 $\frac{1}{2}$, nombre d'heures que la premiere reste à faire un tour ; on trouvera qu'il faut qu'elle fasse 5 tours $\frac{41}{135}$ pour aller 15 jours, environ 5 fois $\frac{1}{3}$.

je m'arrêterai à leur en donner une idée. Je prends ce premier exemple ; c'est 90 qu'il faut diviser par 14. Je place & fais la division à l'ordinaire ; je trouve que 90 divisé par 14 donne 6, & qu'il reste 6 du dividende 90, que je place dessus le diviseur 14, en cette sorte $\frac{6}{14}$ qu'on exprime par 6 quatorziemes, lesquels il faut réduire, en divisant le *Numérateur* (on appelle *Dénominateur d'une fraction* le nombre qui indique en combien de parties une chose est divisée ; & *Numérateur*, le nombre qui marque la quantité des parties du dénominateur que l'on prend ; ainsi pour écrire un pouce, je puis le faire de cette maniere $\frac{1}{12}$ de pied) 6, & le *Dénominateur* 14 par un nombre qui soit diviseur commun du numérateur & du dénominateur ; ce nombre est 2 ; ainsi 6 divisé par 2, donne 3, & 14 divisé par 2 donne 7 : cette fraction $\frac{6}{14}$ se réduit donc à celle-ci $\frac{3}{7}$ qui a la même valeur. Le pignon 14 fait donc 6 tours & 3 septiemes de tours, pendant que la roue 90 en fait un. Je le placé, comme on voit. Je divise pareillement la deuxieme roue 84 par son pignon 8 ; ce qui fait 10 tours $\frac{1}{2}$ que je place dessous le nombre trouvé ci-dessus. Je multiplie d'abord les 6 tours que fait le pignon 8 pour un de la premiere ce qui donne 6 ; maintenant il reste à multiplier les fractions. Je multiplie le numérateur 3 de la fraction $\frac{3}{7}$ par 10 nombres de tours du pignon 8 pour un de la deuxieme roue ; ce qui fait 30 que je divise par le dénominateur 7 de cette fraction ; je trouve 4 pour quotient avec un reste qui est $\frac{2}{7}$; je place ce quotient sous le nombre 60 déjà trouvé. Je multiplie pareillement 6 nombre des tours du pignon 14 pour un de la premiere roue par le numérateur 1 de la fraction $\frac{1}{2}$; ce qui fait 6 que je divise par 2, dénominateur de cette fraction dont le quotient est 3 ; que je place dessous l'autre quotient 4 : j'additionne ces quantités, & je trouve 67 $\frac{2}{7}$, qui est le nombre de tours que fait la troisieme roue ou pignon 8 pour un de la premiere : s'il s'agissoit d'un calcul qui exigeât une plus grande précision, il faudroit encore multiplier la fraction $\frac{2}{7}$ par l'autre $\frac{1}{2}$; ce qui se fait en multipliant le numérateur 3 par le numérateur 1 ; ce qui fait 3 qui sera le numérateur de la nouvelle fraction cherchée ; il faut aussi multiplier le dénominateur 7 par le dénominateur 2 : ce qui fait 14, qui sera le dénominateur de cette fraction ; ainsi $\frac{3}{7}$ multipliée par $\frac{1}{2}$ donne pour valeur la fraction $\frac{3}{14}$: la troisieme roue ou pignon 8 fait donc 67 tours $\frac{2}{7}$, plus $\frac{3}{14}$ pour un de la premiere ; enfin on peut encore réduire ces deux fractions à la même valeur : Pour cet effet, je multiplie le numérateur 2 ($\frac{2}{7} + \frac{3}{14} = \frac{28}{98} + \frac{21}{98} = \frac{49}{98} = \frac{1}{2}$) de la premiere fraction par 14, dénominateur de la seconde ; ce qui donne 28, lequel sera le numérateur d'une nouvelle fraction ; je multiplie ensuite le dénominateur 7 de la premiere par le dénominateur 14 de la seconde ; ce qui donne 98, qui devient le dénominateur de la nouvelle fraction $\frac{28}{98}$ dont la valeur est la même que celle $\frac{2}{7}$, puisque le numérateur & le dénominateur sont multipliés par la même quantité 14 ; je multiplie ensuite le numérateur 3 de la seconde fraction par le dénominateur 7 de la premiere ; ce qui donne 21, qui sera le numérateur de la seconde fraction réduite ; je multiplie de même le dénominateur 14 par 7 dénominateur de la premiere ; & je trouve 98 qui est le dénominateur de la seconde fraction $\frac{21}{98}$, laquelle a même valeur que la seconde $\frac{3}{14}$, étant multipliée par la même quantité 7 ; voilà donc ces deux

SECONDE PARTIE, CHAP. VII.

1468. Voilà donc le temps que marchera ce rouage sans être remonté ; il faut à présent trouver le nombre de tours de la roue d'échappement, pendant un tour de la roue des minutes.

1469. La roue des minutes a 78 dents, elle engrene dans un pignon de 7 ; ce pignon porte la 4e roue, qu'on appelle *roue de champ* ; celle-ci a 76 dents, elle engrene dans un pignon 7, qui porte la 5e roue, qui est celle d'échappement, dont il s'agit de trouver le nombre de tours en une heure ; après quoi on trouvera le nombre de dents qu'il faudra mettre sur cette roue, pour faire battre à un pendule donné le nombre de vibrations qui lui est propre.

Roue 3e : 78 dents.. engrene pignon ... 7 : qui fait .... 11 tours $\frac{1}{7}$
Roue 4e : 76 .... 7 : .... 10 ... $\frac{6}{7}$

$$\frac{78}{1}\left(\frac{?}{?}=11\text{ tours }\tfrac{1}{7}\right)$$
$$\frac{76}{6?}\left(\frac{?}{?}=10\text{ tours }\tfrac{6}{7}\right)$$

$$\begin{array}{c} 110 \\ 1 \quad \tfrac{1}{7} \\ 9: \quad \tfrac{6}{7} \\ \hline \tfrac{6}{49} \\ 120 \quad \tfrac{6}{7}+\tfrac{6}{49} \end{array}$$

1470. Le rochet fait donc 120 tours $\frac{6}{7}$ plus $\frac{6}{49}$ par heure, ce qu'on peut estimer sans erreur à 121 tours.

1471. 2°, Trouver le nombre de dents qu'il faut mettre à une roue d'échappement, pour qu'un pendule donné fasse la quantité de vibrations qui lui est propre. Maintenant, si on veut que ce rochet fasse mouvoir un pendule de 12 pouces, par exemple, il faut chercher dans la table des longueurs des Pendules, placée à la fin du livre, quel est le nombre de vibrations que fait un pendule de 12 pouces en une heure, on trouvera 6300 : or on a vu que chaque dent de la roue d'échap-

---

fractions $\frac{2}{7}$ & $\frac{1}{14}$ changées en celles-ci $\frac{28}{98}$ & $\frac{21}{98}$, qui ont la même valeur que les premieres, & ont de plus un dénominateur commun ; il ne faut plus que faire l'addition des deux numérateurs, & on aura $\frac{49}{98}$ égale $\frac{1}{2}$, dont le dénominateur est 98 ; ainsi la valeur des deux fractions $\frac{28}{98}$ & $\frac{21}{98}$ est $\frac{49}{98}$, qui est égale à $\frac{1}{2}$, plus $\frac{1}{14}$: voilà en gros les opérations que l'on emploie communément dans le calcul des fractions ; opérations qui sont nécessaires pour différents calculs de rouages & autres ; je ne me suis arrêté qu'à ce qui étoit relatif à mon Ouvrage ; mais cet exemple pourra suffire pour donner une idée des fractions ; ainsi on pourra appliquer ces méthodes à tous autres exemples & sujets, quelle que soit la nature des fractions ; ce qui ne change point la manière d'opérer.

pement fait faire deux vibrations au pendule; ainsi chaque tour du rochet ou roue d'échappement fait faire le double de vibrations du nombre de dents qu'elle a. Si donc on double le nombre des tours de cette roue, & qu'on divise 6300 par ce nombre, on aura celui des dents de la roue d'échappement. On a trouvé que le rochet fait 121 tours par heure; le double de ce nombre est 242; je divise donc 6300 par 242; 6300 ($\frac{242}{26}$ =

$$\frac{1460}{8}$$

on trouvera pour quotient 26 (*). Ainsi 26 est le nombre de dents le plus approchant qu'il faut mettre à une roue d'échappement, qui fait 121 tours par heure, pour qu'elle fasse battre au Pendule 6300 vibrations par heure; & pour s'assurer que l'on a bien opéré, il ne faut que multiplier 121 par le double de 26 dents du rochet :

$$\begin{array}{r} 121 \\ 52 \\ \hline 242 \\ 605 \\ \hline 6292 \end{array}$$

on trouve que cela donne 6292, qui est le nombre de vibrations que peut faire battre un tel rouage, pour qu'il soit le plus approchant de 6300; ces 8 vibrations de différence se corrigent en réglant l'Horloge, dont le pendule devient seulement un peu plus court.

Trouver le temps de la marche d'une Montre, & le nombre des vibrations qu'elle fait par heure.

1472. C'est par des méthodes semblables à celles dont

(*) On trouve 26 avec un reste $\frac{8}{242}$, qu'il faut négliger; car on ne peut pas faire une roue qui ait des fractions de dents : s'il étoit resté de la division un nombre qui ne fût qu'un peu moindre que le diviseur, il faudroit augmenter le quotient d'une unité; par exemple, si au lieu de 8 restant de la division, on avoit 230, ce qui feroit $\frac{230}{242}$, qui ne diffère de l'unité que de $\frac{12}{242}$, on prendroit pour quotient 27 au lieu de 26; il faut donc prendre l'unité qui approche le plus près de la valeur de la fraction.

SECONDE PARTIE, CHAP. VII.

je viens de me servir, que l'on trouvera le temps de la marche d'une montre ou de toute autre machine. Je ferai donc simplement l'application de ces méthodes, pour trouver le temps de la marche d'une montre, ainsi que le nombre de ses vibrations. Soit (*Planche VI, fig.* 2) le rouage d'une montre, on veut savoir combien il faut que la premiere roue fasse de tours pour que la montre marche 30 heures, & quel est le nombre de vibrations qu'elle bat par heure.

1473. La roue B, qui est celle de fusée, a 54 dents; elle engrene dans un pignon *a* de 12, qui porte la grande roue moyenne; cette roue fait un tour par heure; son pignon porte la tige prolongée, sur laquelle s'ajuste l'aiguille des minutes: cette roue fait donc 4 tours & demi pour un de la roue de fusée: ainsi divisant par $4\frac{1}{2}$ le nombre 30, (qui est le temps qu'on veut que la montre aille sans monter); on aura le nombre des tours de la roue de fusée en 30 heures; on trouvera qu'il faudra qu'elle fasse six tours deux tiers. La grande roue moyenne C a 60 dents, elle engrene dans le pignon *b* de 6 dents, lequel porte la petite roue moyenne D, qui a 48 dents; celle-ci engrene dans le pignon *c* de 6, qui porte la roue de champ E; celle-ci a 42 dents, & engrene dans le pignon 7 de la roue de rencontre R, laquelle a 15 dents.

Roue C.... 60 engrene pignon 6, fait... 10 tours.
Roue D.... 48 .... 6 8
                                    ─────
                                     80
Roue E.... 42 .... 7 6
                                    ─────
                                    480
Roue R.... 15 dents dont le double est 30
                                    ─────
                                   14400

Ainsi cette montre fait battre au balancier 14400 vibrations par heure.

Des nombres de dents qu'on peut mettre aux rouages des Montres à huit jours, qui battent 3600 vibrations par heure.

1474. Soit encore un rouage de montre, dont on veut trouver le temps & le nombre des vibrations, je suppose la première roue que je nomme A, ou de fusée, ait 60 dents, & engrene dans un pignon de 12, qui porte la grande roue moyenne B qui ait 60 dents, laquelle engrene dans un pignon de 10, dont l'axe prolongé porte l'aiguille des minutes : ce pignon porte la roue C, que j'appelle aussi *roue des minutes*.

1e Roue A, 60 engrene pignon 12, qui fait 5 tours
2e Roue B, 60 : 10 6
                                                            30 tours.

Ainsi la roue des minutes C fait 30 tours pour un de la roue A : or comme cette roue de minute C fait un tour par heure, il suit que la première, ou roue de fusée A, fait un tour en 30 heures ; si donc on veut qu'une telle montre puisse marcher huit jours, sans avoir besoin d'être remontée, il faut pour cet effet chercher quel nombre de tours doit faire faire le ressort à la fusée en huit jours ; on réduira pour cela ces huit jours en heures, ce qui fait 192 heures que je divise par 30 nombre de tours de la roue C des minutes, pour un de celle de fusée :

$$\begin{array}{r} 24 \\ 8 \\ \hline 192 \end{array} \Big) \begin{array}{l} 30 \\ 6\frac{12}{30} = 6\frac{4}{10} \end{array}$$

Cela donne six tours & quatre dixiemes, c'est-à-dire, environ 6 tours un tiers : une Montre qui aura les roues marquées ci-dessus, & dont le ressort fera 6 tours $\frac{4}{10}$, marchera donc huit jours sans remonter.

1475. Paſſons maintenant au nombre de vibrations de ce mouvement de montre : la roue de minute C a 60 dents ; elle engrene dans un pignon de 8, qui porte la petite roue moyenne D ; celle-ci a 64 dents, elle engrene dans un pignon 8, qui porte la roue E d'échappement.

Roue C, 60 dents, engrene pignon 8, qui fait 7 tours $\frac{1}{2}$
Roue D, 64 . . . . 8, . . . 8
                                                    —————
                                                       56
                                                        4
                                                    —————
                                                    60 tours.

1476. Le pignon qui porte la roue E, fait donc 60 tours pour un de la roue des minutes C : or celle-ci fait un tour par heure ; par conſéquent la roue E fait un tour par minute, elle peut donc ſervir à marquer les ſecondes. Il reſte à fixer le nombre de dents de la roue E : pour cet effet je ſuppoſe, par exemple, que cette montre doit battre 7200 vibrations par heure ; il faut chercher le nombre de la roue qui peut convenir. Je me ſers de la même méthode que j'ai employée pour trouver le nombre de la roue d'échappement de pendule, c'eſt de doubler le nombre de tours que fait la roue E par heure (c'eſt 60 dont le double eſt 120) : il faut diviſer 7200 par ce nombre-ci . . . . . 7200 ($\frac{120}{60}$, & on aura le nombre de dents de la roue E, que je trouve être de 60 ; ainſi en faiſant la roue E de 60 dents, cette montre battra 7200 vibrations par heure ou deux vibrations par ſecondes, puiſqu'il y a 3600 ſecondes en une heure, & que 7200 eſt double de 3600. Enfin, ſi au lieu de mettre 60 dents ſur cette roue, on n'en mettoit que 30, elle feroit pour lors des vibrations, dont la durée feroit d'une ſeconde de temps ; car le double de 30 (c'eſt-à-dire 60) étant multiplié par 60 nombre de tours de la roue E par heure, donne 3600 nombre de ſecondes par heure. Je me ſuis arrêté long-temps ſur ces objets, mais on ſe ſouviendra que je n'écris pas pour ceux qui ſavent.

CHAPITRE VIII.

Méthode pour trouver le nombre de dents qu'il faut mettre aux roues d'un Rouage donné.

1477. Pour faire commodément le calcul des révolutions des différentes parties d'un rouage, on peut partager ces parties par assemblages de deux pieces engrenés, dont l'une est celle qui mene, & l'autre est celle qui est menée; alors le mouvement d'une piece menée est repréfenté par la valeur d'une fraction, dont le nombre des dents de la piece qui mene est le numérateur, & celui de la piece menée est le dénominateur : & le mouvement de la derniere piece menée par la combinaison de tant d'assemblages qu'on voudra, est exprimé par la valeur du produit de la multiplication de chacune des fractions qui repréfentent ces assemblages.

1478. Par exemple, une roue de 84 dents menant un pignon de 12, forme un assemblage que l'on doit exprimer par la fraction $\frac{84}{12}$; dont la valeur exprime le mouvement de la piece menée qui est ici le pignon, c'est-à-dire, que cette valeur exprime le nombre de tours que fait le pignon, tandis que la roue en fait un. Or la valeur d'une fraction, c'est le quotient du numérateur divifé par le dénominateur; & le quotient de 84 divifé par 12 est 7; donc le pignon fait 7 tours, tandis que la roue en fait un.

1479. Les Arithméticiens expriment la valeur d'une fraction par une autre fraction, qu'ils appellent *réduite aux termes les plus simples;* savoir, en divifant fans reste, quand cela est possible, le numérateur & le dénominateur chacun par un même plus grand nombre possible; car c'est une propriété des fractions que la valeur de la quantité qu'une fraction

SECONDE PARTIE, CHAP. VIII.

repréfente, ne change pas par quelques nombres qu'on multiplie, ou qu'on divife le numérateur, puis le dénominateur: ainfi multipliant 84 & 12 par un nombre à volonté comme 5, on a $\frac{420}{60}$, qui eft une fraction de même valeur que $\frac{84}{12}$; divifant 84 & 12 par un nombre quelconque, comme 6, on a $\frac{14}{2}$, fraction de même valeur que $\frac{84}{12}$: or dans une divifion, le quotient eft d'autant plus petit que le divifeur eft plus grand; donc pour qu'une fraction foit réduite aux termes les plus fimples, il faut que fes deux termes foient divifés, ou par le dénominateur ou par le nombre le plus approchant du dénominateur. Dans cet exemple, divifant 84 & 12 par le dénominateur 12, on a pour quotients 7 & 1, avec lefquels on peut faire la fraction $\frac{7}{1}$, qui eft réduite aux termes les plus fimples.

1480. Lorfqu'une fraction réduite aux termes les plus fimples a 1 pour dénominateur, fa valeur eft exprimée par le numérateur: ainfi la valeur de la fraction $\frac{84}{12}$ ou de $\frac{7}{1}$ eft 7. C'eft pour cela qu'on a dit que la valeur d'une fraction qui repréfente un affemblage de deux pieces engrenées, exprime le mouvement de la piece menée.

1481. Selon les mêmes principes, fi l'axe du pignon dont on vient de parler, porte une roue B de 80 dents, engrenée dans un autre pignon de 10 dents, ce fecond affemblage fera repréfenté par la fraction $\frac{80}{10}$, qui réduite aux termes les plus fimples, eft $\frac{8}{1}$, & exprime le mouvement du fecond pignon, lequel fait par conféquent 8 tours, tandis que la roue B en fait un. Delà on voit que ce pignon fait 7 fois 8 tours, tandis que la roue A en fait un. Or 7 fois 8 eft la même chofe que $\frac{7}{1}$ multiplié par $\frac{8}{1}$; & $\frac{7}{1}$, $\frac{8}{1}$ font de même valeur que $\frac{84}{12}$ & $\frac{80}{10}$; donc $\frac{84}{12}$ multiplié par $\frac{80}{10}$, exprime le mouvement du fecond pignon; & ainfi en général on conclura que le produit de chacune des fractions, qui repréfente autant d'affemblages de deux pieces engrenées, exprime le mouvement de la derniere piece menée, de forte que pour avoir le nombre de tours que cette derniere piece fait, tandis que la premiere piece qui mene en fait un, il faut divifer le produit des numérateurs de ces fractions par le produit des dénominateurs : si par exemple on multiplie $\frac{84}{12}$ par $\frac{80}{10}$, on aura $\frac{6720}{120}$, & divisant 6720 par 120, on a comme ci-dessus 56, pour le nombre de tours du second pignon.

1482. De même pour exprimer le mouvement du rouage de la Pendule à secondes, (*Planche XX, fig.* 4) où les roues *A* de 84, *B* de 80, *C* de 80, *D* de 75, menent les pignons *a* de 12, *b* de 10, *c* de 10, *d* de 10; on a $\frac{84}{12} \times \frac{80}{10} \times \frac{80}{10} \times \frac{75}{10} = \frac{40320000}{12000}$, qui se réduit par la division du dénominateur par le numérateur à 3360, ou bien en réduisant chaque fraction aux termes les plus simples, on a $\frac{7}{1} \times \frac{8}{1} \times \frac{8}{1} \times \frac{7\frac{1}{2}}{1} = 3360$.

1483. Il suit enfin des mêmes principes, que puisque $\frac{84}{12} \times \frac{80}{10} \times \frac{80}{10} \times \frac{75}{10} = \frac{84 \times 80 \times 80 \times 75}{12 \times 10 \times 10 \times 10}$, & qu'en quelque ordre qu'on arrange les nombres qui sont dans le numérateur de cette derniere expression, & ceux qui sont dans le dénominateur, on a toujours le même produit ; il suit, dis-je, que de quelque façon qu'on combine des roues & des pignons, dont le nombre de dents est déterminé, on ne peut produire que le même mouvement ; c'est-à-dire, que la derniere piece menée fera toujours le même nombre de tours pour un de la premiere qui mene, bien entendu que dans cette combinaison on ne fera pas mener des roues par des roues, ou des pignons par des pignons.

REGLE générale pour trouver le nombre des dents des Roues & des Pignons qui doivent produire un nombre de tours donné.

PREMIERE PARTIE.

1484. Soit proposé, par exemple, de faire faire 3600 tours à la derniere roue d'un rouage tandis que la premiere en fait un. 1°. Divisez le nombre donné 3600 par 2, puis le quotient encore par 2, le second quotient encore par 2, & toujours

toujours ainsi de suite, jusqu'à ce qu'on trouve un quotient qui ne soit plus divisible par 2 sans reste. Alors divisez ce quotient par 3, & le quotient de ce quotient par 3, & ainsi de suite, jusqu'à ce qu'on en trouve un qui ne puisse plus être divisé par 3 : alors divisez ce dernier quotient par 5 ; & si cela se peut sans reste, divisez encore le nouveau quotient par 5, & ainsi de suite, jusqu'à ce que vous trouviez un quotient qui ne soit plus divisible sans reste par 5 : divisez ce dernier quotient par 7, & s'il se trouve un nouveau quotient sans reste, divisez-le encore par 7, &c, jusqu'à ce que le dernier quotient soit 1.

1485. Cette regle s'exprime ainsi en ce peu de mots, que les Mathématiciens entendront facilement : Prenez tous les nombres premiers qui sont les diviseurs exacts du nombre donné.

1486. Dans cet exemple, je divise 3600 par 2 ; j'ai pour quotient 1800 que je divise par 2 ; j'ai 900 que je divise par 2 ; j'ai 450 que je divise par 2, & j'ai 225 ; ce dernier quotient n'étant pas pair n'est plus divisible par 2 ; je le divise donc par 3, & j'ai 75 que je divise par 3, & j'ai 25 ; or 25 ne peut plus être divisé sans reste par 3 ; je le divise donc par 5, & j'ai 5 que je divise par 5, & j'ai pour dernier quotient 1.

1487. II. Ayant écrit à part tous les diviseurs qui ont été employés dans cette opération, c'est ici 2, 2, 2, 2, 3, 3, 5, 5, partagez-les en autant de lots que vous voulez employer de roues, comme 4, par exemple ; vous pouvez prendre pour lots 2, 2, 2, puis 2, 3, ensuite 3, 5, enfin 5 : ou bien 2, 3 ; 2 ; 3 ; 2, 5 ; 2, 5 : ou bien 2, 5 ; 2, 5 ; 2, 2 ; 3, 3 ; &c.

1488. III. Ayant fait les lots, multipliez ensemble les nombres qui les composent chacun, & écrivez comme ci-dessus les produits en autant de fractions, dont le dénominateur soit 1 ; ainsi, selon la premiere combinaison, on aura $\frac{8}{1} \times \frac{6}{1} \times \frac{15}{1} \times \frac{5}{1}$: selon la seconde, $\frac{6}{1} \times \frac{6}{1} \times \frac{10}{1} \times \frac{10}{1}$: selon la troisieme, $\frac{10}{1} \times \frac{10}{1} \times \frac{4}{1} \times \frac{9}{1}$.

1489. IV. Multipliez chacun des deux termes de chaque fraction par un même nombre à volonté, mais qui doive exprimer le nombre de dents des pignons; par exemple, dans la premiere combinaison, je multiplie les deux termes de $\frac{8}{1}$ par 10 & j'ai $\frac{80}{10}$: les deux termes de $\frac{6}{1}$ par 12, & j'ai $\frac{72}{12}$; les deux termes de $\frac{15}{1}$ par 7, & j'ai $\frac{105}{7}$; les deux termes de $\frac{5}{1}$ par 9, & j'ai $\frac{45}{9}$.

1490. V. Réunissez tous vos produits en une même fraction, ainsi j'ai $\frac{80 \times 72 \times 105 \times 45}{10 \times 12 \times 7 \times 9}$.

1491. VI. Enfin, choisissez dans les nombres du dénominateur (qui expriment les dents des pignons) ceux que vous voudrez ajuster aux nombres du numérateur (qui expriment les dents des roues): ainsi je pourrai exécuter le rouage par une roue de 45 qui mene un pignon de 7, par une roue de 72 qui mene un pignon de 9, par une roue de 80 qui mene un pignon de 12, & par une roue de 105 qui mene un pignon de 10, &c.

1492. On voit par-là qu'il y a un très-grand nombre de combinaisons à choisir, & que l'on ne doit donner la préférence qu'à celles qui proportionnent la grandeur des nombres aux diamétres des roues, & à l'effort qu'elles ont à vaincre.

1493. Comme la pratique de cette regle n'est commode que lorsque le nombre donné est susceptible d'un grand nombre de divisions successives, par les nombres 2, 3, 5, 7, 11, & que de plus grands diviseurs premiers donneroient des roues trop nombrées, & que les nombres qui se divisent successivement par des petits diviseurs sont très-bornés, il faut rendre cette regle d'un usage plus étendu.

II. Exemple.

1494. Si on veut faire faire 205 tours à la derniere roue d'un rouage, pendant que la premiere en fait un, je prends les nombres premiers de 205, & je trouve 5 & 41 dont je fais deux lots pour avoir deux roues; ainsi j'ai $\frac{5}{1}$ & $\frac{41}{1}$; je veux employer des pignons de 6 ailes, ce qui donne $\frac{30}{6} \times \frac{246}{6}$ = 205; mais $\frac{41}{1}$ multiplié par 6, qui est le pignon le moins nombré que l'on doive employer, donne une roue 246 d'un

Seconde Partie, Chap. VIII.   43

trop grand nombre de dents, & trop disproportionnée à la roue 30; ainsi la regle que nous venons de donner est applicable à trop peu de nombres. Mais on la rendra beaucoup plus générale par la méthode suivante, qui est une suite de la même regle, & qui donne des rouages mieux proportionnés, par la raison que lorsque par la premiere regle on trouve un diviseur premier trop grand pour pouvoir être multiplié par les ailes du pignon, on peut recourir à la seconde que nous allons donner, laquelle rejette ce premier diviseur pour servir à former une roue.

II. Partie de la Regle.

1495. Faites un produit des ailes qu'on veut donner aux pignons, par lequel produit vous multiplierez le nombre des révolutions qu'on veut avoir; prenez autant de racines de ce second produit que vous voulez avoir de roues.

I. Exemple.

1496. Je prends pour exemple le précédent, par lequel on demande qu'une roue menée fasse 205, tandis que la premiere qui mene en fait un. On veut employer deux roues & deux pignons de 6 ailes chacun : je les multiplie l'un par l'autre, ce qui donne 36 ; par lequel nombre je multiplie 205 ; vient 7380, dont je prends tous les diviseurs premiers que j'écris de haut en bas comme on le voit :

```
7380|2
3690|2,4
1845|3,6,12
 615|3,9,18,36
 205|5,20,30,60,45,90,180
  41|41,82,123,146, &c.
   1|
```

1497. Je multiplie le premier diviseur 2 par le second 2, & j'écris le produit 4 à la droite du deuxieme diviseur;

F ij

ensuite je multiplie le premier diviseur 2, & le produit 4 par le troisieme diviseur 3 : j'écris les produits 6 & 12 à la droite du troisieme diviseur. Je multiplie de même par le quatrieme diviseur tout ce qui est au-dessus, en omettant d'écrire ceux qui sont déja écrits, & ainsi de suite jusqu'au dernier diviseur; tous ces produits seront autant de diviseurs justes du nombre proposé 7380.

1498. Pour avoir les deux roues qu'on cherche, entre ces diviseurs prenez-en un à discrétion, qui servira pour une roue, comme 60, par exemple; divisez ensuite 7380 par 60, le quotient donnera 123 pour la seconde roue; mais comme ces deux roues sont trop inégales en nombre, au lieu de 60 je prends 90, par lequel je divise 7380, je trouve pour quotient 82; ainsi les deux roues sont 90 & 82, & les pignons ont été choisis de 6 ailes; j'ai donc $\frac{90}{6} \times \frac{82}{6} = 205$.

1499. On voit que cette méthode fournit une très-grande quantité de nombres qui remplissent les conditions requises, & que le choix fait parmi ces nombres pour une des roues, donne l'autre; mais pour abréger, on peut le faire comme dans l'exemple suivant.

II. Exemple.

1500. On veut faire faire 255 tours à la derniere roue d'un rouage, tandis que la premiere en fait un, & l'on veut employer deux roues & deux pignons. Les deux pignons étant de 6, leur produit sera 36, par lequel on multipliera 255, & l'on aura 9180, dont on prendra tous les diviseurs premiers, qui sont 2, 2, 3, 3, 3, 5, 17. (Je multiplie ces nombres premiers deux à deux, puis trois à trois, ensuite quatre à quatre, cinq à cinq, &c, en omettant d'écrire les produits qui le sont déja, & j'ai par ce moyen tous les nombres qui peuvent diviser sans reste le nombre proposé. J'ai donc $2 \times 2 = 4$, $2 \times 3 = 6$, $2 \times 5 = 10$, $2 \times 17 = 34$, $3 \times 3 = 9$, $3 \times 5 = 15$, $3 \times 17 = 51$, $5 \times 17 = 85$, $2 \times 2 \times 3 = 12$, $2 \times 2 \times 5 = 20$, $2 \times 2 \times 17 = 68$, $2 \times 3 \times 5 = 30$, $2 \times 3 \times 17 = 102$, $2 \times 5 \times 17 = 170$, $3 \times 3 \times 3 = 27$, $3 \times 3 \times 5 = 45$, $3 \times 3 \times 17 = 153$, $3 \times 5 \times 17 = 255$,

$2\times2\times3\times3=36, 2\times2\times3\times5=60, 2\times2\times3\times17=204,$
$2\times3\times3\times3=54, 2\times3\times3\times5=90, 2\times3\times3\times17=306,$
$2\times3\times5\times17=510, 3\times3\times3\times5=135, 3\times3\times3\times17=459,$
$3\times3\times5\times17=765, 2\times2\times3\times3\times3=108, 2\times2\times3\times3\times5$
$=180, 2\times2\times3\times3\times17=612, 2\times3\times3\times3\times5=270, 2\times$
$3\times3\times3\times17=918, 3\times3\times3\times5\times17=2295, 2\times2\times3\times3\times3$
$\times5=540, 2\times2\times3\times3\times3\times17=1836, 2\times3\times3\times3\times5\times17$
$=4590, 3\times3\times3\times5\times17$, &c.) Ceci étant trop long...

1501. Je prends à volonté le produit de deux, de trois, de quatre, de cinq, &c, de ces diviseurs, selon que je juge que ce produit donne un nombre propre à faire une de mes roues, & le produit des autres diviseurs sera le nombre de dents de l'autre roue : ainsi ayant pris $2\times2\times3\times5$, qui fait 60 nombre de dents d'une des roues, les autres diviseurs $3\times3\times17$ donnent 153 pour le nombre des dents de l'autre roue; mais comme ce nombre est trop grand, je choisis une autre combinaison des diviseurs; par exemple, $2\times3\times3\times5$ qui fait 90; les autres $2\times3\times17$ donnent 102; ainsi mes roues doivent avoir l'une 90, & l'autre 102 dents.

Problème Premier.

Trouver les dents des roues pour former un rouage de Montre, qui soit tel, que tandis que la roue des minutes fait un tour, le balancier batte 15200 vibrations.

1502. Je remarque, que pour n'avoir pas des roues trop nombrées, il faudra employer, ainsi que cela se pratique pour les montres ordinaires, quatre roues & trois pignons, dont le dernier portera la roue de rencontre qui sera la quatrieme roue : j'employe des pignons de 6 ailes dont le produit est 216, que je multiplie par 15200, j'ai le produit 3283200, qu'il faut diviser d'abord par le double du nombre de dents que je veux donner à la roue d'échappement (à cause que chaque dent d'échappement produit deux vibrations) : je prends pour la roue d'échappement un nombre, dont le double divife fans refte 3283200 ; je prends, par exemple 15, dont le double 30 donne pour quotient 109440, dont je cherche tous les divifeurs qui font nombres premiers ; ce font 2. 2. 2. 2. 2. 2. 2, 3. 3. 5. 19. Je partage ces nombres en trois lots (*) pour mes trois roues, obfervant feulement que le produit de chaque lot faffe un nombre de dents propre à l'efpece d'Horloge dont il s'agit : par exemple, je prends $2 \times 2 \times 2 \times 2 \times 3 = 48$, puis $2 \times 2 \times 2 \times 5 = 40$, enfin $3 \times 19 = 57$: ainfi mes roues font de 48, 40 & 57 dents : ou bien je prens $2 \times 2 \times 2 \times 2 \times 2 \times 2 = 64$, $3 \times 3 \times 5 = 45$, & $2 \times 19 = 38$.

PROBLEME II.

Trouver les nombres à mettre à un rouage pour avoir une roue qui acheve fa révolution en 365 jours.

1503. JE SUPPOSE qu'on veuille faire conduire cette roue de 365 par une roue qui faffe un tour en 12 heures, & que l'on veuille employer deux roues & deux pignons de 6 ailes ; on aura donc la roue de 12 heures qui devra faire 730 tours, pendant que la roue annuelle en fait un ; on multipliera 730 par le produit des deux pignons qui eft 36 ; ce qui donne 26280, dont on cherchera les nombres premiers, 2, 2, 2, 3, 3, 5, 73 qu'on divifera en deux lots, comme $2 \times 73, = 146$, & $2 \times 2 \times 3 \times 3 \times 5 = 180$; on a donc $\frac{146}{6} \times \frac{180}{6} \times 12^h = 365$ jours.

PROBLEME III.

Trouver les nombres de dents des roues propres à former un rouage, pour qu'une roue faffe fa révolution en 365 jours 6 heures.

1504. JE REDUIS 365 jours en heures, en multipliant 365 par 24, ce qui donne 8760 ; j'ajoute 6 heures, & j'ai 8766 :

(*) Si le rouage eût été compofé de quatre roues, outre celle de rencontre, il eût fallu partager les divifeurs en quatre lots, &c.

SECONDE PARTIE, CHAP. VIII.

c'est-à-dire, que la roue des minutes devra faire 8766 tours, tandis que la roue annuelle en fera un : ce rouage pourra être fait avec trois roues & trois pignons ; je donne 6 ailes à chaque pignon, leur produit est 216, que je multiplie par 8766 ; ce qui donne 1893456 dont je cherche tous les diviseurs premiers, & j'ai 2, 2, 2, 2, 3, 3, 3, 3, 3, 3, 487; le dernier diviseur fait voir qu'il faudra employer une roue de 487 dents, je partage les autres en deux lots, comme $2 \times 2 \times 2 \times 3 \times 3 = 72$, & $2 \times 3 \times 3 \times 3 = 54$; on a donc $\frac{487}{6} \times \frac{72}{6} \times \frac{54}{6} \times 1^h = 365$ jours 6^h.

PROBLEME IV.

Trouver les nombres de dents qu'il faut mettre à un rouage d'Horloge à sonnerie, pour la faire marcher 96 jours sans remonter.

1°. Du mouvement de l'Horloge.

1505. Je suppose que l'on veuille employer un pendule de 14 pouces une ligne, on cherchera dans la table des longueurs des pendules (qui est à la fin de la II. Partie) quel est le nombre de vibrations qu'un tel pendule fait en une heure; on trouve 5800.

1506. Pour produire ce nombre de vibrations, & pour n'avoir pas des roues d'un trop grand nombre de dents, il faudra employer trois roues & deux pignons : savoir, la roue de minute, celle de champ & la roue d'échappement. Pour les deux pignons, je leur donne un nombre d'ailes à volonté comme 6, dont le produit est 36 par lequel je multiplie 5800, ce qui donne 208800 ; je choisis pour les dents de la roue d'échappement un nombre dont le double puisse diviser 208800 sans reste ; je prends 30 dont le double est 60, j'ai pour quotient 3480, dont je cherche tous les nombres premiers 2, 2, 2, 3, 5, 29 que je partage en deux lots, comme $2 \times 2 \times 3 \times 5 = 60$, & $2 \times 29 = 58$; ainsi j'ai, roue de minute 60, roue de champ 58, & roue d'échappement 30, & deux pignons, ce qui produit 5800 vibrations ; car $\frac{60}{6} \times \frac{58}{6} \times 30 \times 2 = 5800$; voilà pour les vibrations.

1507. Maintenant pour trouver les autres roues du rouage, afin de faire marcher l'Horloge 96 jours, il faut d'abord chercher le nombre d'heures que contiennent 96 jours, ce que l'on trouvera en multipliant 96 par 24, on aura 2304: suppofant que la premiere roue du mouvement peut faire 9 tours en 96 jours, foit par un poids dont la corde entoure 9 fois le cylindre, foit par un reffort mis dans un barillet ; en divifant 2304 par 9, le quotient 256 marquera le nombre de tours que doit faire la roue de minutes pour un de la premiere roue : je fuppofe qu'on veuille produire ce mouvement par deux roues & deux pignons, la premiere roue, & la grande moyenne, & que l'on veuille employer des pignons de 8, on fera le produit des pignons qui eft 64 ; on multipliera 256 par 64, on prendra les nombres premiers, divifeurs du produit 16384, on aura 2,2,2,2,2,2,2,2,2,2,2,2,2,2 ; qu'on partagera en deux lots, comme $2 \times 2 \times 2 \times 2 \times 2 \times 2,2,= 128$ & $2 \times 2 \times 2 \times 2,2,2,2 = 128$.

2°. *Du rouage de la fonnerie.*

1508. La seconde roue d'une fonnerie ordinaire porte la roue de compte, & fait un tour en 12 heures ; & comme une telle fonnerie fonne les heures & les demies, le marteau frappe 90 coups, pendant que la roue de compte fait un tour; ainfi en plaçant 90 chevilles fur cette roue, ces chevilles ferviroient à faire frapper le marteau ; mais comme ces chevilles feroient fort près les unes des autres (à moins de faire la roue très-grande) leur effet avec la levée de marteau, demanderoit une précifion qui n'eft pas à la portée de tous les Ouvriers; c'eft pour prévenir cet inconvénient que l'on place les chevilles fur une roue particuliere : on l'appelle *Roue de cheville*, (81) qui eft menée par la roue de compte : fi donc on place 10 chevilles fur cette roue, il faudra qu'elle faffe 9 tours pour un de celle de compte ; & fi on donne 8 dents au pignon de la roue de cheville, la roue de compte devra avoir 72 dents ; maintenant pour trouver le nombre de dents de la roue de cheville, on obfervera qu'il faut que la roue d'arrêt (82) dans

SECONDE PARTIE, CHAP. VIII.

pignon de laquelle elle engrene, faſſe un tour à chaque coup de marteau ; or à chaque tour de la roue de cheville il en frappe 10, ainſi la roue d'arrêt devra faire dix tours pour un de celle des chevilles ; ſi donc on donne 6 ailes au pignon de la roue d'arrêt, celle des chevilles aura 60 dents : quant aux nombres de dents de la roue d'arrêt & de celle de volant, il dépend & de la force du moteur & de la largeur que l'on veut donner au volant ; on donne communément 54 dents à celle d'arrêt & 48 à celle de volant, & on emploie des pignons de 6.

1509. Pour faire marcher la ſonnerie pendant 96 jours ſans la remonter, la roue de compte devra faire 2 fois 96 tours, puiſqu'elle met 12 heures à chaque révolution ; ſi donc on ſuppoſe que la premiere roue de ſonnerie doit faire 9 tours en 96 jours, en diviſant 192 par 9, le quotient $21\frac{1}{3}$ ſera le nombre de tours que devra faire la roue de compte pour un de la premiere ; il faudra employer deux roues & deux pignons ; je prends des pignons de 12 dont le produit eſt 144, que je multiplie par $21\frac{1}{3}$, ce qui donne 3072, dont je prends les diviſeurs premiers 2, 2, 2, 2, 2, 2, 2, 2, 2, 2, 3 que je partage en deux lots comme $2\times2\times2\times2\times2\times2=64$, & $2\times2\times2\times2\times3=48$: Voici donc le rouage de cette Horloge.

Mouvement.

$$\frac{128}{8} \times \frac{128}{8} \times \frac{60}{6} \times \frac{58}{6} \times 30 \times 2.$$

Sonnerie.

$$\frac{48}{12} \times \frac{64}{12} \times \frac{72}{8} \times \frac{60}{6} \times \frac{54}{6} \times \frac{48}{6}.$$

PROBLEME V.

Trouver le nombre de dents qu'il faut mettre à un Rouage de Montre à ſecondes d'un ſeul battement, pour la faire marcher un an ſans remonter.

1510. JE SUPPOSE que la fuſée peut faire 12 tours $\frac{1}{7}$, pour faire marcher la montre 368 jours 13^{h}, & que l'on veut

II. Partie.

employer 4 roues & 4 pignons; favoir 3 pignons de 6 & un de 8, & que le dernier pignon fera un tour par minute, & portera une cinquieme roue qui fera celle d'échappement : dans cette fuppofition la roue de fufée fera un tour en 30 jours 5 heures, ce qui donne 43500 minutes, c'eft-à-dire, que la roue d'échappement fera 43500 révolutions pour une de la fufée.

1511. Pour trouver les nombres des 4 roues, il faut faire le produit des 4 pignons qui eft 1728, & multiplier 43500, par ce produit, on aura 75168000, dont on trouvera tous les nombres premiers qu'on partagera en quatre lots convenables;

$$\text{comme } 2 \times 2 \times 29 = 116$$
$$2 \times 2 \times 3 \times 3 \times 3 = 108$$
$$2 \times 2 \times 5 \times 5 = 100$$
$$2 \times 2 \times 3 \times 5 = 60$$
$$\frac{116}{8} \times \frac{108}{6} \times \frac{100}{6} \times \frac{60}{6} = 43500.$$

1512. Si donc on place fur le quatrieme pignon une roue d'échappement qui ait 30 dents, & que le balancier faffe une vibration par feconde, cette roue fera un tour par minute (26) & par conféquent la roue de fufée demeurera 30 jours 5 heures à faire une révolution ; ainfi en faifant faire 12 tours $\frac{1}{7}$ de chaîne à la fufée, la montre marchera 368 jours 13^h. fans remonter : maintenant pour faire tourner les aiguilles des minutes & des heures, on le fera de la maniere que je l'ai pratiqué à la montre à équation d'un mois, c'eft-à-dire, que l'axe du troifieme pignon portera un pignon de rapport, qui menera la roue des minutes : or ce troifieme pignon porte la quatrieme roue qui mene le pignon d'échappement; on choifira la roue de 60 dents, elle reftera donc 10 minutes à faire un tour ; elle devra donc faire 6 tours pour un de la roue de minute ; ainfi en plaçant fur l'axe du troifieme pignon un pignon de 10 ailes qui engrene dans une roue de 60, cette derniere fera un tour par heure : le refte comme il eft marqué dans le calibre de la montre d'un mois (*Planche VIII, fig.* 4) & expliqué, art. 328.

Le même rouage peut fervir pour une pendule d'un an.

1513. Il faut observer, par rapport à la distribution des dents des premieres roues, lorsque c'est des horloges à ressort, que les roues de barillet, quoique les plus grandes, ne doivent pas être les plus *chargées de nombres*, par la raison qu'il faut que les dents soient très-fortes pour pouvoir résister au choc violent des ressorts qui cassent : cette observation n'est pas applicable aux montres qui ont des fusées; dans ces machines, lorsque le ressort casse, il ne cause pas les mêmes accidents.

1514. Il faut aussi observer, par rapport aux dernieres roues d'une montre ou horloge, que pour réduire les frottements à la moindre quantité, il faut tenir ces roues les plus petites qu'il est possible; pour cet effet, il faut employer des pignons du moindre nombre d'ailes (& avec lesquels cependant on puisse faire de bons engrenages) comme de 6, par exemple; par ce moyen on diminue le diametre des roues, dans le même rapport que l'on diminue les ailes des pignons. Si par exemple, on a une roue de 60 dents qui mene un pignon de 12 (celui-ci fait 5 tours pour un de la roue) on pourra faire une autre roue qui produise le même effet, en conservant les dents de même grosseur, & qui soit moitié plus petite, en employant un pignon de 6; ainsi cette roue devra avoir 30 dents; elle fera donc faire 5 tours au pignon; si donc on diminue le diametre de cette roue de moitié, comme on a fait des ailes du pignon, elle aura des dents de même grosseur, produira le même effet que faisoit celle de 60; cette roue sera donc préférable à la premiere, car elle pourra être également solide, & être plus de moitié plus légere, d'où suit une diminution de frottement, & une moindre inertie, & par conséquent une moindre résistance au mouvement.

1515. Quant à la différence de l'engrenage, on ne doit pas en tenir compte, puisqu'il est possible de faire un aussi bon engrenage avec un pignon de 6 qu'avec celui de 12; il ne faut pour cela que pratiquer des dents pleines à la roue, & leur donner la figure que l'on a déterminée (1441).

1516. Quant au calcul dont on doit faire usage pour

52 ESSAI SUR L'HORLOGERIE.

trouver des révolutions abfolument exactes, telles que l'exigent les mouvements de fphere, planifphere, révolution du foleil ou de la lune, nous nous contenterons de renvoyer au *Cours de Mathématique de M. Camus*, au *Traité des Horloges du P. Alexandre*, &c; cet objet ayant été traité mieux que je ne pourrois le faire.

CHAPITRE IX.

Du Pendule fimple.

1517. ON APPELLE *Pendule fimple*, un corps dont toute la pefanteur eft réunie en un feul point, & lequel étant fufpendu à un fil fuppofé fans pefanteur, peut fe mouvoir en décrivant des arcs de cercle autour du point où le fil eft fufpendu. Les loix que fuivent les longueurs des pendules, les temps de vibrations, &c, ont été démontrées par Huighens & par les Auteurs qui ont traité du Pendule d'après lui; voyez Muffembroech, *Effais de Phyfique*, tome 1, page 201; s'Gravefende, *tome* 1, *page* 102; la Méchanique de Trabaut; celle de M. l'Abbé de la Caille, &c.

Nous rapporterons ici le précis des loix du pendule.

1518. On démontre, 1°, que les pendules qui décrivent des arcs quelconques, font leurs vibrations en des temps qui font entr'eux comme les racines quarrées des longueurs des pendules.

1519. 2°. Que les longueurs des pendules font entr'elles comme les quarrés des temps des vibrations dans chacun: or plus un pendule eft long, plus il refte de temps à faire fes vibrations; enforte que fi les longueurs des deux pendules font entr'elles comme 4 & 1, les temps des vibrations feront entr'eux comme 2 & 1, racines quarrées de ces longueurs.

1520. D'où il fuit, que tandis que le pendule 4 fera une vibration, le pendule 1 en fera deux.

SECONDE PARTIE, CHAP. IX.

1521. Il suit encore, que si ces pendules battent pendant le même temps, les nombres des vibrations seront entr'eux comme 1 est à 2 ; c'est-à-dire, réciproquement comme les racines quarrées des longueurs.

1522. Les longueurs de deux pendules sont entr'elles réciproquement, comme les quarrés des nombres des vibrations faites dans le même temps : si donc on connoît les nombres de vibrations que fait un pendule dans un temps donné, & la longueur de ce pendule, on déduira la longueur de tout autre pendule quelconque, si on fait le nombre des vibrations qu'il doit battre en un certain temps ; & réciproquement la longueur d'un pendule étant donnée, on trouvera quel est le nombre de vibrations qu'il fera en un certain temps, ainsi que nous allons le faire voir par des exemples qui serviront à montrer comment la table des longueurs placée à la fin de la seconde Partie a été construite.

1523. Huighens avoit fixé la longueur du pendule à secondes, c'est-à-dire, qui fait 3600 vibrations par heure, à trois pieds horaires qui répondent à trois pieds 8 lignes $\frac{1}{2}$ Pied-de-Roi : & selon les expériences très-précises faites par M. de Mairan, *Mémoires de l'Académie*, année 1735, *page* 202, & par M. Bouguer, rapportées dans les Mémoires de l'Académie, & dans son Livre de la Mesure de la Terre, selon, dis-je, ces expériences, la longueur du pendule simple qui bat les secondes à Paris (*), a été fixée à 3 pieds 8 lig. $\frac{57}{100}$ pied-de-Roi, différence très-petite, puisque le pendule simple qui bat les secondes, n'est que de $\frac{7}{100}$ de lignes plus long, que ne l'avoit trouvé Huighens.

1524. Puisque les longueurs sont en raison réciproque des quarrés des nombres des vibrations faites en un même temps ; c'est-à-dire, que si deux pendules font, l'un, une vibration par seconde, & l'autre deux, la longueur de celui-ci sera 4

(*) Le pendule qui bat les secondes, n'a pas la même longueur dans tous les pays ; il est plus long sous le Pôle & plus court sous l'Equateur ; c'est à M. Richer que l'on doit cette observation ; nous donnerons dans le Chapitre 41, une table des différences des longueurs des pendules, observées dans différentes latitudes.

fois moindre que celle du premier : il fuit que la longueur du pendule à demi-fecondes, doit être de 9 pouces 2 lignes $\frac{14}{100}$.

PROBLEME I.

La longueur d'un Pendule étant donnée, trouver combien il doit faire de vibrations par heure.

1525. Les nombres d'ofcillations faites dans le même temps font en raifon inverfe des racines quarrées des longueurs. Suppofant donc que la longueur du pendule dont on veut trouver le nombre d'ofcillations en une heure, eft de 12 pouces, on aura la proportion : La racine quarrée de la longueur du pendule à fecondes (fuppofé de 3 pieds 8 lig. $\frac{1}{2}$) eft à la racine quarrée de celle du pendule donné, comme le nombre cherché x de vibrations de ce pendule eft à 3600 vibrations du pendule à fecondes; réduifant l'un & l'autre pendule en demi-lignes, on aura $\sqrt{881} : \sqrt{288} :: x : 3600$; la racine quarrée de 881 eft d'environ 29, 68 : & celle de 288 eft 16, 97 ; on a donc la proportion 29, 68 : 16, 97 :: x : 3600 vibrations, on trouve la valeur de $x = 6296$: c'eft-à-dire, que le pendule qui a 12 pouces de longueur, fait 6296 vibrations par heure ; nous trouvons 4 vibrations de moins par heure, qu'il ne doit faire effectivement, parce que nous n'avons pouffé que jufqu'à deux décimales l'extraction de la racine ; mais cette approximation eft fuffifante pour donner une idée de la méthode que l'on doit fuivre pour trouver le nombre des vibrations d'un pendule quelconque en un temps donné.

PROBLEME II.

Le nombre des vibrations qu'un Pendule fait par heure étant donné, trouver la longueur de ce Pendule.

1526. Les longueurs des pendules étant entr'elles dans la raifon inverfe des quarrés des nombres de leurs vibrations dans le même temps, on aura la proportion : Le quarré du nombre des vibrations du pendule cherché est au quarré des vibrations du pendule à secondes, comme la longueur du pendule à secondes est à celle du pendule cherché. Soit donc 1800 le nombre de vibrations que doit faire par heure le pendule cherché, on élevera 1800 au quarré, c'est-à-dire, on multipliera ce nombre par lui-même, & ainsi de 3600 vibrations du pendule à secondes ; & l'on aura 324|0000 : 1296|0000 :: 3 pieds 8 lignes $\frac{1}{2}$, & en ôtant les zéros 324 : 1296 :: 3 pieds 8 lig. $\frac{1}{2}$: x & 324 étant à 1296, comme 1 est à 4, on a 1 : 4 :: 3 pieds 8 lig. $\frac{1}{2}$: x ; ainsi multipliant les termes moyens, & divisant par l'extrême connu, on a la valeur de $x = 12$ pieds 2 pouces 10 lig. qui est la longueur du pendule, qui fait 1800 vibrations par heure ; c'est en suivant cette méthode que j'ai calculé la Table des longueurs des pendules, mise à la fin de cette 2ᵉ Partie.

1527. Le pendule tel que nous l'avons supposé, n'existe ni ne peut exister ; car il n'est pas possible de faire une verge sans pesanteur, & une lentille ou boule sans étendue, & dont toute la masse soit réunie en un seul point ; or, dès que la verge est pesante, & la lentille étendue, le centre d'oscillation, c'est-à-dire, le point du pendule où toute la force est réunie, de manière que ce point puisse vaincre la plus grande résistance; ce centre, dis-je, remonte au-dessus du centre de la boule : or comme c'est ce point qui détermine la longueur du pendule simple, il faut calculer combien la pesanteur de la verge & l'étendue de la boule ou lentille remontent le centre d'oscillation du pendule. Nous ne nous arrêterons point ici à traiter du calcul du centre d'oscillation : ce calcul est trop difficile, & deviendroit par-là inutile au plan que je me suis proposé ; ceux qui seront curieux de voir cet objet, peuvent consulter le Traité des horloges d'Huighens, s'Gravesende, Mussembroech, l'Abbé de la Caille, & en général tous les ouvrages de Méchanique moderne.

1528. La considération du centre d'oscillation nécessaire, comme nous l'avons dit, pour déterminer la longueur du pendule simple, est absolument inutile dans l'application du pendule aux horloges ; mais une connoissance que ce calcul donne

56 *Essai sur l'Horlogerie.*

est l'avantage qu'il y a d'employer des verges qui ne soient pas pesantes, afin que la force du pendule soit la plus grande possible; car en suspendant une barre de fer ou de métal, par une de ses extrémités, de maniere à pouvoir osciller comme un pendule, & que la longueur fût de 660 lignes $\frac{1}{4}$, c'est-à-dire, de 4 pieds 7 pouc. $\frac{1}{4}$ lig. chaque vibration de ce pendule seroit d'une seconde; mais comme un tel pendule auroit beaucoup de surface & peu de solidité, il éprouveroit une plus grande résistance de la part de l'air.

1529. Il paroîtroit donc en suivant la théorie, qu'il seroit préférable d'employer un pendule, dont toute la masse de la lentille soit réunie en un point, & que la verge fût légere; mais nous verrons ci-après que l'on est forcé de s'écarter de la théorie, à cause des obstacles causés par la matiere dont la verge est composée; au reste, il faut observer, par rapport à la force du mouvement du pendule, abstraction faite de la résistance de l'air, qu'elle est la même que celle d'un autre pendule aussi à secondes, dont la lentille auroit le même poids réuni en un seul point, & la verge supposée sans pesanteur; car si les parties de la barre en question, qui sont situées près du centre de suspension, donnent peu de force de mouvement, vu le peu de vîtesse qu'elles ont, d'un autre côté les parties de la barre situées au-dessous du centre d'oscillation en donnent beaucoup, ensorte que le calcul donnera la même force dans l'un ou l'autre cas.

1530. Nous avons trouvé par l'expérience, que dans les horloges à secondes, dont la lentille pese 21 liv. & dont la verge d'acier a 5 lignes de large, 2 d'épaisseur, le centre de la lentille descend d'environ 3 lignes $\frac{1}{4}$ au-dessous du centre d'oscillation, l'horloge étant réglée; & lorsque la lentille pese 40 liv. $\frac{1}{2}$, & que la verge est formée par un canon qui pese 9 liv. 2 onces, l'horloge étant réglée, le centre de la lentille est de 13 lignes $\frac{1}{4}$ au-dessous du centre d'oscillation, c'est-à-dire, que la distance du point de suspension à celui de la lentille est de 3 pieds un pouce 9 lignes.

Usage

Usage de la Table des longueurs des Pendules.

1531. Cette Table est d'une très-grande utilité, car par son moyen on trouve dans l'instant le nombre de vibrations qu'un pendule de longueur donnée doit battre par heure ; ce qui sert à déterminer le nombre des dents du rouage : voulant, par exemple, appliquer à une horloge un pendule qui ait 5 pieds de longueur, on verra dans la Table quel est le nombre de vibrations qui répond à 5 pieds ou le plus approchant, on trouvera 2800 à côté de 5 pieds 8 lignes, c'est-à-dire, que ce pendule fera 2800 vibrations par heure : on trouvera par ce moyen le nombre des dents du rouage convenable à un tel pendule (1471).

1532. Si au contraire on a un rouage donné, & que les nombres des dents soient déterminés, & par conséquent les vibrations, on trouvera dans la table, à côté de cette longueur du pendule, le nombre de vibrations qui lui est convenable.

CHAPITRE X.

Des propriétés du Pendule simple.

1533. On peut établir ici pour principe ou axiôme, qui n'a pas besoin de démonstration. 1°, Que sans la résistance de l'air, & les frottemens de la suspension, un pendule une fois mis en mouvement le conserveroit éternellement.

1534. 2°, Qu'en supposant les mêmes choses, ce pendule feroient ses oscillations de même étendue & de même durée, puisqu'anéantissant les résistances de l'air, les effets du chaud & du froid sur le corps qui suspend la lentille seroient nuls ; ainsi les oscillations du pendule seroient isochrones.

1535. C'est de ce principe que nous partirons, pour établir la maniere la plus avantageuse de construire une Pendule

II. Partie.   H

pour en rendre les oscillations isochrones ; car s'il n'est pas possible d'éviter entiérement la résistance de l'air, les frottemens, les effets du chaud & du froid sur la verge du pendule, au moins ferons-nous voir qu'il est possible de les réduire infiniment, & que l'on peut parvenir à composer une horloge, dont les écarts soient infiniments petits, malgré les divers obstacles qui s'opposent à la justesse de ces machines.

1536. Nous allons donc examiner, 1°, la maniere de suspendre un corps, pour que le frottement détruise une moindre partie du mouvement.

1537. 2°, Nous chercherons la forme la plus avantageuse à donner à un corps, pour que les résistances de l'air soient moindres.

1538. 3°, Les expériences que nous rapporterons sur les résistances des corps qui se meuvent dans l'air, serviront à établir les loix de la résistance de l'air.

1539. 4°, Nous calculerons la force requise pour entretenir le mouvement des Pendules, selon qu'ils décrivent des plus grands ou petits arcs ; & nous ferons voir que c'est de la quantité plus ou moins grande de cette force, comparée à la quantité de mouvement du pendule, que dépend la justesse d'une horloge.

1540. 5°, Nous comparerons les longs & courts pendules, afin d'en conclure l'avantage effectif.

1541. 6°, Nous rapporterons les expériences que nous avons faites sur les effets de la chaleur sur tous les corps, & nous déduirons delà le méchanisme le plus avantageux, pour réduire à zéro les effets du chaud & du froid.

1542. Ces différents objets feront la matiere de plusieurs Chapitres ; nous décrirons à mesure les machines que nous avons composées pour faire les expériences que nous rapportons.

1543. Je terminerai cette partie des Pendules par la description de l'horloge astronomique, que j'ai composée d'après les expériences & les principes établis ci-après.

CHAPITRE XI.

De la maniere la plus avantageuse de suspendre un Pendule, pour lui faire conserver le plus long-temps un mouvement imprimé.

Description de la Machine propre à faire les Expériences sur les suspensions; & sur la résistance de l'air.

1544. ON SUSPEND ordinairement les pendules des Horloges par des ressorts ou par des couteaux. Avant de m'attacher à rendre la suspension du pendule la plus parfaite qu'il est possible, j'ai comparé par l'expérience la suspension à couteau avec celle à ressort: pour cet effet, j'ai exécuté avec beaucoup de soin une suspension à couteau représentée (*Planche XXII, fig.* 1.) à laquelle j'ai suspendu la lentille A qui pese 21 liv. $\frac{1}{4}$.

1545. Sur la piece de fer BC qui porte la lentille, est attachée en E une suspension à ressort. Ces deux suspensions sont tellement disposées, que l'on peut alternativement y suspendre le même pendule AF; la piece de fer BC porte une branche DD, dont la partie G est recoudée pour porter le limbe HI: ce limbe est divisé en 10 degrés du cercle; on peut l'écarter ou l'approcher de G, selon qu'il en est besoin, pour le mettre au-dessous de la pointe L ou M du pendule, lorsque celui-ci est suspendu par le couteau ou par le ressort. La piece ab qui est portée par la suspension à couteau, est une espece d'ancre, dont voici l'usage. Cet ancre sert à mesurer la durée des vibrations par les grands ou petits arcs: ab fait échappement avec la roue c qui a 30 dents; l'axe de cette roue porte une aiguille qui marque par ce moyen les secondes sur le petit cadran; la roue *c* est mue par celle *d*, & celle-ci par la roue *e*, dont l'axe porte un petit cylindre, sur lequel s'enveloppe une corde qui porte un petit poids, capable seulement de faire tourner la roue, tellement qu'à chaque battement du pendule, la roue *c* avance d'une division; cette roue ne restitue point de force au pendule; elle sert uniquement à compter ses vibrations; ainsi en faisant parcourir des petits arcs au pendule, on voit de combien cette petite horloge avance; & en faisant ensuite décrire des plus grands arcs, on voit de combien elle retarde, & ainsi successivement en lui faisant décrire différents arcs. Je ne rapporte point ici les expériences que j'ai faites là-dessus; il suffit de dire que les grands arcs sont plus de temps à être parcourus, ainsi que la théorie le donne. L'ancre *a b* sert uniquement pour faire les expériences dont nous venons de parler; il est attaché au couteau au moyen d'une vis. Pour faire les expériences suivantes, il faut ôter cet ancre qui devient alors inutile.

I. EXPÉRIENCE.

1546. LE pendule *AF* étant suspendu à la suspension à couteau; je lui ai fait parcourir l'arc *HI*, qui est de 10 degrés; & l'ayant abandonné à lui-même, son mouvement a duré 24 heures 13 minutes, pour être réduit à un arc d'un quart de degré.

II. EXPÉRIENCE.

1547. AYANT suspendu le même pendule aux ressorts, je lui ai fait décrire le même arc *HI*: le mouvement du pendule a été réduit à $\frac{1}{4}$ de degré en 21 heures; ces deux expériences prouvent que la suspension à ressort détruit une plus grande quantité de mouvement que celle à couteau, puisque c'est le même corps dont le mouvement est le même, & qu'il éprouve les mêmes résistances de l'air, ayant eu égard à ce que le baromètre fût à la même hauteur dans les deux expériences.

SECONDE PARTIE, CHAP. XI.

1548. Nous rejetterons donc la méthode de fuspendre un pendule par des refforts comme la plus défectueufe; car indépendamment de l'expérience ci-deffus, il me paroît qu'il pourroit fort bien arriver que le point de mouvement des refforts, c'eft-à-dire, le centre de fufpenfion changeât felon le plus ou le moins d'élafticité des refforts; d'ailleurs l'alongement ou le raccourciffement des refforts ne peut être compenfé par la verge, puifque l'air les frappe avec un effet plus prompt qu'il ne fait la verge. Les refforts font fort fujets à être caffés ; très-difficiles à être rétablis, & plus incommodes pour être tranfportés : enfin les fufpenfions à reffort ont encore un défaut ; c'eft que le poids de la lentille agit de maniere que la chaleur ayant dilaté le reffort, le froid ne le raccourcira pas autant que la chaleur l'avoit alongé ; enforte que l'horloge ira toujours en retardant de plus en plus, ainfi que nous le ferons voir ci-après par l'expérience : nous nous attacherons donc à rendre la fufpenfion à couteau fufceptible d'une moindre réfiftance.

1549. Pour y parvenir, il faut obferver, 1°, le choix de l'acier, le fens des pores de la rainure par rapport à ceux du couteau, & la dureté de la trempe : 2°, la maniere de former la rainure & l'angle du couteau : 3°, la longueur de l'appui du couteau fur la rainure relativement au poids de la lentille.

1550. Par rapport à la qualité de l'acier, il faut que les pores en foient fins & ferrés ; que l'acier foit le plus pur qu'il eft poffible, fans veine & fans paille. L'acier eft formé par des efpeces de fibres imperceptibles, femblables à celles du bois ; fi donc on pofoit les fibres du couteau dans le fens des fibres de la rainure, celles-là y engreneroient ; ce qui cauferoit un très-grand frottement, au lieu qu'en plaçant les fibres de la rainure en travers, le même effet n'arrive pas.

1551. J'ai reconnu par expérience que la trempe en paquet étoit la meilleure, & celle qui donnoit la plus grande dureté ; cette trempe fe fait en enveloppant de fuie de cheminée, broyée avec de l'urine, les pieces que l'on veut tremper ; on enveloppe le tout dans une boîte de tôle mince ; on fait chauffer ce paquet, en le mettant dans du charbon moitié allumé ; on expose à l'air le charbon, lequel en s'allumant par degrés, fait chauffer insensiblement le paquet, ensorte que les sels contenus dans la suie, s'insinuent dans les pores intérieurs ; lorsque le paquet est bien rouge, & par conséquent le charbon bien allumé, on ôte très-promptement le paquet, & l'on jette dans l'eau froide la suie avec les pieces qu'elle enveloppe.

1552. Une chose très-essentielle à laquelle il faut avoir égard, c'est de proportionner la longueur du couteau & son appui sur la rainure à la pesanteur du corps que porte le pendule.

1553. Si, par exemple, on a un couteau dont l'étendue des parties qui posent sur la rainure, soit de six lignes, & destiné à suspension, qui supporte une lentille de 10 livres : si ensuite on veut faire une suspension pour porter une lentille de 30 livres, il faudra alonger le couteau & son appui dans le rapport de 10 à 30 ; de cette maniere, les frottements de la suspension qui porte 30 livres, ne seront pas plus grands que les frottements de la suspension qui porte 10 liv. en supposant que chaque partie du couteau porte exactement sur la rainure ; car dans ce cas chaque partie ne portera que le même poids porté par les parties semblables de l'autre suspension.

1554. Il faut que la rainure & le couteau soient tellement exécutés, que lorsque le pendule se meut, chaque partie du couteau s'applique exactement sur la rainure, ensorte que toutes ces parties égales supportent le même poids, ce qui diminuera considérablement la résistance au mouvement ; pour parvenir à cette extrême précision, il faut commencer (lorsque le couteau est trempé, ainsi que la piece qui le supporte) par dresser le couteau, de maniere que l'extrémité de l'angle pose parfaitement sur une regle d'acier bien dressée & adoucie ; pour dresser de la sorte le couteau, on se servira d'une lime d'acier non trempée, dont on a ôté la taille, qui soit parfaitement plate, & dressée avec une regle ; on usera les côtés du couteau avec cette lime, & de la *pierre à l'huile* broyée avec de l'huile ; ces côtés ainsi dressés, on passera légérement

SECONDE PARTIE, CHAP. XI.

la même lime fur l'angle, en arrondiffant foiblement cet angle qui doit être à peu-près de 45 degrés, ou très-approchant; on terminera les côtés & l'angle du couteau en fe fervant de cette lime & de la potée d'étain ; ce qui le polira & dreffera encore mieux.

1555. La rainure dans laquelle fe meut le couteau, doit être formée par un cylindre d'acier : avant que de tremper ce fupport, on aura préparé la rainure avec une lime ronde d'environ 2 lignes de diametre; & lorfqu'il fera trempé, on terminera la gouttiere ou rainure.

1556. Pour y parvenir le mieux qu'il eft poffible, on tournera une branche d'acier trempé, de forte qu'elle ait 3 lignes de diametre dans toute fa longueur, c'eft-à-dire, qu'elle foit parfaitement cylindrique ; on la laiffera montée fur le tour, & l'on appliquera la rainure fur le cylindre, en mettant de la pierre à huile pour dreffer au moyen du mouvement du cylindre que l'on roule avec un archet.

1557. Pour éviter que ce cylindre ne fléchiffe par le poids du fupport & par la preffion de la main, il faut prendre une piece de même largeur que le fupport, &, pour le mieux, un pareil fupport que l'on placera fous le cylindre ; on préferera les deux fupports l'un contre l'autre, & le cylindre tournera entre deux fans pouvoir fe courber ; de cette maniere la rainure fe dreffera le mieux poffible : on continuera de rouler le cylindre, jufqu'à ce que la rainure foit tellement dreffée, qu'en appliquant le couteau deffus, celui-ci porte dans toute fa longueur; cela étant, pour terminer la rainure on ôtera la pierre à l'huile, & on mettra en place, de la potée d'étain qui achevera de la dreffer & polir.

CHAPITRE XII.

Des résistances qu'éprouve un Pendule qui se meut dans l'air.

I. PROPOSITION.

1558. Lorsqu'on écarte un pendule de son repos, & qu'ensuite on l'abandonne à lui-même, on lui donne une force pour se mouvoir, qui est égale à la somme des efforts que l'on a employés pour lui faire parcourir l'arc qu'on lui fait décrire.

1559. Ainsi plus un pendule sera pesant, & plus la somme des efforts requis, pour lui faire parcourir un arc donné, sera grande, & par conséquent plus aussi la force que le corps aura pour se mouvoir, sera grande.

II. PROPOSITION.

1560. Si on fait mouvoir une lentille A, de manière que son tranchant soit dirigé dans le sens de son mouvement, la durée de ce mouvement sera plus grande que si on la faisoit mouvoir, de sorte qu'elle présentât son plan, ce qui est évident; car nous supposons que dans l'un & l'autre cas on a écarté le pendule de la même quantité; ainsi, selon la proposition 1re, la somme des efforts pour la mettre en mouvement sera égale, puisque c'est le même poids que l'on met en mouvement; elle aura donc la même force pour se mouvoir; mais comme la lentille qui présente son plan, déplace une plus grande quantité d'air, elle perd à chaque vibration une plus grande quantité de son mouvement; lorsqu'elle se meut selon son plan, elle vibre donc moins de temps que lorsqu'elle se meut selon son angle.

1561.

1561. La même chose arrivera, si on fait décrire les mêmes arcs à une lentille & à une boule de même pesanteur, ainsi que nous le verrons ci-après par l'expérience; car ce n'est pas le corps qui a le moins de surface qui se meut plus long-temps, mais celui qui, à poids égal & même espace parcouru, déplace une moindre quantité d'air : or l'air déplacé par la boule est représenté par la surface qui résulteroit, si on coupoit la boule en deux également ; cette surface est un cercle qui a pour diametre celui de la boule ; c'est donc un grand cercle de cette boule ; & l'air déplacé par la lentille est représenté par la surface qui résulteroit, si on coupoit la lentille par son petit diametre, ce qui fait la figure représentée, (*Planche XXII*, *fig.* 6) : or la surface de la section de la lentille est moindre que celle de la sphere, elle déplace donc une moindre quantité d'air ; le mouvement de la lentille doit donc se conserver plus long-temps : en suivant le même raisonnement, on verra que plus la lentille sera mince, en conservant le même poids, & moins la surface de la section sera grande ; ainsi, plus une lentille sera mince, & plus la durée de son mouvement sera grande. Nous vérifierons ces propositions par l'expérience.

III. PROPOSITION.

1562. Si l'on fait deux lentilles semblables *A* & *B*, mais de grandeurs inégales, & qu'on les mette en mouvement, en leur faisant décrire les mêmes arcs, la durée du mouvement de la lentille *A* (que je suppose plus petite que *B*) sera moindre que la durée du mouvement de la lentille *B*.

1563. Car il est démontré, 1°, que les surfaces de deux corps semblables, sont entr'elles comme les quarrés des diametres, ou de toute autre dimension homologue prise dans chacun ; si donc le petit diametre, c'est-à-dire, l'épaisseur de la lentille *A* est 10 fois plus petit que le diametre de la lentille *B*, la surface de la section de la lentille *A* sera à la surface de la section de la lentille *B*, comme le quarré de 1 est au quarré de 10, c'est-à-dire, comme 1 est à 100.

1564. 2°, On démontre que les solidités ou quantités de matiere de deux corps semblables, sont entr'elles comme les cubes de leurs dimensions de même nom : si donc la lentille A pese une livre, son poids sera à celui de la lentille B, comme le cube de 1 qui est 1, est au cube de 10 qui est 1000, c'est-à-dire, que la lentille B sera mille fois plus pesante que celle B.

1565. Or (proposition 1ere) plus la lentille sera pesante, & plus l'effort requis pour lui faire décrire un arc donné sera grand; mais plus aussi sa force sera grande ; ainsi la force que l'on a donnée à la lentille A, en lui faisant décrire un arc de 10 degrés, est à la force que l'on a donnée à la lentille B, pour lui faire parcourir le même arc, comme la pesanteur de la lentille A est à la pesanteur de la lentille B, c'est-à-dire, comme 1 est à 1000 ; mais on a vu que les résistances de l'air qu'éprouve la lentille B est à celle de A, comme 1 est à 100 ; ainsi la lentille B a dix fois plus de force pour vaincre les résistances de l'air que n'a la lentille A : la durée du mouvement de la lentille B sera donc 10 fois plus grande que celle de la lentille A, en supposant que les frottements de la suspension sont les mêmes. Cette proposition démontre l'avantage d'employer une lentille pesante, en faisant abstraction des obstacles que cause la matiere dont la verge du pendule & la suspension sont composées ; mais ces obstacles, qui sont en opposition à la théorie, ne permettent pas de faire des lentilles fort pesantes, ainsi que nous le ferons voir ci-après. Passons maintenant aux expériences que j'ai faites sur les résistances de l'air.

CHAPITRE XIII.

Des Expériences faites sur le Pendule libre.

DÉFINITION.

1566. J'appelle *Pendule libre*, celui dont les oscillations sont indépendantes du rouage, & se font par la simple impulsion que l'on a donnée en écartant ce pendule de son repos; le pendule libre ne diffère du pendule simple, que parce que sa verge est pesante & la lentille étendue.

1567. J'ai fait faire une boule ou sphere qui pese 21 liv. $\frac{1}{4}$, de même que la lentille du pendule d'expérience, dont on a parlé ci-dessus (1544); le diametre de la sphere est de 4 pouces 4 lig. la lentille a 7 pouces de diametre, son épaisseur est de 27 lignes; cette boule s'adapte à la même verge que la lentille; on les suspend alternativement à la même suspension, en leur faisant décrire les mêmes arcs; & pour que les pendules soient toujours de même longueur, on regle leurs vibrations sur celles d'une horloge à seconde : on ne doit faire ces expériences que lorsque le barometre reste à la même hauteur.

I. EXPÉRIENCE. (*Planche XXII. fig.* 1).

1568. J'ai suspendu la sphere à la suspension à couteau; lui ayant fait décrire des arcs de 10 degrés, ils ont été réduits à un degré en 13 heures 22 minutes.

II. EXPÉRIENCE.

1569. Ayant suspendu la lentille, & fait décrire les arcs de 10 degrés, ils ont été réduits à un degré en 14 heures 52 minutes; ainsi la lentille de même poids que la sphere, décrivant les mêmes arcs, conserve son mouvement pendant 90 minutes de plus que la sphere.

1570. Le raisonnement & l'expérience prouvent donc également la préférence qu'on doit donner à une lentille sur une sphere, & à une lentille mince sur une plus épaisse; car ayant adapté sur le même pendule une lentille qui pese 21 liv. $\frac{1}{4}$, comme la lentille d'observation, mais dont le diametre étoit de 8 pouces, & l'épaisseur d'un pouce 10 lignes, la durée du mouvement de cette lentille a été plus grande que la durée du mouvement de la lentille précédente.

Remarque.

1571. Après avoir répété plusieurs fois les expériences sur la résistance de l'air, je m'apperçus que la lentille ne demeuroit plus le même temps en mouvement, quoique le barometre fût à la même hauteur; ainsi cette différence qui augmentoit à chaque observation, ne pouvoit être causée que par la suspension dont le frottement s'étoit accru par quelque dérangement du couteau : en effet, je démontai la suspension ; & trouvai que le couteau s'étoit un peu *égrené*, & la rainure marquée en deux endroits ; je dressai de nouveau la rainure & le couteau, & j'employai tout l'art possible, pour faire que chaque point du couteau portât exactement sur la rainure : je remis le pendule en mouvement, en lui faisant décrire des arcs de 10 degrés qui ne furent réduits à $\frac{1}{16}$ de degré, qu'après avoir vibré pendant 42 heures, temps beaucoup plus grand que celui avec lequel il s'étoit mû dans mes premieres observations ; enfin je refis un couteau, en employant le meilleur acier d'Angleterre, je l'ai terminé avec beaucoup de soin; & ayant fait décrire 10 degrés au même pendule, il n'a été reduit à $\frac{1}{16}$ de degré, qu'après avoir vibré pendant 2 jours.

1572. On voit par-là, combien il est essentiel de faire une suspension avec les soins que nous avons prescrits (1549 & suiv.) car les frottements de la suspension détruisent au moins une aussi grande quantité du mouvement du pendule, que le fait la résistance de l'air.

Seconde Partie, Chap. XIII.

1573. Il faut encore obferver, par rapport à ce changement arrivé à la fufpenfion, qu'il n'a pas feulement été caufé par le défaut de l'acier, mais que le grand nombre de fois que j'ai répété mes expériences, en faifant décrire des grands arcs avec des lentilles pefantes, a néceffairement caufé à la fufpenfion de grands frottements qui ont aidé à la détruire; car non-feulement la fufpenfion éprouve d'autant plus de frottement qu'elle eft chargée d'un plus grand poids, & qu'elle parcourt plus d'efpace; mais il arrive que plus le pendule décrit de grands arcs, & plus la force centrifuge, qui tend à écarter la lentille de fon centre, caufe une grande réfiftance à ce centre : ainfi les frottements de la fufpenfion augmentent dans un plus grand rapport que l'augmentation d'efpace parcouru : les petits arcs font donc préférables par cette raifon.

1574. Ayant mis la fufpenfion du pendule d'obfervation dans le meilleur état poffible, pour qu'elle reftât conftamment la même, malgré le mouvement du pendule, j'ai fait un affez grand nombre d'expériences, dont nous rapporterons le précis : ces expériences ferviront à déterminer en quel rapport les réfiftances de l'air augmentent, & elles me ferviront fur-tout à faire le calcul des forces requifes, pour entretenir le mouvement d'un pendule, lorfqu'il décrit des grands ou petits arcs, &c.

1575. J'ai divifé le bord du limbe HI ($Pl.$ $XXII.$ $fig.$ 1) en 8emes de parties de degrés, c'eft-à-dire, chaque degré en 8 parties, afin de pouvoir mefurer la diminution des arcs de 7 minutes $\frac{1}{2}$, en 7 minutes $\frac{1}{2}$ de degrés.

III. Expérience.

1576. Ayant fait décrire 10 degrés au pendule avec la lentille d'obfervation :

Les arcs de 10 degrés ont été réduits à 9 deg. 45 min. en 9 min. de tems;
9 ... 45 min. ... 9 .. 30 ... 9
9 ... 30 ... ... 9 .. 15 ... 9
9 ... 15 ... ... 9 .. 0 .. 10
Les arcs de 10 deg. ont été réduits à 9 deg. 0 min. en 37 min.

ESSAI SUR L'HORLOGERIE.

Les arcs de 9 degrés ont été réduits à 8 deg. 45 min. en 10 min. de tems.
    8 . . . 45 min. . . . 8 . . 30 . . . 11
    8 . . . 30 . . . . . 8 . . 15 . . . 11
    8 . . . 15 . . . . . 8 . . 0 . . . 12

Les arcs de 9 degrés ont été réduits à 8 deg. 0 min. en 44 min.
    8 . . . 0 min. . . . 7 . . 45 . . . 12 min.
    7 . . . 45 . . . . . 7 . . 30 . . . 13
    7 . . . 30 . . . . . 7 . . 15 . . . 13
    7 . . . 15 . . . . . 7 . . 0 . . . 14

Les arcs de 8 degrés ont été réduits à 7 deg. 0 min. en 52 min.
    7 . . . 0 min. . . . 6 . . 45 . . . 14
    6 . . . 45 . . . . . 6 . . 30 . . . 15
    6 . . . 30 . . . . . 6 . . 15 . . . 16
    6 . . . 15 . . . . . 6 . . 0 . . . 17

Les arcs de 7 degrés ont été réduits à 6 deg. 0 min. en 62 min.
    6 . . . 0 min. . . . 5 . . 45 . . . 17
    5 . . . 45 . . . . . 5 . . 30 . . . 18
    5 . . . 30 . . . . . 5 . . 15 . . . 19
    5 . . . 15 . . . . . 5 . . 0 . . . 21

Les arcs de 6 degrés ont été réduits à 5 deg. 0 min. en 75 min.
    5 . . . 0 min. . . . 4 . . . 45 . . . 23
    4 . . . 45 . . . . . 4 . . . 30 . . . 24
    4 . . . 30 . . . . . 4 . . . 15 . . . 25
    4 . . . 15 . . . . . 4 . . . 0 . . . 27

Les arcs de 5 degrés ont été réduits à 4 deg. 0 min. en 99 min.
    4 . . . 0 min. . . . 3 . . . 45 . . . 29
    3 . . . 45 . . . . . 3 . . . 30 . . . 31
    3 . . . 30 . . . . . 3 . . . 15 . . . 35
    3 . . . 15 . . . . . 3 . . . 0 . . . 39

Les arcs de 4 deg. ont été réduits à 3 deg. 0 min. en 134 min.
    3 . . . 0 min. . . . 2 . . 45 . . . 43
    2 . . . 45 . . . . . 2 . . 30 . . . 44
    2 . . . 30 . . . . . 2 . . 15 . . . 51
    2 . . . 15 . . . . . 2 . . 0 . . . 60

Les arcs de 3 deg. ont été réduits à 2 deg. 0 min. en 198 min.

Seconde Partie, Chap. XIII.

Les arcs de 2 deg. 0^m ont été réd. à 1 degré 45 min. en 69 min. de tems.
   1 .. 45 .... 1 .. 30 ... 73
   1 .. 30 .... 1 .. 15 ... 82
   1 .. 15 .... 1 .. 0 ... 111
Les arcs de 2 degrés ont été réduits à 1 deg. 0 min. en 335 min.
   1 .. 0 min. ... 0 .. 45 ... 142
   0 .. 45 .... 0 .. 30 ... 228
   0 .. 30 .... 0 .. 15 ... 380
Les arcs de 1 degré ont été réduits à 0 deg. 15 min. en 750 minutes.

1577. Ainsi les arcs de 10 degrés ont été réduits à un quart de degré en 1786 minutes de temps, c'est-à-dire, en 29 heures 46 minutes.

1578. Les arcs de 15 minutes de degrés ont été réduits à 7 min. $\frac{1}{2}$, en 8 heures de temps.

Remarque.

1579. Cette expérience faite avec toute l'attention possible, peut servir à faire voir les effets de la résistance de l'air : mais nous nous en servirons uniquement ici pour calculer les forces requises, pour entretenir un pendule en mouvement, & en conclure les arcs les plus propres pour rendre les oscillations isochrones, & pour en déduire le meilleur régulateur.

1580. Avant que d'entrer dans ce calcul, nous allons rapporter quelques expériences que j'ai faites sur le pendule libre dont la lentille est légere, & sur le pendule à demi-secondes.

1581. Les expériences que j'ai rapportées ci-devant, ne m'ayant pas paru suffisantes pour fixer une théorie expérimentale sur les pendules libres, j'ai voulu observer ce qui se passe lorsqu'une lentille plus légere est appliquée à la même suspension.

1582. J'ai donc pris une lentille qui a 5 pouces 7 lignes de diametre, 16 lignes d'épaisseur, & pese 7 liv. 5 onces, & bat les secondes comme la précédente ; toute la différence entre ces deux lentilles consiste donc uniquement dans les poids & les dimensions de ces lentilles, la suspension étant la même.

IV. EXPÉRIENCE.

Les arcs de 10 degrés ont été réduits à 9 deg. 45 min. en 5 min. de tems.
    9 . . 45 min. . . . . 9 . . 30 . . . 5½
    9 . . 30 . . . . . . 9 . . 15 . . . 6
    9 . . 15 . . . . . . 9 . . 0 . . . 6

Les arcs de 10 degrés ont été réduits à 9 deg. . . en 22½ min.
    9 . . 0 min. . . . 8 . . 45 . . . 6
    8 . . 45 . . . . . 8 . . 30 . . . 6
    8 . . 30 . . . . . 8 . . 15 . . . 7
    8 . . 15 . . . . . 8 . . 0 . . . 7

Les arcs de 9 degrés ont été réduits à 8 deg. . . . en 26 min.
    8 . . 0 min. . . . 7 . . 45 . . 8
    7 . . 45 . . . . . 7 . . 30 . . 8
    7 . . 30 . . . . . 7 . . 15 . . 8
    7 . . 15 . . . . . 7 . . 0 . . 8

Les arcs de 8 degrés ont été réduits à 7 deg. . . . en 32 min.
    7 . . 0 min. . . . 6 . . 45 . . 9
    6 . . 45 . . . . . 6 . . 30 . . 9
    6 . . 30 . . . . . 6 . . 15 . . 9
    6 . . 15 . . . . . 6 . . 0 . . 10

Les arcs de 7 degrés ont été réduits à 6 deg. . . . en 37 min.
    6 . . 0 min. . . 5 . . 45 . . 11
    5 . . 45 . . . . 5 . . 30 . . 11
    5 . . 30 . . . . 5 . . 15 . . 12
    5 . . 15 . . . . 5 . . 0 . . 13

Les arcs de 6 degrés ont été réduits à 5 deg. . . . en 47 min.
    5 . . 0 min. . . 4 . . 45 . . 14
    4 . . 45 . . . . 4 . . 30 . . 15
    4 . . 30 . . . . 4 . . 15 . . 16
    4 . . 15 . . . . 4 . . 0 . . 16

Les arcs de 5 degrés ont été réduits à 4 deg. . . . en 61 min.
    4 . . 0 min. . . 3 . . 45 . . 17
    3 . . 45 . . . . 3 . . 30 . . 18½
    3 . . 30 . . . . 3 . . 15 . . 20
    3 . . 15 . . . . 3 . . 0 . . 22½

Les arcs de 4 degrés ont été réduits à 3 deg. . . . en 78 min.

SECONDE PARTIE, CHAP. XIII.

Les arcs de 3 deg. 0 m ont été réd. à 2 deg. 45 min. en 24 min. de tems.
    2 . . 45 . . . . . 2 . . 30 . . . 26
    2 . . 30 . . . . . 2 . . 15 . . . 30
    2 . . 15 . . . . . 2 . . 0 . . . 33
Les arcs de 3 degrés ont été réduits à 2 deg. . . en 113 min.
    2 . . 0 min. . . . 1 . . 45 min. . 35
    1 . . 45 . . . . . 1 . . 30 . . . 45
    1 . . 30 . . . . . 1 . . 15 . . . 60
    1 . . 15 . . . . . 1 . . 0 . . . 70
Les arcs de 2 degrés ont été réduits à 1 deg. . . en 210 min.
    1 . . 0 min. . . . 0 . . 45 min.   90
    0 . . 45 . . . . . 0 . . 30 . . 120
    0 . . 30 . . . . . 0 . . 15 . . 190
Les arcs de 1 degré ont été réduits à 0 . . 15 min. en 400 min.

1583. Ainsi 10 degrés = 600 min. ont été réduits à 15 minutes en 1026 min. ½ de temps qui font 17 heures 6 min. ½.

1584. Les arcs de 15 minutes ont été réduits à 7 min. ½ en 240 minutes de temps.

1585. Pour déterminer l'avantage qu'il y a d'employer de longs ou courts pendules, j'ai fait quelques expériences que je dois rapporter. Pour cet effet j'ai adapté la lentille qui a servi à l'expérience précédente à une verge propre à battre les demi-secondes, ou plutôt j'ai coupé la verge du pendule à secondes en trois parties, qui réunies forment le pendule à secondes, & dont celle qui tient à la lentille sert de verge au pendule à demi-secondes.

1586. J'ai suspendu ce pendule à la même suspension, & fait un limbe divisé en 10 degrés du cercle, dont le rayon est la longueur de la verge du pendule.

V. EXPÉRIENCE.

Les arcs de 10 degrés ont été réduits à 9 deg. 45 min. en 5 min. de tems.
    9 . . . 45 min. . . . 9 . . 30 5
    9 . . . 30 . . . . . 9 . . 15 6
    9 . . . 15 . . . . . 9 . . 0 6
Les arcs de 10 degrés ont été réduits à 9 deg. . . en 22 min.

74 ESSAI SUR L'HORLOGERIE.

Les arcs de 9 deg. 0^m ont été réd. à 8 deg. 45^m en 6 min. de tems.
    8 . . 45 . . . . 8 . . 30 . . . 6
    8 . . 30 . . . . 8 . . 15 . . . 7
    8 . . 15 . . . . 8 . . 0 . . . 7

Les arcs de 9 degrés ont été réduits à 8 deg. . . en 26 min.
    8 . . 0 min. . . . . 7 . . 45 min. $7\frac{1}{2}$
    7 . . 45 . . . . 7 . . 30 . . . $7\frac{1}{2}$
    7 . . 30 . . . . 7 . . 15 . . . 8
    7 . . 15 . . . . 7 . . 0 . . . 8

Les arcs de 8 degrés ont été réduits à 7 deg. . . en 31 min.
    7 . . 0 min. . . . . 6 . . 45 . . $8\frac{1}{2}$
    6 . . 45 . . . . 6 . . 30 . . $8\frac{1}{2}$
    6 . . 30 . . . . 6 . . 15 . . 9
    6 . . 15 . . . . 6 . . 0 . . 10

Les arcs de 7 degrés ont été réduits à 6 deg. . . en 36 min.
    6 . . 0 min. . . . . 5 . . 45 min. $10\frac{1}{2}$
    5 . . 45 . . . . 5 . . 30 . . $10\frac{1}{2}$
    5 . . 30 . . . . 5 . . 15 . . 11
    5 . . 15 . . . . 5 . . 0 . . 11

Les arcs de 6 degrés ont été réduits à 5 deg. . . en 43 min.
    5 . . 0 min. . . . . 4 . . 45 min. $11\frac{1}{2}$
    4 . . 45 . . . . 4 . . 30 . . $11\frac{1}{2}$
    4 . . 30 . . . . 4 . . 15 . . 12
    4 . . 15 . . . . 4 . . 0 . . 12

Les arcs de 5 degrés ont été réduits à 4 deg. . . en 47 min.
    4 . . 0 min. . . . . 3 . . 45 min. 14
    3 . . 45 . . . . 3 . . 30 . . 16
    3 . . 30 . . . . 3 . . 15 . . 17
    3 . . 15 . . . . 3 . . 0 . . 18

Les arcs de 4 degrés ont été réduits à 3 deg. . . en 65 min.
    3 . . 0 min. . . . . 2 . . 45 min. 20
    2 . . 45 . . . . 2 . . 30 . . 20
    2 . . 30 . . . . 2 . . 15 . . 22
    2 . . 15 . . . . 2 . . 0 . . 23

Les arcs de 3 degrés ont été réduits à 2 deg. . . en 85 min.

SECONDE PARTIE, CHAP. XIII.

Les arcs de 2 deg. 0^m ont été réd. à 1 deg. 45 min. en 30 min. de tems.
    1 . . 45 . . . . 1 . . 30 . . . 40
    1 . . 30 . . . . 1 . . 15 . . . 50
    1 . . 15 . . . . 1 . . 0 . . . 50
Les arcs de 2 degrés ont été réduits à 1 deg. . . en 170 min.
    1 . . 0 min. . . . . . 0 . . 45 min. 80
    0 . . 45 . . . . 0 . . 30 . . 110
    0 . . 30 . . . . 0 . . 15 . . 150
Les arcs de 1 degrés ont été réduits à 0 deg. 15 min. en 340 minutes.

1587. Les arcs de 10 degrés ou 600 minutes, ont été réduits à 15 minutes en 866 minutes de temps, c'est-à-dire, en 14 heures 26 minutes.

I. REMARQUE.

1588. La même lentille adaptée au pendule à secondes, a vibré pendent 1026 minutes $\frac{1}{2}$ selon l'expérience (1583), au lieu qu'étant adaptée au pendule à demi-secondes, elle est restée en vibrations de 160 minutes $\frac{1}{2}$ de moins, en partant des mêmes arcs; la raison de cette différence vient principalement de ce que le pendule à demi-secondes qui parcourt les mêmes arcs; que celui à secondes, s'élève 4 fois moins au-dessus de son repos que ne fait celui à secondes, c'est-à-dire, que son sinus verse est 4 fois plus petit; & par cette même raison la vîtesse du pendule à secondes est double de celle du pendule à demi-secondes, ainsi sa quantité de mouvement est 4 fois plus grande, il a par conséquent 4 fois plus de force pour surmonter la résistance de l'air, c'est ce que j'ai vérifié; car en faisant décrire au pendule à demi-secondes des arcs de 20 degrés, ils ont été réduits à 10 degrés en 150 minutes, ou très-peu-près : ainsi il arrive que si un pendule à demi-secondes décrit des arcs doubles, c'est-à-dire, qu'il ait la même vîtesse que le pendule à secondes avec la même lentille, (& par conséquent la même force de mouvement), il vibre presque aussi long-temps que le pendule à secondes, de sorte que la résistance de la suspension n'est pas si grande que je l'avois cru d'abord, ce qui est dû à la légéreté de la lentille; car le frottement de la suspension étant double de celui du pendule à secondes, il n'a cependant diminué que de 10 minutes sur 1026, la durée de la marche de celui à demi-secondes.

II. REMARQUE.

1589. Nous observerons ici le peu d'avantage que donne une lentille trop pesante; car ayant fait décrire au pendule astronomique, dont nous parlerons Chap. 39 (sa lentille pese 63 liv.) des arcs de 15 minutes, ils ont été réduits à 7 min. $\frac{1}{2}$ en 8 heures de temps, c'est-à-dire, dans le même temps que le pendule de 21 liv. a employé depuis les arcs de 15 minutes à 7 min. $\frac{1}{2}$; sa lentille pesante n'a donc produit aucune différence dans ces petits arcs; il est vrai que dans les grands arcs cette différence est plus sensible; mais comme les lentilles pesantes ne sont pas faites pour décrire des grands arcs, ce qui détruiroit promptement la suspension, & par la même raison l'isochronisme des vibrations, on ne doit pas mettre cet avantage en ligne de compte; ce n'est pas par-là seulement qu'une lentille trop pesante est défectueuse.

1590. On voit que malgré les principes établis (1565), une lentille pesante ne conserve pas plus long-temps son mouvement, que celle dont la pesanteur est moyenne, comme celle de 21 liv. ou au plus de 30 liv. Nous expliquerons ici la cause de cet effet; nous avons dit, en parlant de la suspension du pendule (1553), qu'il falloit augmenter l'étendue de la suspension à proportion de l'augmentation du poids qu'elle doit porter, & nous avons supposé que chaque point du couteau s'applique exactement, & est porté par un point de la rainure; mais comme cette supposition ne peut presque jamais exister, & que c'est le comble de la difficulté, malgré les soins extrêmes que l'on prendra, il arrivera toujours que les couteaux ne porteront que sur quelques points, ensorte que ces points seront chargés de tout le poids de la lentille, ce qui les affaissera, & détruira la liberté du mouvement; on ne peut donc vaincre cette difficulté, à moins que l'on ne se serve d'une matiere infiniment plus dure que l'acier, & qui soit moins poreuse; il faut même supposer que l'on pourra faire un couteau de cette matiere, sans quoi on ne gagneroit rien ; l'extrême difficulté que j'ai voulu vaincre pour avoir une lentille pesante, est donc en pure perte pour la suspension ; nous ferons voir que ce n'est pas par-là seulement que le grand poids d'une lentille est défectueux.

CHAPITRE XIV.

De la force requise pour entretenir le mouvement d'un Pendule, selon que les arcs qu'il décrit sont grands ou petits : Comparaison de cette force avec la quantité de mouvement du pendule dans ces différents cas.

PROBLEME I.

Trouver la force qui seroit requise pour entretenir le mouvement d'un Pendule à secondes, dont la lentille pese 21 liv. $\frac{1}{4}$ & décriroit 10 deg.

1591. SELON l'expérience rapportée, (1576), on voit qu'un tel pendule qui décrit 10 degrés, est réduit à 9 deg. 45 min. en 9 min. de temps ; ainsi, pour entretenir le mouvement de ce pendule, il faut élever à chaque 9 min. de temps la lentille depuis 9 deg. 45 min. à 10 deg. Pour trouver la quantité dont la lentille est plus élevée au-dessus de son centre de repos, lorsqu'elle décrit 10 degrés, que lorsqu'elle décrit 9 deg. 45 min. il faut soustraire le sinus verse de 9 deg. 45 min. du sinus verse de 10 degrés, l'excès marquera combien la lentille eſt moins élevée en décrivant 9 degrés 45 minutes. On doit ſavoir, que pour avoir le ſinus verſe de 10 deg. il faut ôter du rayon le ſinus de 80 degrés: & pour avoir le ſinus verſe de 9 deg. 45 min. il faut de même ôter du rayon le ſinus de 80 deg. 15 minutes. Par exemple, le ſinus de 80 deg. (complément de 10 deg.) eſt 98480; l'ôtant du ſinus total 100000, il reſte 1520 ſinus verſe de 10 degrés. Le ſinus de 80 deg. 15 min. ou le coſinus de 9 deg. 45 min. eſt 98555; l'ayant ſouſtrait du rayon, on a 1445 ſinus verſe de 9 deg. 45 min. cela poſé de 1520 ſinus verſe de 10 degrés, ôtez 1445 ſinus verſe de 9 deg. 45 min. reſte 75 : ainſi la quantité cherchée eſt $\frac{75}{100000}$ de la longueur du pendule ; c'eſt-à-dire, que ſi le pendule étoit diviſé en 100000 parties, la lentille devroit être remontée de 75 de ces parties à chaque 9 min. de temps.

1592. Il faut maintenant convertir ce rapport en parties d'une meſure connue. Le pendule à ſecondes eſt de 3 pieds 8 lig. $\frac{17}{100}$ (1523), c'eſt-à-dire, de 44057 centiemes de lignes : ainſi, pour trouver de combien de centiemes de lignes il faudroit remonter la lentille, on fera la proportion ;

$$100000 : 75 :: 44057$$
$$ 75$$
$$ \overline{220285}$$
$$3304275 \left\{ \begin{array}{l} 100000 \\ 33 \end{array} \right. 308399$$
$$304275 \overline{3304275}$$

On trouve pour quotient 33, qui exprime $\frac{11}{100}$ de lignes, ou environ $\frac{1}{9}$ de lig. quantité dont la lentille eſt moins élevée lorſqu'elle décrit 9 deg. 45 min. que lorſqu'elle décrit 10 degrés.

1593. C'eſt donc un poids de 21 liv. avec $\frac{1}{9}$ de ligne de deſcente qu'il faut employer à chaque 9 minutes. Réduiſant 21 liv. en grains, on a 193536. Réduiſant auſſi 9 minutes de temps en ſecondes, on a 540, qui étant diviſé par 193536, donne pour quotient la force qu'il faudra reſtituer au pendule à chaque ſeconde pour l'entretenir en mouvement

Seconde Partie, Chap. XIV.

en parcourant 10 degrés. 1935,36 ⌠ 540
        3153 ⌡ $\overline{358\frac{216}{540}}$
        4536
         216

1594. C'est donc 358 grains $\frac{2}{5}$, avec une descente de $\frac{1}{3}$ de ligne qu'il faut restituer au pendule à chaque seconde, pour lui faire décrire des arcs de 10 degrés.

1595. Si on adaptoit auprès de ce pendule un rouage qui eût une roue d'échappement de 30 dents, cette roue feroit un tour par minute : or si on faisoit la circonférence de cette roue de 20 lignes, elle parcourroit à chaque battement du pendule $\frac{1}{3}$ de ligne ; ainsi il faudroit appliquer à la circonférence de cette roue une force de plus de 358 grains $\frac{2}{5}$, sans compter la perte de la force de la roue sur la piece d'échappement ; si on faisoit la roue de 40 lignes de circonférence, elle parcourroit 2 fois plus d'espace, ainsi la force qu'elle exigeroit à la circonférence, devroit être deux fois plus petite.

II. Probleme.

Trouver la force requise pour entretenir le mouvement du même Pendule, lorsqu'il décrit des arcs d'un degré.

1596. Il faut suivre la même méthode de calcul, en remarquant que les arcs d'un degré ont été réduits à 0 deg. 45 minutes en 142 min. de temps (1576).

1597. Le calcul fait, on trouve qu'il faut un poids d'environ 23 grains, qui ait $\frac{1}{100}$ de lig. de descente ; c'est-à-dire, à peu-près $\frac{1}{3}$ de ligne de descente avec un poids de 2 grains $\frac{3}{10}$

Remarque.

1598. On voit par-là combien est grande la différence de force requise, pour entretenir le mouvement du même pendule qui décrit de plus grands ou plus petits arcs, puisque lorsqu'il décrit 10 degrés, il faut 358 grains $\frac{2}{5}$, & $\frac{1}{3}$ de lig.

de defcente; & lorfqu'il décrit un degré, il ne faut que deux grains $\frac{3}{10}$ avec la même defcente; c'eſt-à-dire, qu'il faut $157\frac{9}{23}$ fois plus de force pour entretenir le pendule qui décrit 10 deg. qu'il n'en faut pour entretenir le même pendule lorfqu'il décrit un degré.

1599. Il fuit delà que, fi l'on vouloit qu'un pendule qui décrit des arcs d'un degré, fût mu par la même force qui feroit requife pour entretenir les arcs de 10 degrés, il faudroit que la lentille fût $157\frac{9}{23}$ fois plus pefante.

1600. Il fuit encore delà qu'il ne faut pas fimplement augmenter la pefanteur de la lentille en raifon inverfe du quarré des arcs qu'elle parcourt, mais dans un plus grand rapport; car, felon ce principe, pour qu'une lentille qui décrit des arcs d'un degré exigeât la même force pour en entretenir le mouvement, que lorfqu'elle en décrit 10, il faudroit que le poids de la lentille, lorfqu'elle décrit un degré, fût à celui qu'elle a, lorfqu'elle en décrit 10, comme 100 eſt à 1 : or felon le calcul que nous venons de faire d'après nos expériences, elle doit être comme $157\frac{9}{23}$ eſt à 1, fans quoi le pendule ne feroit plus le régulateur du rouage; car on voit qu'un tel pendule décrivant des petits arcs, defcend par un plan infiniment peu incliné, & que fa force de mouvement eſt très-petite: il ne faut donc pas s'imaginer qu'il fuffife d'adapter à une machine un pendule long & pefant; il faut de plus que la force motrice foit proportionnelle à la perte de mouvement que fait le pendule à chaque ofcillation, lorfqu'il eſt abandonné à lui-même, & dont les vibrations fe font par la feule impulfion qu'on lui aura donnée; étant très-effentiel, qu'après avoir adapté un rouage, celui-ci ne dérange pas l'ifochronifme des vibrations. Nous traiterons cet objet plus au long, en parlant des moyens de rendre ifochrones les pendules qui font mus par des forces motrices variables, comme font les refforts.

1601. Avant que de paffer plus loin, comparons les forces de mouvement d'un même pendule qui décrit des arcs différents; comparons de même les forces requifes pour l'entretenir dans l'un & l'autre cas. Reprenons le pendule qui décrit 10 degrés.

SECONDE PARTIE, CHAP. XIV.

1602. La force de mouvement d'un corps employé à vaincre des obstacles, est le produit de la masse par le quarré de la vîtesse ou de l'espace parcouru ; ainsi pour comparer la quantité du mouvement d'un même pendule, il suffit de comparer les quarrés des arcs, puisque les produits sont multipliés par la même masse qui est la lentille ; la quantité de mouvement du pendule qui décrit 10 degrés, est donc à celle de ce même pendule qui en décrit un, comme le quarré de 10 est au quarré de 1, c'est-à-dire, comme 100 est à 1 ; d'où l'on voit que le pendule qui décrit 10 degrés, a 100 fois plus de force pour vaincre les obstacles qui s'opposent à son mouvement, que n'a le pendule qui décrit un degré pour vaincre ces mêmes obstacles ; mais la force requise pour entretenir le mouvement du pendule qui décrit 10 degrés, doit être $159\frac{9}{13}$ fois plus grande que pour celui qui décrit un degré ; ainsi les changements arrivés dans cette force, causeront des écarts beaucoup plus grands que ceux qui seroient produits par la moindre force : par cette seule raison & indépendamment des autres considérations, un pendule qui décrit de petits arcs est préférable à celui qui en décrit de grands.

PROBLEME III.

Trouver la force requise pour entretenir le mouvement du Pendule, lorsqu'il décrit 15 min. ou ¼ de degré.

1603. On trouve par le calcul, qu'un pendule qui décrivoit des arcs de 15 min. ayant été réduit à 7 min. s'éleve moins haut à 7 min. qu'à 15 min. de 0,003 ligne : or, selon nos expériences, un tel pendule emploie 8 heures ou 28800 secondes de temps à diminuer les arcs qu'il décrit depuis 15 min. jusqu'à 7 ; divisant donc le poids de la lentille par ce nombre de secondes, on trouve pour quotient grains 6,72, avec lig. 0,003 de descente par secondes ou lig. 0,033, & grain 0,61, c'est-àdire, lig. 0,33 & grain 0,061 : or, on a trouvé par le premier problême, que pour entretenir le mouvement du

II. Partie. L

pendule qui décrit 10 degrés, il faut ligne 0,33 de defcente & 358 grains $\frac{1}{7}$ = 358,40; c'eſt-à-dire, qu'il faut 5875 $\frac{2\,5}{6\,1}$ fois plus de force pour entretenir le mouvement du pendule qui décrit 10 degrés, que pour celui qui décrit $\frac{1}{4}$ de degré.

REMARQUE.

1604. CETTE différence prodigieuſe ſert à nous prouver combien il eſt important de proportionner la force motrice aux arcs que parcourt le pendule, & au poids de la lentille, &c. C'eſt par cette raiſon qu'il eſt très-difficile, pour ne pas dire impoſſible, de le faire dans les horloges à reſſort, n'étant pas maître d'augmenter ou de diminuer la force du reſſort, ſelon qu'il eſt beſoin; au lieu que dans les horloges à poids, on met d'abord le pendule en mouvement, en ne lui faiſant parcourir que les arcs de levée, & l'on n'adapte qu'un moteur ſuffiſant pour entretenir les arcs, ſans augmenter que peu leur étendue. On ne doit pas craindre de mettre cette force motrice trop petite; ce qui s'appercevroit par la diminution des arcs, & par le pendule qui arrêteroit. Si on ne peut pas donner des regles abſolues des forces qu'il faut employer ſelon les différentes lentilles & les différents arcs parcourus; il eſt au moins conſtant que la meilleure méthode eſt de proportionner la force motrice, comme nous venons de le dire.

1605. Il n'eſt pas poſſible de déterminer par le calcul la force requiſe, pour entretenir un pendule quelconque en mouvement, à moins que l'on ne faſſe expérience de la diminution de ſes arcs, comme nous l'avons fait; car cette diminution des arcs varie, non-ſeulement ſelon le plus ou moins de peſanteur de la lentille, ſelon ſa forme, mais ſur-tout, ſelon qu'il eſt ſuſpendu, enſorte que l'on ne peut pas aſſigner des regles générales là-deſſus; & quand même on pourroit le faire, ceux qui exécutent nos horloges ſont rarement en état d'appliquer ces calculs; il vaut mieux leur donner des regles qui tiennent à l'expérience.

1606. Nous répéterons ici une obſervation dont nous

avons déja parlé à la suite du premier problême : c'est que si les forces requises pour entretenir le même pendule, étoient, comme quelques personnes l'ont prétendu, en raison inverse des quarrés des arcs, on auroit la proportion suivante pour le pendule qui décriroit 10 degrés ou $\frac{1}{4}$ de degré : La force qu'il faut pour entretenir les arcs de 15 minutes, est à la force requise pour entretenir les arcs de 10 degrés, comme le quarré de 15 minutes est au quarré de 10 degrés = 600 min. c'est-à-dire, comme 1 est à 1600 ; au lieu que nous avons trouvé par le calcul fondé sur l'expérience, que cette force doit être comme 1 est à $5875 \frac{25}{61}$.

1607. Pour qu'un pendule pût être mû par la même puissance, soit qu'il décrivît des arcs de 15 min. ou de 600 min. il faudroit que la pesanteur de la lentille, lorsqu'il décrit des arcs de 15 min. fût au poids de la lentille, lorsqu'il en décriroit 600, comme $5875 \frac{25}{61}$ est à 1 ; de cette maniere, elle auroit même relation avec la force motrice dans l'un ou l'autre cas ; au lieu qu'en suivant le principe des forces, elle auroit dû être comme 1600 est à 1 : on n'a donc pas établi des loix qui soient d'acord avec l'expérience.

CHAPITRE XV.

Suite du Calcul sur le Pendule libre.

PROBLEME I.

Trouver la force requise pour entretenir le mouvement d'un Pendule à secondes, qui décrit 10 degrés, & dont la lentille pese 7 liv. 5 onces, pour servir à comparer avec la force employée à entretenir le mouvement du Pendule, dont la lentille pese 21 liv.

1608. Nous avons trouvé problême I. (1592), que l'excédent du sinus-verse de 10 deg. sur celui de 9.^{d} 45 min. est de 0,33 lig. or, selon l'expérience rapportée (1582), ce pendule dont la lentille pese 7 liv. 5 onces, reste 5 min. de temps, depuis les arcs de 10 deg. à ceux de 9 deg. 45 ^{m}, c'est-à-dire, qu'a chaque 5eme min. il faudroit élever la lentille de ligne 0,33; divisant donc 67392 grains, que pese la lentille, par 300 secondes, on aura la force qu'il est nécessaire de restituer à chaque seconde au pendule, pour l'entretenir en mouvement; on trouve pour quotient 224,64 grains, & ligne 0,33 : or nous avons trouvé, problême premier, que pour entretenir le mouvement du pendule, dont la lentille pese 21 liv. il faut un poids de 358,40 grains, avec ligne 0,33 de descente; la force qu'il faut pour entretenir la lentille qui pese 7 liv. 5 onces, est donc à celle qu'il faut pour la lentille 21 liv. comme 224,64 est à 358,40 ; mais la quantité de mouvement de la lentille légere est à la quantité de mouvement de l'autre, comme 7 liv. 5 onces est à 21 liv. Je dis comme le poids des lentilles, par la raison qu'elles ont même vîtesse ; or s'il y avoit même avantage à se servir de l'une & de l'autre

SECONDE PARTIE, CHAP. XV.

lentille, il faudroit que ces quatre quantités fussent en proportion, c'est-à-dire, que 224,64 fût à 358,40, comme 117 est à 336. Mais il s'en faut de beaucoup que cela ne soit ainsi ; car la force requise pour entretenir la petite lentille, est beaucoup plus grande relativement à sa quantité de mouvement, que n'est la force requise pour entretenir la grande lentille relativement à sa quantité de mouvement.

1609. Ainsi on voit, que quoique la force requise pour entretenir la petite lentille, soit moins grande que celle qu'il faut pour entretenir la lentille pesante ; comme la quantité de mouvement de la grande est beaucoup plus considérable que celle de la petite, il est préférable de se servir d'une lentille pesante.

1610. On tirera donc de ce qui précede une regle générale pour un régulateur quelconque ; *c'est que plus sa quantité de mouvement sera grande, relativement à la force requise pour en entretenir le mouvement, plus ce régulateur sera puissant* ; c'est-à-dire, capable de détruire & réduire les effets de l'air, des frottements, &c. condition requise pour l'isochronisme des vibrations.

REMARQUE.

1611. Cette lentille légere est précisément une de celles dont on faisoit usage, lorsqu'on a commencé à adapter les lentilles aux horloges : or on voit qu'il falloit une force considérable à la circonférence de la roue d'échappement pour entretenir le mouvement de cette lentille, dont les arcs étoient au moins de 10 degrés. En supposant que cette roue fût de telle grandeur, qu'à chaque battement du pendule elle parcourût 0,33 lignes, elle devoit avoir à sa circonférence une force de 224,64 grains, & cela en supposant que le pendule étoit suspendu, de maniere que la résistance ou frottement de la suspension ne causoit pas plus de perte de mouvement que ne fait celle dont je me sers, ce qui n'étoit sûrement pas ; car on employoit des suspensions à ressort qui, comme nous l'avons fait voir, détruisent une plus grande quantité de la force du pendule ; ainsi nous pouvons bien assurer que, pour entretenir le mouvement de leurs pendules, il falloit le double de la force que nous avons trouvée : or la roue d'échappement ayant une telle force à sa circonférence, causoit de très-grands frottements sur ses pivots; & comme d'ailleurs les roues que l'on faisoit alors étoient fort grandes & pesantes, les pivots mal ronds, gros, &c, il arrivoit nécessairement que les quantités de frottement, l'épaississement des huiles, &c, changeoient l'action de la roue d'échappement sur le pendule, & que celui-ci, au lieu de 10 degrés qu'il décrivoit d'abord, n'en décrivoit que 9; après ces changements ; cette inégalité des arcs parcourus par le pendule, dérangeoit nécessairement l'isochronisme de ses vibrations. Ce fut pour remédier à cette difficulté, que le célebre Huighens adapta à la piece de suspension du pendule des lames pliées en cicloïdes : l'effet de ces portions de cicloïdes étoit tel, que le fil qui suspendoit le pendule s'appliquoit sur ces courbes, ensorte qu'à mesure qu'il décrivoit de plus grands arcs, il devenoit plus court ; ainsi ses vibrations s'achevoient toujours dans le même temps. Mais on a reconnu depuis l'inutilité de la cicloïde ; car les petits arcs de cercles, (comme on le voit dans l'ouvrage même de M. Huighens) ne different que peu des petits arcs semblables de cicloïde ; on a donc fait des pendules qui décrivent de plus petits arcs.

Probleme II.

Comparer la force de mouvement du Pendule à secondes, avec celui à demi-secondes, qui decrit les mêmes arcs, & dont la lentille est de même pesanteur.

1612. Les arcs parcourus par le pendule à demi-secondes, & par le pendule à secondes étant semblables, l'espace parcouru par le pendule à secondes est à l'espace parcouru par le pendule à demi-secondes en même raison que leur longueur, c'est-à-dire, comme 4 est à 1 ; mais comme le court pendule fait deux battements pour un du grand, il

SECONDE PARTIE, CHAP. XV. 87

faut doubler l'espace qu'il parcourt ; ainsi la vîtesse du pendule à secondes est à la vîtesse du pendule à demi-secondes, comme 4 est à 2 ; or la quantité de mouvement ou d'action d'un corps, étant le produit de la masse par le quarré de la vîtesse, si on multiplie 16, quarré de la vîtesse du pendule à secondes, par le poids de la lentille, on aura pour produit un nombre qui exprimera la quantité de mouvement du pendule à secondes ; multipliant de même 4, quarré de la vîtesse du pendule à demi-secondes, par le poids de la lentille, le produit marquera la quantité de mouvement du court pendule. Mais comme la lentille est la même dans l'un & l'autre pendules, les produits des quarrés des vîtesses par la même quantité, ne changeront pas de rapport ; ainsi la quantité de mouvement du pendule à secondes, est à la quantité de mouvement du court pendule, comme 16 est à 4, ou comme 4 est à 1 (*).

REMARQUE.

1613. Il faut observer que le pendule à secondes & le pendule à demi-secondes, ayant employé le même temps à se mouvoir librement depuis les arcs de 10 degrés jusqu'à ceux de 9 deg. 45 min. & la lentille étant d'ailleurs la même, il faut 4 fois plus de force pour entretenir le mouvement du pendule à secondes que pour celui à demi-secondes ; car celui-ci étant quatre fois plus court, son sinus-verse diminue en même raison, d'où il suit que l'un & l'autre pendules sont également propres à servir de régulateur.

1614. Cependant nous croyons que le pendule qui bat les secondes est préférable à celui qui fait deux battements par secondes ; 1°, parce que la résistance de la suspension est moindre que dans le pendule à demi-secondes : 2°, parce que le pendule à secondes est très-propre pour les observations, pour compter les parties du temps : 3°, parce que la lenteur de ses vibrations rend le rouage plus simple & moins chargé de

---

(*) Si on vouloit que ce pendule à demi-secondes eût autant de force de mouvement que celui à secondes, il faudroit doubler l'étendue de ses arcs, ou bien quadrupler le poids de la lentille.

88 *Essai sur l'Horlogerie.*

dents ou de révolutions, ce qui diminue les frottements.

1615. Nous le croyons préférable à un grand pendule, par la raison qu'il est plus facile à construire, & procure au moins la même justesse, ensorte que nous regardons le pendule à secondes, comme celui qui réunit le plus d'avantages : je ne prétends pas cependant dire que l'on ne puisse faire de bonnes machines avec de plus longs & de plus courts pendules.

Problème III.

De la force requise pour entretenir le mouvement du Pendule, dont la lentille pese 63 liv.

1616. Nous avons trouvé (1589) que le pendule de l'horloge astronomique qui décrit les arcs de 15 minutes, a été réduit à 7 min. en 8 heures de temps, c'est-à-dire, en 28809 secondes, & nous avons vu (1603) qu'un pendule s'élève moins au-dessus de son repos, dans les arcs de 7 min. qu'à ceux de 15 min. de 0,003 lignes.

1617. Si nous divisons le poids de la lentille du pendule astronomique par le nombre 28800, nous aurons la force requise pour entretenir le mouvement de ce pendule ; sa lentille pese 63 liv. qui font 1008 onces = 8064 gros = 580608 grains ; nous trouverons pour quotient 20 grains : c'est donc 0,003 lignes de descente, & 20 grains par secondes qu'il faut employer pour entretenir le mouvement de ce pendule, ce qui égale $\frac{3}{10}$ de descente, & $\frac{20}{100}$ de grain, c'est-à-dire, environ $\frac{1}{3}$ ligne de descente & $\frac{1}{5}$ de grain de force.

1618. Pour comparer la force requise pour entretenir le mouvement du pendule astronomique avec la force requise pour entretenir le mouvement du pendule de 21 liv. il faut faire attention qu'ils ont employé le même temps l'un & l'autre en partant des arcs de 15 min. pour être réduits à ceux de 7 min.

1619. Et comme ces pendules ont même longueur, la différence des sinus-verses des arcs parcourus est la même ; ainsi

les

SECONDE PARTIE, CHAP. XV.

les forces requifes pour entretenir les mouvements de ces pendules, font entr'elles comme les poids des lentilles, c'eſt-à-dire, que la force pour entretenir le mouvement de la lentille de 21 liv. lorſqu'elle décrit des arcs de 15 min. eſt à la force requiſe pour entretenir la lentille peſant 63 liv. qui décrit les mêmes arcs, comme 21 eſt à 63 : les quantités de mouvement des deux pendules font donc entr'elles comme leurs poids.

1620. D'où il ſuit que ces deux pendules en décrivant des arcs de 15 min. feront également propres à meſurer le temps : car ſi d'un côté la lentille peſante éprouve moins de variations par l'air (à cauſe de ſa peſanteur), de l'autre elle ſera plus ſuſceptible des variations cauſées par les inégalités de force motrice, ainſi tout fera compenſé.

REMARQUE.

1621. Nous avons conſidéré juſques ici la force qu'il faut reſtituer au pendule pour entretenir ſon mouvement, comme ſi elle ſe communiquoit ſans perte; or cela n'arrive pas en effet; car le frottement de la roue avec la piece d'échappement diminue néceſſairement ſa force, enſorte que la force que nous avons trouvée par ce calcul n'eſt pas ſuffiſante, & qu'il faut en ajouter le ſurplus pour les frottements de l'échappement.

1622. Nous devons auſſi obſerver par rapport aux pendules qui décrivent des arcs infiniment petits, qu'il n'eſt preſque pas poſſible de ne donner plus de force qu'il n'eſt beſoin à la roue d'échappement ; car 1°, ſi cette roue porte une aiguille des ſecondes, il faut que la force motrice ſoit telle que la roue tende à tourner avec une plus grande vîteſſe que la piece d'échappement, ſans quoi l'aiguille retarderoit la vîteſſe de la roue, enſorte que la piece d'échappement ſe ſouſtrairoit à l'action de la roue qui ne pourroit reſtituer le mouvement au pendule; & dans cette ſuppoſition, lorſque la piece d'échappement rentreroit dans l'intervalle des dents, elle arcbouteroit ſur le derriere des dents: or l'aiguille de ſe-

II. Partie.   M

condes réfiste au mouvement, & par son inertie, & par sa longueur qui éprouve une résistance de l'air. Ainsi pour que la roue d'échappement tourne avec cette vîtesse requise dont nous venons de parler, il faut une force motrice qui soit d'autant plus grande que l'aiguille sera longue & pesante; il faudra donc que la force de mouvement de la roue d'échappement soit beaucoup plus grande qu'il n'est besoin, pour restituer les oscillations du pendule; & cette force peut être telle, que si c'est un échappement à repos, elle dérangera l'isochronisme du pendule, par la raison que, dans le repos, la roue agira avec toute la force, & tendra à retarder les vibrations du pendule; & dans l'instant de l'impulsion, l'inertie de l'aiguille retardera la vîtesse de la roue, ensorte que celle-ci ne communiquera qu'une partie de sa force.

1623. 2°, Cette force infiniment petite d'une roue d'échappement, abstraction faite de l'obstacle dont nous venons de parler, sera entiérement, ou très à peu-près, détruite par le froid; car la résistance que les huiles gelées causeront, pourroit être telle qu'elle détruisît la tendance des roues au mouvement; ainsi il faudra doubler ou tripler le poids, afin que l'horloge n'arrête pas par le froid, de sorte qu'en été la force motrice sera deux ou trois fois plus grande qu'il ne faut : nous aurons encore occasion de parler des effets de l'huile; nous y renvoyons.

1624. Nous avons déja touché quelque chose en passant du peu d'avantage qu'il y a d'employer des lentilles trop pesantes; nous traiterons encore cet objet ci-après, en parlant de la dilatation des métaux; & nous venons de voir que les petits arcs décrits par un pendule sont très-défectueux; on s'est donc un peu trop pressé de faire des pendules pesants avec de trop petits arcs. J'espere que je traiterai cet objet de maniere à ne rien laisser à desirer, en établissant de telles limites, qu'on ne pourra s'en écarter sans faire de mauvaises machines; à moins que l'on ne parvienne à trouver une matiere quelconque qui soit moins susceptible de destruction, d'affaissement, &c.

CHAPITRE XVI.

Des Pendules qui sont mus par l'action inégale des Ressorts (*).

Différence des oscillations du Pendule libre, avec le même Pendule mu par une force motrice variable, & selon la nature de l'échappement.

1625. Nous avons considéré jusqu'ici le *Pendule libre*; c'est-à-dire, celui qui se meut par l'impulsion qu'on lui a communiquée, ou qui est entretenu en mouvement par une force proportionnelle à sa perte de mouvement, qui d'ailleurs est constante. Nous allons maintenant rechercher la nature des oscillations du pendule, auquel on a adapté une force motrice variable & non proportionnelle ; & nous ferons voir qu'en appliquant à un pendule un rouage pour en entretenir le mouvement, les oscillations de ce pendule deviennent d'une plus longue ou plus courte durée, selon la nature de l'échappement que l'on emploie.

PROPOSITION.

1626. 1°, Si l'échappement est à repos, les oscillations du pendule seront plus lentes, car la pression de la dent sur le

---

(*) Dans les courts pendules, on peut en rendre les oscillations à peu-près isochrones, en employant des lentilles fort pesantes, bien suspendues, & qui décrivent des petits arcs, quelle que soit la nature de l'échappement que l'on emploie ; mais outre que ces machines exigent plus de dépense, on n'en peut pas faire usage dans nos Horloges à pendule, dont les boîtes sont trop étroites, comme les cartels, par exemple ; il faut donc rechercher des moyens propres à rendre égales les vibrations d'un court pendule à lentille légère, qui est mu par la force inégale d'un ressort.

repos retarde la partie descendante de l'oscillation.

1627. 2°, Si l'échappement est à recul, les oscillations du pendule seront plus promptes ; car le recul abrege la partie ascendante de l'oscillation, dont il empêche l'étendue de l'arc ; & la réaction de la roue accélere encore la partie descendante de l'oscillation. Examinons encore mieux ce qui doit arriver dans l'échappement à repos, & comment il trouble & retarde les oscillations du pendule libre.

1628. Lorsque la dent du rochet a communiqué son impulsion au plan incliné, le pendule monte presque librement, car il se meut avec vîtesse, & avant que la dent presse avec toute son action sur le repos, de maniere que le pendule décrit un plus grand arc ; mais le pendule ayant consumé toute la force d'impulsion de la roue, il redescend par la seule force de sa pesanteur ; or la pression de la dent sur le repos cause un frottement qui diminue la tendance du pendule pour descendre, ensorte qu'il fait son oscillation plus lentement.

1629. Il suit de ces effets des échappements à repos & à recul : 1°, Que plus un échappement causera un grand recul à la roue, & plus les oscillations du pendule seront dérangées & accélérées par l'augmentation de force motrice.

1630. 2°, Qu'en diminuant insensiblement le recul, l'horloge avancera de moins en moins, & jusques-là qu'ayant entiérement détruit le recul & fait l'échappement à repos, alors les oscillations du pendule seront plus lentes que s'il oscilloit librement.

1631. 3°, Que par conséquent il y a un certain recul dans l'échappement dont la propriété sera telle, que l'augmentation ou diminution de la force motrice ne changera aucunement la durée des oscillations, c'est-à-dire, qu'elles seront isochrones.

Des Pendules à ressort.

1632. IL Y A deux choses essentielles auxquelles il faut

avoir égard dans les horloges à ressort; la premiere, c'est de proportionner la force du régulateur à celle du ressort; la seconde, c'est de construire l'échappement, de maniere que les inégalités du ressort ne changent pas l'isochronisme des vibrations : comme on n'a communément aucun égard à ces deux choses dans la fabrication de ces sortes d'horloges, nous traiterons cet objet, afin que ceux qui seront curieux de faire de bonnes machines puissent y parvenir sans trop de difficultés.

Expériences faites sur une Horloge à demi-secondes : Echappement à repos.

1633. J'AI fait une Horloge à demi-secondes, dont la lentille pese 6 liv. l'échappement à repos; & dont le pendule décrit des arcs d'un degré. Cette horloge va un mois sans remonter, le barillet a 19 lignes de diametre; ainsi la force motrice n'est pas considérable; cependant elle produit un effet tel que l'appui de la dent sur le repos retarde considérablement la vibration du pendule ; car la longueur du pendule n'est que de 9 pouces depuis le point de suspension au centre de la lentille, & cependant la machine est réglée ; au lieu que si ce pendule oscilloit librement, le centre de la lentille seroit au moins de 3 lig. plus bas. On voit par-là combien la pression sur le repos dérange les vibrations. On peut juger combien dans les montres à cylindre les oscillations du balancier sont dérangées par l'échappement ; car dans ces montres la force motrice étant capable de donner le mouvement au balancier, cette force doit beaucoup plus déranger les vibrations que dans l'horloge à pendule où la force est toujours bien éloignée de mettre le pendule en mouvement, ne pouvant au contraire qu'entretenir la vibration du pendule lorsqu'on l'a mis en mouvement.

1634. Il est évident qu'une telle horloge doit faire des écarts, selon que la force motrice est plus ou moins grande ; elle doit donc avancer à mesure que le ressort se débande.

94 Essai sur l'Horlogerie.

1635. Si on augmentoit les arcs de levée, de sorte que le pendule décrivît 3 ou 4^d, il faudroit alors redescendre la lentille; car pour lors la force du pendule étant plus grande, l'appui de la dent sur le repos ne pourroit plus détruire qu'une très-petite partie de cette force; ainsi les oscillations du pendule se feroient plus librement : la même chose arriveroit, si on diminuoit de beaucoup la force motrice.

1636. Lorsqu'un ressort est fait, il n'est pas aisé de changer sa force; ainsi on ne peut pas, comme dans les horloges à poids, augmenter & diminuer le moteur, jusqu'à ce qu'il soit de la quantité requise pour entretenir le mouvement du pendule; & d'ailleurs, le calcul qu'il seroit nécessaire de faire pour trouver à chaque pendule la force du moteur, ou bien, le ressort étant donné, pour trouver la pesanteur de la lentille, l'étendue de ces arcs, &c : or, dis-je, ce calcul seroit très-difficile, & hors de la portée des Ouvriers qui exécutent nos horloges à pendule; j'ai donc cherché à leur donner des méthodes qui puissent conduire à la même perfection sans tant de difficultés.

Remarque.

1637. Dans une horloge dont l'échappement est à repos, plus la lentille sera légere & parcourra de petits arcs, & plus l'horloge retardera par l'augmentation de force; & au point, que si cette force motrice est fort grande relativement à la quantité de mouvement du pendule, la pesanteur de la lentille ne seroit pas suffisante pour vaincre le frottement du repos; ensorte que le pendule arrêteroit sans redescendre à la verticale; au contraire, plus la force de mouvement du pendule sera grande relativement au moteur, & moins le repos dérangera l'oscillation du pendule. Ainsi si l'on a une lentille pesante qui décrive de grands arcs, les oscillations ne seroient pas sensiblement troublées, quand même on viendroit à rendre la force motrice double de ce qu'elle devoit être pour entretenir le mouvement du pendule. Si on adapte à l'horloge un échappement à recul; &, la lentille étant trop légere, relativement à la force motrice, il arrivera que la force du moteur venant à augmenter, les oscillations du pendule en feront d'autant plus promptes ; car l'impulsion de la roue par la levée accélérera cette partie de l'oscillation, qui le fera encore (accélérée) par le recul : la lentille étant trop légere, ainsi que nous le supposons, ne fera pas ses vibrations de la même maniere que le feroit le pendule libre ; au contraire, la force motrice lui communiquera une partie de sa vîtesse & de ses inégalités. Il suit de ces observations qu'un échappement étant donné, sa propriété change selon le plus ou moins de force de mouvement du pendule, relativement à la force motrice. Ainsi la courbure ou inclinaison qui donne le recul n'est pas constante, ni la même dans toutes sortes d'horloges ; il faut avoir égard au plus ou moins de pesanteur de la lentille, de force motrice, de l'étendue des arcs du pendule, &c. Ce problême intéressant est donc très-compliqué, & merite d'être résolu par un bon Géometre ; mais en attendant que cela soit, je conseille aux Artistes de varier les courbures de l'inclinaison de l'ancre, selon que l'exigera la nature de la machine, & ils parviendront à avoir des oscillations sensiblement isochrones (1378).

CHAPITRE XVII.

Description de la Machine que j'ai construite, pour vérifier les effets des échappements & le changement qu'ils causent aux pendules libres.

EXPÉRIENCE SUR CET OBJET.

1638. Pour ne rien laisser à desirer sur les pendules, & pour prouver ce que j'ai avancé sur les échappements & sur la nécessité d'un rapport exact entre le régulateur & la force motrice; j'ai exécuté une machine qui servira à prouver les écarts d'un pendule, lorsqu'il est mu par une force motrice inégale, le retard que produit l'échappement à repos, & l'avance que le recul trop grand occasionne; enfin nous ferons voir qu'en donnant à l'échappement un recul moyen, on remédiera à toutes les inégalités de la force motrice.

Planche XXIII.

1639. La fig. 1. représente cette machine. AB est le pendule suspendu par un fil qui s'enveloppe sur une petite poulie fixée à la verge du pendule, afin de pouvoir faire osciller librement le pendule, sans que la lentille puisse vaciller : au bas du pendule est un *limbe* CD, divisé en 30 degrés de cercle.

1640. GHI, EFK est une cage qui contient deux roues, dont l'une forme la roue d'échappement, & l'autre porte un encliquetage, ainsi que le cylindre sur lequel s'enveloppe une corde qui porte le petit sac Q que je charge successivement de différents poids. Cette roue L a 180 dents; elle engrene dans le pignon 6 qui porte la roue d'échappement M de 60 dents; & comme chaque battement du pendule est de demi-secondes, la roue M fait un tour en une minute, & la roue E en fait un en 30 min. La roue L est graduée en 30 parties, afin de marquer les minutes indiquées par un index O fixé au pilier FI; la roue M est pareillement graduée, mais en 60 parties, afin de marquer les secondes qui sont aussi indiquées par l'index P.

1641. La fourchette X est mise à frottement sur l'axe qui porte la piece d'échappement: cette fourchette est fendue dans sa longueur afin de pouvoir faire monter & descendre la tige a qui correspond au pendule, & de diminuer ou d'étendre les arcs du pendule, selon que mes expériences l'exigent: la verge du pendule est aussi fendue dans sa longueur pour recevoir la tige a de la fourchette.

1642. Sur l'axe de la fourchette, j'ai adapté trois sortes d'ancres qui sont tellement exécutés, qu'ils forment, avec la
roue

SECONDE PARTIE, CHAP. XVII.

roue d'échappement, l'un (*fig.* 1), l'échappement à repos: X (*fig.* 4), l'échappement à grand recul, & la troisieme, (*fig.* 3) l'échappement isochrone; ils sont tellement construits qu'ils font décrire les mêmes arcs de levées.

1643. L'échappement à grand recul fait rétrograder la roue avec une vîtesse égale à l'espace parcouru par le plan de l'ancre.

1644. L'échappement isochrone fait rétrograder la roue d'un quart de l'espace qu'il parcourt.

1645. Pour faire des expériences d'après lesquelles on puisse partir, j'ai fait osciller librement le pendule, & j'ai réglé son mouvement, en comparant sa marche avec une horloge à seconde, placée à côté de cette machine; j'ai donc baissé la lentille, jusqu'à ce que les oscillations du pendule libre qui décrit 6 degrés, aient été reglées sur l'horloge à secondes : le pendule ainsi réglé, le centre de la lentille est distant du point de suspension de 9 pouces 7 lignes. Dans le pendule simple, la distance de ce centre ne doit être que de 9 pouces 2 lignes $\frac{14}{100}$: mais cette lentille pese 5 gros, elle a 18 lignes de diametre, & la verge du pendule est pesante ; ainsi le centre d'oscillation est au-dessus de celui de la lentille de toute la quantité de 4 lignes $\frac{86}{100}$; c'est-à-dire, près de 5 lignes. Cela ainsi préparé, nous serons assurés, après avoir adapté un des échappements dont nous avons parlé, que les écarts qui arriveront de la marche de la machine seront produits par l'échappement.

I. EXPÉRIENCE.

1646. J'ai adapté l'échappement à repos, dont l'arc de levée est de 5 degrés $\frac{1}{2}$, la force motrice une once, l'arc de vibrations 8 deg. En une heure de temps, cette espece d'horloge a retardé de 30 secondes, ce qui seroit 12 min. en 24 heures.

II. EXPÉRIENCE.

1647. J'ai doublé la force motrice en laissant l'échappement au même point; l'arc de vibrations du pendule

II. Partie.

étoit alors de 12 degrés; en une heure elle a retardé de 35 secondes; c'est-à-dire 14 minutes en 24 heures.

III. EXPÉRIENCE.

1648. Laissant le même échappement, & augmentant la force motrice d'une once, c'est-à-dire, en la rendant triple de ce qu'elle étoit dans la premiere expérience, le pendule a décrit des arcs de 14 degrés, en une heure a retardé de 37 secondes; c'est 14 min. 48 secondes en 24 heures.

IV. EXPÉRIENCE.

1649. J'ai adapté sur l'axe de la fourchette l'ancre (*fig.* 2) de l'échappement à grand recul; arc de levée, 5 deg. $\frac{1}{2}$; arc de vibration, 8 degrés; force motrice, 1 once. En une heure a retardé de 15 secondes; en 24 heures, 6 minutes.

V. EXPÉRIENCE.

1650. Laissant le même échappement; force motrice, 2 onces; même levée; arc de vibration 10 degrés; en une heure retarde de 6 secondes; en 24 heures, 2 min. 24 secondes.

VI. EXPÉRIENCE.

1651. J'ai adapté sur la tige d'échappement l'ancre à moyen recul; arc de levée, 5 deg. $\frac{1}{2}$; arc de vibration 8 deg. force motrice une once; en une heure a retardé de 27 secondes; en 24 heures, 10 min. 48 secondes.

VII. EXPÉRIENCE.

1652. Laissant le même échappement; arc de levée, 5 deg. $\frac{1}{2}$; force motrice, 2 onces; arc de vibration, 12 deg. en une heure a retardé de 27 secondes; en 24 heures, 10 min. 48 secondes.

VIII. EXPÉRIENCE.

1653. Même échappement; arc de levée, 5 deg. $\frac{1}{2}$;

force motrice, 3 onces; de vibration, 14 deg. ½; en une heure retarde de 27 secondes; en 24 heures, 10 min. 48 secondes.

1654. On voit par ces expériences combien les oscillations du pendule sont troublées par l'échappement, & diversement selon sa nature; ce qui confirme parfaitement tout ce que nous avons établi ci-devant (1626)

1655. Par la premiere expérience, on voit que la force motrice d'une once fait retarder le pendule de 12 min. en 24 heures, lorsqu'il est mu par un échappement à repos; par la seconde, on voit que le même échappement retarde 2 minutes de plus, lorsqu'on double la force motrice; enfin, par la troisieme expérience, il retarde de 2 min. 48 secondes de plus, lorsqu'on triple la force motrice.

1656. Par la quatrieme expérience, on voit que l'échappement à grand recul retarde de 6 min. en 24^h, lorsque la force motrice est d'une once; c'est-à-dire, que cet échappement retarde les oscillations de 6 min. de moins que celui à repos en 24 heures; par la cinquieme expérience, on voit qu'en doublant la force motrice à cet échappement, le pendule ne retarde que 2 min. 24 secondes en 24 heures, ce qui differe de l'échappement à repos, dont les arcs de levée & la force motrice sont les mêmes, de 11 min. 36 secondes en 24 heures.

1657. Par la sixieme expérience, on voit que l'échappement dont le recul est moyen entre le repos & le grand recul, retarde de 10 min. 48 secondes en 24 heures, lorsque la force motrice est d'une once; enfin, les 7me & 8me expériences démontrent qu'en doublant & triplant la force motrice le pendule retarde constamment de la même quantité, 10 min. 48 secondes en 24 heures; cet échappement rend donc les oscillations du pendule isochrones, malgré l'inégalité de force motrice & des arcs parcourus.

1658. Je ne rapporterai pas ici un grand nombre d'expériences que j'ai faites, & qui prouvent la même chose que les précédentes; je me contenterai de parler du résultat de celles que j'ai faites, lorsque la fourchette, au lieu d'agir en *a* étoit en *b*, ensorte qu'avec les mêmes échappements, les arcs de levée n'étoient que de trois degrés, alors les oscillations du pendule étoient troublées beaucoup plus sensiblement par les changements de force motrice, sur-tout celui à repos, qui retardoit considérablement les vibrations du pendule libre: ces variations sont causées par l'augmentation du recul & la diminution de la levée; car la force motrice restant la même, son action sur l'échappement doit augmenter dans la même raison que les arcs de levée ont été diminués ; ainsi les frottements augmentent aussi à proportion, & d'autant plus que la traînée étoit plus grande, malgré que la levée fût plus petite.

1659. On voit par-là combien il est essentiel de diminuer l'espace parcouru par le recul de l'échappement, & au contraire d'augmenter la levée; lors donc que l'espace que doit parcourir un balancier ou un pendule sera donné, plus l'arc par la levée sera grand, & celui par le recul petit, & plus vous réduirez les frottements; enfin, plus l'espace total parcouru par l'échappement sera petit, & plus vous réduirez le frottement, la force motrice restant la même.

1660. Nous remarquerons encore ici, que si les échappements peuvent causer des effets si sensibles dans les oscillations d'un pendule, à plus forte raison produisent-ils ces effets dans les montres; on voit sur-tout, & nous le montrerons encore ci-après en parlant des montres, que si l'échappement à repos est le plus mauvais échappement qui soit applicable aux horloges à ressort, ce n'est sûrement pas le meilleur que l'on puisse adapter aux montres; car, comme nous le ferons voir, s'il arrive que des montres qui ont cet échappement, aillent bien, ce n'est pas qu'il soit meilleur, mais c'est que d'autres défauts de la machine corrigent ceux qu'il a; nous nous expliquerons là dessus : enfin, & je conclus par-là, on voit que toute la brillante théorie que l'on a donnée du pendule, quoique très-vraie, lorsqu'il est question du pendule *simple*, devient absolument inutile, lorsque ce pendule est appliqué à l'horloge; ainsi l'isochronisme par la cycloïde, & l'isochronisme par les petits arcs, & les calculs des temps des vibrations par les grands & les petits arcs, toutes ces théories très-belles en spéculation, ne sont pas d'usage dans la pratique: je ne prétends pas dire que l'on ne doive les connoître; bien loin de-là, ce sont elles qui nous ont ouvert la carriere; mais je veux dire que la théorie doit nous diriger pour nos recherches, & l'expérience doit nous conduire dans l'application de ces principes; c'est ainsi que ces choses se prêtant des secours mutuels, nous parviendrons à faire de bonnes machines.

Expériences sur un échappement rendu isochrone.

1661. J'AI appliqué l'échappement isochrone, (c'est-à-dire, construit sur les principes de celui qui a servi aux expériences 6, 7 & 8 (1651), & dont on a vu la construction (1324 *& suiv.*) à une petite horloge à ressort, dont le pendule a 5 pouces de longueur. Pour vérifier sa justesse, je l'ai faite marcher, en ne donnant d'abord qu'un tour de bande; j'ai noté de 6 heures en 6 heures l'écart qu'elle faisoit en la comparant à l'horloge à secondes; en 6 heures elle retardoit de 4 min. $\frac{2}{3}$; elle a ainsi marché pendant 34 heures en retardant constamment de 4 min. $\frac{2}{3}$ à chaque 6 heures; elle a donc retardé de 27 min. en 34 heures; j'ai remonté le ressort tout au haut, & ayant laissé marcher l'horloge pendant 24 heures, elle a retardé de 18 min. $\frac{1}{2}$, ce qui feroit $26\frac{5}{24}$, dont elle auroit retardé en 34 heures. J'ai continué à observer la marche de cette horloge, à mesure que le ressort se développoit, & j'ai trouvé qu'elle retardoit assez constamment de la même quantité qu'elle faisoit au bas. J'ai observé au même temps la marche d'une horloge à ressort, dont la lentille avoit à peu-près 5 pouces de longueur, & dont l'échappement étoit à ancre, tel qu'on les fait communément; elle avançoit de 4 min. de plus en 24, lorsqu'elle étoit montée au haut, que lorsque le ressort étoit à son premier tour de bande; cette variation étoit causée par le grand recul que produit l'échappement sur la roue.

CHAPITRE XVIII.

De la Dilatation & Contraction des Métaux par le froid & le chaud.

1662. La chaleur agit tellement sur tous les corps qu'elle les alonge (a), & le froid les raccourcit : cet effet de la chaleur & du froid agit encore plus sensiblement sur les fluides, comme nous le voyons par les thermomètres.

1663. L'extension des métaux & autres corps par la chaleur, & leur contraction par le froid, fut apperçu par Wendelinus (b); & il paroît que Musschenbroek a été le premier qui ait fait une machine qui serve à faire voir ces effets du chaud & du froid; il appelle *Pyromètre* cette machine.

1664. C'est donc une vérité reconnue & prouvée par toutes les expériences, que la chaleur dilate tous les corps, & que le froid les condense; & comme il arrive qu'il n'y a pas deux moments de suite le même degré de chaleur, on peut dire que les parties de tous les corps, que nous croyions autrefois dans un parfait repos, sont au contraire dans un mouvement continuel, & que ces corps sont ainsi plus grands en été qu'en hiver, & le jour que la nuit.

1665. En traitant du pendule, nous avons fait voir que plus ils étoient longs, & plus leurs vibrations étoient lentes; & au contraire, plus ils sont courts, & plus elles sont promptes: or la chaleur alongeant la verge du pendule, on voit qu'en été l'horloge à pendule retardera, & qu'en hiver elle avancera : elle ne marchera donc pas d'un mouvement uniforme; il est

---

(a) On appelle *Dilatation* ou *Extension* cet effet de la chaleur; & l'on appelle *Condensation* ou *Contraction* cet effet du froid sur les corps; nous nous servirons donc dans la suite indifféremment de ces mots.

(b) Voyez la Physique de Musschenbroek, tome 1. page 202.

donc essentiel, pour la perfection des machines qui mesurent le temps, de connoître les degrés de dilatation & de condensation des différents corps par le chaud & le froid; & comme l'expérience nous apprend que tous les corps n'éprouvent pas le même degré de dilatation par le même degré de chaleur, il faut rechercher quel est le corps qui s'alonge le moins, & comment, en composant la verge d'un pendule avec des métaux qui se dilatent différemment, on peut le rendre tel, que malgré l'action du chaud & du froid sur ces métaux, le centre d'oscillation soit toujours à même distance de celui de suspension.

1666. Nous savons que ces différentes recherches ont déja été tentées, mais ils nous a paru que ç'a été d'une maniere très-défectueuse & incomplette, ensorte qu'il ne nous paroît aucunement que l'on puisse partir d'après ces expériences, dont les meilleures n'ont pas eu pour objet les verges du pendule, & n'ont par conséquent pas de rapport nécessaire à l'horlogerie.

1667. Quant aux expériences de Musschenbroek, & de ceux qui les ont répétées d'après lui, nous pouvons assurer qu'elles sont très-imparfaites; car 1°, son pyrometre est construit de sorte qu'il n'est pas à l'abri des changements soudains de la chaleur & du froid; 2°, les engrenages dont il se sert, ayant nécessairement du jeu, on ne peut pas compter exactement l'espace que l'aiguille a parcouru; 3°, les bougies qu'il place sous les corps à observer ne donnent pas une chaleur constante, car le moindre air peut déranger les flammes; 4°, les expériences sont faites sur des morceaux de fer & autres, dont la longueur n'est que de 5 pouces $\frac{1}{2}$; enfin il est évident que par ces expériences l'on ne peut estimer ni la quantité d'alongement du corps par tel degré de chaleur, ni établir les rapports des dilatations des métaux; ensorte que, quoique nous reconnoissions que nous devons beaucoup à ces premieres expériences, par lesquelles Musschenbroek a ouvert la carriere, nous croyons qu'elles servent plutôt à montrer que les corps se dilatent & se condensent, qu'à faire voir comment & dans quel rapport. Les Phyficiens qui ont repété ces expériences d'après Muffchenbroek, ont fuivi à peu-près la même route ; ainfi nous les regardons comme auffi inutiles pour notre objet, & elles le font d'autant plus, qu'aucun de ceux qui ont fait ces expériences, n'ont eu égard à la différence de la dilatation, lorfque le métal eft ou n'eft pas chargé de poids ; or les verges de pendules fupportent le poids de la lentille, l'extenfion en doit donc être très-différente, comme nous le ferons voir.

1668. J'ai donc entrepris de faire un pyrometre, au moyen duquel on puiffe faire le plus exactement qu'il eft poffible les expériences fur la dilatation des métaux : je le commençai en 1755, & fis dès-lors des expériences que j'ai continuées & repétées tous les hivers, faifant chaque fois des changements pour rendre ces expériences les plus fûres qu'il m'a été poffible ; & je ne compte y être parvenu que depuis le commencement de 1760.

1669. Je rendrai compte de la maniere dont ces expériences ont été faites, & des réfultats qu'elles ont donnés ; enfuite fuivra la defcription des verges compofées que j'ai conftruites pour remédier aux variations que caufe la dilatation & condenfation fur les pendules, & enfin la maniere de calculer les dimenfions de ces verges.

1670. Je me fuis d'autant plus attaché à cet objet (de la dilatation des métaux), que cette connoiffance m'a paru effentielle, non-feulement pour l'Horlogerie, mais encore pour fervir à la Phyfique générale. J'ai donc cru ne devoir rien négliger pour mettre cet objet, finon dans le meilleur état, au moins d'en approcher autant qu'il a été en mon pouvoir ; & fi ce travail a été interrompu, ce n'a été que pour le reprendre enfuite avec plus de foin. Je ne rapporterai ici qu'une très-petite partie des détails prefque infinis, & des expériences qu'il m'a fallu répéter & recommencer pour parvenir à ce but.

CHAPITRE

CHAPITRE XIX.

Description du Pyrometre que j'ai composé pour faire les Expériences de la dilatation & contraction des Métaux.

Planche XXIV.

1671. *F, G, H, I* (*fig.* 2) est une piece de marbre qui a 5 pieds de haut, 12 pouces de large, & 5 pouces d'épaisseur: cette piece est percée au haut, d'un trou à travers lequel passe le pilier *A*, dont la base a 3 pouces de diametre; & le corps 2 pouces $\frac{1}{2}$: ce pilier est fixé avec le marbre au moyen d'un fort écrou; le corps du pilier est fendu comme un coq de pendule à secondes; il porte deux vis qui tendent & passent au centre du pilier; ces vis servent à fixer le corps que l'on veut observer; & si c'est un pendule, il porte la suspension comme le feroit un coq de pendule. J'ai formé au bout de ces vis des especes de pivots trempés & tournés avec soin; ils passent d'abord dans le corps à observer, & entrent juste dans la partie du pilier qui n'est pas taraudée; ce pilier sert donc, comme on le voit, à fixer les pendules, & d'une façon solide & invariable.

1672. Ayant suspendu un pendule à secondes au pilier *A*, j'ai fait percer au-dessous de la lentille *D* un second trou dans le marbre: à travers ce trou, passe, comme dans le premier, un pilier de 3 pouces de base; il est fixé à la piece de marbre de la même maniere que le pilier *A*: la base de ce second pilier s'éleve à 3 pouces $\frac{1}{2}$ du marbre, & sert à porter, au moyen des deux vis *a*, *b*, le limbe ou cadran *B*, qui a 10 pouces de diametre, & gradué avec soin en degrés du cercle.

1673. Au centre du limbe (*fig.* 3) se meut un pignon *c*

de 16 dents ; il est exécuté avec beaucoup de précision, & fendu sur la machine à fendre ; il se meut entre le pont g, & le limbe AC ; sa tige porte une aiguille mn mise d'équilibre par le contrepoids n. Au haut du limbe se meut aussi, entre le limbe & le pont f, un rateau ba de 4 pouces de rayon ; il porte 12 dents ; ce rateau engrene dans le pignon c de 16 dents ; ce rateau est fendu sur le nombre 396 ; ainsi pour faire faire un tour à l'aiguille, il fait une $24\frac{3}{4}$ de sa révolution, ce qui répond à un angle de 14 degrés 50 minutes $\frac{70}{27}$: je trouve par ce moyen le point du rateau où la verge doit appuyer, pour qu'une demi-ligne d'alongement fasse faire un demi-tour à l'aiguille, & parcourir 180 degrés ; j'ai trouvé que ce point doit être distant du centre a de 3 lig. $\frac{7}{8}$. Ayant donc pris 3 lig. $\frac{7}{8}$ du centre du rateau avec beaucoup d'exactitude, j'ai percé un petit trou, dans lequel j'ai fixé une piece p d'acier trempé, sur laquelle j'ai fait une courbure, qui est telle, que lorsque la verge du pendule s'alonge ou se raccourcit, c'est-à-dire, que le bout monte & descend, ce levier ne change pas de longueur, & parcourt le limbe d'un mouvement uniforme.

1674. La piece qa sur laquelle est fixée la petite portion d'acier se meut sur le centre du rateau par une vis de rappel e ; enforte que je puis, par ce moyen, faire changer le rateau, & faire amener l'aiguille au degré correspondant de thermometre, sans changer la position du levier, qui doit toujours être à peu-près perpendiculaire au pendule.

1675. Les différentes divisions que j'ai faites sur cette piece qa, servent à produire des variations plus ou moins sensibles : il y en a une qui est à 7 lig. $\frac{3}{4}$ du centre, & double en longueur de celle où j'ai fixé la petite piece d'acier : elle servira dans le cas où j'aurai des corps dont l'alongement seroit considérable, & dont les 180 degrés du limbe ne suffiroient point ; ainsi, au lieu qu'une ligne, dans le premier cas, feroit parcourir la circonférence entiere à l'aiguille ; dans celui-ci, une ligne n'en feroit parcourir que la moitié : j'ai fait une division qui est à 6 lig. du centre, & une à 3 ; enforte que cette derniere, pour le même alongement d'une ligne, produira de

SECONDE PARTIE, CHAP. XIX. 107

plus grandes variations, comme 465 degrés du limbe.

1676. Pour fixer & déterminer à volonté la position du pendule sur un de ses points de division, j'ai fait une piece de cuivre *l h*, qui se fixe après le limbe au moyen d'une forte vis *i*; la piece *l i h* se meut en coulisse, de sorte qu'on peut faire approcher son extrémité *h* fort près du centre du levier où sont les divisions : cette piece *l i h* est percée en *h* d'un trou, dans lequel je fais passer une tige d'acier, fixée au centre de la lentille du pendule que je veux observer, (ou bien le bout des verges); lorsque je ne mets pas de lentille, ces verges sont alors terminées par un bout rond qui passe juste dans le trou *h*, ensorte que le pendule ne peut que s'alonger & non se mouvoir en aucun sens : ainsi, en faisant approcher cette piece *l h* du centre du rateau, ou en l'en éloignant, je rends plus ou moins sensibles les alongements des métaux. Je ne me suis servi pour toutes mes expériences que de la division où j'ai mis la petite tête d'acier, c'est-à-dire, celle sur laquelle la lentille appuyant, fait parcourir 180 degrés pour demi-ligne d'alongement.

1677. J'ai disposé une forte piece de cuivre *D* (*fig*. 4) qui a 4 pouces de diametre, & un pouce ½ d'hauteur; elle sert à porter le limbe, lorsque l'on veut mesurer des corps de différentes longueurs: ce cylindre est ajusté avec une forte piece de fer coudée *E F*, qui sert à la fixer sur le marbre, au moyen d'une vis de pression *D*, telle que celle qui attache un étau après un établi; à travers de la piece de cuivre, il y a une entaille, dans laquelle se loge une partie de la piece de fer opposée à la vis; c'est ce qui fait la pression de la base du cylindre de cuivre sur le marbre : on voit cette piece attachée au marbre en *E* (*fig*. 2).

1678. La deuxieme figure représente la machine toute montée avec son pendule, dont le crochet porté par la lentille, vient passer sur le rateau; ensorte que si la verge s'alonge ou se raccourcit, le rateau suivra ce même mouvement; ce qui fera nécessairement tourner le pignon & l'aiguille qu'il porte; lorsque le pendule se raccourcit, le rateau suit son mouvement, y étant contraint par le petit poids *P* (*fig*. 3), lequel

O ij

tient à un fil, qui s'enveloppe fur la poulie *d*, portée fur l'axe du pignon.

1679. Voilà à peu-près le méchanifme du pyrometre. Il me refte maintenant à rendre compte de la difpofition de l'*étuve* que j'ai faite pour donner les différents degrés de chaleur aux corps que l'on veut obferver, enforte que les différentes températures de l'étuve foient données exactement par un thermometre. Pour y parvenir, j'ai fait placer une planche à un pouce de diftance du marbre, enforte que l'air extérieur frappe toujours également les côtés du marbre : j'ai difpofé une boîte (*fig.* 1), qui entre *à feuillure* avec cette planche, avec l'intervalle néceffaire pour loger les machines du pyrometre, ainfi que le corps que l'on veut obferver.

1680. Cette boîte *ABCD* (*fig.* 1) forme, avec la planche en queftion, ce que j'appelle l'étuve.

1681. Pour produire les changements de température, j'ai placé au bas de l'étuve un poële *EFac* (*fig.* 1) lequel communique à l'étuve par un tuyau à foupape; ce tuyau eft dirigé contre une plaque de tôle recourbée, de maniere à divifer la chaleur du poële, & la répandre également dans l'étuve, fans frapper un endroit plus que l'autre, ou le moins inégalement, afin d'imiter, autant qu'il eft poffible, l'effet de l'air fur les corps : cette boîte eft percée dans fa longueur, d'une fenêtre qui permet de voir dans l'intérieur de l'étuve, & de remarquer quelle eft la température qui y regne ; ce qui eft indiqué par un thermometre : cette ouverture eft fermée par une glace, & permet en même temps de voir les variations de l'aiguille du pyrometre.

1682. La machine étant amenée à ce point, il ne faut qu'avoir le plus violent degré de froid, pour connoître dans l'inftant tous les effets de l'air fur les métaux & autres corps. Pour cet effet, j'ôte la boîte qui renferme la machine, & laiffant à l'air extérieur le temps de pénétrer les pores des corps & du thermometre, je remarque les degrés de froid du thermometre & celui de la machine ; après cela, je remets l'étuve qui empêche toute communication avec l'air extérieur ; puis rempliffant le poële de feu, & ouvrant la foupape qui permet à la chaleur d'entrer dans la boîte, j'obferve les paffages différents du froid au chaud, & marque fur un regiftre l'état du thermometre & celui de la machine; je fais ainfi paffer fucceffivement la température de l'étuve, jufqu'à ce que le thermometre foit au plus haut degré de chaleur auquel je me fuis arrêté : je vois par-là les différents effets que l'air produit pour l'alongement, & enfin l'alongement effectif de l'extrême froid au grand chaud, les différents effets, foit que les corps foient de cuivre, d'acier, de bois, de fer, de verre, &c; la différence, s'il pouvoit y en avoir, qui fût caufée par leurs différentes groffeurs, & le temps que dure l'impreffion, fuivant la différence des groffeurs & des qualités des corps; ainfi je détermine les alongements réels des corps, & les relatifs, ayant auffi égard, & obfervant fi ceux qui font chargés des plus grands poids s'alongent de même.

1683. On voit par la conftruction de la machine, que tous les changements de température de l'étuve ne peuvent caufer aucune différence dans la longueur du marbre, puifqu'au moyen du courant d'air que j'ai ménagé entre l'étuve & le marbre, il eft toujours frappé par l'air extérieur; ainfi il ne peut fe dilater : d'ailleurs pour produire un alongement dans une maffe auffi confidérable, il faut beaucoup de chaleur, & il faut qu'elle agiffe pendant fort long-temps.

1684. Il ne fuffit pas de travailler à connoître les degrés d'alongement des métaux, leurs quantités, rapports, &c. Il faut de plus chercher les moyens d'y remédier, & de faire un pendule auquel tous les degrés de température ne puiffent jamais changer la diftance du point de fufpenfion au centre d'ofcillation, & c'eft fur une machine comme celle-ci que l'on peut en voir la preuve : lors donc qu'un pendule compofé, fufpendu à ma machine de la mefure des métaux, éprouvant tous les degrés de température, laiffera l'aiguille immobile, je puis dire que les deux points, le centre de fufpenfion & celui d'ofcillation font reftés à la même diftance, & que par conféquent ce régulateur mefurera le temps avec exactitude.

Je crois pouvoir dire que jufqu'à ce jour fi une horloge d'Aftronome a été jufte au point que je demande, beaucoup de hazard y a contribué : j'efpere remédier à quelques-uns des obftacles qui s'oppofent à la juftefſe de ces machines d'obſervations ; mais je ne me flatte pas d'arriver au dernier degré de perfection.

1685. Pour compofer un pendule qui remédie de luimême à fon alongement, il y a plufieurs confidérations à faire ; 1°, pour qu'un pendule compofé ne s'alonge point, il faut que les folidités & les furfaces des corps qui les forment foient les mêmes ; fans cette condition, l'air agiffant fur une plus grande furface (& le corps n'étant pas proportionné à cette furface) il pénétrera plutôt les parties de ce corps, lequel s'alongera, tandis que l'autre fera refté à peu-près dans la même fituation : donc dans ce cas, le centre d'ofcillation changera : 2°, Si les verges qui compofent ce pendule ne font pas fortes & groffes, la lentille étant pefante détruira tout l'effet qui feroit réfulté de la combinaifon de ce pendule ; car au lieu qu'une des verges remonte la lentille, elle ne fera que fe recourber, & fon moindre défaut fera de ne produire aucun effet. 3°, En fuppofant encore la lentille trop pefante, relativement à la groffeur des verges, il en réfultera un autre défaut, qui eft celui d'affaiffer les parties de matieres dont ces verges font compofées ; enforte que la dilatation ne fe fera plus de la même maniere, & que la compenfation ne pourra plus avoir lieu.

CHAPITRE XX.

Précis des Expériences que j'ai faites sur les dilatations de différents Corps.

1686. Pour faire des expériences sur les différents métaux, afin de conclure le rapport de leurs dilatations, il ne suffit pas d'avoir construit l'instrument que nous avons décrit; ces expériences exigent une extrême précision, sans quoi on est fort étonné de trouver des résultats opposés, quoique l'on croye avoir opéré de la même maniere : c'est ce que j'ai éprouvé plusieurs fois ; car les mêmes degrés de froid & de chaud n'ont pas toujours donné les mêmes extensions. Ce sont ces difficultés qui m'ont obligé à répéter souvent les mêmes expériences : enfin ayant voulu profiter des froids de Janvier 1760, je m'apperçus qu'en faisant ces expériences de la même maniere que les années précédentes, je trouvois des résultats très-différents, ce que j'attribuai particuliérement à la maniere dont la chaleur du poële étoit introduite dans l'étuve; car jusqu'alors c'étoit un tuyau du poële qui montoit à côté de la verge ; & comme le thermometre en étoit éloigné, il arrivoit que la chaleur qui frappoit la verge n'étoit pas exactement celle qui frappoit le thermometre ; enforte que selon le plus ou moins de vivacité du feu du poële & du temps que duroit l'expérience, la verge & le thermometre s'échauffoient fort différemment.

1687. Voici donc les changements que j'ai faits. 1°, J'ai placé dans l'étuve une plaque courbée à l'endroit où la chaleur qui sort du tuyau du poële va frapper l'intérieur de l'étuve : cette plaque est courbée de maniere que la chaleur redescend & se divise en gerbe, pour remonter également dans toute l'étuve.

1688. 2°. J'ai placé le thermometre (*) tout près de la verge de métal, à la distance seulement requise, pour qu'ils ne se touchent pas ; ensorte qu'il arrive qu'ils sont frappés également par la même chaleur.

1689. 3°. Pour partir sûrement du même degré de froid, j'ai fait faire un tonneau qui a 4 pieds de haut, & 9 pouces de base ; je le remplis de glace pilée : ainsi en plaçant les verges que je veux éprouver dans ce tonneau, elles prendront exactement la température de la glace.

1690. 4°. Je me suis servi d'un feu plus modéré & continu pour donner la chaleur à l'étuve ; je me servois ci-devant du feu de charbon vif ; actuellement je me sers de *mottes à brûler* que font les Tanneurs ; ce feu est doux, dure long-temps le même, & s'introduit par-là d'une maniere uniforme, qui imite la gradation de la chaleur de l'air : je n'ai employé ces mottes, qui sont de même grosseur, que lorsqu'elles ont été également consumées, au point de ne plus fumer ; j'ai eu attention que le temps de l'expérience fût toujours le même, afin d'avoir des résultats exacts ; & je crois pouvoir assûrer qu'ils le sont. Car ayant repété plusieurs fois les mêmes expériences, j'ai toujours trouvé très-exactement les mêmes résultats : en consequence, j'ai recommencé toutes mes expériences, non-seulement sur ces métaux que j'avois observés, mais encore sur le verre, sur l'or & l'argent, ayant fait tirer une verge d'or & une d'argent de 40 pouces chacune. M. Romily, fort habile Horloger, fut présent à quelques-unes de mes expériences ;

(*) J'ai appliqué sur la même planche trois thermometres de mercure gradués sur les divisions de M. de Réaumur : le premier a sa boule cylindrique ; il peut monter à l'eau bouillante ; le second a trois branches & va 39 degrés au-dessus de la glace ; le troisieme a quatre branches, & peut monter à 74 degrés au-dessus de la glace.

Ils sont faits ainsi à plusieurs branches, afin de les rendre plus ou moins sensibles ; & pour les comparer avec des verges de différentes grosseurs, ensorte qu'un degré de chaleur agisse avec un égal avantage pour dilater une verge d'une grosseur donnée, & pour dilater le mercure d'un des thermometres : ainsi, lorsque j'examine dans l'étuve l'alongement d'une verge un peu forte, pour connoître le degré de température qui la fait changer, je me sers du thermometre qui a la plus grande quantité de mercure sous la moindre surface ; & lorsque j'ai une plus petite verge, je me sers du thermometre à deux branches, lequel a moins de mercure sous une plus grande surface, &c.

l'ayant

Seconde Partie, Chap. XX.

l'ayant invité à les voir; il eut la complaisance de me procurer les verges d'or & d'argent. Au moyen de ces expériences, je donne ici une table complette & exacte de tous les métaux; ainsi je supprime toutes les expériences que j'ai faites pendant quatre hivers consécutifs, & plusieurs détails sur des matieres composées de plomb, d'antimoine, &c : elles ne sont pas assez exactes pour avoir ici place.

17 Mars 1760.

1691. Ayant rempli de glace le tonneau, j'y ai placé différentes verges de même longueur, c'est-à-dire, de 3 pieds 2 pouces 5 lignes = 461 lignes, à compter depuis le point fixe qui tient au pilier supérieur du pyrometre jusqu'au point où elles agissent sur le rateau; la largeur de ces verges est de 5 lignes, & elles ont trois lignes d'épaisseur : il faut remarquer que pour chaque verge que j'observe, je ramene le thermometre à la glace, en le couvrant de glace pilée.

Expérience.

1692. J'ai ôté la regle de verre du tonneau, & l'ai placée sur le pyrometre; le thermometre à zéro, l'aiguille du pyrometre à 68 degrés de froid. Ayant placé l'étuve, & l'ayant échauffée, le thermometre monta à 27 deg. & l'aiguille du pyrometre à 6 degrés; ainsi pour 27 degrés du thermometre, l'aiguille du pyrometre a parcouru 62 divisions du limbe, c'est-à-dire, que le verre s'est alongé de $\frac{62}{360}$ d'une ligne.

1693. J'ai tiré du tonneau une verge d'acier trempé, qui étoit revenue bleue, c'est-à-dire, qu'elle avoit à peu-près le degré de trempe des ressorts : l'ayant placée sur le pyrometre lorsque le thermometre marquoit zéro, & l'aiguille du pyrometre 19 du froid; par le moyen de l'étuve, je fis monter le thermometre à 27 degrés, le pyrometre à 58 de chaud. Le thermometre ayant donc monté à 27 deg. l'aiguille du pyrometre a parcouru 77 divisions du limbe; ainsi l'acier trempé s'est alongé de $\frac{77}{360}$ de ligne.

II. Partie. P

1694. Ayant ôté de même la verge de plomb hors de la glace, & l'ayant placée sur le pyrometre, lorsque le thermometre étoit à zéro, & l'aiguille du pyrometre à 91 de froid; lorsque le thermometre étoit monté à 27 deg. le pyrometre marquoit 102 de chaud; donc, tandis que le thermometre s'est élevé à 27 degrés, l'aiguille du pyrometre a parcouru 193 divisions du limbe, c'est-à-dire, que la verge de plomb s'est alongée de $\frac{193}{360}$ de ligne en partant de la glace, & étant chauffée à 27 degrés du thermometre de M. de Réaumur.

1695. Par un procédé abfolument femblable, une verge d'étain s'est alongée de $\frac{160}{360}$; une verge de cuivre jaune de $\frac{121}{360}$: une verge d'or du titre de 21 karats, tirée à la filiere & très-dure, s'est alongée de $\frac{94}{360}$; la même verge recuite au feu pour la ramollir, s'est alongée de $\frac{82}{360}$; la verge d'acier trempé, ayant été recuite, s'est alongée de $\frac{69}{360}$, ce qui fut trouvé par deux épreuves différentes: une verge de fer battu à froid s'est alongée de $\frac{78}{360}$; la même verge recuite, de $\frac{75}{360}$; une de cuivre rouge de $\frac{107}{360}$: une verge de métal compofé de plomb & d'un fixieme d'antimoine, s'est alongée de 160: un tube de verre de 4 lignes de diametre de $\frac{62}{360}$: une verge d'argent tirée à la filiere de $\frac{119}{360}$.

Table du rapport des dilatations des Métaux.

1696. ACIER recuit 69; fer recuit 75; acier trempé 77; fer battu 78; or recuit 82; or tiré à la filiere 94; cuivre rouge 107; argent 119; cuivre jaune 121; étain 160; plomb 193. Le verre 62; mercure 1235.

1697. Toutes ces verges ont été éprouvées fans être chargées de poids: dans la fuite ayant voulu connoître le changement que le poids d'une lentille pouvoit caufer à l'extenfion des verges, j'ai fixé à une verge d'acier une lentille de 35 liv. & j'ai trouvé que l'extenfion étoit fenfiblement la même; mais que le froid ne raccourciffoit pas la verge de la même quantité que la chaleur l'avoit dilatée; je ne rapporte pas ici ces expériences, parce qu'elles ne m'ont pas paru affez exactes.

1698. Je supprime aussi, pour abréger, les détails d'expériences que j'ai faites sur des verges de bois de différentes especes ; il suffit de dire ici, que le bois est sujet à des écarts très-considérables par le chaud & le froid, par l'humidité & la sécheresse, de sorte qu'il est très-peu propre à faire des verges de pendules.

1699. Quoique les métaux se dilatent selon toutes leurs dimensions, nous n'avons considéré leur extension que selon leur longueur, parce que c'est la seule dont nous ayons besoin ; car il importe fort peu que la verge d'une horloge soit plus grosse en été qu'en hiver, mais il n'en est pas de même de la longueur, ainsi que nous le verrons dans le chapitre suivant ; au reste, si on vouloit savoir combien une verge d'un métal donné est devenue plus épaisse ou plus large par tel degré de chaleur, il ne faudroit que comparer son étendue à celle de la verge de même métal de notre table (1696); on en concluroit facilement l'extension de la dimension demandée.

Remarques sur la maniere dont ces Expériences ont été faites.

1700. J'ai eu soin de modifier la chaleur de l'étuve & de l'arrêter long-temps au même point, au moyen de la bascule du tuyau du poële, afin de fixer le point de comparaison de chaleur que j'ai pris, qui est ici de 27 degrés, aussi sûrement que l'autre point qui est la glace. Quant à ce qu'on pourroit objecter, que dans le transport qui se fait à chaque expérience depuis le tonneau jusqu'au pyrometre, la verge auroit pu changer de température, je réponds que le tonneau étoit placé fort près du pyrometre, & que cette opération se faisoit très-vîte ; il faut remarquer de plus que la verge que l'on tire du tonneau, reste environnée d'eau glacée, qui conserve la verge froide, tellement qu'après l'avoir placée sur le pyrometre, l'aiguille reste un instant immobile ; ensorte que je puis assurer qu'elle ne peut pas changer dans cet intervalle de la $\frac{1}{1000}$ partie d'une ligne, c'est-à-dire, moins de la moitié d'une division du limbe.

1701. Dès les premieres expériences que nous fimes sur les dilatations des métaux, nous avions entrepris de noter, à chaque degré de chaleur du thermometre, la dilatation de la verge, laquelle n'est point uniforme; & nous avions même commencé des tables que nous ne rapporterons pas ici, par la raison que nous ne les croyons pas exactes. Nous nous réservons de suivre cet objet dans la suite, pour servir à conclure la quantité des variations d'une horloge, selon que la verge est exposée à un degré déterminé de température; ce que l'on peut connoître au moyen d'un thermometre placé à côté de la verge dans la boîte de l'horloge; & comme un hiver un peu rude est nécessaire pour faire cette recherche, nous ne pourrons pas en joindre ici les résultats : quant aux loix que suit l'intension des corps, nous ne chercherons point à les marquer, la table pourra servir à chercher ces loix, &c.

Expérience faite le 15 Mai 1760, sur la dilatation d'une Verge de fer doré.

1702. Quelques personnes ont avancé, qu'en dorant des verges de fer ou d'acier, on empêchoit par ce moyen la dilatation de la verge; ce qui doit paroître peu vraisemblable, puisque, 1°, l'or se dilate plus que le fer; 2°, dès qu'il se dilate, il reçoit la chaleur, ce qui ne peut empêcher le feu de s'introduire à travers les pores de l'or, & par conséquent de pénétrer dans ceux du fer. Ces raisons m'avoient empêché de faire une expérience pour prouver la vérité, & ce n'est qu'à la sollicitation de M. ***, amateur de méchanique, que je me suis décidé à faire cette expérience; & j'ai cru devoir d'autant plus le faire, que M. *** appuyoit le sentiment que je combattois. J'ai donc fait dorer la verge de fer recuit, dont je me suis servi dans mes expériences, & dont la dilatation est de lig. : o : $\frac{75}{360}$ pour 27 degrés de différence dans la température prise de la glace au 27 du thermometre de M. de Réaumur.

1703. J'ai fait remplir le tonneau de glace, & pris les

mêmes précautions que pour les expériences précédentes; ayant ôté la verge dorée de la glace, je l'ai appliquée sur le pyrometre, le thermometre étant à zéro, & le pyrometre à 95 deg. de froid : par le moyen de l'étuve, le thermometre étant monté à 27 deg. le pyrometre marquoit 21 deg. de froid; le thermometre ayant parcouru 27 deg. depuis la glace, la verge s'est alongée de $\frac{74}{540}$; il n'y avoit donc qu'un 360e de ligne de moins, que ce qu'on avoit trouvé avec la même verge avant qu'elle fût dorée. Cette petite différence ne peut être attribuée à l'effet de l'or; car si l'or avoit pu apporter quelques changements, comme il se dilate plus que le fer, il eût dû en augmenter l'extension; mais cet effet n'a pu se produire ici, puisqu'il faudroit supposer l'or assez épais & assez fort pour assujettir le fer à ses variations : nous avons donc prouvé par le raisonnement & par l'expérience, qu'une verge dorée s'alonge comme si elle ne l'étoit pas.

1704. Quant à ceux qui prétendent qu'en employant des grosses verges, ils pourroient corriger pendant quelques temps les écarts de l'horloge, il est aisé de leur prouver le contraire; car, 1°, il est évident que les pores d'une grosse barre de fer (ou de tout autre métal) sont également disposés à recevoir la chaleur que ceux d'une petite barre; toute la différence qu'il y aura, c'est qu'il faudra plus de temps pour pénétrer la grande barre que la petite, parce que les surfaces ne sont pas proportionnelles aux quantités de matiere (1563 & suiv.) donc un changement subit agira plus efficacement sur la petite barre pour la dilater ou contracter, que sur la grande; mais de telles variations n'ont presque jamais lieu sur une horloge renfermée dans une chambre; 2°, les changements qui se font dans l'air se communiquent de proche en proche, & jamais assez subitement pour que la grosse barre applicable à une verge de pendule n'en soit presque aussi-tôt pénétrée que la petite; car j'ai observé avec mon pyrometre, que l'impression du chaud & du froid sur le fer, l'acier ou le cuivre, étoit beaucoup plus prompte que sur les thermometres de mercure, & que sur ceux d'esprit-de-vin, dont l'effet est encore plus lent; c'eſt pour cette raiſon que j'ai toujours fait uſage d'un thermometre à 4 branches (1688) remplies de mercure: enfin s'il arrive en effet qu'une groſſe barre ſoit un peu plus de temps à être pénétrée & dilatée par une chaleur donnée, elle conſerve auſſi plus long-temps cette impreſſion ; ainſi cette méthode ne corrige nullement les écarts de l'horloge cauſés par la différence de la température.

CHAPITRE XXI.

Calcul de la variation des Horloges, cauſée par l'extenſion ou par la contraction de la verge du Pendule.

1705. Les expériences que je viens de rapporter ſur l'extenſion & contraction des métaux par le chaud & le froid, ſervent à nous faire eſtimer les écarts que la différence de la température peut produire aux horloges, & delà à nous faire ſentir la néceſſité de compoſer des verges de pendules qui ſoient propres à corriger ces écarts.

1706. Nous allons calculer dans ce Chapitre les écarts que le chaud & le froid produiſent aux horloges par une température donnée. Nous traiterons dans les deux Chapitres ſuivans des moyens de faire des verges compoſées, pour corriger les variations des horloges produites par les différentes températures.

1707. Selon l'expérience rapportée, (article 1696) une verge de fer qui a 461 lig. de longueur, s'alonge de lig. 0: $\frac{78}{368}$, lorſqu'on la met à la glace, & qu'on la fait enſuite chauffer juſqu'à ce qu'elle éprouve 27 degrés au-deſſus ; or la longueur moyenne de la verge du pendule à ſecondes, depuis le point de ſuſpenſion au centre (*) de la lentille, eſt d'environ 37

(*) Quoique la verge du pendule deſcende ordinairement au-deſſous de la lentille ;

pouces = 444 lignes; si donc 461 se dilate de $\frac{78}{360}$ lig. 444 se dilatera d'environ $\frac{75}{360}$.

1708. Pour trouver l'écart que ce changement dans la longueur du pendule doit causer à l'horloge, il faut premièrement calculer combien le pendule à secondes, qu'on alonge d'une ligne, fait de vibrations par heure : pour cet effet, on se servira de la formule du problème (art. 1525), on a donc $\sqrt{881} : \sqrt{883} :: x : 3600$; & faisant l'extraction des deux premiers termes; $29,681 : 29,715 :: x : 3600$; multipliant les extrêmes & divisant par le terme moyen connu, on a la valeur de $x = 3595 \frac{26175}{29715}$, c'est-à-dire, qu'un pendule qui a 3 pieds 9 lig. $\frac{1}{2}$, ou une ligne de plus que celui qui bat les secondes, fait $3595 \frac{26175}{29715}$ vibrations par heure, ou 4 vibrations $\frac{3540}{29715}$ de moins que le pendule à secondes ; multipliant cette quantité par 24, on aura le nombre de secondes dont l'horloge retardera en 24 heures pour une ligne d'allongement : on trouve $98 + \frac{25510}{29715}$, c'est fort près de 99 secondes.

1709. Par une suite de ce calcul, on voit que pour faire avancer une horloge (dont le pendule a 3 pieds 8 lig. $\frac{1}{2}$) d'une seconde en 24 heures, il faut alonger ou accourcir le pendule d'un $\frac{1}{99}$ de ligne; & pour la facilité du calcul, on peut estimer, sans erreur sensible, que pour faire avancer ou retarder l'horloge à secondes d'une seconde en 24 heures, il faut hausser ou baisser la lentille d'un centieme de ligne.

1710. Maintenant, pour savoir combien 27 degrés de différence dans la température produisent d'écart dans une horloge, il faut se souvenir que 360 deg. par l'aiguille du pyromètre correspondent à une ligne d'alongement ou de raccourcissement (1676). Si donc on place sur le pyromètre un pendule à secondes, qui fasse parcourir 360 degrés à l'aiguille, on sera assuré qu'un tel régulateur auroit fait varier l'horloge de 99 secondes en 24 heures ; donc un degré du pyromètre répond à la 360me partie de 99 secondes : ainsi en réduisant

---

je n'en compte la longueur que jusqu'au centre, par la raison qu'en même temps que cette partie comprise du centre de la lentille au-dessous se dilate, le rayon de la lentille se dilate aussi & même dans un plus grand rapport.

99 secondes en tierces (*), & divisant ce produit par 360, on aura un quotient qui marquera à combien de tierces de temps correspond un degré du pyrometre ; on trouve 16 tierces $\frac{1}{2}$; donc le pendule qui s'alonge de $\frac{1}{360}$ de ligne, doit retarder de 16 tierces $\frac{1}{2}$ en 24 heures : mais nous venons de voir (1707) qu'une verge de pendule à secondes, mise à la glace, & qui passe ensuite à 27 deg. au-dessus, s'alonge de $\frac{73\frac{1}{2}}{360}$; donc l'horloge à laquelle ce pendule seroit appliqué, retarderoit de 73 fois 16 tierces $\frac{1}{2}$, c'est-à-dire, de 20 secondes 4 tierces $\frac{1}{2}$ en 24^h; d'où il suit qu'une horloge qui est reglée en été à 27 deg. de température, doit avancer en hiver au terme de la glace de 20 secondes 4 tierces $\frac{1}{2}$ en 24 heures, & ainsi de suite à proportion que la différence dans la température est plus grande ou plus petite.

1711. D'où il suit que si l'on place à côté du pendule d'une horloge à secondes un thermometre gradué comme celui de M. de Réaumur, on pourra juger, par le changement du thermometre, des variations que la différence dans la température produit à l'horloge.

1712. Quand on connoît la quantité dont il faut hausser ou baisser la lentille d'une horloge à secondes, pour produire un écart donné en 24 heures, &c, on en conclut facilement la quantité, dont il faut hausser ou baisser la lentille de tout autre pendule court ou long, afin de produire le même écart dans le même temps ; ce que l'on a par le principe suivant qui est une suite des loix établies sur les pendules.

PRINCIPE.

1713. *Les quantités dont il faut alonger ou accourcir des pendules quelconques pour produire le même écart, sont comme les longueurs de ces pendules.*

1714. Sachant donc que pour faire retarder l'horloge à secondes d'une minute en 24 heures, il faut alonger le pendule de $\frac{6}{100}$ (1709) = $\frac{6}{10}$, on fera la proportion : La longueur du

(*) Une tierce est la 60e partie d'une seconde (4).

pendule

pendule à secondes est à la longueur du pendule donné, comme la quantité ($\frac{6}{10}$) dont il faut alonger le pendule à secondes pour produire un écart donné, est à la quantité dont il faut alonger le pendule donné pour produire le même écart.

1715. On demande, par exemple, combien on doit hausser la lentille d'un pendule qui fait 10800 vibrations par heure, pour faire avancer l'horloge d'une minute en 24 heures (un tel pendule est 9 fois plus court que celui à secondes, puisqu'il fait 3 vibrations, tandis que celui à secondes en fait une); on aura donc la proportion $9 : 1 :: \frac{6}{10} : x = \frac{6}{90} = \frac{1}{15}$. C'est-à-dire, qu'il faudra accourcir ce pendule de la 15me partie d'une ligne pour faire avancer l'horloge d'une minute en 24 heures.

1716. Si on demande la quantité dont il faut toucher au pendule 4 fois plus long que celui à secondes, pour le faire avancer d'une minute en 24 heures, on fera la proportion; $1 : 4 :: \frac{6}{10} : x = \frac{24}{10} = 2$ lig. $\frac{4}{10}$.

1717. Il suit du principe ci-dessus que l'extension & contraction des verges de pendules produisent le même écart sur les longs & les courts pendules, c'est-à-dire, que si on expose deux horloges, l'une ayant un court pendule & l'autre en ayant un long, aux mêmes différences de température, ces deux horloges avanceront ou retarderont des mêmes quantités: car puisque les quantités dont il faut alonger ou accourcir un pendule quelconque pour produire un écart donné, sont proportionnelles aux longueurs des pendules (1713), & que d'ailleurs l'extension ou contraction des verges est aussi proportionnelle aux longueurs des pendules, ainsi que nous le ferons voir, Chapitre XXIII, il est évident que les écarts produits par une même différence de température sont les mêmes: il n'y a donc aucune préférence à donner au long ou court pendule, par rapport à l'extension ou contraction de la verge; car si d'un côté un pendule à secondes se dilate 9 fois plus que celui qui fait 3 vibrations par secondes; de l'autre, celui-ci, avec 9 fois moins de dilatation, produit un retard qui est exprimé par le quarré du nombre des vibrations dans le même temps, c'est-à-dire dans le cas actuel, comme 9 à 1; donc le temps est le même.

CHAPITRE XXII.

Description & calcul d'un Pendule composé, pour remédier à la dilatation & contraction de la Verge.

1718. Les expériences rapportées dans le Chapitre XX, & les calculs faits d'après dans le Chapitre précédent, prouvent suffisamment la nécessité de corriger les effets que la chaleur & le froid produisent sur les verges des pendules, sur-tout pour celles qui sont appliquées aux horloges d'observation des Astronomes. Nous allons expliquer la maniere d'y parvenir & de calculer exactement les dimensions que l'on doit donner à chaque sorte de verges, afin de produire une parfaite compensation.

1719. Il est constant d'abord, par ce que nous avons vu sur les alongements des métaux, qu'il est plus avantageux d'employer de l'acier que du fer, pour faire des verges de pendule, puisqu'il s'alonge moins que les autres métaux; & qu'ayant d'ailleurs plus de dureté, il est moins susceptible de flexion & d'affaissement par le poids de la lentille; mais s'il est préférable d'employer de l'acier dans le cas où la verge du pendule est simple, il ne l'est pas moins, lorsque l'on veut composer une verge propre à compenser l'effet de la dilatation & contraction ; car la verge qui doit compenser cet effet, devra moins s'alonger; par conséquent elle aura plus de corps, & d'autant moins à craindre l'affaissement causé par le poids de la lentille.

1720. Le meilleur moyen à mettre en usage pour éviter

& l'affaissement des parties de la verge & sa flexion, c'est, 1°, de se servir, comme je viens de le dire, de verges d'acier; c'est, 2°, de donner la plus grande longueur possible au métal qui doit compenser l'alongement; & dans ce cas, la dilatation de ce métal devra d'autant moins surpasser celle de la premiere verge d'acier; ainsi ce corps aura d'autant plus de dureté : enfin, c'est d'assembler les verges de maniere qu'en agissant séparément les unes des autres selon leur longueur, elles ne puissent s'écarter ni fléchir : c'est ce que l'on verra ci-après, en suivant nos tentatives qui nous ont mené par un chemin à la vérité un peu long, à toutes les précautions requises pour avoir un pendule qui compense aussi parfaitement qu'il est possible les variations produites par la différence des températures.

Description de la premiere Verge, que j'ai composée, pour éviter l'alongement du Pendule par le chaud, ou son raccourcissement par le froid.

1721. CE Pendule représenté (*Planche XXV, fig.* 2), est composé de trois verges : la premiere AG est d'acier; la seconde HI de cuivre; & la troisieme KV aussi d'acier; ces trois verges sont assemblées de maniere qu'elles ne peuvent s'écarter les unes des autres d'aucun côté; pour cet effet, elles sont assemblées par des rainures faites dans la longueur des verges; la boîte Z (*fig.* 1) & les brides E, F les retiennent ensemble, de sorte que ces verges ne peuvent que monter & descendre, ce qu'elles font séparément les unes des autres.

1722. La verge AG porte en A la vis qui passe à travers la piece ou couteau T (*fig.* 1, & vue *Pl. XXVI. fig.* 7).

1723. L'écrou V retient cette verge avec le couteau, ensorte que le point de suspension du pendule est situé à l'angle du couteau; le bout inférieur G de la verge AG (*Pl. XXV*), porte le talon G, sur lequel pose le bout de la verge de cuivre HI; le bout supérieur I de cette verge, porte une cheville qui passe à travers le levier B, vu en perspective (*fig.* 3);

ce levier eſt mobile en *c* ſur une eſpece de dent portée par la piece *C*, ou en perſpective (*fig.* 3) ; la troiſieme verge *VK*, porte en *a* une cheville qui paſſe à travers l'entaille du levier; le bout inférieur de cette verge porte le talon *V* qui entre dans la lentille *X*, (*fig.* 1), laquelle eſt fixée au talon par le moyen d'une cheville *X* qui la traverſe par ſon centre ; la peſanteur de la lentille fait donc deſcendre la verge *VK*, juſqu'à ce que la cheville *a* preſſe le levier *B*, & que l'entaille de celui-ci preſſe la cheville *b* portée par la verge de cuivre, & que par conſéquent le bout inférieur *H* poſe ſur le talon *G* de la verge *AG*.

1724. Si donc on ſuppoſe cet aſſemblage ainſi ſuſpendu, & que dans cet état on faſſe chauffer le pendule, on doit voir que lorſque la chaleur alonge la verge *AG* de 13 parties (*) la verge *HI*, que je ſuppoſe de même longueur, s'alongera de 22 parties ; or la partie *I* de la verge de cuivre ſera donc montée de 9 parties au-deſſus d'un point correſpondant de la verge *AG*, puiſque l'excédent de ſon alongement ſur la verge *AG* eſt 9, & que d'ailleurs le talon *G* la retenant par en bas, il faut que cet excédent monte au-deſſus de *I*; or la cheville *b* fera parcourir au levier *B* au point *a*, un eſpace qui ſera à celui parcouru par la cheville *b*, comme *ac* eſt à *bc*. Ainſi la partie *a* de l'entaille du levier remontera la verge *VK* d'une plus grande quantité que les 9 parties excédentes en *d*; donc en ſuppoſant que la verge *VR* ne s'eſt pas alongée, la lentille que cette verge porte feroit remontée de 9 parties qui ſeroient encore augmentées par la différence qu'il y a de l'eſpace parcouru en *a*, à celui parcouru en *b*; mais pendant que les deux verges *AG*, *HI*, ſe ſont alongées, l'une de 13, l'autre de 22, la verge *VK* que j'ai ſuppoſée de même longueur, s'eſt auſſi alongée de 13 parties : ainſi pour que la lentille ne ſe trouve ni plus haute ni plus baſſe par l'effet d'une variation de température dans

---

(*) Nous ſuppoſons ici que la dilatation de l'acier eſt à celle du cuivre, comme 13 eſt à 22, ſelon que nous l'avions trouvé par nos premieres expériences ; & quoique les dernieres donnent un rapport différent, comme la différence n'eſt pas conſidérable, nous laiſſons ſubſiſter ce calcul qui étoit fait avant les dernieres expériences.

SECONDE PARTIE, CHAP. XXII.

l'air, il faut que le point a du levier ait parcouru un espace exprimé par 13, tandis que b en a parcouru un exprimé par 9; voilà en gros l'effet de ce méchanisme. Nous avons supposé que les verges étoient toutes trois de même longueur; or dans ce cas, le levier devroit en effet parcourir des espaces dans le rapport que nous avons dit; mais comme la verge KV est aussi d'une différente longueur, les dimensions du levier devront changer : nous allons donc les déterminer par le calcul suivant.

1725. La verge AG a trois pieds une ligne de longueur, prise du point de suspension jusqu'au talon qui porte les verges de cuivre, lesquels réduits en lignes donnent 433 lig. la verge de cuivre HI a 2 pieds 11 pouces 4 lignes, prise de la cheville b au talon $G =$ 424 lignes.

1726. La verge d'acier KV a 3 pieds 3 lignes depuis la cheville a au centre de la lentille, ce qui fait 435 lignes : on fera donc la proportion suivante pour trouver l'alongement de la verge AG, laquelle est plus longue qu'on ne l'avoit supposée, en disant : Si une verge d'acier qui a 424 lignes (longueur de la verge de cuivre), s'est alongée de 13 parties, combien s'alongera une verge AG, qui a 433 lignes; $424 : 13 :: 433 : x = 13 \frac{117}{424}$. On trouve qu'une telle verge s'est alongée de $13 \frac{117}{424}$: or le cuivre s'est alongé de 22 parties pendant ce même temps; il faut donc trouver l'excès de son alongement sur la verge AG; cet excès est de 8 parties plus $\frac{307}{424}$.

1727. On trouvera aussi l'alongement de la verge KV, par la même proportion $424 : 13 :: 435 : x$; on trouve que cette verge s'est alongée de $13 + \frac{143}{424}$.

1728. Pour que le chaud ne fasse ni monter ni descendre la lentille, il faut que l'espace parcouru par le point a de la verge KV, soit à l'espace parcouru par le point b de la verge HI, comme l'alongement de la verge KV, est à l'excès de la verge de cuivre sur la verge AG; par conséquent la longueur ac du levier doit être à la longueur bc dans le même rapport.

1729. J'appelle x la distance de a en c; on aura donc

la proportion; $ax:bx::8\frac{107}{424}:13\frac{143}{424}$; & réduisant au même dénominateur, on a $ax:bx::3699:5655$.

1730. Maintenant pour trouver la distance du point c à celui b, on le fera de la maniere suivante : on nommera a l'intervalle connu de a en b; la proportion deviendra $x:a+x::3699:5655$; donc en multipliant les extrêmes & les moyens, on aura $5655 x = 3699 a + 3699 x$ & $5655 - 3699 x = 3699 a$; ou $1956 x = 3699 a$, donc $x = \frac{3699 a}{1956}$.

1731. Or, en supposant que la distance de a en b est de 6 lignes, qui réduites en 12emes font 72, on multipliera 3699 par 72, & on divisera le produit par 1956; on aura pour quotient $\frac{116}{12}$, qui font 11 lignes $\frac{4}{12}$; c'est-à-dire, que la distance du point b au centre de mouvement c du levier sera de 11 lig. $\frac{1}{3}$; & la distance de a à c sera 17 lig. $\frac{1}{3}$; les espaces parcourus par a & b, seront donc entr'eux comme 5655 est à 3699; le froid & le chaud ne changeront donc pas la distance du centre de la lentille au point de suspension.

1732. Il faut au reste observer, que quoique le calcul donne exactement le rapport cherché, il peut fort bien arriver que la différence d'alongement d'acier au cuivre ne soit pas exactement, comme nous l'avons dit; car les différentes sortes d'acier & de cuivre changent ces rapports; d'ailleurs les verges étant chargées d'une lentille plus ou moins pesante, se dilateront différemment : c'est pour suppléer à cet obstacle que j'ai disposé le levier Cc, de maniere à pouvoir éloigner ou approcher de b le centre de mouvement c, afin de changer le rapport entre les espaces parcourus par a & b; pour cet effet, j'ai placé dans l'épaisseur de la verge AG, la vis de rappel D, qui fait mouvoir le levier C; or les chevilles a, b gardent toujours la même distance entr'elles, ainsi la distance bc devenant plus grande ou plus petite, les espaces parcourus par a & b seront dans des rapports différents.

Expérience faite le 14 Janvier 1760, sur le Pendule que nous venons de décrire, & dont la Lentille pesoit 63 livres.

1733. J'ai appliqué ce pendule tout monté sur le pyromètre ; le froid extérieur qui le frappoit étoit de 5 degrés au-dessous de la glace ; l'aiguille du pyromètre étoit à zéro : ayant mis l'étuve, le thermometre est monté à 32 degrés, & l'aiguille du pyromètre a parcouru $\frac{80}{360}$; la verge du pendule s'est donc autant alongée que si elle eût été toute simple : je ne pus attribuer cet effet qu'à l'affaissement prodigieux que cause la lentille. Après que j'eus ôté l'étuve, le même degré de froid ne fut pas capable de remonter la lentille, ensorte que le pendule resta plus long de $\frac{18}{360}$ de ligne : J'ai trouvé le même défaut aux pendules de Rivaz, que j'ai examinés ; un entr'autres, qui appartient à M. Camus ; après l'expérience, il resta plus long qu'auparavant de $\frac{27}{360}$ de ligne.

1734. Je remis à corriger mon pendule jusqu'au mois de Janvier 1761 : je pris alors le parti de refaire une lentille plus légere ; elle a 8 pouces de diametre, 22 lignes d'épaisseur, & pese 21 livres. Après avoir mis le pendule tout monté dans la glace pilée, & laissé pendant quelques heures, je l'ai ensuite appliqué sur le pyrometre, mis l'étuve & fait chauffer ; le thermometre est monté a 36 degrés, & l'aiguille du pyrometre a parcouru 12 degrés ; j'ai ôté l'étuve, & le pendule a exactement repris la même longueur, exposé au froid de la glace ; ce qui prouve que les écarts qu'il faisoit auparavant étoient produits par l'affaissement de la lentille : il restoit cependant encore un petit écart produit par la chaleur ; mais ayant calculé de nouveau les dimensions du pendule, d'après nos dernieres expériences, qui déterminent les rapports de dilatations de l'acier au cuivre, comme 74 est à 121, au lieu de 13 à 22, que nous avions employés ; enfin, il y avoit erreur dans le calcul : j'ai donc trouvé que la distance du centre de mouvement du levier à la cheville b, doit être de 8 lig. $\frac{1}{11}$; je l'ai donc rapproché en conséquence, & remis de nouveau le pendule dans la glace, ensuite sur le pyrometre; il ne s'est alongé que de $\frac{3}{360}$ pour 47 deg. de chaleur : or cette petite variation est produite par la pression de la lentille, laquelle agit assez fortement sur la verge de cuivre pour diminuer son extension, & par conséquent pour empêcher une exacte compensation ; car quoique cette lentille ne pese que 21 liv. & que les verges soient fortes, comme l'action de la lentille sur la verge de cuivre est augmentée en raison de la plus grande longueur du levier ac sur bc, il arrive qu'elle agit, non avec 21 liv. mais avec 34 liv. la lentille est donc encore trop pesante relativement à la force des verges. Nous établirons plus exactement ci-après les limites de la masse qu'une verge donnée peut supporter sans s'affaisser.

Construction d'une Verge de Pendule, composée de deux regles : Expériences faites sur cette Verge.

PLANCHE XXII, FIGURE 2.

1735. CE pendule est formé par deux verges seulement : la verge BC est d'acier ; elle porte le couteau N, qui sert à la suspendre sur des coussinets d'acier. ED, est une verge de cuivre, dont la partie supérieure pose contre le talon fait à la verge d'acier ; la partie inférieure D porte un lardon a qui agit sur le levier G, mobile en G, & dont l'autre partie agit sur la cheville c qui tient à la piece F à laquelle est suspendue la lentille ; ainsi lorsque le cuivre par son alongement agit sur le levier G, celui-ci remonte la lentille qui, portée, comme je viens de le dire, par la piece F, peut monter & descendre sur l'assemblage (*fig.* 3).

1736. La fourchette FR (*fig.* 5), porte deux chevilles; celle c traverse la fente e faite au bas du pendule vu (*fig.* 3);

&

SECONDE PARTIE, CHAP. XXII.

& l'autre *m* traverse la fente *m* de la même figure 3 : la fourchette peut par ce moyen monter & descendre, selon la longueur du pendule, & sans pouvoir vaciller : la cheville *c* est saillante en dehors des deux côtés de la fourchette, afin de recevoir l'action du levier G (*fig.* 2), & vu en perspective & de profil (*fig.* 4) : on voit que ce levier est fait en fourchette par un bout, afin de pouvoir embrasser les deux côtés de la verge C (*fig.* 3) & de la fourchette F (*fig.* 5) ; de cette maniere son action se fait avec une moindre *flexion* ; ce levier G est mobile sur une cheville qui traverse le trou *g* fait à la verge C (*fig.* 3).

1737. Pour empêcher que le bas de la verge de cuivre D ne s'écarte de celle d'acier, cette derniere porte une petite *languette h* (*fig.* 3), qui entre dans la fente *i*, faite à la verge de cuivre : ces verges ne peuvent donc se mouvoir que selon leur longueur ; elles sont retenues dans le reste de leur longueur par les brides I, K, L, M (*fig.* 2).

1738. Le lardon *a* (*fig.* 2) se meut selon sa longueur, par le moyen de la vis de rappel *d* ; cet effet est nécessaire pour chercher le point de contact convenable pour la compensation (1732).

1739. O P (*fig.* 2) est une portion de cercle, graduée pour servir à marquer les changements de température que le pendule éprouve : l'aiguille *g h*, sert à marquer ces changements ; cette aiguille mobile en *g*, sur une broche attachée à la verge de cuivre, porte un petit talon qui pose sur une cheville qui est fixée sur la fourchette F R ; ainsi le mouvement de la fourchette, produit par l'excès de dilatation de la verge de cuivre, fait mouvoir l'aiguille de cette espece de thermometre.

1740. T (*fig.* 5) est une piece qui se met au bas de la lentille, pour empêcher que l'angle de la lentille ne porte immédiatement sur l'écrou ; cette piece T porte un index, au moyen duquel on voit de combien on tourne l'écrou ; l'écrou est gradué comme on le voit en Q (*fig.* 5).

1741. On voit qu'un tel pendule seroit très-défectueux,

II. Partie.   R

à moins que l'on n'eût grand foin de proportionner la pefanteur de la lentille à la force des verges ; car fi la lentille pefe 40 liv. elle agira avec une force de 130 liv. puifque, pour la compenfation, il faudroit que le lardon *a* agit à 1 lig. $\frac{10}{12}$ du centre du levier *G*, pendant que *G c* de ce levier auroit 6 lig. ainfi l'action de la lentille tend à écarter le talon (*fig.* 2), à faire fléchir & affaiffer les verges ; c'eft ce que j'ai vu par expérience, en appliquant le pendule fur le pyrometre, & en faifant appuyer le crochet *A* fur le levier du pyrometre ; alors fi on appuyoit fur la lentille, elle defcendoit & reftoit au point où on l'avoit conduite ; & fi on la foulevoit, elle faifoit la même chofe ; de maniere qu'elle varioit de près d'une demi-ligne en tout, ce qui eft un très-grand défaut, qui rend préférable une verge fimple ; car fi foible qu'elle foit, elle n'a pas un tel inconvenient : les verges que j'avois employées étoient cependant fortes, & j'avois réduit la lentille de 21 liv. à 15 liv. Or ayant appliqué ce pendule fur le pyrometre, & fait paffer du froid au chaud, il a fait des écarts beaucoup plus grands que n'auroit fait une fimple verge. Pour faire ufage d'un tel pendule, il faut donc employer des verges extrêmement fortes, & une lentille très-légere ; mais on fera encore mieux de n'exécuter jamais un tel pendule.

Defcription du Pendule à Canon de M. Rivaz.

1742. LA (*fig.* 9, *Pl. XXIII*) repréfente ce pendule tout monté avec fa fufpenfion. *A B* eft un canon de fufil, dont le bout fupérieur *B* eft taraudé en dedans pour recevoir la vis *d* de la piece de fufpenfion *c d* (*fig.* 10) ; c'eft fur cette piece ou fourchette que fe fixe en *c* le couteau qui fe meut dans la gouttiere du fupport *b* vûe en *a* & *b* (*fig.* 10) : ce fupport fe meut fur le bout prolongé des vis *ef* (*fig.* 9), enforte que le pendule prend facilement fon aplomb. Pour empêcher que les côtés de la fourchette *c* (*fig.* 10) ne frottent fur les côtés du fupport, celui-ci eft traverfé par une cheville qui entre dans une petite entaille du couteau, enforte qu'il a feulement la liberté de fe mouvoir fur lui-même, fans pouvoir fe déplacer fur fa longueur.

1743. *C D* est le canon de *composition métallique*; il entre juste dans *A B*, & pose sur l'extrémité inférieure du canon de fusil: le canon *C D* est percé dans sa longueur, pour y laisser passer librement la broche de fer (*fig.* 11), dont le talon *E* pose sur l'extrémité supérieure du canon de métal; l'autre bout de cette verge est taraudé pour recevoir l'écrou qui porte la lentille.

1744. Pour qu'un tel canon métallique compense la dilatation de celui de fer, il faut que son extension soit plus que double de celle du fer, c'est-à-dire, qu'il faut que le canon métallique soit presque entierement de plomb (1696); car si on mêle un peu trop d'antimoine pour le durcir, il ne se dilatera pas suffisamment; or si on emploie du plomb, il faudra que ce canon soit très-gros & la lentille légere, sans quoi le poids de celle-ci affaisseroit le métal: j'avois fait quelques recherches là-dessus, & j'étois parvenu à faire un métal qui se dilatoit dans ce rapport convenable; mais il est très-difficile de faire deux canons de suite qui ayent la même extension; car si en les fondant, on chauffe plus ou moins la matiere, elle n'est plus extensible de la même quantité: d'ailleurs ces pendules ne peuvent, indépendamment de cet obstacle, procurer une grande justesse, à cause de l'extension différente de la lentille, de la chaleur qui n'agit pas en même temps sur toutes les parties du pendule, &c: cependant si ces pendules ne peuvent servir pour les horloges astronomiques, il est certain qu'on pourroit les employer dans les horloges ordinaires; cela feroit sans contredit préférable aux simples verges: c'est par cette raison que je l'ai placé ici; je me ferois même étendu sur sa construction, si je ne passois de beaucoup les bornes que je m'étois prescrites pour cet Ouvrage.

Remarque sur la maniere de graduer l'écrou pour régler l'Horloge.

1745. J'ai dit (1740) que l'écrou qui est mis au bas du pendule est gradué, ce qui sert à régler l'horloge: ces divisions de l'écrou sont communément faites au hazard, ensorte que l'on ne sait pas combien il faut le tourner d'un ou d'autre côté, pour faire avancer ou retarder l'horloge d'une seconde, par exemple, en 24 heures; cependant il est très-facile de graduer les écrous: pour produire cet effet, il ne faut que mesurer la distance des filets de la vis du pendule, & mettre autant de divisions sur l'écrou que le filet contient de centiemes de ligne, lorsque c'est un pendule à secondes: Voyez (1709 & 1713).

1746. Pour mesurer le chemin que fait l'écrou à chacune de ses révolutions, je me sers du pyrometre: pour cet effet, j'applique le pendule & son écrou tel qu'il est vu (*Pl. XXIV, fig.* 2) sur cet instrument, & j'attache au centre de la lentille une piece coudée *p*, dont le bout va poser sur le rateau: dans cet état, j'amene l'aiguille du pyrometre en *c*, ce qui se fait en tournant l'écrou du pendule; pour lors je fais une marque à l'écrou vis-à-vis l'index; je note la division où l'aiguille du pyrometre est arrêtée; ensuite tournant l'écrou, pour que l'aiguille vienne de *c* en *d*, je fais faire un tour exactement à l'écrou; cela fait, je compte le nombre de divisions que l'aiguille du pyrometre a parcouru.

1747. Je suppose que l'aiguille du pyrometre ait fait parcourir 145 degrés pour un tour de l'écrou, on multipliera 145 par 16 tierces $\frac{1}{4}$, qui répondent à un degré du pyrometre, (1710), ce qui donnera 39 secondes 52 tierces, c'est-à-dire, que cet écrou en faisant un tour feroit avancer ou retarder l'horloge de 39 secondes 52 tierces en 24 heures, ou très-à-peu-près 40 secondes: donc en divisant l'écrou en 80 parties, chaque demi-division fera avancer l'horloge d'une demi-seconde, & deux de ces divisions la feront avancer d'une seconde, ce que l'on avoit demandé; mais il est bon d'observer que telle précision que l'on employe pour exécuter la vis, il y aura toujours quelque inégalité; & qu'ainsi cela ne produira pas exactement ce que donne le calcul; d'ailleurs, on a supposé que le pendule devenant plus long & plus court d'une ligne, fera avancer ou retarder l'horloge de 99 secondes, ce qui n'eſt pas exactement vrai dans le pendule compoſé; au reſte, cela ne differe que d'une infiniment petite quantité, lorſqu'on alonge ou qu'on raccourcit le pendule que de peu; ce qui doit toujours arriver dans une horloge à ſecondes, qui eſt à peu-près reglée; ainſi ces petites difficultés n'empêchent pas que l'on ne doive employer un écrou, dont les diviſions ſoient calculées pour faire avancer ou retarder l'horloge de tant en 24 heures, ce qui eſt très-commode; mais il faut encore obſerver que le pas de vis le plus fin ſera le meilleur; ainſi un pas de vis qui ne feroit parcourir en un tour d'écrou que 72 degrés du pyrometre ſeroit préférable; car outre que cela diviſe les petites inégalités de la vis, on peut de plus ſubdiviſer chaque degré de l'écrou, comme en $\frac{1}{2}$ deg. en $\frac{1}{4}$, en $\frac{1}{8}$, &c; ce qui ſera d'un grand uſage dans le cas où une pendule auroit avancé ou retardé d'une petite quantité en pluſieurs jours.

CHAPITRE XXIII.

Des Verges compoſées pour corriger, de la maniere la plus avantageuſe, les effets de la dilatation & contraction des Métaux. Du calcul & dimenſions de ces Verges.

I. PROPOSITION pour ſervir à ce Calcul.

1748. *Les alongements que la chaleur produit ſur un même métal ſont en raiſon de la longueur du métal: ainſi lorſqu'un degré quelconque de chaleur produit un alongement* a *ſur une longueur donnée* x, *l'alongement deviendra double de* a, *lorſque cette même chaleur agira ſur une longueur double de* x; ce qui eſt évident; car l'alongement des métaux par la chaleur eſt l'effet de l'air qui s'introduit dans les pores du métal; or ſi on double la longueur d'un corps homogène, en conservant ses autres dimensions, il y aura une fois plus de pores, & par conséquent la dilatation sera une fois plus grande : cette proposition est vérifiée par l'expérience.

II. PROPOSITION.

1749. SI *on a deux sortes de métaux, dont les dilatations à longueurs égales soient différentes; pour obtenir des dilatations égales, il faudra que les longueurs soient en raison inverse du rapport d'alongement des deux métaux.* Si on a, par exemple, deux verges, l'une de cuivre & l'autre d'acier, qui ayent chacune 40 pouces de longueur; si dans ce cas, l'alongement du cuivre est à celui de l'acier, comme a est à b, ou comme 22 à 13, pour avoir une verge d'acier, dont l'alongement soit $a = 22$, il faut que la longueur de cette verge d'acier soit à la longueur de la verge de cuivre, comme l'alongement du cuivre est à l'alongement de l'acier. On trouvera donc par une regle de Trois 67 pouces $\frac{2}{13}$: cette proposition est une suite de la premiere; car les alongements d'un même corps étant proportionnels à ses différentes longueurs, lorsqu'on double la longueur d'un corps, on double l'extension que produit la chaleur : si donc on veut qu'une verge produise un alongement de 22 au lieu de 13 (en supposant la même chaleur), on augmentera la longueur dans le rapport de 22 à 13.

1750. Nous employerons dans la suite ces deux propositions, pour construire le plus avantageusement des verges de pendules qui remédient à la dilatation des métaux, c'est-à-dire, qui soient tels que la distance du centre d'oscillation de la lentille à celui de suspension soit toujours la même.

1751. Nous avons traité jusques ici des pendules composés, où l'on applique un levier pour multiplier l'espace parcouru par le cuivre, afin de remonter la lentille; mais il est bon d'observer que ces machines ont un défaut assez essentiel, c'est que la pesanteur de la lentille agissant sur la grande partie du levier, & conséquemment par voie de multiplication fur la verge de cuivre, il arrive que cette preffion eft affez forte pour faire fléchir les verges & les courber, enforte que le centre de la lentille n'eft point fixe, mais qu'il monte ou defcend, felon que l'on appuie fur la lentille; & fi on la fouleve, elle ne reprend pas fa pofition, mais elle refte d'équilibre avec le reffort des verges, & d'autant plus que la preffion de la lentille fe fait obliquement fur des verges coudées: or il arrive à de telles verges, que la chaleur & le froid font faire des écarts confidérables à la lentille, quoique ces verges foient dans le rapport convenable; mais le reffort des verges, caufé par la preffion multipliée de la lentille, produit ces écarts. Pour parer à cet obftacle, j'ai conftruit des verges où la longueur du cuivre eft affez grande pour corriger la dilatation des verges d'acier, fans qu'il foit néceffaire d'agir par voie de multiplication; & j'ai par ce moyen fupprimé ce que j'appelle, *Levier de compenfation*.

1752. Comme l'acier s'alonge moins que le fer, il faut fe fervir préférablement de verges d'acier : & le cuivre étant plus dur que le plomb, & fes alongements étant affez conftamment les mêmes, on fe fervira de cuivre pour remonter la verge qui porte la lentille : or, à longueur égale, l'alongement de l'acier eft à celui du cuivre, comme 13 à 22.

1753. Il eft poffible de faire une verge compofée qui remédie parfaitement aux effets du chaud & du froid; mais pour y parvenir, il faut que le métal dont on fe fert foit affez dur, pour n'être pas fujet à la flexion que produit le poids de la lentille. Le cuivre eft très-bon pour cet effet; mais il faut que la verge foit fort longue, & telle, qu'il ne foit pas befoin d'employer un levier pour multiplier la quantité dont elle s'alonge de plus que la premiere verge; il faut qu'elle porte fimplement par en haut fur un talon de la troifieme verge : pour y parvenir, j'avois d'abord imaginé de me fervir d'un métal compofé de plomb & d'antimoine, lequel s'alonge plus que le cuivre; or dans ce cas, la verge de métal n'exigeroit pas une fi grande longueur; mais il vaut beaucoup mieux y employer du cuivre, & faire defcendre la verge

3 ou 4 pouces au-deſſous de la lentille ; & pour retenir la lentille avec l'écrou, employer une boîte de cuivre, dont l'alongement ſerviroit encore à remonter la lentille, & compenſeroit l'alongement des verges d'acier ; de cette maniere, une telle verge pourra porter une lentille peſante ſans craindre d'affaiſſement.

PROBLEME.

1754. Trouver les longueurs des verges ab, cd, ef, & de la boîte BB (Pl. XXIII, fig. 8) pour qu'elles ſoient telles que l'alongement de la verge cd, & de la boîte B de cuivre compenſe l'alongement des verges ab & ef d'acier.

1755. Selon le principe (1749), il faut que les longueurs des verges d'acier ſoient aux longueurs de celles de cuivre, comme l'alongement du cuivre eſt à celui de l'acier : il faut donc que l'on ait la proportion $ab + ef : dc + BB :: 22 : 13$. J'appelle z la longueur de la boîte BB : la longueur de la verge ab eſt égale à celle de la verge ef : la verge cd eſt de deux pouces plus courte que la verge ab, laquelle eſt la ſomme de 37 pouces, diſtance du point de ſuſpenſion au centre de la lentille, de 4 pouces de rayon de la lentille, & de la longueur z de la boîte moins 2 pouces. Ainſi l'expreſſion analytique de ab & de ef, eſt $37 + 4 + z - 2$, ou $39 + z$; celle de cd eſt $37 + z$, & par conſéquent celle de la proportion précédente devient $78 + 2z : 37 + 2z :: 22 : 13$. En multipliant les extrêmes & les moyens, on a l'équation $1014 + 26z = 814 + 44z$, tranſpoſant $1014 - 814 = 44z - 26z$, réduiſant $200 = 18z$, enfin diviſant $\frac{200}{18} = z = 11$ pouces $\frac{1}{9}$.

1756. La longueur de la boîte étant donc de 11 pouces $\frac{1}{9}$, la longueur totale du pendule ſera de $37 + 4 + 11\frac{1}{9} = 52$ pouces $\frac{1}{9}$, depuis le point de ſuſpenſion juſqu'à l'écrou. La verge ef qui porte la lentille, ne monte que de 2 pouces en-deſſous du point de ſuſpenſion ; elle a donc pour longueur 50 pouces $\frac{1}{9}$, ainſi que la verge ab; & celle de cuivre ayant, comme je l'ai dit, deux pouces de moins que la verge ab ou ef, aura $48 + \frac{1}{9}$.

SECONDE PARTIE, CHAP. XXIII.

1757. Pour vérifier si on a bien opéré, on peut prendre la somme des longueurs des deux verges d'acier qui sont de 50 pouces $\frac{1}{9}$ chacune; les deux font 100 pouces $\frac{2}{9}$; il faut de même prendre la somme de la verge cd, qui est de 48 pouces $\frac{1}{9}$, & de la boîte B de 11 $\frac{1}{9}$, ce qui donne 59 pouces $\frac{2}{9}$, & faire la proportion 100 $\frac{2}{9}$: 59 $\frac{2}{9}$ :: 22 : 13; & réduisant en neuviemes, on a 902 : 533 :: 22 : 13 : or le produit des extrêmes étant égal au produit des moyens, c'est une preuve que les longueurs que l'on a trouvées sont telles qu'on les demande.

1758. J'ai construit une verge de pendule qui remédiera encore mieux aux effets du chaud & du froid. Au lieu de faire descendre la verge au-dessous de la lentille, & d'ajouter la boîte, comme nous avons dit ci-devant, je fais le pendule de trois verges d'acier & de deux de cuivre, en donnant une longueur aux verges d'acier qui soit aux verges de cuivre, comme l'alongement du cuivre est à celui de l'acier.

Description de ce Pendule.

PLANCHE XXIII, FIGURE 7.

1759. ab est une verge d'acier, dont la partie supérieure a tient à la suspension; le bout b est fait avec un talon sur lequel pose le bout c de la verge de cuivre cd; sur l'autre bout d de cette verge pose le talon e d'une verge d'acier ef; le bout f de cette verge porte aussi un talon, sur lequel pose une seconde verge de cuivre ln, dont le bout supérieur n reçoit le talon d'une troisieme verge d'acier gh, dont le bout prolongé i passe à travers la lentille, & la porte au moyen d'un écrou. Nous allons chercher les dimensions des verges de ce pendule, dont les verges dc, ef, & la deuxieme ln de cuivre seront de même longueur.

1760. La distance du centre de la lentille au point de suspension est de 37 pouces; la lentille a 8 pouces de diametre; l'intervalle qu'il y a du bas de la lentille au point de suspension est de 41 pouces : il faut trouver la longueur de chaque

II. Partie. S

verge, enforte que celles des verges d'acier foient à celles des verges de cuivre, comme l'alongement du cuivre eft à celui de l'acier; pour cet effet, je nomme x la longueur de la verge ab; l'excès de la longueur de la verge ab fur celle des verges dc, ef, ln, eft de 30 lignes; l'intervalle de i en m eft de 41 pouces ou 492 lig. j'ai donc la proportion fuivante: $x + x - 30 + 492 - 30 : x - 30 + x - 30 :: 22 : 13$; ou bien $2x + 432 : 2x - 60 :: 22 : 13$: donc $26x + 5616 = 44x - 1320$; ou, en tranfpofant & réduifant, $6936 = 18x$: donc $x = 385\frac{1}{3}$. Ainfi ab fera de 385 lig. $\frac{1}{3}$; cd fera de $355\frac{1}{3}$; ef & ln de même longueur; & enfin im fera de 462 lignes. Si pour vérifier ce calcul, on fait une fomme des longueurs des verges d'acier, & une autre de celles des verges de cuivre, en les mettant en proportion avec 22 & 13, & prenant le produit des extrêmes, on le doit trouver égal à celui des moyens: ainfi on aura l'alongement de l'acier corrigé par celui du cuivre, ce que l'on demandoit. Voici les longueurs de ces verges:

$ab = 385\frac{1}{3}$.
$ef = 355\frac{1}{3}$.
$im = 462$.

$1202\frac{2}{3}$, longueurs des verges d'acier.

$cd = 355\frac{1}{3}$,
$ln = 355\frac{1}{3}$,

$710\frac{2}{3}$, longueurs des verges de cuivre.

Réduifant en tiers, l'on aura $3608 : 2132 :: 22 : 13$; multipliant les extrêmes & les moyens, on a le même produit 46904.

Defcription d'un Pendule compofé à chaffis.

PLANCHE XXIII, FIGURE 12.

1761. LE pendule que nous venons de décrire m'a paru celui, de tous ceux que je connois, qui rempliffe le mieux les conditions requifes, & que nous nous fommes prefcrites pour regle ; cependant j'y trouve encore un défaut, c'eſt que le poids de la lentille agit ſur les parties coudées des verges ab, gh (*fig.* 7), de maniere qu'il peut encore leur faire éprouver une flexion. Je crois enfin être parvenu à réunir tout ce qui peut contribuer à faire une verge de pendule auſſi parfaite qu'il eſt poſſible ; ayant levé l'obſtacle du pendule précédent, en conſtruiſant celui que l'on voit (*fig.* 12). La piece $abcd$ ne forme qu'une verge ou eſpece de *chaſſis* d'acier, dont la partie ſupérieure s porte le couteau qui ſuſpend le pendule ; $efgh$ eſt un ſecond chaſſis de cuivre, dont la partie fg poſe ſur le bas du chaſſis $abcd$; $ilmn$ eſt un ſecond chaſſis d'acier, dont les talons m, n portent ſur les bouts g, h du chaſſis de cuivre ; & o, p ſont deux branches de cuivre, dont les parties inférieures poſent ſur le bas du chaſſis il ; enfin qr eſt une verge d'acier, dont le talon q poſe ſur le bout ſupérieur des verges de cuivre o, p ; le bout inférieur r paſſe à travers les trois chaſſis ; il eſt taraudé pour recevoir l'écrou qui ſupporte la lentille qui n'eſt ici que ponctuée : le poids de la lentille eſt donc porté par les deux bouts de chaque verge, & paſſe ainſi au milieu, ce qui produit le même effet que ſi elle étoit portée par un canon ; d'ailleurs chaque verge ſupporte la moitié de la lentille, ce qui diminue l'affaiſſement ; la preſſion ſe fait perpendiculairement ſans tendre à écarter les verges ; ces verges doivent donc ſe dilater, ſans que la preſſion de la lentille leur faſſe faire cette eſpece de reſſort ſi préjudiciable ; & ſi l'on peut eſpérer de compenſer l'effet de l'extenſion du pendule, j'oſe me flatter que c'eſt en employant ce méchaniſme : nous allons trouver les dimenſions de cette verge, en attendant que nous rendions compte de ſon ſuccès.

Probleme.

Trouver les dimenſions du Pendule compoſé à chaſſis.

1762. Quoique le problème que nous venons de réſoudre pour la verge (*fig.* 7) ſoit applicable à celle de la (*fig.* 12), il eſt cependant à propos de le réſoudre plus exactement par la raiſon que nous avons ſuppoſé les verges bc, de, ef, de même longueur, ce qui ne peut pas être à cauſe de l'épaiſſeur des talons qui diminuent la longueur de ces verges & du jeu qu'il doit y avoir pour donner lieu à l'effet de la dilatation ; nous ſuppoſons que la peſanteur de cette verge fera deſcendre le centre de la lentille à la diſtance de 38 pouces du point de ſuſpenſion, la lentille ayant 8 pieds de diametre.

Effet de ce Pendule.

1763. Le premier châſſis d'acier $acbd$ (*Pl. XXIII, fig* 12) s'alongeant par la chaleur, ſa traverſe inférieure cd s'éloigne du point s de ſuſpenſion ; mais les regles de cuivre ge, hf, qui portent ſur cette traverſe, en s'alongeant en même temps un peu plus, élevent les talons m, n du ſecond châſſis d'acier $mikn$, tandis que ce châſſis s'alonge auſſi, enſorte que la traverſe ik de ce châſſis deſcend un peu ; mais les autres regles de cuivre o, h qui poſent ſur cette traverſe, élevent par leur excès de dilatation, les talons qui ſont au ſommet de la regle d'acier qr qui porte la lentille ; enſorte que ſi la longueur des verges d'acier eſt à la longueur des verges de cuivre, comme la dilatation du cuivre eſt à la dilatation de l'acier, la compenſation aura lieu, c'eſt-à-dire, que le centre de la lentille ſera toujours à même diſtance du point de ſuſpenſion, quelle que ſoit la température où l'on expoſe le pendule.

1764. On voit que l'alongement de toutes les pieces d'acier qui entrent dans la compoſition de la verge du pendule, ſe fait, 1°, ſelon sm diſtance du point de ſuſpenſion au côté intérieur du premier châſſis d'acier ; 2°, ſelon la longueur du montant ac, meſurée dans l'intérieur de ce châſſis. J'appelle x cette longueur, parce que c'eſt dans ſa détermination que conſiſte la ſolution du problême ; 3°, ſelon la longueur du montant mi, meſurée auſſi dans l'intérieur du ſecond châſſis $mikn$; 4°, ſelon la longueur de la verge qr, meſurée depuis le deſſous de ſes talons juſqu'au centre L de la lentille. De même, tout

Seconde Partie, Chap. XXIII.   141

l'alongement du cuivre se fait selon la longueur des montants g & o; car les côtés bd, nk des chassis d'acier & les regles de cuivre h & p, ne servent ici qu'à empêcher le devers des pieces qui composent la verge du pendule, & par conséquent leur longueur ne doit pas entrer dans le calcul.

1765. Cela posé, si on donne 5 lignes d'épaisseur à tous les talons des verges d'acier & aux traverses des montants, & si on suppose une ligne de jeu entre le haut de l'intérieur du premier chassis d'acier, & les talons mn du second, & autant dans l'espace $eikf$, il est clair qu'à cause du talon m & de son jeu, la longueur du montant de cuivre ge est $x - 6$ lignes; à cause de l'épaisseur de la traverse ef de 5 lignes, du jeu $eikf$ d'une ligne, de l'épaisseur de la traverse ik du second chassis d'acier 5 lignes, de l'épaisseur 5 lignes des talons q de la regle qr & de son jeu une ligne, la longueur de la regle de cuivre o est $x - 17$ lignes : la somme des regles de cuivre est donc $2x - 23$ lig. la longueur me de l'intérieur du montant du premier chassis d'acier est x; celle de l'intérieur du second chassis d'acier est $x - 17$ lignes, ayant même longueur que la seconde regle de cuivre o; enfin la troisieme regle d'acier, & qui porte la lentille, a pour longueur la distance du point de suspension au centre de la lentille (que je suppose de 38 pouces $= 456$ lig.), moins la distance s du point de suspension au point m du dessous du chassis, que je suppose de 30 lignes, & moins l'épaisseur q du talon qui est 5 lig. & son jeu une ligne; la longueur de cette regle qL est donc de $456 - 30 - 6$ lig. c'est-à-dire, de 420 lig. donc la longueur des pieces d'acier est $x + x - 17 + 420$ lig. Cela posé, en employant les nouvelles expériences qui nous ont donné le rapport de la dilatation du cuivre à celle de l'acier, comme 121 à 74, nous avons la proportion $2x - 17 + 420 : 2x - 23 :: 121 : 74$, donc $148x - 1258 + 31080 = 242x - 2783$, transposant & réduisant $32605 = 94x$, & par conséquent $x = \frac{32605}{94} = 346$ lig. $\frac{81}{94} = 28$ pouces 10 lignes $\frac{81}{94}$, d'où il est aisé de conclure toutes les dimensions des pieces de la verge composée.

REMARQUE.

1766. Pour détruire l'effet de l'affaissement causé par le poids de la lentille, il faut faire les châssis un peu plus longs que ne donne le calcul ; & pour être assuré que chaque talon porte exactement sur le bout des verges de cuivre, il faut les rendre mobiles, plaçant pour cet effet en q une cheville pour assembler le talon à la verge qui porte la lentille ; les talons du second châssis d'acier devront être limés exactement, pour porter sur les bouts du châssis de cuivre.

Dimensions qu'il est à propos de donner au Pendule composé à châssis.

1767. La longueur intérieure du châssis de 37 pouces $=444$ lig. qui jointes à 30 lig. distance au point de suspension, donnent 474 lig. pour la longueur totale du châssis d'acier. Le second châssis d'acier 427 lignes ; la verge qui porte la lentille, 396 lignes, de sorte que le talon sera distant de six pouces du haut du châssis : j'ai donné cette dimension, afin qu'en faisant monter d'abord les verges de cuivre tout au haut, si le pendule se raccourcit par la chaleur, je puisse l'amener au point de rester immobile en raccourcissant les deux verges de cuivre du milieu. Le châssis de cuivre a 438 lig. les verges de cuivre du milieu ont 355 ; ainsi la longueur totale des verges de cuivre sera de 793. La longueur totale des verges d'acier est de 1297 ; la longueur des verges d'acier est donc à celle de cuivre, à peu-près comme la dilatation 121 du cuivre est à la dilatation 74 de l'acier, ce qui fera la compensation ; mais, ainsi que je l'ai dit ci-dessus, je me réserve de corriger ce pendule par l'expérience ; pour cet effet, lorsqu'il sera exécuté, je l'appliquerai sur le pyromètre, après l'avoir mis à la glace : je donnerai toute la longueur possible aux verges intérieures de cuivre, c'est-à-dire, 6 pouces de plus que le calcul ne l'exige, ensorte que la chaleur fera nécessairement accourcir le pendule ; & je baisserai insensiblement ces verges, jusqu'à ce que le pendule ne s'alonge ni ne se raccourcisse par le chaud ou par le froid. Nous rapporterons dans la suite les expériences que j'ai faites sur ce pendule, & comment je suis parvenu à le rendre propre à compenser le mieux possible les effets de la dilatation & contraction des verges.

CHAPITRE XXIV.
Description de l'Horloge que j'ai composée pour les Observations astronomiques.

1768. Cette horloge est à secondes, elle a la propriété de sonner les secondes quand on le juge à propos, ce qui est produit par un méchanisme indépendant du mouvement dont il ne peut troubler la justesse. Le pendule est composé pour remédier aux dilatations des métaux; je me suis proposé, en construisant cette horloge, de réduire, autant qu'il m'a été possible, toutes les causes qui s'opposent à sa justesse : cette horloge va un an sans remonter, en employant le même nombre de dents de rouage, & même hauteur de poids que si elle n'alloit que six mois.

PLANCHE XXV.

1769. Les figures 1 & 2 représentent la suspension, le pendule & toutes les pieces qui supportent toute la machine; $ABCDF$ (fig. 1) est une piece de fer qui s'attache contre le mur, au moyen de grands clous à crochet, qui entrent dans les ouvertures faites en A, B.

1770. $GHHKL$ est une forte piece de cuivre attachée sur la croix $ACFD$, au moyen de la vis conique G, sur laquelle & autour de laquelle cette piece est mobile; K, L sont deux ouvertures faites à cette piece GHI, pour permettre son mouvement sur le centre G : les vis K, L servent à fixer & rendre immobile cette piece avec la croix de fer.

1771. La piece IM, eſt fixée après celle GHI; elle eſt prolongée juſqu'au bas de la lentille, & là, elle eſt coudée en N, pour porter le limbe O qui répond directement au bas de l'index P porté par la lentille : la piece $GHMH$ mobile en G, peut ſe mouvoir, comme nous avons dit, ſeparément de la croix ; l'effet de ce mouvement eſt de rendre verticale la ſituation de cette cage, ce qui ſe voit lorſque le point du limbe marqué par o, répond au-deſſous de l'index P porté par la lentille.

1772. La vis de rappel Q ſert à mouvoir inſenſiblement le limbe, & à l'amener ſous l'index P.

1773. Les vis D, F ſont faites pour mettre le pendule verticalement dans le ſens du mur, ce qui eſt indiqué par la ſituation de l'index P au-deſſus du limbe.

1774. Les côtés HH de la piece GI, ſervent à porter le pendule & le mouvement; les parties a, b ſont encore recoudées, & redeviennent paralleles à la baſe GI; c'eſt à ces parties a, b que s'attache le mouvement de l'horloge.

1775. RS eſt une piece ou ſupport d'acier, dont les extrémités RS ſont percées pour recevoir les pivots portés par les vis c, d; ce ſupport a une ouverture ſelon ſon axe, propre à laiſſer paſſer librement la verge du pendule.

1776. Ce ſupport a une rainure tranſverſale, ſur laquelle poſe le couteau T du pendule; le couteau eſt ſurmonté par l'écrou V, lequel entre à vis ſur le bout de la verge du pendule, ce qui ſert à régler ſa marche; l'index f porté par le couteau, indique le nombre de diviſions de l'écrou que l'on fait paſſer en le tournant; pour mieux concevoir la diſpoſition de cette partie de la ſuſpenſion, il faut jetter les yeux ſur les figures 6, 7, 8, 9 de la XXVIe Planche; la figure 6 repréſente le ſupport avec la rainure tranſverſale dont nous avons parlé.

1777. La figure 7 repréſente le couteau, lequel porte une mortaiſe ac, dans laquelle entre fort juſte l'extrémité de la verge, afin que le plan de la lentille ſoit toujous perpendiculaire à la direction du couteau.

1778. La figure 8 repréſente le couteau vu en-deſſus; l'ouverture

Seconde Partie, Chap. XXIV. 145

l'ouverture ronde g, fert à y laiffer defcendre la partie ab de l'écrou (*fig. 9*).

1779. Pour empêcher le couteau de fe mouvoir fur fa longueur, & par conféquent la verge du pendule de toucher aux côtés de l'ouverture du fupport (*fig. 6*), j'ai fixé aux côtés A, B du fupport, deux plaques au moyen de deux vis : B eft une de ces plaques; l'autre eft ôtée pour laiffer voir la rainure.

1780. La fig. 2 (*Pl. XXV*) repréfente la verge du pendule; nous nous difpenfons de la décrire ici, l'ayant déja fait en traitant des verges compofées (1721 *& fuiv.*) : la lentille eft rendue fixe avec le pendule, au moyen de la broche coudée X (*fig.* 1).

1781. Les petites parties g, h portées par le limbe, font faites pour empêcher, qu'en mettant le pendule en mouvement, on ne lui faffe décrire de trop grands arcs, effets dangereux pour la roue d'échappement, dont on pourroit caffer les pivots.

Defcription du mouvement de l'Horloge.

Planche XXVI.

1782. La troifieme figure repréfente l'intérieur du mouvement. La premiere figure repréfente le devant de ce mouvement avec fon cadran : A, B font deux vis qui fervent à attacher le mouvement avec la fufpenfion; on voit que par cette difpofition, on ôte le mouvement fans déranger le pendule qui en eft indépendant.

1783. C, D font les poids moteurs du mouvement, ils ont même pefanteur; b eft une poulie, dont la chappe eft fixée à la platine du mouvement; la corde qui s'enveloppe fur le cylindre ponctué E du mouvement, paffe par la poulie a qui porte le poids C; elle paffe enfuite fur la poulie fixe b, delà elle paffe à la poulie c, le bout vient enfin s'attacher au crochet F qui tient à la cage du mouvement; de cette maniere on voit que la corde eft deux fois plus longue que fi le poids étoit immédiatement attaché par

II. Partie. T

une simple moufle ordinaire, ce qui double la durée de la marche de l'horloge; car lorsque le poids C est descendu au point de poser sur le plancher, celui D est resté en D; mais dès l'instant que le premier commence à poser, celui-ci commence à descendre, & il employe nécessairement autant de temps que le premier; cette disposition des poids est la même dont je fis usage dans la Pendule à équation, que je présentai à l'Académie Royale des Sciences en 1754.

1784. La roue A (*fig.* 3), est portée par le cylindre sur lequel s'enveloppe la corde qui porte le poids; elle a 100 dents; elle engrene dans le pignon a qui porte la roue B; ce pignon a 10 dents; la roue B a 72 dents; elle engrene dans le pignon b qui en a 8; ce pignon porte la roue C qui a 64 dents; elle engrene dans le pignon c qui en a 8; celui-ci porte la roue D qui a 64 dents; elle engrene dans le pignon d qui a 8 dents; il porte la roue E de 60 dents; celle-ci engrene dans le pignon e de 8 dents, lequel porte la roue F d'échappement; cette roue a 30 dents & 8 lignes de diametre; le pendule étant à secondes, cette roue fait un tour en une minute; on trouvera donc qu'elle fait 43200 révolutions pour une de la premiere roue (1450).

1785. GH est un pied de biche mobile en L, il sert à entretenir le mouvement de l'horloge pendant qu'on la remonte: nous avons expliqué son effet Partie I. (71).

1786. Le pignon d que porte la roue E, passe à travers la platine des piliers, pour aller engrener dans la roue des minutes qui est concentrique à l'aiguille des secondes. Voyez ce méchanisme, Partie I, Chap. III & Planche III.

1787. Pour réduire les frottements le plus qu'il a été possible, j'ai tenu ces roues petites & légeres; le cylindre même & la grande roue sont croisées; les pointes de tous les pivots portent sur des plaques d'acier trempé, afin d'éviter par ces moyens les frottements des portées des pivots contre les platines.

1788. La figure 2 représente le dehors de la seconde platine; dans les pieces ordinaires, l'échappement se fait en dedans de la cage ; ici, au contraire, il est fait sur le dehors de la seconde platine ; ainsi le rochet d'échappement *F* est placé au-dessus de la platine (*fig.* 2); le petit pivot de la roue d'échappement, c'est-à-dire, celui qui est placé du côté de la roue, roule dans le trou fait pour cela au coq *b* attaché à la seconde platine ; l'autre pivot, qui est celui qui porte l'aiguille des secondes, roule dans le trou fait à un bouchon qui est chassé à force sur le bout du pont de la roue de minute ; par cette méthode j'ai pu réduire le pivot à un plus petit diametre, que s'il rouloit dans la platine des piliers, & par conséquent le frottement est moindre, le pivot plus court & plus facile à exécuter.

1789. Lorsque le mouvement est attaché à la piece de suspension, le centre du mouvement du pendule répond à la hauteur du rochet; nous allons rendre raison de cette disposition ; mon but, en composant cette piece, a été de faire décrire de très-petits arcs au pendule ; or pour cela, il n'auroit pas été facile de faire un échappement solide, en faisant coïncider son centre de mouvement avec celui du pendule : j'ai donc placé le centre de mouvement de ma piece d'échappement *A c d* au bas de la cage ; ensorte qu'il arrive que si l'échappement parcourt un angle d'un degré, celui du pendule n'en parcourt que la moitié ; la fourchette *B* (*fig.* 5) ayant même longueur que l'ancre, elle agit à une distance du centre de suspension du pendule qui est double de la longueur de l'ancre ; les arcs du pendule sont donc moitié plus petits que les arcs parcourus par la partie *c d* de l'ancre.

1790. Les petites parties saillantes 9, 10 de l'ancre, servent à y retenir l'huile nécessaire à l'échappement à repos.

1791. La figure 5 représente la piece d'échappement & la fourchette ; celle-ci est mobile en *B*, au moyen d'une vis de rappel, qui sert à mettre l'horloge dans son échappement, ce qui se fait, lorsque le pendule est bien vertical ; le méchanisme de cette fourchette a été expliqué (77 *&* 78); passons maintenant au méchanisme que j'ai construit pour sonner les secondes.

1792. Les Astronomes exigent, que non-seulement leurs

horloges à secondes divisent le temps, & le marquent exactement au moyen des aiguilles, ils veulent encore que les secondes soient frappées, de maniere qu'ils puissent les compter sans regarder l'horloge ; on est parvenu à remplir leurs objets de deux manieres différentes : la premiere, c'est en faisant des échappements qui fissent beaucoup de bruit, c'est-à-dire, dont la force motrice fût grande ainsi que la chûte de l'échappement ; la seconde est, en plaçant sur la roue des secondes, 60 chevilles, qui à chaque battement du pendule élevent un marteau qui frappe sur un timbre, & indique par conséquent les secondes ; mais il est aisé de voir que l'une & l'autre méthode doit nécessairement influer sur la justesse de l'horloge ; car dans le premier cas la force motrice étant plus grande qu'il n'est besoin, change la nature des oscillations du pendule, & cause à l'échappement & aux rouages des frottements, qui venant à changer, dérangent l'isochronisme de la machine ; & dans le second, on voit que pour faire frapper un marteau, il faut une très-grande force motrice, ce qui cause des frottements considérables ; d'ailleurs ce marteau n'agissant pas continuellement sur le rouage, cela change encore cette force ; ce moyen est donc encore très-défectueux : enfin les Astronomes se servent d'une machine, qu'ils appellent un *Valet*, c'est un pendule à secondes qu'ils reglent sur leurs horloges ; ce pendule est entretenu en mouvement par une roue & un échappement ; la roue fait frapper un marteau, ensorte que le valet sonne les secondes pendant tout le temps que ses battements sont d'accord avec ceux de l'horloge, ce qui ne doit pas durer long-temps. J'ai donc cru lever cet obstacle, en conservant cependant à l'horloge la propriété de frapper les secondes ; pour cet effet, j'ai adapté (*fig.* 2) un rouage particulier entraîné par un poids qui éleve un petit marteau qui frappe les secondes.

1793. L'axe de la roue L (*fig.* 2) se meut sur des pivots qui roulent dans la cage formée par une platine du mouvement & par la plaque H I ; cet axe porte un cylindre sur lequel s'enveloppe la corde qui porte le poids 2, qui est le moteur de ce rouage; cet axe porte auſſi un rochet d'encliquetage, dont l'effet fert à entraîner la roue LL; celle-ci porte 90 dents; elle engrene dans un pignon a qui en a 6; ce pignon porte une roue h, dont nous expliquons l'ufage dans le moment.

1794. La roue LL porte 60 chevilles, dont l'effet eſt de lever le petit marteau tu, mobile en t fur des pivots qui fe meuvent dans la cage.

1795. Le marteau porte la levée 4, qui eſt élevée par la cheville : un double effet de cette levée eſt d'empêcher que la roue ne rétrograde après la chûte du marteau, lorfqu'on remonte le poids; ainſi cette roue ne peut aller qu'en avant.

1796. Pour déterminer la vîteſſe des coups de marteau, & les régler parfaitement fur les battements du pendule, j'ai adapté fur la piece d'échappement cd le petit ancre efg, dont les parties f, g font des portions de cercle concentriques à A centre de mouvement de l'échappement.

1797. Le cercle ou roue h, porte deux chevilles qui forment une eſpece d'échappement avec l'ancre ef, enforte qu'il arrive qu'à chaque battement du pendule, une de ces chevilles s'échappe, & pendant cela le petit marteau frappe un coup, & ainſi fucceſſivement, pendant que le poids eſt monté, ou bien que l'on veut qu'elle fonne.

1798. La poulie ou cylindre de la roue LL eſt diviſé en deux parties fur fa longueur; l'une eſt pour envelopper la corde qui porte le poids, & l'autre pour la corde $I6y$, qui fert à remonter la machine; le bout de cette corde eſt attaché à la branche y mobile en x; l'effet de cette branche eſt que lorfque l'on veut remonter le poids, on tire l'anneau z, porté par la corde ; en tirant cet anneau, la corde attachée en y, oblige cette branche de defcendre; celle-ci entraîne le bras $x7$, dont l'extrémité 7 paſſe derriere la roue h, & va arrêter une cheville que porte cette roue; enforte que pendant qu'on remonte le poids, cette roue reſte immobile, & que les chevilles d'échappement qu'elle porte, ne peuvent aller s'oppofer au mouvement de la piece d'échappement; le rouage de la fonnerie reſte donc arrêté pendant tout le temps que l'on ne dégagera pas la cheville du bras 7.

1799. L'axe x du bras y, est prolongé dehors de la platine des piliers; il porte quarrément le bras ponctué x 3, auquel tient le cordon R; c'est en tirant celui-ci que l'on donne la liberté à la pièce de fonner, ce qu'elle fait jusqu'à ce que l'on touche à l'anneau, & qu'on faffe redefcendre le bras y, ou que laiffant frapper le marteau, la palette n portée par l'axe de la roue LL, ait fait tourner la roue m, de manière que l'intervalle de la dent 8, étant amené fous le bras r, celui-ci en defcendant faffe préfenter la partie s d'un autre bras que fon axe q porte; & ce bras s en defcendant s'engagera, de forte qu'il arrêtera une des chevilles de la roue h, & par conféquent la petite fonnerie.

1800. La roue m fert donc à limiter le temps de la marche de la fonnerie, foit pour empêcher qu'on ne la remonte trop, foit pour l'arrêter en un point fixe.

1801. On peut auffi arrêter la fonnerie, fans attendre que le poids foit defcendu au bas; il fuffit de defcendre tant foit peu l'anneau z, & par conféquent le bras 7.

1802. Tous les effets que nous venons de décrire, ont eu pour objet de rendre ce méchanifme tellement indépendant du mouvement, qu'il ne puiffe ni en déranger la juftesse, ni faire arrêter l'horloge. Pour faire ufage de la fonnerie des fecondes, on voit que cela fe borne à remonter le poids au moyen de l'anneau z; & dans l'inftant que l'on veut obferver, on n'a qu'à tirer le cordon R, afin de donner la liberté au marteau de frapper.

1803. Il eft aifé de voir par la difpofition de cette machine, que la force que le petit poids communique aux chevilles d'échappement h, eft infiniment petite; car ce poids n'a que la force requife pour élever le marteau, dont la levée eft continuellement appuyée fur les chevilles; enfin cette petite réfiftance que font les chevilles fur l'ancre, ne fe fait que pendant l'inftant de l'obfervation, & elles agiffent d'ailleurs fur des portions de cercle. La defcription que nous donnerons d'une fonnerie à feconde, fuppléera à ce que l'on n'aura pas compris à celle-ci : voyez Chapitre XXXIX ; on y trouvera de plus grand détails fur toutes les parties d'une horloge aftronomique.

1804. La quatrieme figure repréfente le profil du mouvement, lequel aidera à faire entendre la conftruction de cette machine.

1805. La premiere roue du mouvement a une cage particuliere ; je l'ai ainfi conftruite par la raifon que la longueur du cylindre exige une cage haute, & que les roues du mouvement étant petites, les axes ou tiges des pignons auroient été trop longs, pefants & incommodes à travailler.

CHAPITRE XXV.

Du Régulateur des Montres.

1806. Les Montres étant expofées à divers mouvements & pofitions, il faut que leur régulateur ne reçoive aucun dérangement fenfible par les différentes pofitions & mouvements ; or le pendule ne peut faire fes vibrations régulieres que dans le cas où il eft toujours dans un plan parfaitement vertical, & qu'il ne reçoit aucun mouvement étranger ; le pendule ne peut donc pas fervir de régulateur à une montre (55) ; il a donc fallu avoir recours au balancier, dont la propriété eft de conferver fon mouvement dans toutes fortes de pofitions, & malgré les fecouffes qu'il peut fouffrir (124), pourvu qu'elles ne foient pas exceffivement irrégulieres.

1807. Le balancier fimple, n'a par lui-même aucune tendance à fe mouvoir d'un côté plutôt que de l'autre, ainfi il ne tend pas à faire des vibrations comme le pendule, c'eft-à-dire, à aller & à revenir alternativement fur lui-même ; c'eft par cette raifon que les premiers Horlogers imaginerent l'échappement à roue de rencontre, dont l'effet eft tel que la roue ramene le balancier au moyen des palettes, & le fait ainsi aller & revenir (125); voilà la premiere origine de l'application des vibrations dans une machine pour en régler le mouvement. Quoique l'on eût tous les jours devant les yeux des corps suspendus, qui alloient & revenoient sur eux-mêmes, on n'avoit pas encore, au milieu du siecle passé, fait usage du pendule, dont l'application aux horloges est dûe à Huyghens.

1808. Le balancier n'ayant, comme nous avons dit, aucune tendance à se mouvoir d'un côté plus que de l'autre, il arrive nécessairement que la vîtesse de son mouvement est variable selon l'inégalité de force qui lui est transmise par la roue de rencontre; ce ne fut que vers le milieu du siecle dernier (en 1675 *), que l'on adapta un ressort spiral au balancier, pour lui faire produire des vibrations indépendantes de l'échappement; c'est encore à Huyghens que cette admirable découverte est dûe.

1809. Nous considérerons, dans le Chapitre suivant, les effets du ressort spiral simple, & non appliqué au balancier; & ensuite nous verrons les effets qui doivent résulter de leur jonction, & de quelle maniere les vibrations du balancier avec son ressort spiral doivent se faire, lorsqu'il est indépendant du rouage. Nous appellerons le ressort spiral *le spiral* simplément, conformément au langage des Artistes.

CHAPITRE XXVI.

Du Ressort; spiral des Vibrations qu'il produit au Balancier.

1810. L A propriété d'un ressort quelconque est, qu'ayant été écarté de son repos par l'effort d'une puissance, dès qu'on l'abandonne à lui-même, non-seulement il retourne

(*) Voyez Mémoires de l'Académie, tome X, page 549.

vers le point d'où il étoit parti, mais encore il fait autant de chemin de l'autre côté qu'on lui en a fait faire en le tendant; le reſſort ayant alors conſumé toute ſa force revient ſur lui-même, & fait ainſi des vibrations, de même qu'un pendule que l'on écarte de ſon repos.

I. PRINCIPE.

1811. La vîteſſe des vibrations du reſſort eſt d'autant plus grande que ce reſſort eſt plus fort, & au contraire:

II. PRINCIPE.

1812. Le reſſort fait un nombre de vibrations d'autant plus grand que les parties du reſſort ſont plus dures, & qu'elles éprouvent une moindre deſtruction par les vibrations ou mouvement du reſſort. Ces deux propoſitions n'ont pas beſoin de démonſtration.

1813. On démontre par expérience que les vibrations grandes ou petites d'un même reſſort ſont iſochrones, c'eſt-à-dire, de même durée. Voyez ces expériences dans les Eléments de Phyſique de s'Graveſande, tome premier, art. 784.

1814. Il réſultera donc de ces propriétés du reſſort, qu'étant adapté au balancier, on aura:

I. PROPOSITION.

1815. La vîteſſe des vibrations d'un balancier mû par un reſſort ſpiral, dépend de la grandeur & du poids du balancier, c'eſt-à-dire, de ſon inertie & de la force du reſſort ſpiral; ſi donc le balancier eſt grand & peſant, le ſpiral foible, les vibrations ſeront lentes; car plus le balancier a d'inertie, & plus ſa réſiſtance au mouvement augmente; & d'ailleurs, plus le ſpiral eſt foible, & plus ſes vibrations ſont lentes.

II. PROPOSITION.

1816. Si un balancier grand & peſant, étant mu par un ſpiral qui ſoit foible, fait alternativement des grandes & des petites vibrations, elles ne feront pas ifochrones; car par la nature du balancier, de fon inertie, des frottements des pivots, &c, les efpaces qu'il parcourra le feront en des temps d'autant plus longs qu'ils feront plus grands; ainfi malgré la tendance du fpiral à faire fes ofcillations d'égale durée, comme il ne détermine qu'en partie la vîteffe du mouvement du balancier, le balancier n'ira ni avec la vîteffe qu'il auroit, fi étant féparé du fpiral, on lui eût communiqué la même impulfion, ni avec la vîteffe du fpiral, mais avec une vîteffe déterminée par l'inertie du balancier & par la force du fpiral.

III. Proposition.

1817. Si on a un balancier qui foit très-léger, & mû par un reffort fpiral qui foit fort : 1°, Les vibrations feront très-promptes : 2°, Soit que le balancier décrive de grands ou de petits arcs, les ofcillations feront très-approchantes d'être ifochrones.

IV. Proposition.

1818. Plus le reffort fpiral fera compofé de parties dures, & plus auffi le balancier fera un grand nombre d'ofcillations, c'eft-à-dire, qu'un reffort fpiral qui eft de bon acier bien trempé, eft infiniment plus propre à conferver le mouvement du balancier, & à lui faire produire des ofcillations ifochrones.

V. Proposition.

1819. Un balancier fait en même temps un nombre de vibrations d'autant plus grand que les frottements des pivots feront moindres.

CHAPITRE XXVII.

Réflexion sur la nature du meilleur Balancier de Montres.

PRINCIPE.

1820. Nous avons vu, Chapitre X, art. 1533 & suivants, que sans la résistance de l'air & le frottement de la suspension, un pendule une fois mis en mouvement le conserveroit perpetuellement; & comme toutes ses oscillations seroient de même étendue, elles seroient isochrones: ainsi un pendule est le régulateur le plus parfait que l'on puisse appliquer à une machine qui mesure le temps, puisqu'il n'est besoin que de placer auprès un compteur qui marque le nombre des oscillations; mais comme l'air résiste au mouvement, & que la suspension du corps cause un frottement qui détruit une partie du mouvement, il arrive que les oscillations d'un pendule simple diminuent insensiblement, ensorte qu'elles ne sont plus isochrones, & que le mouvement cesse enfin après un certain temps. Si ces obstacles ne peuvent absolument être vaincus, au moins est-il possible d'en détruire une partie; ainsi le pendule qui, ayant reçu un mouvement, le conservera plus long-temps & le plus également, doit être censé le meilleur régulateur.

1821. Le même raisonnement est applicable au balancier mu par un spiral: car de même que dans les horloges à pendule, on doit juger de la meilleure application du régulateur, lorsque le mouvement se conserve plus long-temps & plus uniformément; de même si on fait un balancier auquel une impulsion donnée procure des oscillations isochrones, &

conserve son mouvement pendant un fort long-temps, on est censé avoir réduit les frottements & les résistances de l'air à la moindre quantité possible, de sorte que ce balancier sera le meilleur régulateur applicable à une montre: nous allons examiner comment on peut parvenir à cela.

CHAPITRE XXVIII.

Du Balancier régulateur des Montres, de la maniere de déterminer celui qui est le plus propre à mesurer le Temps.

Premier Axiome ou Principe.

1822. Les temps des oscillations d'un corps seront les mêmes, si la résistance au mouvement est toujours la même, & que la puissance motrice agisse avec une force constante (a); ainsi les vibrations d'un balancier seroient isochrones, si les résistances de l'air & les frottements étoient constamment les mêmes, & si la force motrice ne changeoit pas.

II. Principe.

1823. Pour juger de l'avantage d'un régulateur sur un autre, il faut comparer les forces (b) ou quantités de mouvement de l'un & de l'autre; comparer de même les frottements (c) ou résistances qui s'opposent au mouvement de l'un & de l'autre corps: ainsi si la

---

(a) Je fais abstraction pour le moment des changements de la température.

(b) J'entends par *force*, cette propriété qu'a un corps en mouvement, de vaincre un nombre d'obstacles; alors la mesure de cette force est le produit de la masse du corps par le quarré de sa vitesse.

(c) Sur les frottements, voyez le Chap. suivant.

force ou la quantité de mouvement d'un corps A est à la quantité de mouvement du corps B dans un plus grand rapport que n'est la résistance qu'il éprouve à se mouvoir, comparée à celle qu'éprouve le corps B, le corps A sera préférable, puisqu'il a plus de force pour vaincre les frottements, que n'a le corps B pour vaincre les siens.

III. PRINCIPE.

1824. *Plus la résistance ou frottement d'un corps sera grande, relativement à la force & au frottement d'un autre corps, & plus aussi la force requise pour entretenir son mouvement devra être grande*; ainsi si les frottements du corps A sont aux frottements d'un corps B dans un plus grand rapport que n'est la force de A à B; la force requise pour entretenir le mouvement du corps A sera dans un plus grand rapport que n'est la quantité de force de A comparée à B; de sorte qu'il arrivera, que quoique le corps A ait une plus grande quantité absolue de mouvement, il persistera cependant moins à le conserver; car l'excédent de sa force sur la résistance étant moindre que dans le corps B, il faudra une plus grande force motrice pour entretenir son mouvement : il suit delà, 1°, qu'un moindre changement dans les frottements ou dans les résistances qu'éprouvent les corps, causera une différence dans la vîtesse : 2°, Que la force motrice étant plus grande, relativement à la quantité de mouvement du corps, augmente les frottements, & par conséquent les inégalités des forces transmises au régulateur.

Premiere Proposition sur les Balanciers.

1825. Si deux balanciers de même pesanteur, mais d'inégale grandeur, décrivent des arcs semblables, ensorte cependant qu'un point quelconque pris sur la circonférence de chaque balancier, parcoure en même temps des espaces égaux (*), les frottements sur les pivots supposés de même

(*) Dans ce cas les balanciers auront la même quantité de mouvement, puisqu'ils ont la même masse & la même vîtesse.

158 ESSAI SUR L'HORLOGERIE.

groſſeur, feront en raiſon inverſe des diametres des balanciers, c'eſt-à-dire, que les frottements des pivots du grand balancier feront à ceux du petit, comme le diametre du petit eſt à celui du grand, ce qui eſt évident ; car ſi le diametre du grand balancier, que je nomme A, eſt au diametre du petit B, comme 2 eſt à 1, pour que le petit ait la même vîteſſe à ſa circonférence, il faut qu'il faſſe deux fois plus d'oſcillations que le grand (les circonférences étant entr'elles comme les diametres (1409)) ; or nous ſuppoſons qu'ils ſont de même peſanteur ; les pivots du balancier B, qui ſont de même groſſeur (*) que ceux de A, parcourront deux fois plus de chemin, le frottement ſera donc double ; les frottements du balancier A ſont donc à ceux de B, comme 1 eſt à 2, c'eſt-à-dire, comme le diametre du petit balancier eſt à celui du grand.

1826. Cette propoſition prouve l'avantage d'un grand balancier ſur un petit, puiſqu'en doublant le diametre on diminue les frottements de la moitié, ſans changer la quantité de force ou de mouvement, & ſans augmenter la réſiſtance de l'air, puiſque nous ſuppoſons ici les mêmes eſpaces parcourus.

II. PROPOSITION.

1827. Si on a deux balanciers d'égale grandeur qui ſe meuvent avec différentes vîteſſes, & que la peſanteur des balanciers ſoit en raiſon inverſe du quarré des vîteſſes : 1°. Ils auront la même quantité de mouvement : 2°. Les frottements feront en raiſon inverſe des vîteſſes.

(*) Je dis qu'il faut ſuppoſer les pivots de même groſſeur ; voici ſur quoi cela eſt fondé : on doit faire les pivots de balancier les plus petits qu'il eſt poſſible, & cela à une limite au-delà de laquelle la matiere ne permet pas de paſſer ; ayant donc fait les pivots d'un grand balancier, les plus petits qu'il puiſſe avoir, il ne ſera plus poſſible de diminuer ceux du petit balancier, proportionnellement à la différence des diametres des balanciers ; car ſi on pouvoit faire des pivots plus petits encore, il n'y auroit aucune difficulté de les employer avec un grand balancier qui n'auroit pas plus de poids : de cette maniere, on réduit à la moindre expreſſion le frottement des pivots ; ainſi nous employons ici cette limite des groſſeurs des pivots ; les frottements du petit balancier ſont donc effectivement dans le rapport ; d'où l'on voit, qu'en faiſant un balancier trop petit, les pivots ne pouvant être diminués, ils ne différeront que peu de la grandeur d'un balancier ; ainſi la quantité de mouvement ſera preſque égale aux frottements des pivots.

Démonstration.

1828. 1°, Si la vîteſſe du balancier A eſt à celle de B, comme 1 eſt à 2, ſelon notre ſuppoſition, ſa maſſe ſera à celle de B, comme le quarré de la vîteſſe du balancier B, qui eſt 4, eſt au quarré de la vîteſſe du balancier A, qui eſt 1 ; or pour avoir la quantité de mouvement du balancier A, il faut multiplier la maſſe 4 par le quarré 1 de la vîteſſe ; ainſi 4 exprimera la force du balancier A. De même pour avoir la quantité de mouvement du balancier B, il faut multiplier la maſſe 1 par le quarré 4 de la vîteſſe ; 4 exprimera donc auſſi la force du balancier B : donc deux balanciers de même grandeur qui ſe meuvent avec différentes vîteſſes, ont la même quantité de mouvement, quand leurs poids ſont en raiſon inverſe du quarré des vîteſſes.

1829. 2°, Nous ſuppoſons ici que les frottements ſont proportionnels au produit du poids par l'eſpace parcouru ; ainſi le frottement du balancier A ſera égal au produit de la maſſe 4 par la vîteſſe 1 ; & le frottement du balancier B ſera le produit de la maſſe 1 par la vîteſſe 2. Les frottements du balancier A ſont donc à ceux du balancier B, comme 4 eſt à 2, ou comme 2 eſt à 1, c'eſt-à-dire, en raiſon inverſe des vîteſſes.

Remarque.

1830. Nous avons ſuppoſé les frottements proportionnels aux produits de la maſſe par la vîteſſe, quoique cela ne ſoit pas exactement vrai ; mais l'erreur eſt peu conſidérable, & nous n'avons pas d'expériences aſſez préciſes pour établir des calculs plus exacts.

1831. Il eſt donc préférable de faire un grand balancier qui ſoit léger, mais dont la vîteſſe ſoit double de celle d'un autre balancier de même force, puiſque celui qui ſeroit peſant, quoiqu'en ſe mouvant plus lentement, auroit des frottements doubles de l'autre.

1832. Nous ne faifons pas entrer ici les réfiftances de l'air, dont la confidération n'eft pas fort effentielle pour mon objet : car quoique cette réfiftance augmente d'autant plus que la vîteffe du balancier eft plus grande, & préfente une plus grande furface ; comme cette réfiftance eft toujours à peu-près la même, il arrive qu'elle détruit continuellement une même quantité de mouvement, ce qui n'arrive pas dans le cas des frottements des pivots, ces frottements allant en augmentant à mefure que les huiles fe deffechent, que les pivots perdent de leur poli ; & ces changements font d'autant plus confidérables que le frottement eft plus grand : il eft donc bien effentiel de le réduire à la moindre quantité poffible, afin de les rendre plus conftamment les mêmes, ce qui dans ce cas feroit la même chofe que fi on les réduifoit à rien (1822): d'ailleurs il faut obferver que la réfiftance que l'air oppofe au mouvement des balanciers eft peu confidérable, puifque ce fluide n'eft point déplacé ; ainfi ce frottement eft beaucoup plus petit qu'il ne feroit, fi le balancier étoit formé par des poids, comme, par exemple, des petites boules ou lentilles.

III. Proposition.

1833. Si on a un balancier grand & pefant, dont la vîteffe foit moins grande que celle d'un autre balancier petit & moins pefant, la force du grand fera moins grande relativement au frottement, c'eft-à-dire, que le grand balancier aura une moindre puiffance pour vaincre les obftacles qui s'oppofent à fon mouvement, que n'aura le petit. Soit A le grand balancier & B le petit, nous fuppofons que le diametre & la pefanteur de A eft au diametre & à la pefanteur de B comme 2 eft à 1 : nous fuppofons encore qu'ils décrivent des arcs femblables, mais que les ofcillations de A font au nombre des ofcillations de B pendant le même temps, comme 1 eft 5 : pour avoir la force de l'un & de l'autre balancier, il faut multiplier la maffe par le quarré de la vîteffe ; or pour avoir la vîteffe,

vîteffe, il faut multiplier les diametres par les nombres de vibrations ; ainfi 2 diametre de A, multiplié par 1 ofcillation, donne 2 ; & 1 diametre de B, multiplié par 5 vibrations donne 5 : donc la vîteffe de A eft à celle de B, comme 2 eft à 5, dont les quarrés font 4 & 25, lefquels étant multipliés par les maffes 2 & 1, donnent 8 pour la force du balancier A, & 25 pour celle du balancier B. Tel eft le rapport des forces ; examinons celui des frottements : les frottements étant, comme nous l'avons dit, le produit de la maffe par l'efpace parcouru, & fuppofant toujours les mêmes groffeurs des pivots dans l'un & l'autre balancier, l'efpace parcouru par les pivots de A, fera à l'efpace parcouru par ceux de B, comme 1 eft à 5, c'eft-à-dire, comme le nombre des vibrations de A à celui de B ; multipliant donc 1 par la maffe 2 de A, on a 2 : multipliant de même 5 battements de B par la maffe 1, on a 5 ; c'eft-à-dire, que les frottements du balancier A font à ceux de B, comme 2 eft à 5 ; or 2 eft plus grand relativement à 5, que la force 8 du balancier A n'eft à la force 25 du balancier B : le balancier B a donc plus de force pour vaincre les réfiftances au mouvement, que n'a le balancier A pour vaincre les fiennes.

1834. Lorfque nous traiterons des effets que produit la chaleur & le froid fur l'huile des pivots des balanciers, nous ferons voir que les écarts de la montre feront d'autant plus grands que la force du balancier fera plus petite & les pivots plus gros, &c ; d'où nous conclurons l'avantage d'employer des balanciers qui ayent une certaine force de mouvement que nous limiterons ; il feroit donc encore préférable d'employer un petit balancier léger qui feroit un plus grand nombre de vibrations, plutôt que d'employer un grand balancier pefant qui feroit des vibrations fort lentes ; ainfi un balancier grand & léger qui fait des vibrations promptes, eft à plus forte raifon préférable à un grand balancier pefant, qui fait des vibrations lentes.

1835. Nous avons vu l'avantage des grands balanciers

à vibrations promptes ; comparons maintenant l'étendue des vibrations d'un même balancier.

1836. Si la force d'un balancier est donnée, on peut la produire de deux manieres ; ou par des grands arcs décrits par un balancier léger, ou par des petits arcs décrits par un balancier pesant : voyons quelle est la maniere la plus avantageuse, en supposant le même diametre de balancier, & le même nombre de vibrations.

1837. Pour que la force du balancier soit égale dans l'un & l'autre cas, il faut que les masses soient en raison inverse du quarré des vîtesses, c'est-à-dire, des arcs parcourus : j'appelle *A* le balancier léger qui parcourt, je suppose, des arcs doubles du balancier pesant, que j'appelle *B* ; pour que les forces des balanciers *A* & *B* soient égales, il faut, selon le principe, que la masse du balancier *A* soit à celle de *B*, comme le quarré de la vîtesse de *B* est à celle de *A* ; or, selon notre supposition, la vîtesse de *A* est à celle de *B*, comme 2 est à 1 ; la masse de *A* doit donc être à celle de *B*, comme le quarré de 1 est au quarré de 2, c'est-à-dire, comme 1 est à 4 ; la masse du balancier *B* doit donc être quatre fois plus grande que celle de *A* ; or le frottement étant le produit de la masse par l'espace parcouru, le frottement de *A* sera la masse de 1 par la vîtesse 2, qui donne 2 ; & le frottement du balancier *B* sera le produit de la masse 4, par la vîtesse 1 qui donne 4 ; le frottement de *B* sera donc double de celui de *A* ; d'où l'on voit qu'ayant un balancier dont le diametre & le nombre des vibrations est donné ainsi que la quantité de la force motrice, il est préférable de faire parcourir de grands arcs, en employant un balancier moins pesant, plutôt que de faire parcourir des petits arcs avec un balancier pesant.

CHAPITRE XXIX.

Des Frottements ; pour servir à la théorie des Montres : des effets du chaud & du froid sur l'huile que l'on met aux Machines qui mesurent le temps, afin d'en diminuer les frottements.

1838. Deux corps qui se meuvent, glissent ou roulent l'un sur l'autre ; ils éprouvent une résistance qui détruit une partie du mouvement du corps qui se meut : on appelle *frottement* cette résistance.

1839. Pour bien entendre ce que c'est que le *frottement*, il faut savoir que tous les corps sont formés par des parties de matiere qui ne sont pas intimement liées les unes aux autres, mais qui sont séparées par des cavités ou *pores*, ensorte que la surface de ces corps ne peut jamais être parfaitement unie : il reste donc des éminences & des creux qui quoiqu'imperceptibles à notre vue, diminuent sensiblement la force du corps qui se meut ; car lorsque ce corps tourne ou se meut sur un autre, les éminences dont sa surface est formée, entrent dans les cavités de celui qui est en repos ; & il arrive, que pour en sortir & pour continuer le mouvement, il faut, ou que les parties des matieres se déchirent, ou que le corps qui se meut s'éleve au-dessus d'un certain niveau, puis retombe au-dessous, puisque les éminences entrent & sortent alternativement dans les cavités ; or l'un ou l'autre de ces effets ne peut être produit sans que le corps perde de sa force.

1840. Tous les corps qui se meuvent ont donc du frottement ; ainsi les roulements des pivots des roues & balanciers des montres ou pendules, caufent néceffairement du frottement, enforte que la force que nous avons calculée, & qui eft tranfmife par la force motrice à la circonférence d'une roue quelconque, eft diminuée par les frottements des pivots des roues ; ainfi pour que cette force à la circonférence foit telle qu'on l'a calculée, il faut augmenter la force motrice.

De la maniere de réduire le frottement.

1841. 1°, On diminue le frottement, en rendant les pivots des roues qui fe meuvent avec vîteffe, les plus petits qu'il fe peut.

1842. 2°, En ne donnant à ces roues que la pefanteur la plus petite poffible, & telle que ces roues foient d'une folidité relative à l'effort qu'elles ont à vaincre.

1843. 3°. En faifant les pivots durs & leurs furfaces très-unies.

1844. 4°, En faifant enforte que les parties du corps fur lequel roulent les pivots, foient les plus ferrées qu'il eft poffible.

1845. 5°, Lorfque les pivots étant d'acier le plus fin, roulent fur une matiere dont les pores foient d'un tiffu différent de ceux de l'acier, comme fur le cuivre, par exemple, ou bien fur un mélange d'étain & de zinck, en faifant une matiere femblable à celle des timbres ; il feroit encore mieux de faire rouler les pivots dans le diamant, s'il étoit poffible d'y faire parfaitement un trou fin.

1846. Enfin on diminue le frottement en mettant des matieres graffes & fluides, comme de l'huile aux trous des pivots des roues, ou dans toute partie frottante ; parce que cette matiere bouche l'ouverture des pores, comble les cavités, & unit les éminences des furfaces.

1847. La confidération des frottements eft fort effentielle dans les montres, fur-tout pour les pivots d'un balancier, à caufe de la grande vîteffe du mouvement qu'exige ce régulateur. La roue d'échappement d'une montre ou d'une horloge, exige

Seconde Partie, Chap. XXIX. 165

auffi que l'on ait égard à ces frottements, & qu'on les réduife à la plus petite quantité : on verra, à chaque partie que nous traiterons de l'Horlogerie, les effets des frottements, & la maniere de les diminuer ; ainfi nous ne ferons point d'article particulier fur cette matiere ; je me contenterai de rapporter le précis des expériences qui ont relation à l'Horlogerie, lefquelles ont été faites par Muffchembroek, remettant à un autre temps à conftruire des machines, pour faire ou pour répéter ces expériences : voici donc ce que ce Phyficien a conclu.

1848. La force requife pour faire tourner un cylindre ou aiffieu d'acier bien rond & bien poli fur des couffinets ou trous de cuivre rouge eft la $\frac{1}{7}$ partie du poids du cylindre appliqué à la circonférence de la partie frottante : il faut pour cela que la vîteffe foit prefque égale à zéro ou très-petite.

1849. Ce cylindre exige ainfi la $\frac{1}{7}$ partie de fon poids, lorfqu'il roule à fec fur les couffinets ; mais lorfqu'on y met de l'huile, il n'exige plus que la $\frac{1}{8}$ partie de fon poids ; ces quantités expriment donc la quantité de force qu'il faut appliquer pour vaincre les frottements ; on trouve à peu-près la même chofe, lorfque l'axe tourne dans les couffinets de cuivre jaune, à cela près cependant que fi l'on charge l'aiffieu de différents poids, le frottement n'augmente pas autant qu'avec les couffinets de cuivre rouge.

1850. Lorfque l'aiffieu roule fur des couffinets de plomb, il éprouve les mêmes frottements que dans le cuivre jaune.

1851. Si on fait rouler l'aiffieu fur des couffinets qui foient auffi d'acier, alors il faudra appliquer à la circonférence de l'aiffieu le quart de fon poids lorfqu'il tourne à fec ; mais fi l'on y met de l'huile, il ne faudra que la fixieme partie de fon poids.

1852. Selon la table de Muffchembroek, lorfqu'on fait tourner l'aiffieu ou cylindre fur des couffinets d'étain, le frottement eft pareil au précédent, lorfqu'il tourne à fec, c'eftà-dire, le quart du poids du cylindre.

1853. Le frottement devient plus grand lorfque le poids

augmente fur l'aiſſieu, quoique l'aiſſieu reſte le même; cela arrive, parce qu'en chargeant l'aiſſieu, les éminences de la ſurface ſont pouſſées plus profondément dans les cavités des couſſinets; c'eſt pourquoi, avant que l'aiſſieu puiſſe tourner, les parties doivent être courbées davantage, ou ſe rompre plus près de leur origine: dans ces deux cas, la réſiſtance contre le mouvement, c'eſt-à-dire le frottement, doit devenir plus grand; il paroît encore que le frottement augmente dans un plus grand rapport que le poids ſur l'aiſſieu.

1854. Lorſque les corps ne ſe meuvent pas avec beaucoup de rapidité les uns ſur les autres, le frottement eſt d'ordinaire en raiſon de la vîteſſe. Ce rapport n'eſt pas toujours exact; car lorſque ce mouvement des corps eſt fort rapide, le frottement augmente conſidérablement. Nous devons obſerver ici qu'il ne paroît pas que les expériences de Muſſchembroek prouvent rien de certain ſur les frottements qui réſultent de l'augmentation de ſurface, le poids reſtant le même: Amontons a prétendu le premier que l'augmentation de ſurface n'augmente pas le frottement (*), ce qui me paroît très-vraiſemblable, quoique ce principe ſoit contredit par d'autres Phyſiciens; le Docteur Deſaguliers, appuie par des expériences le ſentiment d'Amontons; voyez tome I, page 270 de ſa Phyſique expérimentale: on doit entendre ici par cette augmentation de ſurface la poſition d'un même corps de métal que l'on feroit mouvoir ſur un plan horizontal, tantôt à plat & tantôt ſur le côté.

1855. Cela doit auſſi s'entendre d'un cylindre que l'on feroit rouler ſur des couſſinets plus minces ou plus épais; le frottement ſeroit alors égal ou à très-peu de choſe près. Mais quand même il arriveroit que le frottement par la moindre ſurface fût moindre pour le moment actuel, il ne s'enſuit pas delà que cette maniere ſoit préférable; car lorſqu'un corps peſant qui roule ſur un autre, ne poſe que ſur une petite ſurface, alors les parties de matiere ſe pénetrent plus avant

---

(*) Voyez Mémoires de l'Académie 1699, page 211.

& se déchirent par la suite du mouvement ; ainsi le frottement augmente & varie.

1856. Si on fait alternativement tourner le même corps sur des pivots qui soient de différents diametres, alors les frottements augmenteront comme les diametres.

1857. Nous ne nous arrêterons pas davantage à cet objet, réservant à le traiter plus au long par la suite : on peut au reste consulter les Auteurs que nous venons de citer.

1858. On trouvera dans Desaguliers la maniere de calculer l'effet des frottements dans une machine, & trouver exactement la force qui est transmise à la derniere roue d'une machine quelconque : voyez Physique de Desaguliers, tome premier, page 198.

De l'effet des Huiles pour diminuer le frottement.

1859. L'HUILE étant une liqueur grasse, dont les parties s'introduisent dans les cavités de la matiere, soit du cuivre sur lesquels les pivots roulent, ou sur l'acier dont ces pivots sont formés, il arrive que les éminences des pivots n'entrent que foiblement dans les cavités du corps sur lequel ils roulent ; mais au contraire qu'ils glissent sur les parties très-déliées de l'huile, comme sur des petits rouleaux, ensorte que par ce moyen le frottement est considérablement diminué.

1860. Le frottement reste assez constamment le même, toutes les fois que l'huile est également fluide ou mobile ; mais si l'huile s'épaissit, les pivots éprouvent une plus grande résistance, ce qui diminue la force que la roue ou le balancier a pour se mouvoir : examinons ces effets de l'huile.

1861. 1°, L'huile s'épaissit à la longue par la raison qu'il s'en évapore les parties les plus fluides.

1862. 2°, L'huile s'épaissit ou devient moins fluide, parce qu'il se détache quelques particules des parties frottantes des pivots & des trous, & qu'il s'introduit des atômes avec l'huile ; tout cela s'amalgame ensemble, & forme une matiere pâteuse & gluante, qui non seulement diminue la force de mouvement de la roue ou du balancier, mais encore cette matiere ronge & détruit les pivots & les trous : il eſt donc très-eſſentiel de diſpoſer les trous des pivots, de maniere que l'huile s'y conſerve long-temps en certaine quantité, & que les pivots par leurs roulements ne s'uſent pas ; il eſt eſſentiel auſſi de faire choix de bonne huile, & de la changer de temps à autre.

1863. Pour empêcher la deſtruction des parties des pivots & des trous, il faut appliquer ici le même raiſonnement dont nous nous ſommes ſervis, Chapitre XI, (1553) pour les ſuſpenſions à couteau ; c'eſt-à-dire, que ſi le balancier ou une roue eſt plus peſante, pour que le frottement des pivots n'augmente pas en raiſon du poids, il faut que les pivots portent ſur un plus grand nombre de parties, c'eſt-à-dire, qu'ils ſoient plus long ; de cette manière chaque petite partie du pivot ne portera pas un plus grand poids qu'il n'auroit fait, ſi le pivot étoit plus court, & le balancier ou la roue plus légere.

1864. Enfin l'huile devient plus ou moins fluide & mobile, ſelon qu'il fait chaud ou froid : lorſqu'il fait froid, l'huile devient épaiſſe & immobile, & il arrive, que non-ſeulement les pivots ne gliſſent plus ſur les petits globules ou rouleaux que forme l'huile lorſqu'elle eſt fluide, mais qu'au contraire, elle forme une matiere pâteuſe qui entoure les pivots, & diminue conſidérablement la tendance qu'ils ont à ſe mouvoir (c'eſt-à-dire, la force de la roue ou du balancier).

1865. La force perdue par la roue ou par le balancier, lorſque l'huile eſt épaiſſie par le froid, ſera d'autant plus grande que la quantité de mouvement du balancier ou de la roue ſera petite : ſi donc l'on a une roue d'échappement de montre ou de Pendule, ou bien un balancier, qui ſe meuve avec une force infiniment petite, & que l'on ſuppoſe que l'huile miſe aux pivots étant fluide, eſt enſuite expoſée au grand froid ; il arrivera de deux choſes l'une, ou que la réſiſtance que l'huile épaiſſie cauſera, détruira toute la force de mouvement de la roue ou du balancier, & arrêtera ſon fon mouvement, ou que cette réfiſtance détruira une très-grande partie de la force de la roue : or la réfiſtance de l'huile étant ſenſiblement la même, quelle que ſoit la force de mouvement de la roue ou du balancier, il ſuit delà, que plus la roue ou le balancier aura de force pour ſe mouvoir, & moins l'épaiſſiſſement de l'huile par le froid diminuera ſon mouvement ; enſorte que ſi la force d'un balancier A eſt 12 fois plus grande que celle d'un balancier B, & que l'on ſuppoſe que l'huile épaiſſie par le froid, retranche la moitié de la force de B, le même froid ne retranchera que la 24e partie de la force du balancier A : donc pour vaincre la réſiſtance de l'huile, il faudra que la force qui fait mouvoir A, ſoit augmentée de la 24e partie, pendant que pour vaincre les réſiſtances de l'huile en B, la force qui en entretient le mouvement devra être double ; d'où l'on voit que les dérangements cauſés par l'épaiſſiſſement de l'huile, ſont d'autant plus grands que la force des mouvements de la roue ou du balancier eſt petite ; par conſéquent, le balancier A n'aura en été, lorſque les huiles ſont fluides que $\frac{1}{14}$ de force de plus qu'en hiver ; tandis que celle de B ſera double : or cette inégalité de force de B produira des effets ſemblables à ceux que donneroit une force motrice double ; ce qui ne peut manquer de troubler l'iſochroniſme des vibrations, comme nous le verrons ci-après.

1866. Il faut donc, pour éviter cet effet des huiles, que le balancier ait une grande quantité de mouvement, & d'autant plus grande que ſes pivots ſeront plus gros, & le balancier plus petit, &c.

Remarque.

1867. Les montres qui vont un mois ou un an, ont néceſſairement des balanciers qui ont peu de force de mouvement ; ainſi les changements cauſés par le froid, doivent y produire des plus grands écarts que dans les montres de 30 heures ; à moins que l'on ne pût augmenter la force en raiſon du temps qu'elles marchent de plus, ou bien diminuer les frottements des pivots dans la même raiſon.

II. Partie.

1868. Nous n'examinerons point ici la quantité réelle des frottements : ce calcul dépend d'un grand nombre d'expériences particulieres qu'il faudroit faire sur chaque cas du mouvement ; & pour le moment préfent, ces expériences nous manquent, & deviennent affez inutiles pour l'Horlogerie; car fi l'on a une machine quelconque à conftruire, on parviendra à réduire les frottements à la moindre quantité par les moyens fuivants :

1869. 1°, Si on ne donne pour grandeur & pefanteur aux roues & autres parties de cette machine, que les quantités requifes pour les efforts qu'elles ont à vaincre.

1870. 2°, Si l'on a foin de proportionner la groffeur & la longueur des pivots au poids des roues ou balanciers, à la preffion du moteur, & relativement à leur vîteffe.

1871. 3°, Que les corps que l'on emploiera feront les plus durs qu'il fe pourra, en obfervant de ne pas faire agir l'un fur l'autre deux corps de même efpece, c'eft-à-dire, acier contre acier, & cuivre contre cuivre ; mais au contraire que l'acier agiffe fur le cuivre, &c.

1872. 4°, En appliquant pour moteur à cette machine la quantité abfolument requife pour en entretenir le mouvement.

1873. Ayant ainfi conftruit une machine, il eft évident que l'on en réduit les frottements à la plus petite quantité, & que toutes les données que l'on auroit déterminées difficilement par le calcul, y font cependant entrées.

1874. Si l'on a un corps, balancier ou régulateur quelconque à mettre ou à entretenir le mouvement qui foit donné, & que la force motrice foit limitée, ainfi que la durée de la marche de la machine ; dans ce cas il faudroit déterminer par le calcul les frottements d'une telle machine, afin de connoître fi la force requife, pour mettre le corps en mouvement, jointe à la réfiftance des frottements, n'eft pas plus grande ou plus petite que la force motrice donnée; mais ce cas particulier n'a jamais lieu dans les machines qui fervent à la mefure du temps ; car il eft toujours poffible d'augmenter ou de diminuer la force motrice selon qu'il est besoin, soit pour le régulateur, ou pour vaincre les frottements des roues, &c.

1875. Il est très-essentiel d'observer, par rapport aux frottements d'une montre ou d'une horloge à pendule, & même d'une machine quelconque, que ce n'est pas tant la quantité absolue du frottement, à laquelle il faut avoir égard, qu'à sa constante uniformité ; car quoiqu'une machine ait moins de frottements qu'une autre, on n'en doit pas conclure qu'elle est meilleure, à moins que ces frottements ne soient de nature à ne pas changer par le mouvement de la machine ; car sans cela, il seroit préférable que la quantité absolue des frottements fût plus grande, mais en même temps, que le mouvement ne les altérât pas : c'est ainsi que si on fait rouler un balancier pesant sur des pivots qui ne portent que sur des trous minces, les frottements pourroient bien être moindres dans l'instant actuel ; mais la pression du balancier fera entrer les éminences qui sont à la surface des pivots, dans les cavités de la superficie des trous, ce qui déchirera insensiblement & la surface du pivot & celle du trou ; ensorte que le trou s'agrandira & que les frottements augmenteront sensiblement.

1876. Il faut aussi observer que la matiere ne peut porter qu'un certain poids, sans que les parties de celui qui presse entrent dans les cavités de celui qui porte, & que le mouvement n'en déchire les petites particules de matiere ; cette quantité est relative à la dureté des corps : c'est ainsi qu'il faudra un poids très-considérable pour que le diamant se pénetre par la pression & le mouvement. Il faudra un moindre poids à mesure que la pression se fera sur des corps moins durs ; à moins que l'on n'augmente la surface à proportion du poids, & à mesure que les corps sont moins durs ; or, par rapport aux pivots, il faut augmenter la longueur de l'appui autant que cela se peut, & préférablement à la grosseur du pivot ; car l'un n'augmente pas la résistance au mouvement, au lieu que la résistance par la grosseur augmente comme les diametres des pivots.

1877. Dans les premiers mobiles, il faut tenir les pivots

plus gros & plus longs, par la raifon que la preſſion étant plus forte, il faut proportionner la furface pour que les pivots & les trous ne fe déchirent pas; & à mefure que les mobiles font plus éloignés de la premiere roue, c'eſt-à-dire, que la force eſt moins grande, il faut diminuer la groſſeur des pivots, leur longueur, & la pefanteur des roues.

1878. Outre l'eſpece de frottement dont nous avons parlé, il y en a une autre, que tout corps qui fe meut éprouve: c'eſt celui de l'air.

1879. Le frottement de l'air doit être confidéré dans les pendules par le déplacement que la lentille occaſionne par fon mouvement: voyez Chapitre XII, (art. 1560). Par rapport aux balanciers des montres & aux roues, foit des montres, foit des pendules; le frottement de l'air eſt ſi foible, qu'on peut très-bien en négliger la confidération; car les roues déplacent peu d'air, & la réſiſtance que ce fluide oppoſe à leurs mouvements, étant à peu de choſe près conſtamment la même, cela ne produit qu'une variation infiniment petite dans le mouvement des balanciers ou des roues. Pour mieux juger de l'effet de la réſiſtance de l'air, nous rapporterons ce que dit à ce fujet M. Daniel Bernoulli, Mémoires de l'Académie, année 1747, page 32; piece qui a remporté le prix: « Une » autre ſource de variation des arcs décrits par le pendule, eſt » la différente denſité de l'air; &, tout le reſte étant égal, » les arcs font réciproquement proportionnels aux racines » cubiques des denſités de l'air: or la plus grande denſité de » l'air eſt à la plus petite dans nos climats, environ comme » 6 eſt à 5; donc le plus grand arc fera au plus petit » à cet égard, comme $\sqrt[3]{6}$ à $\sqrt[3]{5}$, ou comme 1062 à » 1000: le plus grand arc étant donc de 4 deg. 20 fecondes, » le plus petit fera à cet égard de 4 deg. 5 fecondes; & cette » différence vaut environ trois quarts de feconde dans la » marche de l'horloge ». Si donc le changement dans la pefanteur de l'air cauſe une ſi petite variation au pendule qui déplace beaucoup d'air, il ne doit pas en cauſer de fort grande au balancier. Il eſt vrai que le balancier a une plus grande furface, relativement à sa force de mouvement, que n'a le pendule; mais il déplace aussi moins d'air : au reste, nous pourrons examiner cette matiere dans la suite.

CHAPITRE XXX.

Des effets du Chaud & du Froid sur les Montres. Comment il arrive que la chaleur retarde, ou accélére la vîtesse des vibrations du Balancier, selon la nature des Frottements, la disposition du Balancier, &c, & produit ainsi des effets contraires.

I. PROPOSITION.

1880. LA vîtesse des vibrations du balancier étant déterminée, article (1815), par la force du spiral, il arrive que le froid augmentant la tension du spiral, les vibrations du balancier se font plus vîte ; & au contraire, la chaleur en dilatant le spiral diminue sa force, ensorte que les vibrations du balancier sont plus lentes.

II. PROPOSITION.

1881. La vîtesse des vibrations d'un balancier ne dépend pas uniquement de la force du spiral; car si le balancier est plus pesant, le spiral restant le même, les vibrations seront non-seulement plus lentes par l'augmentation d'inertie, mais encore par la plus grande résistance des frottements : ainsi, en ne considérant ici que les frottements des pivots, on voit que la vîtesse des vibrations est ralentie par ce frottement, & que, selon que les frottements d'un balancier sont plus ou moins grands, les vibrations font plus promptes ou plus lentes: or le froid rend les huiles des pivots plus épaisses, ce qui rend les frottements plus grands, & par conséquent cela tend à faire retarder la vîtesse du balancier.

1882. Voilà donc deux effets contraires produits par la même cause (le froid): par la premiere proposition, le froid rendant la tension du spiral plus grande, augmente la vîtesse du balancier; & par la seconde proposition, le même froid tend à retarder la vîtesse du balancier, en rendant les huiles plus épaisses. Le contraire arrive par la chaleur.

1883. Or cet effet du froid sur l'huile des pivots de balancier devient d'autant plus sensible que les frottements sont grands; c'est-à-dire, que, 1°, les pivots sont plus gros; 2°, le balancier plus petit; 3°, que l'espace parcouru par les pivots est plus grand: ainsi une montre qui a un petit balancier qui parcourt de grands arcs, & qui a de gros pivots, doit avancer par la chaleur & retarder par le froid; car, dans ce cas, l'augmentation du frottement ralentira plus le mouvement du balancier, que l'augmentation de force du spiral ne tend à l'accélérer.

1884. Le contraire arrivera si le balancier est fort grand, les pivots très-petits, & qu'il décrive de petits arcs; car dans ce cas les frottements seront les plus petits possibles; ensorte que leur augmentation par le froid ne ralentira pas autant le mouvement du balancier, que l'augmentation de force du spiral par le même froid ne l'accélérera.

1885. Si on suppose maintenant que le même balancier a de forts gros pivots, cela occasionnera un frottement qui changera la vîtesse du balancier, selon que l'huile sera plus ou moins fluide; c'est-à-dire, que lorsqu'il fera froid, l'huile étant moins fluide, cela retardera la vîtesse du balancier: ainsi cette vîtesse du balancier sera déterminée par deux causes opposées, l'une par laquelle le balancier tendra à aller plus vite, c'est la tension du spiral par le froid; l'autre par laquelle le mouvement du balancier sera ralenti par le froid, c'est la résistance des huiles. Il y a donc une certaine grosseur de pivots qui produira un tel effet, que le froid fera retarder la montre, malgré la tendance du spiral à l'augmenter par le froid : c'est lorsque les pivots étant trop gros, la résistance des pivots ralentira plus le mouvement du balancier, que ce mouvement n'est accéléré par la tension du spiral par le même froid.

1886. Il y aura aussi un point où le froid accélérera la vîtesse du balancier ; c'est lorsque les pivots seront très-petits & auront peu de frottements : (article 1883).

1887. Enfin il y aura une telle grosseur à donner aux pivots du balancier, pour que le froid n'accélere ni ne retarde son mouvement ; c'est celle où le froid ralentira autant le mouvement du balancier, par l'augmentation de frottement par le froid, que le même froid agissant sur le spiral tendra à augmenter la vîtesse du balancier ; ensorte que ces deux causes qui auroient dû être un obstacle à la justesse des montres, s'entre-détruiront, & causeront la plus grande justesse possible.

1888. Maintenant, si au lieu de faire varier la grosseur des pivots, à laquelle on ne doit pas toucher, étant une fois donnée, c'est-à-dire, lorsque les pivots sont d'une grosseur convenable & relative à la pression qu'ils éprouvent ; si, dis-je, on laisse les pivots en augmentant ou diminuant l'espace parcouru, on trouvera les mêmes choses, c'est-à-dire, 1°, que si les pivots d'un balancier sont aussi petits qu'il est possible, & que l'on fasse décrire des petits arcs au balancier, le froid agissant sur les pivots, ne retardera pas autant le mouvement du balancier, que le même froid agissant sur le spiral tend à l'accélérer, c'est-à-dire, qu'une telle montre avancera par le froid, & retardera par la chaleur.

1889. 2°. Qu'à mesure que l'on fera décrire de plus grands arcs, le même froid fera avancer la montre d'une moindre quantité ; & jusqu-là, que parvenu à une certaine étendue d'arcs, la résistance qu'oppose le froid aux pivots pour se mouvoir, ralentira plus les vibrations que la tension du spiral par le même froid ne tend à les accélérer : il y a donc encore une certaine limite où un balancier étant donné, ainsi que sa pesanteur & la grosseur des pivots, on parviendra à détruire les effets du chaud & du froid, en augmentant & diminuant l'étendue des arcs : c'est ce que l'on obtiendra par l'augmentation ou diminution de la force motrice, ainsi que je le ferai voir en rapportant les expériences très-délicates que j'ai faites pour confirmer ma théorie.

1890. Enfin, si au lieu de diminuer ou d'augmenter la force motrice, on augmente ou diminue le poids du balancier, on parviendra également à corriger les écarts du chaud & du froid ; car si une montre avance par la chaleur (les pivots étant fins), on peut conclure que la force motrice est trop grande, puisque les arcs parcourus par le balancier sont trop grands : ainsi en faisant un balancier plus pesant, on diminue l'étendue des arcs ; on diminuera par-là le retard de la montre par le froid, & au contraire, &c.

1891. Il suit de-là que les arcs de vibration doivent varier, selon que le balancier aura une plus ou moins grande quantité de mouvement ; car si le balancier a une grande quantité de mouvement, c'est-à-dire, qu'il soit mû par une grande force motrice, alors la résistance des huiles aura un moindre rapport avec cette force (1865) ; ainsi, pour compenser l'effet du chaud & du froid sur le spiral, le balancier devra décrire de grands arcs de vibration ; & au contraire, si la force motrice est foible, le balancier aura une moindre quantité de mouvement, & les résistances des huiles auront un plus grand rapport avec la force de mouvement ; ainsi l'arc de vibration devra être moins grand ; c'est pour cette raison que dans les montres à vibrations lentes, dont la quantité de mouvement est petite, il faut donner peu de levée à l'échappement, afin qu'en diminuant l'étendue des arcs de vibration, pour empêcher les variations du chaud & du froid, les arcs soient cependant plus grands que ceux de levée : c'est en faisant usage de cette remarque que l'on parviendra à compenser les effets du chaud & du froid dans les montres à un mois.

1892. Au reste, il est bon d'observer que cette matiere
est

SECONDE PARTIE, CHAP. XXX. 177

très-délicate, & que pour corriger ces écarts, il faut avoir faifi l'efprit de la théorie, fans quoi on pourroit fort bien toucher à une de ces chofes à contre-fens, c'eft-à-dire, diminuer la force motrice lorfqu'il faut augmenter le poids du balancier, ou diminuer les pivots & augmenter la maffe. Je rapporterai ci-après la maniere dont j'ai procédé pour mes expériences, ce qui éclaircira encore cet objet.

1893. Enfin il fuit de ces principes que les pefanteurs des balanciers, les arcs qu'ils parcourent font variables d'une infinité de manieres, & que cela dépend des groffeurs des pivots, de la quantité de force motrice, du nombre des vibrations, de la grandeur des balanciers; & que les rapports changent, felon qu'une ou plufieurs de ces chofes different : on ne peut donc pas affigner exactement la quantité abfolue de ces chofes, fans avoir auparavant établi de bonnes expériences faites fur des montres où l'on ait réduit les frottements à la quantité convenable, & conftruites d'après les principes établis; alors on en conftruira d'autres qui ayant des dimenfions différentes, auront la plus grande juftesse qu'il foit poffible de leur donner : c'eft ce que nous verrons dans les Chapitres fuivants, après que nous aurons rapporté quelques expériences.

REMARQUE.

1894. Si on pouvoit détruire entiérement les frottements ou les effets de l'huile fur une montre, elle feroit alors des écarts confidérables par les changements de température; car alors le froid ou le chaud agiffant uniquement fur le fpiral, & celui-ci étant fufceptible de plus ou de moins d'élafticité par le chaud & le froid, la montre avanceroit ou retarderoit, felon qu'elle éprouveroit plus ou moins de chaleur, comme nous le ferons voir en traitant de l'Horloge marine, Chap. XLIII; d'où l'on voit que cet obftacle des huiles & des frottements qui femblent s'oppofer à la juftesse des montres, eft au contraire une des principales caufes de leur juftesse; car fi l'action du froid fur le fpiral tend à accélérer les vibrations du balan-

II. Partie.   Z

cier, la même action sur les huiles diminue la liberté du balancier & retarde les vibrations. C'est en combinant ces effets qu'on parvient à les détruire l'un par l'autre, & à compenser l'action du chaud & du froid sur la montre ; ce qui supplée au méchanisme que j'ai imaginé pour mon Horloge marine ; voyez Chapitre XLI : & si jusqu'ici on a fait des montres qui vont bien, c'est que, sans le vouloir, les frottements ont compensé d'eux-mêmes l'action du chaud & du froid sur le spiral.

1895. Quant aux effets que le froid ou le chaud produisent sur le grand ressort d'une montre, nous croyons que l'on peut en négliger la considération, & que cela tend foiblement à déranger la justesse du régulateur, lorsque la machine est bien disposée ; car si d'un côté le froid augmente la force du ressort moteur, de l'autre le froid augmente la résistance ou frottements des roues, par l'épaississement ou coagulation des huiles des pivots ; ensorte que la force communiquée au régulateur par la roue d'échappement est presque la même par le chaud ou par le froid. Examinons cependant plus particuliérement encore ici l'effet que doit produire l'épaississement des huiles sur une montre, soit à cylindre, ou à roue de rencontre.

1896. La force motrice des montres est assez constamment la même au moyen de la fusée ; & quoiqu'à la longue un ressort perde de sa force, la diminution n'en est pas assez considérable pour produire de grands écarts ; mais une chose qui diminue assez l'action de la force motrice sur le régulateur, est l'épaississement des huiles : voyons quel effet cela doit produire sur une montre à cylindre & sur une montre à roue de rencontre. La diminution de force motrice dans la montre à cylindre, diminue la pression de la roue sur le cylindre, ce qui la fait avancer, ainsi que nous l'avons expliqué & fait voir par l'expérience (1655) ; mais à mesure que les huiles des pivots des roues se coagulent, à mesure aussi l'huile des pivots de balancier est coagulée, ce qui retarde la vibration du balancier ; ainsi il peut fort bien arriver qu'à une montre à cylindre, la coagulation de l'huile ne change pas la justesse, puifque l'accélération caufée par la diminution de force que les huiles coagulées ôtent aux roues, peut être compenfée par le retard que caufe l'huile des pivots de balancier lorfqu'elle eft coagulée.

1897. Nous verrons ci-après que dans les montres à roue de rencontre, la diminution de force motrice les fait retarder; or comme les huiles coagulées diminuent l'action des roues fur l'échappement, ce fera la même chofe que fi on eût retranché la force motrice; ainfi la coagulation des huiles tend à faire retarder une montre à roue de rencontre. Mais à cette caufe de retard il s'en joint une autre; c'eft le retard caufé par la coagulation de l'huile des pivots de balancier: une montre à roue de rencontre doit donc aller en retardant, à mefure que les huiles fe coagulent; tandis que dans les montres à cylindre cela peut fe compenfer : c'eft peut-être ici le feul avantage d'une montre à cylindre fur une montre à roue de rencontre.

1898. Au refte, la quantité de variation caufée par la coagulation des huiles, doit changer felon que les frottements font plus ou moins grands, & fur-tout, felon la relation de la quantité de mouvement de la montre, & les réfiftances des huiles; car fi la quantité de mouvement de la montre eft très-grande, les réfiftances des huiles produiront de moindres effets par le froid, comme nous l'avons fait voir : le même raifonnement eft applicable aux huiles coagulées.

1899. Enfin il peut arriver aux montres à cylindre, que la coagulation des huiles les faffe avancer; comme fi, par exemple, les pivots des roues étoient fort gros, & ceux du balancier très-petits, le balancier étant grand, & ayant beaucoup de mouvement; car les pivots des roues étant gros, lorfque les huiles feront coagulées, elles diminueront une grande partie de l'action de la roue d'échappement fur le cylindre, ce qui accéléreroit les vibrations, (1655); or nous fuppofons que les pivots de balancier feroient fins, & le balancier grand; ainfi il arriveroit que la coagulation des huiles de ces pivots ne retarderoit pas autant les vibrations du balancier que la diminution de force de la roue d'échappement les accéléreroit: donc la montre avanceroit par la coagulation des huiles.

1900. Le contraire arrive, si on suppose que le balancier soit petit ou qu'il ait de gros pivots, &c. qu'enfin les pivots des roues soient proportionnellement plus petits.

1901. On peut juger par ces différentes observations, combien les montres doivent faire des écarts opposés par l'infinie variété de combinaisons dont elles sont susceptibles, lorsqu'on n'est pas conduit par des principes; ainsi on peut bien assurer, que si on n'a pas égard à ces combinaisons qui avoient échappé à ceux qui ont traité de l'horlogerie, c'est au hazard qu'est dûe la justesse des montres qui vont passablement.

1902. Les montres à roue de rencontre ont cet avantage très-essentiel, c'est de faciliter les moyens de proportionner la masse du balancier à la force motrice; la personne la moins adroite pouvant le faire; car, selon nos principes, si une telle montre avance par le chaud, c'est une preuve que le balancier est trop léger: or en fabriquant la montre, on peut lui donner une telle pesanteur que le chaud ni le froid n'y influent: c'est en faisant d'abord tirer 24 min. (*) au balancier, & en la réglant, on peut l'éprouver du chaud au froid: si la chaleur fait retarder la montre, c'est une preuve que le balancier est trop pesant; alors on fait tirer la montre 25 ou 26 minutes; ce qui est relatif aux frottements des pivots: or on doit adopter un calibre, & faire toujours les pivots de même grosseur; alors en donnant le même poids au balancier, on peut, sans éprouver chaque montre que l'on fait, les exécuter toutes, de maniere qu'elles soient à l'abri des écarts.

1903. S'il arrive qu'il y ait des montres à cylindre qui aillent mieux que celles à roue de rencontre, c'est que les Ouvriers qui les font y apportent infiniment plus de soins; car si on donnoit les mêmes attentions à celles à roue de rencontre, elles iroient au moins aussi bien, & on les feroit toujours par-

___

(*) Faire tirer 24 minutes à un balancier, est une expression des Artistes, pour dire que la montre auroit retardé de 36 minutes par heure, si on avoit ôté le ressort spiral du balancier.

faites à coup sûr & sans tâtonner, comme cela arrive à celles à cylindre, que nous regardons comme moins parfaites dans leurs principes, & d'autant plus que peu d'Ouvriers ont assez d'intelligence pour les construire convenablement ou pour les reparer, chose à laquelle il faut avoir bien égard, puisque la plupart de nos ouvrages sont pour l'étranger; & que s'il y arrive des accidents, on ne peut les reparer sur les lieux; obstacle qui à la vérité seroit peu de chose, si le méchanisme étoit plus propre à donner de la justesse; mais nous avons suffisamment prouvé le contraire.

CHAPITRE XXXI.

Des Expériences que j'ai faites pour vérifier les principes établis sur les effets du chaud & du froid sur les Montres: maniere de les corriger.

I. EXPÉRIENCE.

1904. J'ai pris une montre à cylindre qui bat 18720 vibrations & dont le balancier étoit petit: l'ayant portée dix heures dans mon gousset, elle a avancé d'une minute 40 secondes; ainsi en 24 heures elle auroit avancé de 4 minutes. Je l'ai ensuite *pendue* au froid de 4 deg. au-dessus de la glace; en 8 heures elle a retardé de 3 min. $\frac{1}{2}$; ainsi en 24 heures elle auroit retardé de 10 min. $\frac{1}{2}$. Or elle auroit avancé en pareil temps de 4 minutes, étant dans mon gousset, c'est-à-dire, à la température de 27 deg. (*); la différence causée par le

(*) Pour vérifier la justesse des montres ou leurs écarts par le chaud & le froid, je les porte dans mon gousset: or pour connoître la chaleur qu'elles éprouvent, j'ai

chaud & le froid, est donc de 14 min. ½ en 24 heures ; or comme le balancier décrivoit de fort grands arcs, qu'il est petit & que ses pivots étoient fort gros, j'ai commencé par faire un balancier plus pesant, & tel que la montre étant reglée étoit prête d'arrêter au doigt ; dans cet état je l'ai fait marcher au froid, & ensuite dans mon gousset ; & au lieu de retarder de 14 min. ½ en 24 heures, elle ne retardoit plus que de 3 min. dans le même temps : n'ayant pas été content de cette approximation, j'ai diminué les pivots du balancier pour en réduire le frottement ; j'ai reglé de nouveau la montre. Voici ce que j'ai observé.

1905. L'ayant suspendue par son cordon, elle a avancé de 11 secondes en 13 heures ; mise à plat pendant 13 heures, elle a avancé de 55 secondes ; c'est donc 44 secondes dont elle avance de plus, lorsqu'elle est à plat (*) ; je l'ai fait marcher dans mon gousset pendant 9 heures, elle a retardé 35 secondes ; elle auroit donc retardé de 93 secondes en 24 heures : étant exposée au froid, elle a avancé de 26 secondes en 24 heures, c'est-à-dire, que la chaleur du gousset l'a fait retarder de 2 min. en 24 heures : tandis que la chaleur la faisoit avancer, avant que j'y eusse touché, de 14 min. ½ ; la correction que j'ai faite a donc non-seulement détruit son premier effet, mais elle retarde par la chaleur, au lieu d'avancer comme auparavant.

1906. Enfin j'ai ôté un peu du balancier, & je l'ai tellement réglée, qu'elle n'avance pas de 20 secondes en 24 heures du chaud au froid.

1907. Il résulte donc de cette expérience, 1°, qu'en augmentant le poids du balancier j'ai diminué l'étendue des arcs, & que la montre, au lieu de retarder de 14 min. ½ en 24

---

fait un petit Thermomètre de comparaison sur les degrés de M. de Réaumur ; je le place dans mon gousset pour en connoître la température selon les saisons, & juger les écarts des montres.

(*) Je n'ai pas voulu corriger cet effet du plat au pendu, par cette raison que lorsqu'une montre est portée, elle est plutôt à plat que pendue ; or celle-ci retarde actuellement par le chaud ; ainsi l'avance occasionnée par la situation horizontale servira à corriger le retard produit par le retard du gousset, ce que j'ai confirmé par l'expérience ; car cette montre ne fait pas 20 secondes d'écart en 24 heures, quoiqu'on l'expose au chaud ou au froid.

heures, ne retardoit plus que de 3 min. dans le même temps ;
2°, qu'en diminuant les pivots j'ai diminué les frottements, &
qu'au lieu de retarder de 3 min. par le froid, elle avançoit au
contraire de 2 min. enfin ayant diminué le poids du balancier,
ce qui augmente l'étendue des arcs, la montre n'avance ni ne
retarde par le chaud & le froid. J'ai donc prouvé par l'expérience la vérité des principes que j'ai établis, & qui étoient
ignorés ci-devant, & fort loin de tout ce qu'on a écrit sur les
montres.

II. Expérience.

1908. Une montre à roue de rencontre fait par G. faisoit des écarts considérables du froid au chaud; car étant
réglée dans une température moyenne de 10 deg. lorsque je
l'exposois au froid de la glace elle retardoit de 5 min. en 8
heures, ce qui, selon mes principes, prouvoit, ou que le
balancier étoit trop léger, ou la force motrice trop grande,
ou les pivots des balanciers trop gros, ou bien enfin chacune
de ces choses y concouroit ; mais pour ne pas compliquer
les effets en rendant l'expérience douteuse, j'ai fait premiérement affoiblir le grand ressort ; & comme la montre tiroit
27 min. sans spiral, avant de diminuer le ressort moteur ; après
l'avoir diminué, elle tiroit 24 min. par heure sans spiral :
j'ai de nouveau réglé la montre, & l'ai fait marcher dans
mon gousset, dont la température moyenne est de 27 degrés
au-dessus de la glace ; je l'ai ensuite fait marcher au froid de
la glace, mais elle retardoit encore de près de 2 min. par le
froid de plus que dans le gousset : ainsi ce que j'ai fait n'étoit
pas encore suffisant ; mais comme la force motrice n'étoit
pas trop grande, vu que la montre étoit prête d'arrêter au
doigt ; que d'ailleurs les pivots de balancier étoient trop gros,
& que le balancier étant petit, étoit trop pesant du centre,
ce qui tendoit à augmenter les frottements des pivots, sans
augmenter l'inertie du balancier, ensorte que cela tendoit à
augmenter le retard par le froid ; j'ai ôté de la matiere du

balancier vers le centre, ce qui a diminué son poids d'une septieme partie; j'ai fait de nouveau tirer le balancier sans spiral, & il faisoit 24 min. par heures comme auparavant, ce qui prouve que l'inertie du balancier n'avoit pas changé; mais alors le spiral étoit trop fort en le laissant au même point où il étoit avant que de diminuer le centre du balancier, ce qui devoit naturellement arriver, puisqu'il avoit à mouvoir une moindre masse, & que les frottements des pivots en étoient diminués: enfin j'ai nettoyé & remonté la montre, & l'ai réglée à la température de 5 deg. je l'ai ensuite portée dans mon gousset, elle a retardé d'une minute en 12 heures: ainsi, par cette correction, la montre qui avançoit d'abord par la chaleur, retarde maintenant par la même chaleur; la diminution des frottements a donc produit cet effet: ainsi, en diminuant insensiblement de la pesanteur du balancier, elle décriroit de plus grands arcs; & la montre seroit amenée au point de n'avancer ni de retarder par le chaud & le froid: cette expérience prouve donc aussi la vérité des principes.

1909. Il est bon d'observer ici par rapport à une montre dont les pivots de balancier sont gros & le balancier petit, qu'il arrivera que la montre nouvellement nettoyée pourra bien aller juste; mais qu'à mesure que les huiles s'épaissiront, les frottements seront plus grands, & qu'elle ira par ce moyen en retardant, & jusques-là qu'elle variera encore du chaud au froid; car une telle machine qui n'est pas bien disposée est dans une mutation continuelle.

1910. Lorsqu'une montre avance par la chaleur, le meilleur moyen de la corriger n'est pas toujours de diminuer la force motrice; car si les pivots de balancier sont trop gros, & que le balancier soit trop léger, il seroit préférable d'en faire un autre plus pesant, & de diminuer les pivots; on augmenteroit par-là la quantité de mouvement; ainsi les changements des huiles seroient moins sensibles.

1911. La résistance ou frottement des pivots de balancier change selon que les huiles sont plus ou moins fraîches

Seconde Partie, Chap. XXXI.

& liquides ; car lorſque les huiles ſont fraîches, elles diminuent davantage le frottement des pivots ; ainſi le balancier va plus vîte , & au contraire ; c'eſt par cette raiſon qu'à meſure que les huiles s'épaiſſiſſent, la montre va en retardant ; cela confirme encore notre théorie. Il eſt donc bien eſſentiel de donner la plus grande puiſſance poſſible au balancier, pour vaincre les inégalités des frottements , de diminuer la groſſeur des pivots, &c ; de cette maniere les frottements reſteront aſſez conſtamment les mêmes ; & pour que le retard qu'occaſionne le froid ſur ces pivots , compenſe l'accélération que le même froid cauſe ſur le ſpiral, il faudra que le balancier décrive de plus grands arcs de ſupplément, c'eſt-à-dire, au-delà de ceux de levée ; d'où l'on voit que les arcs que doivent décrire les balanciers, varient ſelon le plus ou moins de frottements des pivots, &c ; ainſi plus les pivots & le balancier ſeront avantageuſement diſpoſés , & plus il ſera néceſſaire qu'il décrive de grands arcs ; & au contraire lorſqu'un petit balancier a de gros pivots , il faut qu'il ſoit d'autant plus prêt d'arrêter au doigt, c'eſt-à-dire, qu'il ne doit décrire que les arcs de levée.

1912. J'ai fait un très-grand nombre d'expériences qui ont toutes confirmé ma théorie : ainſi les mêmes principes ſont applicables aux montres à cylindre, à roue de rencontre, ou d'échappement quelconque connu , ce qui eſt très-indifférent.

1913. Une choſe aſſez ſinguliere que j'ai obſervée, c'eſt que ſi la force motrice d'une montre eſt trop grande, relativement à la force du balancier, la montre avancera poſée horizontalement, & retardera poſée perpendiculairement ; & ſi on diminue la force motrice juſqu'à ce qu'elle ſoit juſte de la quantité requiſe, la montre ne variera pas plus étant ſuſpendue.

1914. Il paroît donc que la cauſe qui fait varier la montre dans ces deux ſituations , ſavoir la différence des frottements, eſt la même que celle qui la fait varier du chaud au froid ; & que ſi une montre eſt bien compoſée, lorſqu'elle ſera miſe au point de ne pas varier par le chaud & le froid, elle ne

II. Partie. A a

variera pas non plus, foit qu'elle foit poſée à plat, foit qu'elle reſte ſuſpendue.

1915. Mais s'il arrive qu'une montre aſſez bien réglée par les différentes températures varie dans ces deux ſituations, voici comment & ſur quels principes on corrigera ſes écarts. 1°. Pour faire enſorte qu'elle avance étant ſuſpendue, on arrêtera la montre, & on marquera le point le plus élevé du balancier, lorſqu'elle eſt pendue; on ôtera ce balancier & on diminuera tant ſoit peu du haut du balancier, c'eſt-à-dire, vers le point que l'on aura marqué; pour lors la montre avancera étant ſuſpendue, car la partie inférieure du balancier tend à redeſcendre avec plus de vîteſſe, après que la dent de la roue d'échappement, l'ayant remontée, la laiſſe redeſcendre: ce point eſt plus peſant, & participe à la propriété du pendule; mais il faut en ôter d'abord très-peu, & y aller petit à petit, juſqu'a ce que la montre ſoit réglée étant à plat, puis ſuſpendue; 2°, s'il arrive que l'on en ait trop ôté du haut, ou bien que la montre avance plus étant ſuſpendue qu'à plat, on en ôtera de la partie inférieure du balancier; au reſte cette opération eſt fort délicate & aſſez longue; &, comme je l'ai obſervé ce défaut ſe rencontre rarement à une montre bien diſpoſée.

1916. Nous rapporterons encore ici deux expériences qui ſervent à prouver le principe que nous avons établi ſur les réſiſtances des huiles, lorſque les forces de mouvement des balanciers ſont plus ou moins grandes.

I. Expérience.

1917. Une montre à roue de rencontre retardoit encore par le froid, malgré le rapport donné de la force motrice au balancier qui ne tiroit que 24 minutes; il étoit donc évident, ſelon mes principes, que la réſiſtance de l'huile par le froid détruiſoit une trop grande quantité de la force de mouvement du balancier, ce qui le faiſoit néceſſairement retarder: j'ai donc fait faire un reſſort beaucoup plus fort, & fait un balancier plus peſant qui tire 25 minutes; j'ai réglé la montre dans mon gouſſet, & l'ayant enſuite miſe au

Seconde Partie, Chap. XXXI. 187

froid d'un degré au-deſſous de la glace, elle a avancé d'une minute en 14 heures ; ainſi j'ai diminué la réſiſtance de l'huile en augmentant la force motrice; le principe établi eſt donc vrai, & démontré par l'expérience : or en diminuant un peu du poids du balancier, la montre n'avancera ni ne retardera par le chaud ni par le froid.

1918. Cette expérience prouve que lorſque les pivots de balancier ſont gros & le balancier petit, il faut qu'il ait une plus grande quantité de mouvement; & qu'ainſi lorſqu'une telle montre retarde par le froid, il faut augmenter la force du reſſort, & proportionnellement celle du balancier.

II. Expérience.

1919. Une montre à cylindre avoit un balancier qui peſoit 4 grains $\frac{1}{7}$; il étoit beaucoup trop léger, eu égard à la force motrice qui étoit de 7 gros $\frac{1}{2}$ (511). Dans cet état, la montre étant réglée dans mon gouſſet, retardoit de 10 min. en 14 heures, étant à un degré au-deſſous de la glace ; j'ai donc fait diminuer le reſſort, enſorte qu'il ne tiroit que 5 gros $\frac{1}{4}$; alors la montre étoit prête d'arrêter au doigt ; je l'ai réglée dans le gouſſet, & l'ayant enſuite miſe au froid pendant 14 heures, elle retardoit encore de 5 minutes ; ce qui prouve, ſelon le principe, que les réſiſtances des huiles étoient trop grandes relativement à la force du balancier. J'ai donc fait faire un reſſort qui tiroit 8 gros $\frac{1}{4}$, & un balancier qui peſoit 7 grains ; j'ai réglé de nouveau la montre dans mon gouſſet, & l'ai expoſée enſuite pendant 14 heures au froid d'un degré au-deſſous de la glace ; elle a avancé de 2 minutes. L'expérience démontre donc encore ce que j'ai avancé : or pour que cette montre n'avance ni par le chaud ni par le froid, il ne faut que diminuer le poids du balancier.

Remarque.

1920. Lorſqu'une montre eſt toute neuve & nouvellement montée, le balancier doit décrire de plus grands arcs, parce qu'alors les huiles étant plus fluides, les pivots & toutes les pieces frottantes ayant tout leur poli, cela donne plus de liberté, le reffort ayant d'ailleurs toute fa force ; il faut donc que dans ce cas la montre avance par la chaleur, ce qui défigne que la force motrice eft un peu trop puiffante ; mais dès que la montre aura pris fon état conftant, c'eft-à-dire, que le reffort fe fera rendu ; que les pivots & les pieces auront perdu leur poli, les huiles leur fluidité, il arrivera que dans cet état, qui fera enfuite affez conftant, la montre n'avancera ni par la chaleur ni par le froid, ce qui ne feroit pas arrivé, fi on l'eût d'abord mife en état tel, que le froid ni le chaud n'y euffent point influé.

Defcription d'un Inftrument propre à vérifier la jufteffe des Montres.

1921. POUR vérifier la marche de mes montres felon leurs pofitions, inclinaifons, ou le degré de température auquel on peut les expofer, j'ai conftruit la machine repréfentée (*Pl. XXIV*, *fig.* 5).

1922. *ABC* eft un inftrument connu des Horlogers ; on l'appelle *la main* ; elle fert à porter les montres, pendant qu'on les remonte ; on place pour cela la platine entre les trois griffes *ABC*, dont on en voit une repréfentée (*fig.* 6) ; ici la main fert à fixer la montre fur cette machine, pour la mettre dans toutes fortes de pofitions.

1923. Cette main fe meut à frottement fur fon centre *D* ; le contour de la main eft gradué en degrés du cercle, ainfi en faifant tourner cette main, on place le midi de la montre en haut ou en bas, ou dans toutes fortes de pofitions : *F* eft un index qui marque l'inclinaifon que l'on donne au midi ; la piece *EB* qui porte la main, eft mobile au centre du demi-cercle *IGH*, & peut tourner fur fon centre *G*, de maniere à placer la montre horizontalement ou verticalement, ou de toute autre inclinaifon ; l'aiguille *GK*, marqué fur le demi-cercle, (gradué en degrés) l'inclinaifon de la montre : voilà par rapport aux pofitions de la montre.

1924. Pour obferver la température que la montre éprouve, j'ai placé un thermometre de mercure gradué felon les divifions de M. de Réaumur : *L M* eft la planche de cuivre qui porte les divifions & le tube ; *N O P Q* eft une cloche de verre que j'entoure de glace pilée lorfque je veux produire le froid.

CHAPITRE XXXII.

De l'ufage des Échappements, leurs propriétés: de l'Ifochronifme des vibrations du Balancier : comment on peut y parvenir.

1925. Jusqu'ici j'ai traité du régulateur des montres, expliqué & établi les principes de juftefle de ces machines, fans y faire mention des échappements, réduifant ce méchanifme au fimple effet d'une forte d'engrenage qui entretient & donne le mouvement au balancier. Je fuis donc fort éloigné de fuivre ceux qui ont écrit avant moi, en attribuant à l'échappement des propriétés imaginaires, démenties par l'expérience & par le raifonnement. Au refte, comme je ne veux pas, ainfi que ces Meffieurs, que l'on m'en croie fur ma propre parole, j'ai commencé dans les Chapitres précédents à établir des principes vérifiés par l'expérience fur le régulateur des montres: je vas travailler dans celui-ci à faire voir qu'aucun des échappements connus ne corrige les inégalités de la force motrice. Quant aux effets du chaud & du froid, les principes que j'ai établis, & les expériences que j'ai rapportées, ont fuffifamment prouvé que l'échappement n'entre pour rien dans les écarts que produifent le chaud & le froid ; ainfi, bien loin que je change quelque chofe à ce que j'avançai dans ma lettre à M. Camus, le raifonnement & l'expérience n'ont fervi qu'à me prouver que ce que je penfois en 1752 & 1754 fur la juftesse des montres, est fondé sur les loix du mouvement, confirmé par le raisonnement & l'expérience : on ne sera donc pas surpris si je m'arrête à cet article ; la théorie que j'ai établie, m'ayant paru assez neuve & assez intéressante pour mériter que je jouisse du seul but que je me suis proposé, celui de m'instruire, & d'être utile : & quoique cette théorie ne paroisse pas aussi brillante aux yeux du commun des hommes, que l'annonce merveilleuse d'un échappement qui corrige tous les défauts des montres, il me suffit que les Savants en méchanique veuillent en faire quelqu'estime. Nous ne nous sommes pas contenté de faire voir par le raisonnement, qu'aucun échappement soit à repos ou à recul, ni enfin aucun des échappements dont on se sert, ne corrige les inégalités de la force motrice (*Part. II. Chap. XVI & XVII*), & bien moins encore les écarts très-considérables produits par le chaud & le froid sur le spiral & les huiles (1880 *& suiv.*). Et quoique nous ayons déja confirmé ces principes par les expériences rapportées dans le Chapitre précédent, nous traiterons encore ici des effets des échappements dans les montres.

Proposition.

1926. Les oscillations libres d'un balancier simple, abstraction faite de la résistance de l'air & des frottements des pivots, ne peuvent être isochrones, c'est-à-dire, les grands ou petits arcs ne sont pas exactement parcourus dans le même temps ; il est bien vrai, que selon les expériences de s'Gravesande, les vibrations des ressorts sont isochrones (1813); mais comme le spiral ne détermine qu'en partie la vîtesse du balancier, laquelle est singuliérement réglée par l'inertie de ce balancier, il arrive que plus l'espace parcouru par le balancier sera grand, & plus il y employera de temps ; c'est ce que j'ai confirmé par les expériences faites avec le balancier de la *Pl. XVIII, fig.* 13.

1927. Mais quand même il arriveroit que les oscillations du balancier libre qui se meut séparement d'un rouage, seroient isochrones, cela ne prouveroit pas qu'elles le soient encore, lorsqu'elles sont entretenues en mouvement par un échappement à repos; car si on augmente la tension ou la force du moteur, les arcs de vibrations du balancier seront plus grands, puisque l'impulsion de la roue d'échappement sera plus grande: ainsi la partie de l'oscillation qui se fait par la levée de l'échappement sera plus grande & aura plus de vîtesse qu'elle n'avoit avant l'augmentation de la force. Mais le balancier ayant consumé toute la force reçue par l'impulsion de la roue, il ne restera, pour le ramener, que le spiral: or la pression de la roue d'échappement sur le repos du cylindre, empêchera le balancier de revenir avec la même vîtesse qui avoit été communiquée par la roue d'échappement. Ainsi il arrivera qu'une augmentation de force motrice fera retarder la montre; &, au contraire, en diminuant la force motrice, la montre avancera: ce raisonnement est vérifié par autant d'expériences que j'ai vu de montres à cylindre, quelles que fussent les dimensions de leurs balanciers, soit qu'ils fussent petits & à vibrations promptes, soit qu'ils fussent grands & pesants, à vibrations lentes; ensorte que je ne conçois pas comment des gens qui ont travaillé toute leur vie à faire de ces sortes d'échappements, ont pu avancer un fait dont la fausseté est si aisée à démontrer. D'autres personnes aussi peu instruites, mais qui en ont été les échos, ont répété la même absurdité; & c'est d'après ces propriétés merveilleuses que l'on a travaillé à faire de nouveaux échappements, sans avoir auparavant recherché quelles en sont les véritables fonctions, lesquelles ne peuvent être (dans le méchanisme connu) que d'entretenir le mouvement du balancier; ensorte qu'ils ont négligé la partie essentielle qui donne la régularité. Pour mieux confirmer mon principe, j'ai composé la machine (*Pl. XXIII, fig.* 1): voyez son usage & les expériences que j'ai faites, Chapitre XVII, Art. 1646, *& suiv.*

1928. Si on augmente la force motrice d'une montre à roue de rencontre, cette montre avancera, quoique les arcs de vibrations soient plus grands; car l'action de la roue agissant continuellement sur les palettes, elle fera aller le balancier avec d'autant plus de vîteſſe, que la force d'impulſion ſera plus grande, de maniere que les oſcillations de ce balancier ſeront abſolument différentes de ce qu'elles auroient été, ſi elles ſe faiſoient librement; & au contraire, ſi on diminue la force motrice, les arcs parcourus par le balancier ſeront plus petits; mais comme ces oſcillations ſe feront plus librement, elles ſeront plus lentes : cela eſt confirmé par l'expérience. Il eſt fort aiſé de répéter les expériences que je viens de rapporter; & on verra, que non-ſeulement les vibrations d'une montre à repos ſont ralenties par l'augmentation de force motrice, mais que, de plus, ſi on l'augmente à un certain point, la montre arrêtera.

1929. Il réſulte donc de ces expériences, qu'en augmentant la force motrice d'une montre à cylindre, quoique les arcs décrits par le balancier ſoient plus grands, ils ſont plus de temps à être parcourus; & qu'au contraire, en augmentant la force motrice d'une montre à roue de rencontre, les arcs parcourus par le balancier, quoique plus grands, ſe font en un moindre temps; ainſi de la même cauſe il en réſulte des effets contraires : il ſuit delà qu'on pourroit, abſolument parlant, parvenir à l'uniformité, en faiſant un échappement qui ne fût ni à repos, comme celui à cylindre, ni à récul, comme celui à roue de rencontre, mais qui ſeroit formé par une courbure ſur laquelle la roue d'échappement agiroit tellement, qu'à meſure que la force motrice augmenteroit, à meſure auſſi la courbure s'oppoſeroit aux trop grands mouvements du balancier, lequel en revenant ſur lui-même, ſeroit preſſé par l'appui de la dent, & par la tenſion du ſpiral qui agiroit dans ce cas avec toute la puiſſance; cette courbure pourroit être telle, que les grandes & petites oſcillations ſeroient parcourues dans le même temps, quelle que fût la force motrice : or ſi cette courbure n'eſt pas facile à déterminer géométriquement, elle n'eſt pas fort aiſée à exécuter; ainſi un tel échappement rencontre d'aſſez grandes difficultés, & d'autant plus que cela varieroit ſelon la nature des reſſorts ſpiraux, &c.

1930. Il eſt conſtant par les remarques ſur les échappements

ments à cylindre, que la partie de l'oscillation qui se fait immédiatement après l'impulsion de la roue est plus prompte que l'autre partie qui n'est ramenée que par le spiral ; ainsi lorsque la roue n'agira plus après l'impulsion sur une partie circulaire, mais sur une courbe ou plan incliné, alors la vîtesse immédiate de l'oscillation qui suit l'impulsion sera moins grande, étant retardée par la courbure ; & au contraire, l'autre partie de l'oscillation sera aidée par l'appui de la dent sur la courbure. Au reste, lorsqu'une montre sera composée d'après les principes que j'ai établis, les inégalités de sa force motrice causeront de très-petites variations, sur-tout si cette force motrice est bien disposée.

1931. Il est très-essentiel de tellement construire les échappements de montres & de pendules, que les oscillations ne soient pas dérangées par l'action de l'échappement & l'impulsion du rouage, mais qu'elles se fassent, autant qu'il est possible, comme si le régulateur vibroit indépendamment du rouage. Pour parvenir à ce but, il ne faut pas faire des dents de roues d'échappements trop distantes entr'elles, mais au contraire les tenir aussi petites que l'exécution le peut permettre, ce qui réduira la traînée.

1932. L'impulsion de la roue, lorsqu'elle restitue le mouvement du régulateur, change peu l'isochronisme ; mais l'appui du repos ou l'instant du recul, si l'échappement est à recul, sont les causes du dérangement des vibrations : l'appui du repos retarde les vibrations ; & trop de recul les accélere (1646 & 1656) : or plus le temps sur le repos sera long, & plus le dérangement de la vibration sera grand. Si donc l'on a un échappement à repos qui ait peu de levée, & que la force motrice fasse cependant décrire de grands arcs, le dérangement en sera beaucoup plus grand : or nous avons vu qu'il est préférable de faire parcourir des grands arcs au balancier (1837) ; il faut donc augmenter pour cet effet la levée de l'échappement le plus qu'il est possible, puisque, plus le temps de l'appui sur le repos sera grand, & plus aussi sera grand le dérangement de la vibration : le même raisonnement doit s'appliquer aux échappements à recul. S'il étoit possible de rendre isochrones les oscillations du balancier d'une montre, il faudroit composer l'échappement, de maniere que le recul accélérât la vibration, à mesure qu'elle devient plus étendue, en employant le même moyen dont je me suis servi pour les horloges à ressort (1657) : or comme les balanciers doivent décrire des grands arcs, & qu'il n'est pas possible d'appliquer à l'échappement de Graham la courbure dont nous avons parlé, nous imaginons que si l'on vouloit faire une montre, la plus parfaite qu'il est possible, & propre à mesurer le temps sur mer, on y parviendroit en faisant un échappement pareil à celui déja cité ; mais à cela près que cet échappement ne seroit pas porté par l'axe même du balancier : l'axe de l'échappement porteroit un rateau denté, dont les dents engreneroient dans un pignon porté par l'axe du balancier : de cette maniere le balancier parcourroit de grands arcs, & l'échappement de fort petits. Les arcs de levée de l'échappement feroient parcourir des grands arcs au balancier, & les arcs de supplément du balancier feroient très-petits. En voici le méchanisme.

(PLANCHE XXIII, Figure 5).

1933. CD est le balancier; A, la roue d'échappement; B, l'ancre d'échappement avec les plans inclinés pour rendre les oscillations isochrones; b, est le rateau; a, le pignon dont l'axe porte le balancier. Si le rayon du pignon est dix fois plus petit que celui du rateau, le balancier fera un tour, tandis que le rateau parcourra la dixieme partie de sa circonférence, c'est-à-dire, qu'il décrira un arc de 36 degrés : si donc on veut que l'arc de levée de l'échappement fasse parcourir 180 degrés au balancier, le rateau ne parcourra que 18 degrés pour l'arc de levée ; ainsi la roue fera parcourir à chaque côté de l'ancre un arc de 9 degrés pour l'arc de levée ; on fera donc les plans inclinés de l'ancre en conséquence, afin de rendre les oscillations isochrones. Un tel échappement auroit la propriété d'avoir peu de frottement & un rouage simple, car la roue d'échappement pourroit être fort nombrée.

1934. Au reste, il est bon de remarquer que cet échappement, malgré ses avantages apparents, ne pourroit rendre les oscillations isochrones que dans les cas où les huiles conserveroient leur même fluidité; mais les huiles varient à chaque instant, ce qui change nécessairement les temps des vibrations du balancier; or l'échappement n'auroit que la propriété de corriger les inégalités de forces motrices, & non celles qui sont causées par les huiles, &c, qui sont très-considérables. Nous devons d'ailleurs observer que la force motrice d'une montre change assez peu, & que les écarts d'une montre ne viennent point du tout delà, mais des autres causes que nous avons expliquées ci-devant. Enfin, par rapport à l'échappement d'une montre, on pourroit disposer celui à roue de rencontre, de maniere à rendre très-sensiblement ses oscillations isochrones (malgré l'inégalité de la force motrice.); cela dépend du plus ou moins d'engrenage de la roue avec les palettes.

CHAPITRE XXXIII.

Principes sur les forces de mouvement des Balanciers.

1935. On démontre que les forces que les corps en mouvement emploient à vaincre des obstacles, sont en raison composée de leurs masses, & du quarré de leurs vitesses. *

1936. Or, comme la force produite dans un corps est

---

* On peut voir ce principe démontré dans l'excellent ouvrage de Physique de s'Gravesande & dans Muschembroek ; les expériences que nous rapporterons ci-après servent aussi à les confirmer.

égale à l'action qui la cause, il suit delà que la force qui a été employée à procurer un mouvement à un corps, est comme le produit de la masse de ce corps, par le quarré de la vîtesse qu'il a acquise. Si donc on appelle m la petite masse, M la grande, v la petite vîtesse, V la grande vîtesse, f la Force produite par la petite vîtesse & par la petite masse, F la force produite par la grande : on aura d'après ce principe $f : F :: v^2 m : V^2 M$, donc $fV^2 M = Fv^2 m$.

Corollaire I.

1937. Si dans l'équation précédente on fait $f = F$, elle deviendra par la réduction $V^2 M = v^2 m$: donc $V^2 : v^2 :: m : M$. C'est-à-dire, que si les forces de deux corps en mouvement sont égales, leurs masses seront en raison inverse des quarrés des vîtesses ; & réciproquement toutes les fois que les masses seront en raison inverse du quarré des vîtesses, les forces des corps en mouvement seront égales.

Corollaire II.

1938. Si $m = M$, on aura $f : F :: v^2 : V^2$; c'est-à-dire, que si les masses des deux corps sont égales, les forces des corps seront entr'elles, comme le quarré de leurs vîtesses.

Corollaire III.

1939. Si $v = V$, on aura $f : F :: m : M$; lors donc que les vîtesses des deux corps sont égales, les forces des corps sont entr'elles comme les masses.

1940. Or les actions ou puissances requises pour donner le mouvement à deux corps, sont comme les forces de ces corps : on peut donc considérer ici ces puissances, au lieu des forces produites par les corps : ainsi les corollaires sont également vrais à l'égard des puissances.

1941. En appliquant ces principes aux balanciers des

montres, on en conclura ce qui qui fuit :

1942. I°, Si les maſſes de deux balanciers en mouvement ſont en raiſon inverſe des quarrés des vîteſſes, les forces des balanciers ſont égales (corollaire I); ou ſi les forces ſont égales, les maſſes ſont en raiſon inverſe du quarré des vîteſſes : par exemple, ſi la vîteſſe de A eſt 1, & celle de B 2, le quarré de la vîteſſe de A eſt 1, & celui de B eſt 4; ſi donc la maſſe du balancier A eſt 4, & celle de B 1, les forces des balanciers ſeront égales, &c : les actions requiſes pour en entretenir le mouvement ſeront entr'elles comme le produit des maſſes, par le quarré des vîteſſes.

1943. II. Si deux balanciers ont des maſſes égales, & ſont mus avec des vîteſſes inégales, leurs forces ſeront comme les quarrés de leurs vîteſſes : ainſi le balancier A ayant une vîteſſe 1, & le balancier B 5, la force du balancier A ſera à celle de B, comme 1 eſt à 25 ; mais l'action requiſe, pour donner le mouvement au balancier A, eſt à celle qu'il faut pour donner le mouvement au balancier B, comme la force de A eſt à celle de B ; c'eſt-à-dire, que l'action requiſe pour entretenir le mouvement de A, eſt à celle de B, comme 1 eſt à 25.

1944. III. Si les vîteſſes des deux balanciers ſont égales, leurs forces ſeront entr'elles comme les maſſes ; ainſi les actions requiſes, pour entretenir leurs mouvements, ſeront auſſi comme les maſſes.

1945. IV. En général, ſi les vîteſſes & les maſſes des deux balanciers ſont inégales, leurs forces ſeront comme le produit des maſſes par les quarrés des vîteſſes.

1946. Nous nous ſervirons de ces principes pour déterminer les peſanteurs des balanciers, leurs diametres ſelon le nombre des vibrations, la force requiſe pour leur faire parcourir les arcs quelconques, &c.

1947. Nous prouverons par les expériences que nous rapporterons ci-après, qu'ayant donné les maſſes des balan-

198 ESSAI SUR L'HORLOGERIE.

ciers d'après ces principes, les forces des corps en mouvement font en effet en raison compofée des maffes & des quarrés des vîteffes. Connoiffant donc la maffe d'un balancier, fa vîteffe, la force qui le met en mouvement, on en déduira facilement toutes les conditions requifes pour un autre balancier, lorfqu'il devra avoir une maffe différente, plus ou moins de vîteffe, plus ou moins de force pour fe mouvoir, &c.

1948. Pour comparer les vîteffes de deux balanciers, il faut multiplier le nombre de vibrations pendant un temps donné par le diametre de chaque balancier; les produits exprimeront les vîteffes, en fuppofant qu'ils décrivent des arcs femblables; mais fi cela n'eft pas, il faudra faire un produit pour chaque balancier de ces trois chofes; 1°, du nombre de vibrations dans le même temps; 2°, du diametre ou du rayon du balancier; 3°, de l'arc parcouru par le balancier : nous en ferons voir l'application par des exemples dans le Chap. fuiv.

CHAPITRE XXXIV.

De la maniere de calculer les pefanteurs que doivent avoir les Balanciers des Montres, relativement au moteur, à l'étendue de leurs arcs, diametres, nombres de vibrations, &c.

1949. JUSQU'ICI nous avons fait voir que la juftreffe des montres dépendoit d'un certain rapport entre la force motrice & le régulateur; nous allons maintenant donner des méthodes propres à trouver quelle doit être la pefanteur du balancier d'une montre à cylindre, lorfque la force motrice, le diametre du balancier, & les arcs qu'il doit parcourir font donnés; ou fi le balancier étant donné, on veut favoir la quantité que doit avoir la force motrice pour être dans le rapport convenable avec le régulateur. La difficulté de proportionner la pesanteur du balancier est très-grande dans les montres à cylindre, car jusques ici on n'a approché du point requis que par le tâtonnement; de sorte que des Ouvriers qui ont fait toute leur vie de ces sortes de montres, faisoient leurs balanciers à tout hazard; j'en ai même vu un, qui faisant une montre dont le balancier étoit plus grand, avec des vibrations plus lentes, donnoit 4 fois trop de pesanteur au balancier, ensorte que pour que la montre marchât, il étoit obligé de diminuer insensiblement le balancier; d'autres fois il faisoit un balancier trop léger; enfin j'ai vu ce même Ouvrier donner des prétendues regles d'un méchanisme qu'il n'avoit pas conçu (l'échappement à cylindre). Comme la matiere que nous traitons est neuve, je m'y arrêterai de maniere à la faire concevoir, en établissant des principes qui sont une suite des loix du mouvement; enfin nous observons, que jusqu'à présent on a eu peu d'égard à ce poids; car on s'est imaginé que les inégalités de la force motrice étoient toujours corrigées par une propriété imaginaire de l'échappement à repos. Nous avons suffisamment prouvé le contraire par le raisonnement & par les expériences que nous avons faites & rapportées ci-devant.

1950. Il suit de ce qui précede, qu'il est très-essentiel de proportionner la force motrice au régulateur, & que cette force agisse uniformément sur le rouage d'une montre. Ceux qui ont supprimé la fusée dans les montres, ont été fort aveuglés par les propriétés imaginaires de leurs échappements, & fort peu instruits des propriétés de cette belle invention (la fusée); car indépendamment de ce qu'elle est utile pour la justesse de la montre, elle a une propriété essentielle; c'est que toute la force du ressort est employée utilement, & qu'elle sert à faire marcher la montre plus de temps qu'elle ne feroit, s'il n'y avoit qu'un simple ressort sans fusée. Voyez n°. 451.

1951. Quant aux montres à roue de rencontre, nous ne nous y arrêterons pas; car il est assez facile de proportionner le poids du balancier à la force motrice, quels que foient fon diametre, les arcs qu'il parcourt, &c. Pour cet effet, on fait marcher la montre fans fpiral, de maniere qu'en une heure l'aiguille de minutes faffe 25 à 27 minutes, ceſt-à-dire, que la montre retarde fans fpiral de 33 ou de 35 minutes : or cette quantité doit varier comme nous l'avons fait voir (1891), felon les frottements des pivots la grandeur des balanciers; ainfi on ne peut pas dire qu'il faille faire tirer une montre 30, 27, 25 ou 23 ; cette quantité doit être différente à chaque montre, c'eſt à quoi on n'a jamais eu égard : les mêmes regles que nous allons établir font également applicables aux montres à roue de rencontre ; enforte que l'on peut également déterminer par le calcul la pefanteur d'un balancier dont le moteur eſt donné.

1952. Pour parvenir exactement à proportionner le poids des balanciers des montres à cylindre à la force motrice, j'ai commencé par conſtruire un inſtrument, au moyen duquel je puis déterminer avec la plus grande précifion, la force que le grand reffort communique au rouage ; nous avons décrit cet inſtrument dans la premiere Partie, Chapitre XXVIII. En plaçant cet inſtrument fur le quarré de la fufée de la même maniere qu'un levier à égalifer les fufées, on eſtimera la force du reffort par le degré de la branche où le poids s'arrête pour faire équilibre avec le reffort, (voyez fa defcription) : c'eſt en comparant la force du moteur avec celui d'une montre donnée que nous déterminerons le poids des balanciers, &c.

1953. Pour trouver les dimenfions d'une montre que l'on veut compofer, il faut fe fervir, pour terme de comparaifon, d'une bonne montre difpofée le plus avantageufement, & qui foit tellement exécutée que les frottements foient réduits à la moindre quantité ; enforte que la force motrice ait la relation requife avec le régulateur, pour que la montre aille le plus juſte qu'il eſt poffible. Cela étant, on mefurera le diametre du balancier, fon poids ; on comptera le nombre de vibrations qu'il fait par heure, l'étendue de fes vibrations; on mefurera la force du grand reffort au moyen de l'inſtrument dont j'ai

donné

Seconde Partie, Chap. XXXIV. 201

donné la description, & enfin on comptera le temps que met la fusée à faire une révolution.

1954. J'ai préféré de partir d'après une montre faite, pour déterminer les dimensions d'une autre différemment composée, par deux raisons : la premiere, c'est que le calcul en devient plus facile, & plus à la portée des ouvriers : 2°, c'est que les dimensions en sont plus exactes qu'on ne pourroit les trouver par le seul calcul ; car on ne connoît pas assez les effets des frottements, pour que la force motrice d'une montre étant donnée, ainsi que le diametre du balancier, on puisse déterminer exactement son poids, les arcs qu'il doit parcourir ; au lieu qu'en comparant avec une montre déja faite, toutes ces données y entrent, & les dimensions que l'on trouve pour la chose cherchée sont plus précises.

Probleme I.

1955. Les dimensions d'une montre A étant données ; trouver quelle doit être la pesanteur du balancier d'une montre B, de laquelle on connoît le diametre du balancier, le nombre de vibrations.

1956. On veut, je suppose, que l'étendue des arcs & la force motrice soient de même grandeur que ceux de la montre de comparaison A, & on demande qu'il y ait même rapport de la force motrice de la montre B avec son régulateur, qu'il y a entre la force motrice de la montre A & son régulateur. Voici les dimensions de la montre donnée A, qui est à cylindre ainsi que l'autre, (le calcul que nous ferons se bornant par les raisons que nous avons dites à ces sortes de montres), le balancier de la montre A pese 6 grains $\frac{1}{4}$; il a 8 lignes $\frac{1}{2}$ de diametre, fait 18000 vibrations par heure ; il parcourt 240 degrés ; la fusée fait un tour en 5 heures ; le ressort fait équilibre avec 5 gros $\frac{1}{4}$ de force appliquée à 4 pouces du centre de la fusée.

1957. Le balancier de la montre B, dont on cherche les dimensions, fait 7200 vibrations par heure. Il a 10 lignes $\frac{1}{2}$

II. Partie. C c

de diametre ; la force motrice eſt de 5 gros $\frac{1}{4}$, c'eſt-à-dire, la même que celle de la montre de comparaiſon ; la roue de fuſée fait un tour en 5 heures : on demande quel ſera le poids du balancier B. Pour cet effet on trouvera la vîteſſe du balancier A, en multipliant le diametre 8 $\frac{1}{2}$ par 5 vibrations (*) par ſeconde, ce qui donnera 42 $\frac{1}{2}$, dont le quarré eſt 1806 $\frac{1}{4}$. On trouvera de même la vîteſſe du balancier B, en multipliant ſon diametre 10 $\frac{1}{3}$ par deux vibrations par ſeconde ; ce qui donne 20 $\frac{2}{3}$, dont le quarré eſt 427 : or ſelon ce qui a été dit (1937), ſi la force qui donne le mouvement à deux corps eſt égale, les quarrés des vîteſſes ſeront en raiſon inverſe des maſſes ; on aura donc la proportion : le quarré de la vîteſſe de A eſt au quarré de la vîteſſe de B, comme la maſſe du balancier B eſt à la maſſe du balancier A ; j'appelle x la maſſe de B. On a donc 1806 : 427 :: x : 6 grains $\frac{1}{4}$; donc en multipliant 1806 par 6 grains $\frac{1}{4}$, & diviſant par le terme moyen connu, on aura la valeur de x, c'eſt-à-dire, le poids du balancier B : on trouvera 26 grains $\frac{185}{427}$, ou environ 26 grains $\frac{1}{2}$.

1958. Si donc on fait une montre dont le balancier ayant 10 $\frac{4}{12}$ de diametre, batte 7200 vibrations par heure, peſe 26 grains $\frac{1}{2}$; que la force motrice faſſe équilibre avec 5 gros $\frac{1}{4}$, éloignés de 4 pouces du centre de la fuſée ; que la fuſée faſſe un tour en 5 heures ; ce balancier, dont la force ſera égale à celle du balancier de la montre donnée A, décrira des arcs de même étendue, & aura même relation avec ſa force motrice que celle du balancier A avec ſa force motrice.

Probleme II.

1959. Trouver la force motrice d'une montre dont le poids du balancier, ſon diametre, & les arcs qu'il parcourt, le nombre de vibrations par heure, &c, ſont donnés.

(*) Je n'emploie pas 18000 vibrations du balancier A par heure, ni 7200 du balancier B dans le même temps ; par la raiſon fort ſimple, que cela fait de trop grands nombres : il vaut mieux employer 5 par ſeconde pour A & 2 pour B dans le même temps, ces nombres 5 & 2 étant en même rapport que 18000 & 7200.

Seconde Partie, Chap. XXXIV.

Remarque.

1960. Ce problême est applicable à une montre dont le ressort venant à casser, on veut en substituer un qui soit convenable.

1961. Soit le balancier B dont le poids est de 20 grains, le diametre = 11 lignes, & qui fait deux vibrations par seconde, la roue de fusée fait un tour en 5 heures ; on demande quel devra être le poids, qui placé à 4 pouces du centre de la fusée, entretienne & fasse décrire des arcs de 180 degrés au balancier : pour cet effet, on trouvera la force du balancier B, en multipliant sa masse par le quarré de sa vîtesse. On trouvera de même la force du balancier de la montre de comparaison A, dont nous avons fait usage dans le problême précédent; & selon le corollaire III, (1940), on fera cette proportion : la force requise pour entretenir le mouvement du balancier B est à la force requise pour entretenir le balancier A, comme la force du balancier B est à celle du balancier A. On trouvera, comme dans l'exemple précédent, les vîtesses : pour cet effet, on fera entrer les arcs parcourus par les balanciers; ceux de la montre donnée A sont 240, & ceux de la montre B 180, c'est-à-dire, qu'ils sont dans le rapport de 24 à 18, ou de 4 à 3 ; on se servira de ce dernier rapport pour éviter les grands nombres. Pour trouver la vîtesse du balancier A, on multipliera son diametre $8\frac{1}{2}$ par 4 arc parcouru; on aura 34, lequel multiplié par 5 (nombre des battements par seconde) donne 170 pour la vîtesse de A, dont le quarré est 28900, qui étant multiplié par la masse 6 gros $\frac{1}{4}$ de ce balancier, donne 180625, pour exprimer la force du balancier A. Pour avoir celle de B, on trouvera premiérement sa vîtesse en multipliant le diametre 11 par l'arc parcouru 3, ce qui donne 33 qui multiplié par 2 (nombre de vibrations en une seconde) donne 66 qui est la vîtesse du balancier B, dont le quarré est 4356, lequel étant multiplié par la masse 20 du balancier, donne le nombre 87120 qui exprime la force du balancier B. On aura donc la proportion : la force exprimée par le poids 5 gros ¼, qui entretient le mouvement du balancier *A*, est à la force ou poids requis, pour entretenir celui du balancier *B*, comme la force du balancier *A* est à celle de *B*. : j'appelle *x* le poids ou force motrice requise pour entretenir le balancier *B*; on a donc 5 ¾ gros : *x* : : 180625 : 87120 ; donc en multipliant les extrêmes & divisant le produit par le terme moyen connu, on aura la valeur de *x*, c'est-à-dire, la force motrice du balancier *B*; on trouve $2\frac{139690}{180625}$, c'est-à-dire 2 gros & environ $\frac{7}{9}$, qui sera la force requise pour entretenir le mouvement du balancier *B*; c'est-à-dire, qu'en appliquant un ressort qui soit tel qu'il fasse équilibre avec 2 gros $\frac{7}{9}$ situés à 4 pouces du centre de la fusée, le balancier parcourra 180 degrés, & la force motrice sera dans le rapport demandé, & pareil à celui de la montre donnée.

REMARQUE.

1962. LORSQUE les montres que l'on aura à calculer, ne feront pas exactement un nombre juste de vibrations par seconde, c'est-à-dire, lorsque ce sera d'autres nombres que 3600, 7200, 14400, 18000 par heure, & que l'on aura, je suppose, 16128 vibrations par heure; alors on divisera ce nombre par le nombre de secondes, dont une heure est composée, c'est-à-dire, par 3600; de cette maniere on aura un quotient $4\frac{1718}{3600}$, dont la fraction étant réduite à ses moindres termes ou aux plus petits termes possibles, les plus approchants de l'exactitude, sera ensuite employée dans le calcul. Ainsi on réduira la fraction précédente à $\frac{12}{25}$, & on aura $4\frac{12}{25}$ pour le nombre de battements que fait par seconde le balancier proposé ; on eût pu même, sans erreur sensible, employer le nombre $4\frac{1}{2}$, très-approchant du précédent, & plus commode pour le calcul : il en est ainsi des autres ; sans cela, s'il falloit employer les nombres de vibrations par heure, le calcul seroit beaucoup plus long.

Seconde Partie, Chap. XXXIV.

Suite du Calcul des Balanciers.

1963. J'avois pris d'abord pour terme de comparaison une montre à secondes ordinaire, dont les frottements étoient grands, & pouvoient être réduits à une moindre quantité.

1964. Partant des principes que j'ai établis, j'ai composé une montre qui y fût plus conforme : nous allons en donner les dimensions, & rapporter les expériences que j'ai faites. Le plan de cette montre est vu (*Pl. XXVII, fig.* 1 & 2); cette montre fait 7200 vibrations par heure; le balancier en fait donc deux par seconde; le balancier pese 19 grains $\frac{1}{4}$, l'arc de levée est de 45 degrés, la roue de fusée fait un tour en 4 heures & demi.

1965. J'avois fait faire un ressort qui faisoit équilibre avec 3 gros $\frac{1}{2}$ situés à 4 pouces du centre de la fusée; mais le balancier décrivoit de trop grands arcs; ensorte que la montre avançoit par la chaleur : selon mes principes, j'ai fait affoiblir le ressort, ensorte qu'il ne tirât que 3 gros (*); après avoir réglé la montre, le balancier décrivoit des arcs de 240 degrés. Dans cet état, la montre a été réglée, mise à plat & suspendue, & la chaleur du gousset, ni le porté n'en dérangent plus la justesse; tandis qu'auparavant la chaleur la faisoit beaucoup avancer; actuellement la chaleur la fait retarder d'une minute en 24 heures; en ôtant un peu du poids du balancier, je puis la régler, de sorte qu'elle n'avance ni ne retarde plus par le chaud ni par le froid. On voit par cette expérience qu'une augmentation d'un demi-gros dans la force motrice, produit des écarts très-sensibles, & combien il est essentiel de proportionner la puissance motrice avec le régulateur.

1966. Nous pouvons donc partir d'après cette montre pour en composer d'autres, dont les balanciers plus grands ou plus petits fassent des vibrations promptes ou lentes, &

(*). Cette petite diminution de force motrice a fait avancer la montre, ce qui prouve encore que l'échappement à cylindre ne corrige pas les inégalités de force motrice.

que le temps de la marche de la montre soit de 30 heures, de 8 jours, d'un mois ou d'un an, ainsi que nous allons le faire voir par les exemples suivants.

PROBLEME. III.

1967. TROUVER la pesanteur que doit avoir un balancier qui fait une vibration par seconde, & dont le diametre est de 11 lig. $\frac{1}{12}$, l'arc de levée de 45 deg. on veut que l'arc de vibration qu'il doit décrire, soit de 240 degrés; que la montre aille 8 jours sans être remontée, le ressort tire 8 gros (*) & la fusée reste 40 heures à faire un tour.

1968. J'appelle A le balancier de la montre de comparaison, & B celui de la montre à 8 jours : on calculera d'abord les nombres qui expriment la vîtesse de chaque balancier; on aura; le balancier A a 10 lig. $\frac{1}{3}$ de diametre; il fait deux battements par seconde; on a donc la vîtesse $20\frac{2}{3}$, dont le quarré est 427 : le balancier B 11 lig. $\frac{1}{12}$; il fait une vibration par seconde; sa vîtesse est donc $11\frac{1}{12}$, dont le quarré est 130. Or d'après le principe (1945), on aura la proportion : le quarré de la vîtesse du balancier A multiplié par sa masse, est au quarré de la vîtesse du balancier B multiplié par la masse que j'appelle x, comme la force motrice du balancier A est à celle du balancier B; mais pour comparer ces forces motrices, il faut les réduire à une révolution qui se fasse dans le même temps; ainsi la force motrice de A étant de 3 gros pour la roue qui reste 4 heures $\frac{1}{2}$ à faire une révolution, elle devroit être de 26 gros $\frac{2}{9}$, si elle restoit 40 heures à faire un tour; ce que l'on trouvera, en faisant la proportion : Si une roue qui fait un tour en $4\frac{1}{2}$, agit avec 3 gros de force; avec combien devroit-elle agir, si elle restoit 40 heures à faire sa révolution; ou $4\frac{1}{2} : 3 : : 40 : x : = 26\frac{6}{9}$; c'est-à-dire, qu'elle devroit avoir une force de $26\frac{6}{9}$, agissant à 4 pouces du centre

---

(*) Lorsque je parle de la force d'un ressort, il est toujours sous-entendu qu'elle est mesurée par l'instrument que j'ai composé, cette force agissant, comme je l'ai dit, à 4 pouces du centre de la fusée.

de la fufée : nous aurons donc la proportion fuivante $427 \times 19\frac{1}{2} : 130 \times x :: 26\frac{2}{3} : 8$; donc $427 \times 19\frac{1}{2} \times 8 = 130 x \times 26\frac{2}{3}$, donc $66608 = 3466 x$, donc $x = \frac{66608}{3466}$, & $x = 19$ grains ; on a donc la valeur de x, c'eſt-à-dire, 19 grains pour la maſſe du balancier B.

Remarque.

1969. Il eſt bon d'obſerver ici, que ſi l'on eût cherché la peſanteur du balancier B, en ſe ſervant de la montre A du premier problême pour terme de comparaiſon, on eût trouvé la valeur de x moindre qu'on ne l'a trouvée ci-deſſus, par deux raiſons : la premiere, c'eſt que le balancier étant plus petit, a plus de frottement, enſorte que ſon poids eſt moindre qu'il ne ſeroit ſans ces frottements ; la ſeconde, c'eſt qu'il pourroit fort bien arriver que ce petit balancier n'étoit pas auſſi bien proportionné à ſa force motrice, que le balancier à demi-ſeconde l'eſt avec la ſienne ; car en cherchant la peſanteur du balancier à 8 jours, en ſe ſervant de cette premiere montre de comparaiſon, le balancier ne ſeroit que de 17 grains un peu plus. Ce qui ſert à me confirmer dans ce ſentiment, c'eſt que lorſque j'ai exécuté la montre à 8 jours ci-deſſus, je me ſuis ſervi d'une autre montre pour terme de comparaiſon, & j'ai trouvé que le balancier de la montre à 8 jours, devoit être de 17 grains ; & que l'ayant fait de ce poids, il s'eſt parfaitement trouvé relatif à ſa force motrice, décrivant alors des arcs de 240 degrés, & dans cet état la montre va fort bien & ne varie pas ſenſiblement du chaud au froid : il reſte donc qu'il eſt plus léger de 2 grains qu'il ne devroit l'être, en partant d'après le calcul de la montre à demi-ſeconde ; or cette quantité ne peut venir que de la différence des frottements, ce qui ſerviroit à prouver les principes que j'ai établis, que des vibrations plus lentes qui ont une moindre quantité de mouvement, cauſent des frottements qui détruiſent une plus grande quantité de mouvement ; tandis qu'en comparant avec une montre à petit balancier, qui a néceſſairement plus de frottements, les résultats font exactement ceux que confirme l'expérience. Ainsi il paroît que les frottements d'une montre à vibrations lentes, & dont le balancier est pesant, ne sont pas moindres que ceux d'une montre qui a un petit balancier léger : au reste, cette différence de 2 grains n'est pas considérable.

1970. Mais il est à propos de faire observer ces différences que l'expérience donne d'après le calcul, différences causées par le plus ou moins de frottements, ce qui varie selon que les balanciers sont grands ou petits, font plus ou moins de vibrations ; elles sont encore dépendantes du plus ou moins de frottement des rouages ; ainsi, lorsque l'on voudra déterminer exactement par le calcul les dimensions d'une montre, il faudra la comparer à une qui n'en diffère pas absolument : c'est ainsi que pour avoir le poids du balancier d'une montre ordinaire, je me sers pour terme de comparaison d'une autre montre à peu-près pareille ; en comparant ainsi par gradation, sans passer tout à coup d'une montre à 30 heures à celle d'un an, on trouve des résultats très-justes & confirmés par l'expérience.

Probleme IV.

1971. Trouver la pesanteur du balancier d'une montre à un mois, qui fait une vibration par seconde, dont le diametre est de 10 lignes, & doit décrire des arcs semblables à la montre à 8 jours, ci-dessus, laquelle nous servira de terme de comparaison.

1972. Nous supposons que le ressort tire 10 gros, que la roue de fusée fait un tour en 5 jours. J'appelle A la montre de comparaison qui va 8 jours, & B celle à un mois.

1973. Comme les balanciers font le même nombre de vibrations, & décrivent des arcs semblables, pour avoir les vitesses des balanciers, il ne sera besoin d'employer que les diametres. Celui de A est $11\frac{1}{17}$, dont le quarré est 130 ; celui de B est 10, dont le quarré est 100 ; réduisant les forces motrices à une révolution de même durée, on aura pour force motrice de A 24 gros, c'est-à-dire, que si la fusée de la montre à 8 jours, faisoit un tour en cinq jours ; il faudroit que la force du ressort agît avec 24 gros : on a donc la proportion $130 \times 17 : 100 \times x :: 24 : 10$; donc $100 \times x \times 24 = 130 \times 17 \times 10$; donc $2400\,x = 22100$; donc $x = \frac{22100}{2400}$; $x = 9\frac{5}{24}$.

1974. Le balancier de la montre à un mois doit donc peser 9 grains $\frac{5}{24}$; on trouvera par le même moyen les dimensions d'une montre à un an ; mais comme celle à un mois n'est déja pas une trop bonne machine, celle à un an vaudra encore moins ; ainsi nous laissons ce calcul à ceux qui voudront s'en occuper.

Probleme V.

1975. UNE montre dont le balancier est petit, & fait un grand nombre de vibrations par heure, étant donnée, trouver le nombre des vibrations que devra faire un grand balancier, pour avoir la même vîtesse à sa circonférence, que celle que le balancier donné a à la sienne.

1976. Soit A le balancier donné, dont le diametre est de lig. $8\frac{1}{2}$, décrit des arcs de 240 degrés, & fait 18000 vibrations par heure ; & soit B, le balancier qui a 14 lig. de diametre, dont on cherche les vibrations : si on suppose que les arcs parcourus par les balanciers doivent être semblables; les vîtesses étant égales, les nombres de vibrations seront en raison inverse des diametres, on aura $18000 : x :: 14 : 8$. Donc $14 \times x = 18000 \times 8$; donc $14\,x = 144000$, & $x = \frac{144000}{14} = 10285\frac{5}{7}$.

1977. Le balancier B devra donc faire $10285\frac{5}{7}$ vibrations par heure, & décrire des arcs de 240 degr. pour avoir la même vîtesse que le balancier A : or dans ce cas si le balancier B est de même poids que A, selon le N°. 1944, il aura la même force; mais les frottements des pivots de B, seront à ceux de A, comme le diametre de A est à celui de B, ou comme 8 est à 14. Le balancier B éprouvera donc de moindres variations par les changements des frottements, puisque ces frottements étant moindres, la puissance du balancier pour les vaincre, est la même que dans le balancier A ; il faudra aussi une moindre force motrice pour entretenir en mouvement le balancier B, que pour A.

II. Partie.   D d

CHAPITRE XXXV.

De la Puissance motrice d'une Montre. Du Ressort.

1978. Nous avons vu par ce qui précéde, combien il est essentiel que la puissance motrice d'une montre soit constamment la même, puisqu'une montre quelconque connue dont on diminue ou on augmente la force motrice, fait des variations très-considérables du chaud au froid, & de la situation à plat à celle où elle est suspendue.

1979. On doit juger par-là comment doivent aller les montres qui n'ont pas de fusée pour corriger les inégalités du ressort: ces écarts ne doivent pas être moindres dans les montres à cylindre, dont le poids du balancier est donné au hazard. Nous avons essayé jusqu'ici de ne laisser échapper aucune des considérations qui peuvent rendre la justesse des machines qui mesurent le temps, la plus grande possible: nous examinerons ici, en suivant le même plan, comment on peut rendre la force motrice constante, & quels sont les effets du ressort.

I. PROPOSITION.

1980. Si on suspend un poids très-pesant à un fil d'acier infiniment petit; que dans cet état on l'expose à une chaleur un peu forte, le fil s'alongera d'une plus grande quantité qu'il n'auroit fait, s'il n'avoit pas été chargé du poids; puisque la chaleur, en écartant les parties des matieres, affoiblit nécessairement le fil, & que la grande pesanteur du poids aide encore à les écarter: or, si on expose ensuite ce même fil à la température où il étoit exposé avant que de le chauffer, l'action du froid ne sera pas assez grande pour rapprocher les parties de matiere du fil; ces parties n'étant pas en assez grande quantité,

& le poids y mettant obstacle, le fil restera plus long, & aura moins de force qu'il n'avoit avant cette épreuve.

1981. La même chose arrivera, si au lieu d'un fil & d'un poids, on suppose un ressort que l'on tende fortement & qu'on expose ensuite à la chaleur; la force qui tient le ressort tendu, fera sur le ressort le même effet que produit le poids sur le fil; c'est-à-dire, que l'extension du ressort sera plus grande lorsqu'il est tendu, qu'elle n'auroit été s'il ne l'eût pas été, & que le froid n'aura pas une action suffisante pour rendre au ressort la même force qu'il avoit auparavant.

1982. Un ressort continuellement tendu perd donc de sa force; & la cause de cette perte est due à l'extension que cause la chaleur; car si le ressort restoit toujours à la même température, il ne perdroit rien de sa qualité élastique.

1983. Si l'on redonne un degré de tension au ressort, de sorte qu'elle soit de la même quantité qu'avant l'épreuve précédente, le ressort exposé de la même maniere, perdra encore un degré de force; & si on continue à le tendre à mesure qu'il perd sa force, il perdra à la longue une partie assez considérable de son élasticité.

II. Proposition.

1984. Si on suppose le même ressort dans son premier état, mais qu'il soit chargé d'un poids attaché à l'une de ses extrémités; si on donne au ressort & au poids qu'il porte un mouvement de vibration, en sorte que le ressort & le poids qu'il porte aille & revienne continuellement sur lui-même par de promptes vibrations; que dans cet état on fasse souffrir au ressort un degré de chaleur, pareil à celui de l'épreuve précédente, le ressort ne s'alongera pas d'une plus grande quantité, que s'il ne portoit pas de poids; car la réaction continuelle du ressort sur lui-même, empêchera l'effet du poids; & si on expose ensuite ce ressort au froid, l'action du froid rendra au ressort la force que lui avoit fait perdre la chaleur.

1985. Il suit de la première proposition, que si on fait une montre, dont le ressort soit long-temps à se développer, ce reſſort demeurera long-temps tendu, & éprouvera les mêmes effets que s'il n'avoit pas de mouvement; ainſi il éprouvera dans la même ſituation divers changements de température qui diminueront ſa force.

1986. Il ſuit de la deuxieme propoſition, que le reſſort ſpiral d'une montre ne doit perdre de ſa force que celle du frottement des parties qui le compoſent; & que ſi la chaleur l'alonge d'une certaine quantité, le froid le raccourcit & le remet toujours au même état, ſans que l'oppoſition du poids de balancier y mette obſtacle. Enfin il réſulte de ces deux propoſitions, que le reſſort d'une montre perdra d'autant moins de ſa force, qu'il ſera moins long-temps tendu, & que ſon mouvement approchera des vibrations du reſſort ſpiral, & que par conſéquent le reſſort d'une montre que l'on remonte tous les jours, perd infiniment moins de ſa force, que celui d'une montre à huit jours, à un mois, ou à un an, & qu'il en perdroit moins encore ſi on le remontoit plus ſouvent.

1987. Tous les reſſorts ne perdent pas également de leur force, quoiqu'ils éprouvent les mêmes degrés de tenſion : cette différence dépend de la nature de la matiere du reſſort, & du degré de dureté des parties qui la compoſent; ainſi l'acier, dont les pores ſont fins & ſerrés lorſqu'il eſt bien trempé, perd une moindre quantité de ſa force; il eſt vrai que plus les pores de l'acier ſont ſerrés, & qu'il eſt trempé dur, plus auſſi il eſt ſujet à caſſer par le froid, enſorte qu'il n'eſt pas aiſé de prendre un milieu entre ces deux extrémités, le trop de dureté, ou la trempe plus foible. La maniere de travailler les diverſes ſortes d'acier, de tremper les reſſorts, &c. eſt un objet qui regarde particulierement les ouvriers qui font les reſſorts; ainſi je ne m'y arrêterai pas.

Remarque ſur les Reſſorts.

1988. La force d'un reſſort de montre ou de pendule étant donnée, il y a deux manieres de faire le reſſort; l'une en faiſant les lames épaiſſes & étroites, l'autre en les faiſant minces & larges. Cette derniere maniere eſt préférable à bien

des égards ; car 1°, plus le reſſort eſt épais, plus il eſt ſujet à
ſe caſſer ; 2°, plus un reſſort eſt étroit, plus le frottement des
bords du reſſort contre le fond du barrillet eſt grand, tandis
qu'un reſſort qui eſt large ſe déploie ſur la même ligne. On
pourroit peut-être objecter que les frottements des lames l'une
ſur l'autre eſt plus grand, lorſque le reſſort eſt plus large. Mais
ſi l'on fait attention que le développement des lames d'un reſſort bien conditionné ſe fait ſans qu'elles ſe touchent, on verra
que cette objection porte à faux. D'ailleurs, quand même
il arriveroit que ces lames ſe toucheroient, le frottement
n'en ſeroit pas plus grand que dans un reſſort étroit, puiſque
nous le ſuppoſons de même force, & que l'étendue de ſurface
n'augmente pas le frottement, abſtraction faite des huiles coagulées. Un reſſort mince & large eſt donc le meilleur dont on
puiſſe faire uſage.

1989. Quant à la différente épaiſſeur d'un reſſort priſe
du bout extérieur au centre, nous imaginons que le reſſort doit
être affoibli par le centre, & augmenter à meſure juſqu'au
bout extérieur. Au reſte l'expérience en apprend plus à un habile faiſeur de reſſort, que tous les raiſonnements que l'on
peut faire là deſſus : ils ont ſoin de les affoiblir, juſqu'à ce que
le développement des lames ſe faſſe ſans ſe frotter.

1990. Nous ne nous arrêterons pas non plus ici à parler
du rouage d'une montre ; cet objet a été traité à l'article des
roues & des engrenages, Part. II. Chap. V. Nous pourrons
d'ailleurs revenir à cet article par la ſuite. Paſſons maintenant
à la deſcription des montres à ſecondes, & des expériences que
j'ai faites ſur les montres à vibrations lentes, & qui ſervent à
confirmer ma théorie ſur l'avantage des grands balanciers légers dont les vibrations ſont promptes.

CHAPITRE XXXVI.

Description d'une Montre à secondes, à deux battements ou vibration.

1991. Dans les montres à secondes que l'on a faites jusqu'ici, on a placé l'aiguille des secondes entre celles des minutes & des heures, disposition qui m'a toujours paru défectueuse ; car 1°, l'aiguille des secondes est souvent exposée à toucher à l'une ou l'autre de ces aiguilles, à cause du ballotage de son canon ; & d'ailleurs l'aiguille des secondes est cachée à chaque tour par celle des minutes : 2°, le canon qui porte l'aiguille des secondes, roule sur la chauffée des minutes, ce qui cause un frottement assez considérable, vu sa grosseur & la vîtesse de son mouvement : 3°, dans les montres à cylindre ce canon porte une roue qui engrene dans le pignon de la roue d'échappement, de sorte qu'il faut nécessairement que l'engrenage ait du jeu pour qu'il n'arrête pas la montre ; & pour peu qu'il en ait, l'aiguille des secondes ballote tellement, qu'il n'est pas possible de distinguer par l'aiguille les battements du balancier, chose assez nécessaire pour observer. C'est pour parer à ces difficultés que j'ai disposé la montre, dont on voit le plan dans la (*Pl. XXVII, fig.* 1, 2, 3, 4 & 5).

1992. *A*, (*fig.* 2) est le barrillet ; *B*, la fusée ; *C*, la grande roue moyenne ; (dans les montres ordinaires à secondes ou autres, cette roue est placée au centre de la montre, pour que sa tige prolongée porte l'aiguille des minutes) : la roue de fusée a 54 dents ; elle engrene dans le pignon *b* qui porte la grande roue moyenne *C* ; celle-ci engrene dans le pignon *c* qui a 8 dents ; ce pignon engrene non-seulement dans la roue *C*, mais il passe à travers la platine, (*fig.* 1) de maniere qu'il engrene dans la roue *G* ; le pivot de ce pignon roule dans le pont *L* ; ce pignon porte la petite roue moyenne

D (*fig.* 2) de 60 dents ; la petite roue moyenne engrene dans le pignon d, sur lequel est fixée la roue E de 48 dents ; cette roue engrene dans le pignon e qui a 12 ailes ; ce pignon porte la roue d'échappement F de 15 dents ; chacune de ses révolutions fait donc faire 30 vibrations au balancier ; & comme celui-ci fait deux vibrations par seconde, la roue F reste 15 secondes à faire un tour : or son pignon fait quatre tours pour un de la roue E, celle-ci reste donc une minute à faire un tour ; c'est le pivot prolongé de cette roue E vue en perspective (*fig.* 4), qui porte l'aiguille des secondes ; ce pivot passe à travers le pont N, qui se fixe au centre de la platine (*fig.* 1) ; il sert à porter la roue des minutes H (*fig.* 1), vue en perspective (*fig.* 3).

1993. La roue H s'ajuste à frottement contre la roue G (*fig.* 3) au moyen de la clavette Q ; ainsi les deux roues tournent ensemble ou séparément : lorsqu'on remet les aiguilles à l'heure, elles sont placées, comme on le voit (*fig.* 1). Le canon de la roue H porte l'aiguille des minutes ; cette roue G engrene dans la roue de renvoi I, dont le pignon conduit la roue de cadran O (*fig.* 5), celle-ci porte l'aiguille des heures : la roue I & son pont M sont vus en perspective, (*fig.* 4).

I. REMARQUE.

1994. J'ai réduit par cette disposition de la montre, les frottements causés par l'addition des secondes, à la plus petite quantité, puisque la roue des secondes est portée par le pivot de la roue E (*fig.* 4) ; j'ai aussi retranché le jeu de l'aiguille des secondes, laquelle étant portée par une roue de l'intérieur du mouvement, ne peut avoir du ballotage, étant continuellement pressée par le moteur. L'aiguille des secondes P vue (*fig.* 5), passe par dessus toutes les aiguilles, & est par ce moyen plus apparente ; ses battements son nets, & se font sans jeu ni recul ; ils sont très-précis, tombent exactement sur les demi-divisions du cadran ; cette montre est très-propre aux observations ; c'est la même dont nous avons rapporté les dimensions (1964 *& suiv*).

II. Remarque.

1995. Lorsque les secondes sont concentriques au cadran, au lieu de faire porter le pivot de la roue des secondes par la platine, il faut le faire rouler dans un bouchon mis à force à l'extrémité du pont N; de cette maniere le pivot sera plus petit, ce qui diminuera son frottement, lequel est nécessairement augmenté par le poids de l'aiguille des secondes.

CHAPITRE XXXVII.

Description d'une Montre à secondes qui va huit jours sans remonter, dont le Régulateur est formé par deux Balanciers qui font un battement à chaque seconde. Expériences sur cette Montre & sur les vibrations lentes, (Pl. XXVII, fig. 6, 7, 8, 9 & 10).

1996. La même montre est disposée pour être à simple balancier, lorsqu'on le juge à propos. La fig. 6 représente l'intérieur du mouvement; A est le barillet; B, la fusée; la roue C de fusée engrene dans le pignon c de la grande roue moyenne D; celle-ci engrene dans le pignon d de la roue de longue tige E, dont le pivot prolongé porte l'aiguille des minutes; cette roue du centre engrene dans le pignon e, qui porte la petite roue moyenne F, laquelle engrene dans le pignon f, qui porte la roue d'échappement G; celle-ci a 30 dents; & comme elle fait faire 2 fois 30 vibrations au balancier à chaque tour qu'elle fait, elle reste une minute à faire un tour; son axe prolongé porte l'aiguille des secondes, qui marque sur un cercle excentrique peint sur le cadran de la montre: cette roue d'échappement est vue en perspective (*fig.* 8) avec les deux

SECONDE PARTIE, CHAP. XXXVII. 217

balanciers; elle ne fait échappement, comme on le voit, qu'avec le cylindre qui porte le balancier B; l'échappement ne differe pas de celui à cylindre décrit (401 & fuiv.); le mouvement du balancier B fe communique à celui A, au moyen des petites roues a & b portées par les axes des balanciers.

1997. Les croifées des balanciers font difpofées de maniere à faciliter l'étendue des arcs de vibrations qui peuvent être de près de 360 degrés.

1998. Le fpiral eft porté par le balancier A, comme on le voit fig. 7 : or l'échappement fe faifant fur l'axe du balancier B; le petit jeu que demande l'engrenage de communication devient nul à caufe de la tenfion continue du fpiral; le rateau qui fert à régler la montre, eft conduit par l'aiguille de rofette D, comme dans les montres ordinaires; le reffort C eft attaché à la détente qui fert à arrêter les balanciers, lorfqu'on veut prendre l'heure bien exactement.

1999. La fig. 9 repréfente la montre, lorfqu'on a ôté les deux balanciers, & qu'on veut y fubftituer le balancier feul; les pieces g, h tiennent lieu de coulifferie, de rofette & d'aiguille; g eft un pont qui preffe l'index h à frottement fur la platine; cet index porte deux chevilles, entre lefquelles paffe le fpiral : ainfi en tournant la piece h de m en k, on fait avancer la montre, & au contraire : les pieces g h (Fig. 10) font vues de profil.

2000. Nous avons donné (1474 & fuiv.) les nombres des roues d'une montre à 8 jours, & nous avons auffi calculé les dimenfions de cette montre (1967); nous ne nous y arrêterons donc pas: paffons aux expériences que je me fuis propofées en conftruifant cette montre, & donnons-en les réfultats. Voici ce qui a donné lieu à la compofition de la montre à fecondes à deux balanciers. M. Romilly publia en 1755 une montre, dont le balancier fait une vibration à chaque feconde, (voyez Encyclopédie, article frottement) : en admirant cette nouveauté, je crus qu'une telle montre feroit expofée à varier par les agitations du porté. Ce fut donc pour réunir la juftefe, à la fatisfaction d'avoir une aiguille qui marquât les fecondes comme nos hor-

II. Partie. Ee

loges à pendules, que je conſtruiſis cette montre à deux balanciers. On ſait, & il eſt facile de s'en convaincre par la ſeule inſpection des figures, que telle agitation que l'on faſſe éprouver à une montre à deux balanciers, ſes oſcillations n'en ſont pas troublées : j'exécutai donc cette montre ; & ſi ſon mouvement ne fut pas plus exact que celui d'une montre ordinaire, au moins eſt-il certain qu'il ne fut pas plus irrégulier, ſurtout lorſque j'eus donné le rapport convenable du régulateur à la force motrice, rapport qui eſt au moins auſſi eſſentiel dans une telle montre, que dans une autre. Dans la ſuite j'y adaptai un ſeul balancier dont le poids eſt égal à celui des deux autres ; il eſt de même diamètre, porté par un cylindre qui fait échappement avec la roue H, & décrit les mêmes arcs que l'échappement des deux balanciers : mon but, en adaptant alternativement à la même montre un régulateur compoſé de deux balanciers & enſuite d'un ſeul, mon but, dis-je, étoit de pouvoir comparer les différents effets de ces deux diſpoſitions par toutes ſortes d'agitations, poſitions & températures, ce ce qui m'a ſervi à juger à laquelle des deux on devoit donner la préférence. Je ne rapporte ici que la plus eſſentielle de ces obſervations, celle qui eſt relative aux agitations du porté.

2001. Pour en venir à l'objet de cette expérience, après avoir bien réglé la montre (à vibrations lentes par un ſeul balancier) à repos, je la portai de diverſes manieres, en lui faiſant éprouver toutes ſortes de mouvements, &c. Elle alla conſtamment bien, ſans que j'aie apperçu que les agitations du porté lui ayent cauſé aucune variation : ainſi, quoiqu'il arrive effectivement, ſelon que je l'avois imaginé, que certains mouvements, chocs, &c, devoient tendre à accélérer la vîteſſe d'un balancier grand & peſant qui fait des vibrationns lentes, & qu'au contraire d'autres mouvements devoient rallentir ſes vibrations ; il arrive, dis-je, que la juſteſſe de la montre n'en eſt pas changée ; car ſi un tel mouvement que la montre reçoit augmente la vîteſſe du balancier, un autre mouvement tend à la faire retarder, enſorte que cela ſe compenſe, ce qui eſt vérifié par les expériences suivies que j'ai faites là-dessus.

2002. Quant aux montres à deux balanciers, quoique celles que j'ai faites aillent bien ; comme elles ne vont pas mieux que celles qui n'ont qu'un seul balancier, & que cependant la difficulté de les exécuter est infiniment plus grande ; il est bon d'annoncer ici que c'est se forger des difficultés en pure perte, & qu'un tel méchanisme est absolument inutile.

2003. Il n'en est pas tout-à-fait de même des montres à vibrations lentes, c'est-à-dire, qui font un battement par seconde ; si elles ne vont pas mieux du chaud au froid, que les montres ordinaires, ainsi que nous allons le faire voir, elles ont cela de satisfaisant, d'être commodes pour observer. Il est d'ailleurs bon de remarquer que ces sortes de montres exigent de très-grands soins pour être exécutées, & que si elles demandent une moindre force motrice, comme le balancier a peu de force, l'inégalité de la force motrice ou des frottemens causera des écarts plus grands qu'aux montres ordinaires à vibrations promptes & balancier léger.

2004. Les montres à vibrations lentes sont plus sujettes au battement du balancier ; c'est par cette raison qu'il est à propos de ne les employer qu'avec des échappemens à cylindre ; la levée de cet échappement étant communément de 45 degrés, & l'arc de vibration de 180. Il peut cependant décrire encore 180 degrés : de cette maniere, si la montre reçoit une secousse, son effet se bornera à faire parcourir un plus grand arc au balancier, sans changer sensiblement la durée de la vibration ; au lieu que si on employoit les vibrations lentes, & un balancier pesant avec l'échappement à roue de rencontre, la moindre secousse causeroit des battemens qui dérangeroient nécessairement la justesse de la montre.

2005. Enfin, si les montres à vibrations lentes sont satisfaisantes, je dois dire qu'elles ne sont pas susceptibles de la même justesse que le seroit une montre qui, faite d'après les principes que j'ai établis, auroit un grand balancier léger, feroit des vibrations promptes, & auroit par ce moyen moins de frottement & plus de force de mouvement.

E e ij

Expériences du 12 Janvier 1760.

2006. J'ai porté pendant 12 heures dans mon gousset la montre à secondes qui va 8 jours; elle étoit réglée: je l'ai ensuite fait marcher 12 heures au froid de la glace ; alors elle a retardé d'une minute : cependant les arcs parcourus par le balancier ne sont que de la grandeur requise ; car si je les faisois plus petits, la montre arrêteroit au doigt, ce qui prouve que les frottements sont plus grands relativement dans cette montre, & que le froid agit avec plus d'effet. J'ai comparé & fait subir la même épreuve à la montre à demi-secondes : le froid l'a fait avancer d'une minute ; elle décrit cependant de plus grands arcs : ainsi en diminuant du poids du balancier, les effets du froid sont nuls pendant le grand froid. Lorsque la montre à secondes à huit jours étoit exposée au froid de deux degrés au-dessous de la glace, elle retardoit de 3 minutes par nuit ; & lorsque le froid a diminué, la montre a été réglée : je n'ai pas voulu toucher au spiral pendant le froid, afin de mieux juger de ces écarts.

2007. Je fis il y a un an une montre à 8 jours sur les principes de celle que je viens de décrire ; les secondes sont d'un seul battement, c'est-à-dire, qu'elle fait 3600 vibrations par heure. Pour vérifier mes principes sur les effets du chaud & du froid sur les montres, & du rapport du régulateur à la force motrice, je fis le ressort plus fort qu'il ne falloit, tellement que le balancier décrivoit de fort grands arcs, & que la montre varioit considérablement, c'est-à-dire, que le froid la faisoit beaucoup retarder : je fis diminuer le ressort, & réduisis les arcs de vibrations à 180 degrés ; alors elle étoit à peu près réglée du chaud au froid ; elle retardoit encore par le froid, mais beaucoup moins. Lorsque la température fût revenue à 10 degrés au-dessus de la glace, la montre avança de 2 minutes en 24 heures ; j'ai toujours laissé l'aiguille du spiral au même point, ces changements ne sont causés que par la différence de la fluidité de l'huile qui est assez mobile à 10 degrés au-dessus de la glace, & fort folide à la glace, & à 4 degrés au-deffus. J'ai fait diminuer la force motrice de cette montre, enforte que l'arc de vibration ne furpaffoit que peu celui de levée ; dans cet état, étant portée 12 heures dans le gouffet, & réglée à cette température, expofée pendant 12 heures à la glace, elle a retardé d'une minute : or, on ne peut diminuer la force motrice fans expofer la montre à arrêter au doigt ; on ne pourroit donc corriger ces défauts qu'en faifant des pivots de balancier beaucoup plus petits, le poids du balancier reftant le même ; mais ces balanciers pefants feroient fujets à faire caffer les pivots par les moindres fecouffes.

CHAPITRE XXXVIII.

Recherches & expériences, concernant les Horloges aftronomiques.

2008. Les détails dans lefquels je fuis entré ci-devant fur les verges de pendule, & les recherches que j'ai faites ont eu pour objet de parvenir à conftruire une Horloge aftronomique la plus parfaite qu'il m'a été poffible. Tel étoit le but que je me propofai lorfque je conftruifis l'Horloge aftronomique décrite chap. XXIV, Part. II ; mais l'étude particuliere que j'ai faite depuis, les recherches & expériences dont j'ai rendu compte ci-devant, m'ayant conduit à des moyens de perfection que j'ignorois lorfque j'exécutai cette premiere Horloge, m'ont déterminé à mettre à exécution ceux que j'ai établis, afin de vérifier ces principes par l'expérience, & de les fixer d'une maniere folide & qui différe des fiftêmes ou fimples fpéculations ; car il ne fuffit pas dans les machines de pofer une fimple théorie, en ne faifant point attention aux différents effets des corps & au dérangement qu'ils caufent dans les principes ; il faut, au contraire, continuellement y faire entrer la phyfique & l'expérience, seul moyen de les rendre solides : ces principes doivent être immuables comme ceux de la géométrie ; mais il faut les considérer sous toutes leurs faces, en y faisant entrer toutes les circonstances nécessaires. Telle est la marche que j'ai essayé de suivre dans l'Horloge astronomique du succès de laquelle je vais rendre compte.

2009. Comme le pendule & la suspension font la principale partie de cette machine, j'entrerai dans quelques-uns des détails qu'ils ont entraînés, & dans les expériences réitérées que j'ai été forcé de faire, pour parvenir le plus près du but qu'il m'a été possible.

2010. Le pendule est le même que j'ai décrit chapitre XXIII, (1761) : il est représenté (*Pl. XXIII*, *fig.* 12). Je rendrai compte des changements que j'y ai faits en l'exécutant ; & si on trouve que ces détails que j'abrege soient encore longs, on pourra juger combien les opérations mêmes doivent l'être, lorsqu'on a en vue l'extrême perfection.

2011. Le pendule étant exécuté & construit à peu près tel que je l'ai décrit (1761), & qu'il est représenté (*Pl. XXIII*, *fig.* 12) ; pour en faire épreuve, je le mis tout monté avec sa lentille dans 30 livres de glace pilée : lorsqu'il en eut pris la température, je le plaçai sur le pyrometre ; la lentille portoit à son centre une piece coudée qui alloit appuyer sur le rateau du pyrometre : je plaçai de même un thermometre dans la glace, afin qu'il éprouvât les mêmes changements que le pendule.

I. EXPÉRIENCE.

2012. Le pendule appliqué sur le pyrometre.

Thermometre.		Aiguille du Pyr.	
	0		0
	15		0
	19		1 deg.
Mis l'Etuve	25		2
	32		6
	35		9
	40		15

SECONDE PARTIE, CHAP. XXXVIII. 223

2013. Le pendule ayant été mis à la glace, éprouvant ensuite 40 degrés de chaleur, il s'est raccourci de lig. $0\frac{15}{360}$, d'où l'on voit que la compensation est trop forte, puisqu'au lieu de s'alonger, il s'est accourci par la chaleur. Cette expérience confirme donc la bonté de celles que j'ai faites sur les métaux; car j'avois fait la verge plus longue que ne le donnoit le calcul, (1767); ainsi l'excès d'alongement du cuivre sur l'acier est trop grand, ce qui fait trop remonter la lentille. Je réduisis donc les chassis & verges au rapport que j'avois trouvé par le calcul; je remis le pendule dans la glace, & ensuite sur le pyromètre : voici ce que je remarquai.

II. EXPÉRIENCE.

2014. Th. à 0   Pyr. 0 chaud.
         10   5

Mis l'Etuve & des Mottes.

Thermometre. à 21   Pyrometre. 5 chaud.
              25   5
              30   5
              40   5
              23   5 du froid.

Remarque sur cette expérience.

2015. Un moment après que le pendule tiré de la glace a été placé sur le pyromètre, la chaleur l'a fait alonger de lig. $0\frac{1}{360}$, & il est resté constamment au même point, pendant que la chaleur de l'étuve échauffant la verge, faisoit monter le thermomètre ; mais comme la lentille ayant une grande masse, exige plus de temps pour être pénétrée de la chaleur, il arrive qu'elle se dilate long-temps après les verges; ainsi les parties de la verge de compensation qui sont dans la lentille, ne se dilatent que lorsque la lentille est échauffée, & c'est alors que le pendule s'est accourci de lig. $0\frac{1}{360}$: or on ne peut attribuer ce raccourcissement du pendule qu'à la dilatation de la lentille, laquelle étant remplie de plomb, son centre se remonte plus, que la partie de la verge d'acier qui la porte ne s'est alongée, & dans le rapport de 193 à 74; (Voyez la Table des Dilatations), (1696): c'est donc à cette seule cause que l'on doit attribuer le petit écart du pendule. J'imaginai deux moyens de corriger cet écart: 1°, en suspendant la lentille par son centre, comme on le voit (*Pl. XXVIII, fig. 1*); 2°, en remontant les verges intérieures du grand chassis du pendule, de sorte que toutes les parties qui servent à la compensation soient hors de la lentille, & par conséquent exposées dans l'instant à la même température: le pendule ainsi corrigé, je le mis dans 30 livres de glace, & ensuite sur le pyrometre.

III. Expérience (*a*),

2016. Th. à 0   Pyr. 0 chaud,
       10   1
       12   1

Mis l'Etuve & des Mottes.

Th. à 14   Pyr. 1 chaud,
      18   1 $\frac{1}{2}$
      21   2
      26   3
      31   3
      35   3
      36   3

2017. Voilà donc enfin mon pendule amené au point de

(*a*) Une chose singuliere que j'ai observée en faisant cette expérience, c'est qu'à mesure que la chaleur de l'étuve augmentoit un peu sensiblement, l'aiguille du pyrometre alloit & revenoit alternativement sur elle-même en faisant des vibrations d'un demi-degré, & restant cependant toujours dans le même degré; ce qui est produit par l'action de la chaleur sur les verges d'acier & de cuivre: celles d'acier tendent à alonger le pendule, & celles de cuivre à le raccourcir: or la différence des pores de ces deux métaux les rend différemment pénétrables par le chaud & le froid, qui n'agit pas également dans le même instant sur l'un & l'autre métal.

perfection

perfection que je lui souhaitai; il ne s'allonge que de lig. o $\frac{1}{360}$ en sortant de la glace, & éprouvant 35 degrés de chaleur; & en ôtant l'étuve, il revient ensuite à sa premiere longueur.

2018. Cette variation si petite est produite par un peu d'affaissement causé par la lentille; ainsi en la tenant un peu plus légere, les verges de compensation plus fortes & d'un pouce plus longues, on diminuera encore cet écart, qui d'ailleurs est beaucoup plus petit qu'on n'auroit osé l'espérer.

2019. Je suis parvenu à cette extrême précision par les moyens suivants: 1°, en supprimant le levier que l'on employoit ci-devant, & ajoutant en verges la longueur requise pour la compensation; par-là j'ai diminué la pression de la lentille, puisque chaque verge correspondante ne supporte que la moitié de son poids : 2°, par le moyen du chassis & des verges correspondantes, le poids de la lentille agit perpendiculairement sur chaque verge de cuivre correspondante, & la pression des verges sur les chassis ne peut ni les écarter ni les faire fléchir : 3°, le poids de la lentille est proportionné à la solidité des verges, de maniere que celles-ci ne peuvent être affaissées par son poids : 4°, toutes les verges sont de même grosseur, & présentent à l'air une égale surface, de sorte que les changements de température se communiquent à toutes dans le même temps : 5°, toutes les parties de la verge qui servent à la compensation sont situées hors de la lentille, & sont pénétrées dans le même temps par les changements qui arrivent dans l'air : 6°, la lentille étant suspendue par son centre peut se dilater en tout sens, sans changer la longueur du pendule.

2020. Les dimensions de ce pendule sont dans le rapport donné par le calcul fait d'après mes expériences sur les dilatations des métaux : or ce pendule ne s'étant alongé que de lig. o $\frac{1}{360}$ par l'épreuve non équivoque qu'il a subie; on voit que ces expériences sont exactes, & que les rapports de dilatation trouvés sont justes.

2021. On voit encore par les détails dans lesquels je viens d'entrer, que le pyrometre n'a pas seulement servi à faire des expériences sur les dilatations des différents métaux ; mais que son usage le plus essentiel a servi à vérifier mes tentatives, afin de parvenir à composer un pendule dont les centres d'oscillation & de suspension ne changent pas de longueur : j'observerai de plus, qu'un tel pyrometre est l'unique moyen propre à juger du point de perfection où l'on est parvenu ; car on aura beau dire que l'on a construit un pendule qui ne change pas de longueur, toute autre preuve que celle-ci est équivoque. On aura comparé, par exemple, une horloge astronomique pendant quelques jours avec le passage des étoiles ; elle pourra avoir été juste, sans que cela prouve rien pour la bonté de la machine ; car, 1°, comme l'air change du matin au soir, il peut très-bien arriver que l'horloge avance & retarde alternativement, & se compense au bout de 24 heures : 2°, la justesse d'une horloge ne dépend pas uniquement de la longueur du pendule ; car elle dépend de plus de l'étendue constante des arcs, de la nature de l'échappement, des frottements, des huiles ; ainsi il peut très-bien arriver qu'une telle machine marche juste pendant quelques jours, quoique le pendule change de longueur : 3°, une horloge pourroit avoir été éprouvée du froid au chaud, & n'avoir pas paru faire d'écarts, mais dans la suite en faire de considérables pendant le froid ; telle seroit celle dont la lentille seroit assez pesante pour affaisser la verge du pendule, la compensation se feroit pendant que la verge est échauffée ; mais venant à se refroidir, elle ne pourroit plus remonter la lentille, ensorte que le pendule resteroit plus long : on pourroit donc croire, après avoir examiné une telle horloge du froid au chaud seulement, que le pendule a compensé les écarts, tandis qu'en continuant l'expérience en reprenant par le froid, l'horloge retarderoit : c'est ce qui seroit arrivé aux pendules de Rivaz, si on les eût ainsi examinées : (Voyez 1733 & 1734).

2022. Pour donc examiner cet objet avec ordre, & ne point attribuer à une horloge une justesse qui pourroit n'être que la suite des défauts qui se compenseroient, il est très-essentiel de vérifier le pendule séparément, & ainsi des autres parties de la machine : cet examen ainsi fait, c'est alors que l'Aftronome peut en vérifier fa marche, & que fi elle varie, on fera forcé de recourir à de nouvelles caufes qui n'avoient pas encore été apperçues.

De la fufpenfion du Pendule.

2023. Après être parvenus avec fuccès à la compofition d'un pendule qui corrige l'effet de la dilatation & contraction de la verge, j'ai cherché à fufpendre ce pendule, de maniere que fes ofcillations fe confervaffent le plus long-temps qu'il eft poffible. J'entrerai ici dans quelques détails de conftruction que la fufpenfion de ce pendule exige ; je ne les crois pas déplacés, puifque la perfection de la fufpenfion eft effentielle pour conferver l'Ifochronifme des vibrations ; je vais donc rendre compte des corrections que j'ai faites.

2024. 1°. Le mouvement que fait le couteau fur fon appui, eft le développement de la petite portion du cercle qui en termine l'angle : or ce développement fait mouvoir l'axe du pendule parallelement à lui-même ; enforte que fi la gouttiere fur laquelle fe meut le couteau, eft formée par la portion d'un petit cercle, il faudra, ou que le développement du couteau faffe élever le pendule à chaque ofcillation, ou que ce roulement fe faffe comme un pivot qui tourne dans un trou : pour éviter ces défauts, il faut, ou que ce couteau fe meuve fur un plan, ou que la gouttiere foit formée par un grand cylindre qui ait au moins 6 lignes de diametre ; ainfi la petite partie de cette rainure, fur laquelle fe meut le couteau, différera peu d'une ligne droite ; par ce moyen on aura le même avantage qu'avec un plan, fans avoir les difficultés qu'il entraîne.

2025. 2°. Ayant obfervé que quelques foins que l'on applique à l'exécution d'une fufpenfion, il eft prefque impoffible de faire que le couteau porte fur plus de deux points, il arrive que chacun de ces points fupportant la moitié de la pefanteur du pendule, ils s'affaiffent & fe brifent ; pour parer à cette difficulté, voici ce que j'ai imaginé : au lieu de faire la gouttiere fur le fupport (*Pl. XXVIII*, *fig.* 4) j'ai fait une entaille dans laquelle j'ai ajufté deux pieces d'acier *a*, *b*, mobiles felon *a b*, (*fig.* 2) & formant deux petits leviers terminés en angle pour recevoir la gouttiere portée par la verge du pendule, enforte que toute la pefanteur du pendule fera portée par ces deux leviers; & comme ils font mobiles felon leurs longueurs, ils auront chacun au moins deux points qui fupporteront la maffe du pendule, c'eft-à-dire que le poids de celui-ci fera fupporté par 4 points au lieu de 2, & que par conféquent l'effet de l'affaiffement de la fufpenfion fera réduit à la moitié.

2026. 3°. J'ai formé la gouttiere fur la traverfe (*fig.* 6) attachée à la fourchette *K*, qui porte le pendule; par ce moyen elle eft renverfée, enforte que la pouffiere ne peut s'y arrêter.

2027. 4°. J'ai placé à travers la piece ou porte-gouttiere (*fig.* 1) une vis *Z*, qui fert à élever le pendule pour l'éloigner des couteaux, enforte qu'en le laiffant redefcendre doucement, la fourchette *K* ne peut toucher ni de côté ni d'autre au fupport *I* : cette vis eft encore utile pour écarter la gouttiere des couteaux, lorfqu'on veut tranfporter le pendule tout monté; alors on éleve le pendule au moyen de la vis *Z* ; & pour contenir la lentille, il ne faut que l'arrêter entre deux morceaux de bois creufés que l'on fixe à la boîte avec quatre fortes vis.

2028. 5°. J'ai fait ces pieces de fufpenfion les plus petites qu'il eft poffible, afin qu'elles fe trempent mieux, ce qui doit être, puifqu'ayant plus de furface & moins de folidité, elles feront plus facilement pénétrées, & par les ingrédients qui fervent à la trempe, & par le froid de l'eau; outre que ces pieces étant petites, font de meilleur acier.

2029. Enfin, je finis ce qui regarde la fufpenfion, en faifant obferver qu'il eft très-effentiel de la fixer très-folidement contre le mur avec la boîte, fans quoi les ofcillations du pendule agiroient fur la boîte, & celle-ci ne reftituant pas au pendule le même mouvement, cela diminueroit les vibrations du pendule : paffons maintenant à la defcription de l'Horloge.

CHAPITRE XXXIX.

Description de l'Horloge Astronomique.

(*Planche XXVIII*, fig. 1).

2030. *A, B, C, D* est une planche très-forte, qui sert à fixer très-solidement le pendule contre le mur; elle porte la cage de cuivre *E, F, G*, dont les pivots prolongés des vis *H* contiennent le support *I*, qui porte le pendule; ce support tourne sur les vis *H*, pour laisser au pendule la liberté de prendre son aplomb.

2031. La fourchette *K* porte fixement la traverse 2, 3, (*fig. 6*), sur la longueur de laquelle est formée la gouttière qui doit appuyer sur les deux couteaux mobiles du support *I* : ce support est vu (*fig. 2*), portant les couteaux *a, b* vus en perspective (*fig. 3*); il est encore vu (*fig. 4*), avec l'entaille dans laquelle se logent les couteaux (*fig 3*); 1, 2, 3, 4 sont les vis qui arrêtent les couteaux sur le support, en leur laissant seulement un petit mouvement sur le milieu de leur longueur, & tel que l'appui de la gouttiere les oblige à s'appliquer par leurs extrémités; c'est pour cet effet que le dessous *c* des couteaux est arrondi, & qu'ils ne touchent au support que par le milieu.

2032. La cinquieme figure représente la fourchette *K*, portant la traverse ou gouttiere, vue séparément (*fig. 6*) avec la vis *Z* qui sert à élever le pendule : pour cet effet, lorsqu'on fait tourner la vis *Z*, on fait descendre sa pointe, laquelle va poser sur le fond du trou conique fait à la broche *A* (*fig. 4*); or cette broche est fixée après le support : ainsi en tournant la vis, on fait monter ou descendre la fourchette *K*, & par conséquent le pendule.

2033. La fourchette *K* (*fig. 1*) est fixée par une forte

cheville avec le chaffis d'acier, *a b c d*; le bout *c d*, qui entre juſte dans la lentille, ſert uniquement à l'empêcher de vaciller; *e f* eſt une traverſe ſur laquelle poſent les verges correſpondantes de cuivre *g h*, *i l*; les bouts ſupérieurs de ces verges agiſſent ſur le levier mobile en *m* (*) entre deux plaques qui ſont fixées ſur le ſecond chaffis d'acier *n o p q* ; ſur le bout inférieur de ce chaffis poſent les bouts des verges de cuivre correſpondantes *r s*, *t u*, dont les bouts ſupérieurs portent enfin le levier mobile en *x*, par une cheville qui traverſe ce levier & la verge d'acier *x y* ; l'extrémité inférieure de cette verge paſſe à travers les mortaiſes faites au ſecond chaffis & à la traverſe *e f* du premier ; ce bout prolongé eſt taraudé, & paſſe à travers le trou *N* de la chape *M N* ; un écrou taraudé qui entre ſur cette vis, retient la chape *M N* avec la verge *y x* ; & comme cette chape vue de profil (*fig*. 7) embraſſe la lentille, & la retient par ſon centre au moyen de la vis *O*, on voit que la lentille eſt ſoutenue par la verge *y x*, & par conſéquent par le reſte du pendule, dont chaque verge en ſoutient une partie, & dont tout l'effort ſe réunit à la ſuſpenſion.

2034. Les leviers mobiles en *x* & en *m* ſervent à diviſer également la preſſion de la lentille ſur chaque verge de cuivre correſpondante *g h*, *i l*, & *r s*, *t u* ; ces leviers tiennent donc lieu des talons des verges d'acier qu'on voit (*Pl. XXIII, fig*. 12).

2035. *A* (*fig*. 8) repréſente l'écrou qui ſoutient la lentille par le deſſous de la chape ; *B* eſt un *contre-écrou* pour fixer invariablement la longueur du pendule ; ils ſe logent l'un & l'autre dans l'épaiſſeur d'une entaille faite à la lentille, comme on le voit (*fig*. 1).

2036. (*Fig*. 9) eſt un petit cylindre ou index qui entre dans le trou du canon *P*. (*fig*. 1) ; il peut monter & deſcendre dans ce canon, afin que ſoit que l'on regle l'Horloge ſur les étoiles fixes ou avec le ſoleil, l'index approche également du

---

(*) On a vu (1766) l'uſage de ce levier ; c'eſt de diviſer l'action de la lentille également ſur les verges correſpondantes ; ainſi il ne faut pas confondre l'effet de ce levier avec celui de compenſation que j'ai ſupprimé.

limbe Q, pour marquer les dégrés parcourus par le pendule : O est une vis qui sert à fixer l'index avec le canon P.

2037. Les parties R & S de la cage E, F, G, servent à recevoir la cage du mouvement, laquelle s'arrête avec cette premiere cage, au moyen de deux vis qui passent à travers les trous 4, 5, & entrent dans les trous taraudés des piliers du mouvement : on peut par ce moyen ôter ce mouvement sans déranger le pendule.

2038. V, X, Y sont des *brides* qui servent à contenir les verges du pendule : ces brides sont de cuivre plié, & elles sont arrêtées par des vis à portée par un des bouts ; ces vis passent dans de petites entailles faites au châssis pour les retenir ; les autres bouts des brides portent de petites vis, dont la pointe entre de l'autre côté du châssis pour empêcher la bride de descendre & de gêner les verges, défaut qu'il est essentiel d'éviter ; car la compensation ne pourroit se faire si ces verges ne pouvoient monter & descendre librement dans le grand châssis.

Description du Mouvement, (Pl. XXIX).

2039. La fig. 1 représente le cadran de l'Horloge avec l'aiguille des secondes ; l'aiguille des minutes marque sur un cercle gradué en 60 parties ; ce cercle est commun aux minutes & aux secondes. Les heures sont marquées à travers l'ouverture faite au cadran ; elles sont gravées sur un cercle D (*fig.* 3) qui est porté par la roue de cadran C. J'ai disposé le cadran de cette maniere pour qu'il fût plus net, & que l'on remarquât aisément le mouvement de l'aiguille des secondes ; car les heures gravées sur les cadrans les rendent si noirs, qu'on a peine à voir l'aiguille des secondes & des minutes, dont les Astronomes ont cependant le plus à faire.

2040. $I i$ (*fig.* 5) est l'ancre d'échappement que j'ai tenu plus court, afin de diminuer la traînée du repos, & pour avoir de plus grands arcs de levée : c'est exactement l'opposé de ce qu'on a fait ci-devant, séduit par la simple théorie, & par l'exemple de M. Rivaz : Voyez les défauts que les petits arcs

& les lentilles pesantes entraînent, aux numéros 1624, 1733 & 1734. Les arcs de vibrations décrits par ce pendule, sont de deux degrés.

2041. La fig. 2 représente le dehors de la platine des piliers, avec les roues de cadratures pareilles à celles décrites Part. I, Chap. III.

2042. *A B* est une détente fixée sur la tige du pied de biche; la partie *B* de cette détente sert à recouvrir le trou du remontoir, afin qu'on ne puisse remonter l'Horloge sans avoir déplacé la détente, & par conséquent sans faire agir le pied de biche H (*fig.* 5) sur la roue *c* du mouvement, pour entretenir les vibrations du pendule & du rouage pendant qu'on remonte le poids.

2043. *a, b, c, d, e* (*fig.* 5) sont les roues du mouvement de l'Horloge; *a*, celle qui porte le poids moteur; *e*, la roue d'échappement, &c.

2044. *M N* (*fig.* 4) est le coq d'échappement de l'Horloge; *O, P*, la fourchette, dont le bout *P* porte la tige qui communique avec le pendule, & lui transmet la force du rouage; cette tige se meut avec une vis de rappel pour mettre la machine dans son échappement: j'ai décrit cette fourchette, (78).

2045. J'ai ajouté à cette Horloge la sonnerie des secondes que j'imaginai pour joindre à l'Horloge astronomique décrite Part. II, Chap. XXIV: je l'ai faite graver de nouveau, parce qu'elle est ici disposée plus avantageusement.

Description de la Sonnerie des Secondes.

2046. Cette sonnerie est composée d'un rouage particulier, dont la première roue porte 60 chevilles qui servent à élever un petit marteau qui frappe très-exactement les secondes ou vibrations du pendule; pour cet effet, cette première roue est entraînée par un petit poids qui est seulement capable d'élever le marteau; l'intervalle des coups de marteau est réglé par un petit ancre porté par l'axe d'échappement de l'Horloge;

Seconde Partie, Chap. XXXIX. 233

cet ancre fait échappement avec la seconde roue de sonnerie, & de maniere qu'à chaque battement du pendule, une cheville de la premiere roue de sonnerie éleve & fait frapper un coup au marteau : voilà le précis des effets ; mais pour les rendre sûrs & faire sonner cette machine à volonté, il a fallu ajouter plusieurs détentes, dont nous allons expliquer l'usage.

2047. A, (*fig.* 5) est la roue de sonnerie vue de profil (*fig.* 6) : cette roue est mobile sur l'axe du cylindre sur lequel s'enveloppent deux cordes en sens opposés ; l'une *a* porte le petit poids qui fait mouvoir le rouage & le marteau ; & l'autre *b* est un cordon qui sert à remonter le poids : cette roue A porte un encliquetage semblable à celui d'une roue de cheville de répétition ; cette roue a 90 dents ; elle engrene dans un pignon de 6, sur l'axe duquel est rivée la roue B (*fig.* 5) ; celle-ci porte deux chevilles diamétralement opposées, & qui font échappement avec l'ancre D fixé sur l'axe i de l'échappement de l'Horloge ; cet ancre D est formé par deux portions de cercle, l'une extérieure sur laquelle est actuellement arrêtée la cheville, & l'autre intérieure sur laquelle cette cheville, en s'échappant, ira poser : cet effet suspend à chaque vibration le mouvement de la roue B, & par conséquent de la roue A & du marteau, ce qui regle l'intervalle entre les coups de marteau, qui se font par ce moyen exactement au même instant que les vibrations du pendule, & les battements de l'aiguille des secondes.

2048. La roue A porte, comme je l'ai dit, 60 chevilles : elles servent à élever le marteau S, par le moyen de la levée F, fixée sur l'axe du marteau ; le bout le plus court F de cette levée, est la partie qui sert à élever le marteau, & le bout f vient s'engager entre les chevilles à chaque fois que le marteau retombe : cet effet sert à empêcher qu'en remontant le poids, le frottement de l'encliquetage ne puisse faire rétrograder la roue A, & que par conséquent les chevilles de la roue B ne puissent se présenter au bras de l'ancre D, lequel arcboutant contre ces chevilles, dérangeroit le mouvement du pendule.

2049. L'axe du cylindre ou premiere roue A, passe à travers la platine (*fig.* 4), & porte quarrément une petite palette

II. Part. Gg

234 *Essai sur l'Horlogerie.*

g, qui fert en même-temps à régler le nombre de tours dont on peut remonter le poids, & à arrêter le rouage lorfque le poids eft defcendu, & de maniere que les chevilles de la roue B s'arrêteront toujours au même point dans une pofition éloignée du bras de l'ancre D, pour éviter que celui-ci ne puiffe arcbouter contre les chevilles de la roue B : nous allons expliquer ces différents effets.

2050. Lorfqu'on tire le cordon pour remonter le poids, chaque tour qu'il fait faire au cylindre, la palette qu'il porte fait avancer une dent de la roue C, (*fig.* 4), & ainfi de fuite, jufqu'à ce que la palette ne rencontrant plus de dents, s'arrête fur la crconférence non dentée de la roue, & arrête l'effort de la main : voilà ce qui regle les tours dont on peut faire remonter le poids.

2051. Pour remonter le poids, il faut fe fervir de l'anneau fufpendu à la poulie D; mais en tirant cet anneau, l'action de la main agiffant également fur les deux bouts du cordon bb, dont l'un eft enveloppé fur le cylindre, & l'autre attaché à la détente E, cette détente defcendra avant que l'autre partie de la corde ait fait rétrograder le cylindre, (parce qu'elle oppofe moins de réfiftance que le cylindre); & comme cette détente eft fixée fur l'axe de la détente G, mobile dans la cage, celle-ci defcendra en même-temps : or la partie G porte une entaille qui vient arrêter une cheville placée derriere la roue B, enforte que la roue refte immobile ; & que pendant qu'on remonte le poids, les chevilles d'échappement ne peuvent changer de place, & par conféquent s'oppofer au mouvement de l'ancre.

2052. Maintenant fi on veut faire fonner les fecondes, on tirera le cordon H attaché à l'extrémité F du levier EF, mobile en f, ce qui dégagera la détente G qui arrêtoit la roue d'échappement B ; ainfi le marteau frappera les fecondes jufqu'à ce que la palette g ait fait tourner la roue C, de maniere que celle-ci préfente l'intervalle d à la détente I, laquelle entrant dans cet intervalle, fera monter le bout oppofé L, qui viendra fe préfenter pour arrêter une des chevilles d'échappement de la roue B, & par conféquent la sonnerie; ainsi les chevilles d'échappement seront hors d'état de pouvoir nuire au mouvement du pendule en se préfentant à l'ancre.

2053. Il y a deux chevilles placées fur le derriere de la roue B, afin que felon que l'une ou l'autre cheville d'échappement eft arrêtée par la détente L, quand le poids eft au bas, il y ait une cheville derriere la roue B, qui puiffe être arrêtée par l'entaille de la détente G, laquelle s'abbaiffe, comme nous avons dit, quand on remonte le poids.

2054. Lorfqu'on remonte le poids de fonnerie, la palette g fait rétrograder la roue C, laquelle éloigne la détente I; enforte que la roue d'échappement pourroit tourner, fi, comme nous l'avons dit, le premier effet de la main fur l'anneau, n'étoit pas de faire defcendre la détente G, & d'arrêter la roue B, avant que le cordon ait pu faire tourner le cylindre.

2055. Le jeu de la détente E F eft réglé par deux chevilles fixées fur la platine; le bout F de cette détente appuie légerement fur la platine, afin de produire un frottement qui arrête la détente aux points où on la conduit, en tirant le cordon H, ou l'anneau de la poulie D.

2056. Le reffort K, fert à faire appuyer la détente I contre la roue C; M, eft un reffort à fautoir qui contient la roue C.

2057. Q, eft le poids ou moteur de la fonnerie; R, le timbre fur lequel frappe le marteau S.

CHAPITRE XL.

De l'utilité de l'Horlogerie pour la Marine, & pour découvrir les Longitudes en Mer.

2058. J'AI traité ci-devant de l'Horlogerie, relativement à l'ufage civil & à l'Aftronomie; il me refte un objet plus intéreffant, c'eft de l'appliquer à la navigation: mais avant d'en trer dans le détail des principes que j'ai établis sur cette partie de la mesure du temps, il est à propos de parler de l'usage des Horloges en mer, soit pour conserver l'heure des observations, ou pour déterminer la longitude du lieu où l'on est. Pour cet effet, nous allons donner une notion des longitudes : je ne fais que transcrire l'explication que donne M. Bouguer des latitudes & longitudes, & leur utilité en mer, dans son Traité de Navigation, pag. 63 & suiv.

2059. Il est facile de concevoir, dit ce célebre Auteur, qu'un Observateur ne peut pas faire un pas sur la surface de la terre (*), sans qu'il apperçoive quelques différences dans l'apparence du ciel : c'est ce qui vient de la rondeur de la terre, & de ce que chacun de ses points jouit, pour ainsi dire, d'un ciel différent. On nomme *Latitude* d'un lieu, sa distance à l'équateur, ou la quantité dont il est avancé dans la partie du nord, ou dans la partie du sud; cette distance se mesure sur la surface du globe par le plus court chemin, & par conséquent sur le méridien qui passe par le lieu, & qui est toujours perpendiculaire à l'équateur : si le lieu est sur l'équateur, il n'a point de latitude; & si au contraire on pouvoit aller jusqu'au pole, on auroit 90 degrés, & la plus grande de toutes les latitudes. Tous les lieux qui sont sur un même parallele, ont exactement la même, parce qu'ils sont également éloignés de l'équateur : on distingue les latitudes en septentionale & méridionale, ou en nord & sud, selon que le lieu dont il s'agit est dans la partie du nord ou dans la partie du sud, dans un hémisphere ou dans l'autre.

2060. Nous avons des moyens pour déterminer notre

(*) La *Planche XXXIII* (fig. 10), représente le globe de la terre : on appelle *pole*, les deux points N & S, sur lesquels elle paroît tourner comme sur deux pivots; N, est le pole du nord; & S, celui du sud; ils sont éloignés l'un de l'autre de 180 degrés, ou de la moitié de la circonférence de la terre; l'endroit du plus grand mouvement de la terre se nomme *l'équateur*; il est représenté par le cercle E, A, Q; l'équateur est éloigné des poles de 90 degrés; il coupe la terre par la moitié, & la partage en deux demi-globes ou hémispheres; les cercles G H, B C, &c, qui sont paralleles à l'équateur, s'appellent *paralleles*.

Les lignes N E S, N T S, N A S, &c, sont des demi-cercles qui s'étendent d'un pole à l'autre, & qui coupent l'équateur perpendiculairement : on les nomme *méridiens*, parce qu'ils indiquent tous les lieux de la terre, qui étant au nord ou au sud les uns des autres, ont midi dans le même instant.

changement de latitude en mer, qui font d'une application tout-à-fait simple. Nous nommons *Zénith*, le point le plus haut du ciel, ou le point qui répond exactement sur notre tête ; & *Nadir*, le point qui est à l'opposite sous nos pieds ; mais pour peu que nous marchions, ces deux points changent de place, de même que notre horizon : si nous avançons vers le nord, notre horizon s'abaisse du même côté & s'élève de l'autre : le point le plus haut du ciel ou notre zénith avance en même-temps vers les étoiles qui sont voisines du pole nord ou *Arctique*, & s'éloigne du soleil & des étoiles qui sont proches de l'équateur : si nous faisions tout le tour de la terre ou ses 360 degrés, notre zénith parcourroit aussi la circonférence du ciel, ou ses 360 degrés. Ainsi nous pouvons juger en mer de notre progrès vers l'équateur ou vers le pole, ou de notre changement en latitude, par le changement de situations que reçoivent les astres à l'égard de notre zénith. Nous venons de dire que le ciel change d'apparence pour nous, aussi-tôt que nous changeons de place ; dans la *Pl. XXXIII* (*fig. 11*), le grand cercle $H Z O Q$ représente le ciel, & le petit qui est au-dedans tient lieu de la terre : les deux poles du monde ou du ciel sont marqués par les points N & S, qui sont à l'opposite l'un de l'autre : la ligne $E Q$, représente l'équateur du ciel, & $B C$ est l'équateur de la terre ; la distance $A B$ est donc la latitude de l'observateur A, & elle est égale en degrés à la distance du zénith Z à l'équateur du ciel ; il y a exactement le même nombre de degrés de la terre depuis A jusqu'en B, que de degrés du ciel depuis Z jusqu'en E.

2061. La latitude est encore égale à la quantité dont le pole N est élevé au-dessus de l'horizon. Si l'observateur A avance vers l'équateur de la terre, son zénith avancera du même nombre de degrés vers l'équateur du ciel, & s'y rendra exactement ; supposé que l'observateur continue sa route jusqu'à l'équateur, l'horizon $H O$ changera de place en même-temps, & prendra la situation $S N$; cet horizon situé en $N S$ ne sera pas horizon pour nous, mais il le sera pour l'observateur arrivé en B, & séparera exactement pour lui la partie supérieure du ciel de la partie inférieure.

2062. Il fuit de-là que nous avons deux méthodes de déterminer la latitude d'un lieu, parce que nous pouvons observer dans le ciel deux quantités qui y font exactement égales en nombre de degrés; nous pouvons changer la distance de notre zénith à l'équateur céleste, ou bien la quantité dont le pole est élevé au-dessus de l'horizon.

De la Longitude des Lieux sur le Globe Terrestre.

2063. Pendant que l'observation de la latitude nous fait connoître la quantité dont nous sommes avancés vers le nord ou vers le sud, par rapport à l'équateur, la *longitude* détermine notre situation plus ou moins avancée vers l'orient ou vers l'occident. Chaque nation a ordinairement choisi un méridien, qu'elle regarde comme le premier; elle y rapporte tous les autres: & on nomme *Longitude* la distance où l'on est de ce méridien, en mesurant cette distance sur l'équateur ou sur la circonférence de quelque parallele: nous avons fait passer notre premier méridien par l'Isle-de-Fer, qui est la plus occidentale des Canaries; nous l'avons marqué par $N A S$ dans la fig. 10; nous l'avons placé de même dans nos cartes: on trouve beaucoup de cartes françoises où le premier méridien passe par l'Observatoire Royal de Paris; cela est absolument indifférent, pourvu que cette multitude de premiers méridiens ne fasse tomber les Pilotes dans aucune équivoque.

2064. L'usage varie encore sur la maniere de compter la longitude; il faut toujours la compter d'occident vers l'orient, depuis 0 degré jusqu'à 360 degrés.

2065. On doit bien remarquer que lorsqu'on court exactement au nord ou au sud, ou que lorsqu'on suit le même méridien, on conserve précisément la même longitude. La distance au premier méridien se mesure sur l'équateur ou sur les paralleles, & les degrés des paralleles sont plus petits dans le même rapport, que les intervalles entre les mêmes méridiens sont moindres, à mesure qu'on les considere dans des endroits plus voisins du pole; il y a autant de degrés depuis M jusqu'en R, que depuis L jusqu'en O, ou que depuis A jusqu'au point mar-

Seconde Partie, Chap. XL. 239

qué par le nombre 15 sur l'équateur ; ainsi tous les lieux qui sont sur le méridien, ou sur la même ligne nord & sud $NO\,RS$, ont exactement 15 degrés de longitude ; tous les points du méridien NVS en ont 75, &c.

2066. Il suit-de-là, que lorsqu'on est fort avancé vers l'un ou l'autre pole, il suffit de faire très-peu de chemin pour changer considérablement de méridiens ou de longitudes, & pour qu'on ait une très-grande différence dans l'heure de midi. Quelque grosseur qu'ait la terre, il doit y avoir des endroits, où en faisant seulement une lieue vers l'orient ou vers l'occident, on change de 15 degrés de longitude, ce qui donne midi, une heure entiere, plutôt ou plutard. Pour qu'une lieue vaille 15 degrés, il faut que toute la circonférence du parallele ne soit que de 24 lieues, le diametre ne doit pas être tout-à-fait de 8 lieues, & il faut que la distance au pole soit un peu moindre que 4.

2067. Il n'est pas aussi facile, lorsqu'on navigue en pleine mer, de déterminer la quantité dont on a avancé vers l'orient ou vers l'occident, ou le changement en longitude, que de découvrir le progrès vers le nord ou vers le sud, ou le changement en latitude. On a des méthodes sûres qu'on peut employer sur un vaisseau pour déterminer exactement l'instant de midi, & assigner toutes les autres heures ; mais pour déterminer la longitude, il faudroit savoir en même-temps l'heure qu'il est dans le lieu dont on est parti, & on l'ignore ; l'agitation de la mer empêche qu'on puisse avoir dans le vaisseau aucune Horloge exacte, qui, réglée une fois, conserve comme en dépôt l'heure qu'il est dans le lieu dont on s'éloigne. Supposons que nous partions du point X (*fig.* 10), & qu'ayant fait 30 degrés vers l'orient, nous arrivions en P, après plusieurs semaines de navigation ; il est certain que si observant l'heure qu'il est dans le point P, nous trouvons qu'il est 5 heures du soir, il ne sera que 3 heures dans le point X, parce que le soleil sera moins avancé de deux heures, par rapport à ce second point, que par rapport à l'autre. Mais pour qu'on sût qu'il y a effectivement deux heures de différence entre les deux méridiens NXS & NPS, il faudroit avoir une Horloge assez bonne pour qu'elle ne fe fût pas dérangée pendant toute la route XP; & c'est à quoi l'Art de l'Horlogerie, quelque parfait qu'il foit, n'est pas encore parvenu. Il ne faut pas fe flatter d'un meilleur fuccès fi la route eft très-courte, parce que fi le dérangement qu'on doit craindre de la part des Horloges eft très-petit pendant deux ou trois jours, la différence des méridiens fera auffi alors très-petite, & l'erreur fera toujours la même à proportion.

2068. Pour donner une notion étendue des moyens que l'on peut employer à la recherche des longitudes, je tranfcrirai encore un article fur cette matiere, il eft tiré des Mém. de l'Acad. R. des Sc. c'eft l'extrait d'un petit écrit que M. Caffini publia en 1722 : voyez l'Hiftoire de l'Académie 1722, page 192.

2069. L'extrême importance des longitudes fur mer(y eft-il dit) a déterminé des Princes & des Etats, & en dernier lieu, M. le Duc d'Orléans, (Régent), de promettre de grandes récompenfes à qui les trouveroit; feu M. Rouillé de Meflay, ancien Confeiller au Parlement de Paris a fondé un prix annuel, dont il a laiffé le jugement à l'Académie, pour qui feroit en cette matiere quelques découvertes utiles. On n'a été que trop encouragé à cette recherche; plufieurs perfonnes, très-incapables d'y réuffir, l'ont entreprife, & l'entreprennent encore tous les jours; quelques-uns ne favent pas même ce qu'il faut chercher, & quel eft l'état de la queftion. C'eft pour en inftruire le public, pour en bien fixer les idées, & pour en donner même aux Mathématiciens, que M. Caffini a fait fur les longitudes en mer un écrit dont nous rapporterons ici le précis.

2070. Tout le monde fait ce que c'eft que l'eftime des Pilotes; la route du vaiffeau étant, comme elle l'eft, prefque toujours oblique au méridien du lieu, il fe forme un triangle rectangle, dont la route eft *l'hypothénufe*, les deux autres côtés font le chemin fait dans le même temps en latitude & en longitude; la latitude eft connue par l'obfervation de la hauteur de quelqu'aftre; on a par la bouffole l'angle de la route; avec un côté du triangle, on a la route, en eftimant quelle eft en un certain temps donné la vîteffe du vaiffeau; & de-là fe tire très-aifément la quantité de la longitude. 2079.

SECONDE PARTIE, CHAP. XL. 241

2071. La plus grande difficulté eſt l'eſtime de la vîteſſe du vaiſſeau ; pour la rendre plus ſûre, on jette le *loch*, piece de bois attachée à une ficelle que l'on devide à meſure que le vaiſſeau s'éloigne du loch ; car la mer n'ayant point de mouvement vers aucun endroit, le loch y demeure flottant & immobile, & devient un point fixe, par rapport auquel le vaiſſeau a plus ou moins de vîteſſe ; mais cette ſuppoſition ceſſe abſolument d'avoir lieu, ſi l'on eſt dans un courant, ce qui n'eſt point du tout rare ; alors le loch n'eſt plus immobile, il eſt emporté avec le vaiſſeau : ſi on s'en appercevoit, on ſauroit du moins qu'on eſt dans un courant ; mais le vaiſſeau, à cauſe de ſa grande maſſe, & que le vent a plus de priſe ſur lui, eſt emporté plus vîte que le loch, & l'on prend pour vîteſſe abſolue du vaiſſeau ce qui n'eſt que ſon excès de vîteſſe ſur le loch ; erreur très-dangereuſe : on conclut une fauſſe poſition du vaiſſeau ; & ſelon la remarque de M. Caſſini, il vaut mieux ignorer abſolument où l'on eſt, & ſavoir qu'on l'ignore, que de ſe croire avec confiance où l'on n'eſt pas.

2072. Quand même on auroit ſûrement les longitudes en mer par obſervation, le ciel eſt ſouvent couvert, & quelquefois pluſieurs jours de ſuite : les pratiques communes de l'eſtime du loch ſeront toujours néceſſaires ; mais à quelque degré de perfection qu'on les pût porter, ſoit par une plus grande adreſſe d'exécution, ſoit par quelque addition qu'on y feroit, ce ne ſeroit jamais que des tâtonnements, & non des méthodes ſcientifiques & ſûres : or on demande, quand on propoſe le problême des longitudes en mer, & l'on entend qu'elles ſoient auſſi ſûres que les latitudes ; ou, pour parler plus préciſément, on veut que les ambiguités ou erreurs ne ſoient pas plus grandes que celles de la latitude, par rapport à la détermination du lieu où eſt le vaiſſeau.

2073. M. Caſſini prétend que la déclinaiſon de la lune priſe dans ſon temps le plus favorable, ne peut pas donner aſſez exactement la longitude : il en rejette la faute ſur le manque de tables qui déterminent ces inégalités avec préciſion.

2074. Ce qu'il y auroit de mieux en mer pour avoir les

Partie II. H h

longitudes par observation céleste, ce seroit les satellites de Jupiter; toute la difficulté est qu'il faut ordinairement, pour les appercevoir, des lunettes de 15 à 16 pieds, & qu'on n'en peut gueres manier sur mer de plus longues que de 5 pieds; car il faut qu'elles soient droites & sans se courber, toujours dirigées à l'astre, immobiles, au mouvement près qui est nécessaire pour suivre l'objet : or on voit combien cela est difficile à de longues lunettes sur un vaisseau agité.

2075. Cependant M. Cassini ne croit pas impossible qu'on ne vienne à s'en servir assez commodément : on peut ménager à l'Observateur une espéce de suspension (*), telle qu'il se sentira peu de l'agitation du navire; alors la lunette sera appuyée & arrêtée comme sur la terre : on peut pour cet effet employer de petites lunettes; on peut les pousser à tel degré de perfection, qu'elles en vaudront de grandes. M. Cassini a fort bien observé sur terre, avec une lunette de 3 pieds $\frac{1}{2}$,

(*) Voilà la premiere idée de la *Chaise marine* imaginée par le sieur Irwin : nous transcrirons ici la description que l'on a donnée de cette Chaise, dans le Journal étranger du mois de Mars 1760. « Au-dessous du tillac, & aussi près du centre de gravité du vaisseau qu'il est possible, sont fortement attachées l'une au-dessus de l'autre, deux portions de sphere creuses dont les plans de section sont paralleles à l'horizon : ces portions renferment & pressent entr'elles une boule de cuivre, de façon qu'elle peut tourner en tout sens, & qu'elle n'a cependant aucun jeu; ainsi l'ajustement de cette boule & de ces portions de sphere, ressemble assez aux genoux que l'on fait à certains instruments de Mathématiques, pour pouvoir leur donner la situation ou l'inclinaison qu'on veut : ces deux portions de sphere sont percées, l'une par sa partie supérieure, l'autre par sa partie inférieure, d'une ouverture assez grande, pour laisser passer & mouvoir une forte barre de fer qui traverse la boule de part en part, & fait corps avec elle; il faut se représenter cette barre s'élevant du côté supérieur jusqu'à la hauteur du tillac, pour porter perpendiculairement un petit plancher assez solide, & assez grand pour contenir la chaise de l'Observateur, & le pied sur lequel se doit poser un télescope à réflexion, qui sert à observer les satellites de Jupiter, &c. Le tillac est coupé en cet endroit, pour que le plancher ne puisse pas le rencontrer dans ses différents mouvements : du côté inférieur, cette barre est prolongée à une assez grande distance de la boule, afin que le poids dont elle est chargée agisse par un levier d'une longueur suffisante, pour vaincre la résistance de la boule entre les deux portions de sphere, & pour contenir & ramener le tout dans la verticale; car par-là le plancher placé perpendiculairement sur la barre, conservera toujours son niveau. Pour que l'Observateur tienne plus facilement & plus constamment son œil appliqué au télescope, & que leurs divers mouvements se fassent ensemble, le télescope est appuyé par une de ses extrémités sur son épaule, au moyen d'une partie qui est ajustée à la monture, & l'autre sur le pied dont nous avons parlé; enfin, la partie de cet instrument qui est tournée du côté de l'Observateur est large, concave, & garnie de velours, afin qu'il puisse l'appliquer contre son visage, & le tenir ferme contre son œil ».

une éclipse du troisieme satellite : il est vrai qu'il est le plus gros de tous, & qu'alors il étoit assez éloigné de Jupiter, pour n'être pas affoibli par sa lumiere. Mais enfin, puisque ce satellite a été vu avec une lunette de 3 pieds $\frac{1}{2}$, quoique dans des circonstances favorables, cela doit donner assez d'espérance ; tout dépend de l'art de perfectionner les lunettes, & il n'est pas encore épuisé.

2076. Sans avoir recours aux observations célestes, si l'on pouvoit avoir en mer une Horloge qui marquât l'heure du lieu du départ, comme de Brest, la comparaison de cette heure à celle du lieu du vaisseau donneroit parfaitement la longitude. Mais il faudroit que l'Horloge qui marqueroit dans le vaisseau l'heure de Brest, conservât, malgré l'agitation violente & irréguliere, & malgré les changements fréquents de climats, une justesse qu'à peine conserveroit-elle à terre & dans un lieu fixe : on a imaginé des suspensions, comme celle de la lampe de Cardan, qui pussent épargner à l'Horloge les plus rudes secousses ; on a imaginé de les tenir dans un air également chaud, qui fît l'effet du même climat. Tout cela est bon, & il ne faut point se lasser d'imaginer encore dans la même vue. M. Cassini est d'avis que l'on perfectionne toutes les méthodes sans exception, qui ont les longitudes pour objet : si ce n'est pas résoudre le problême dans le sens qu'il est proposé, & mériter la récompense promise, c'est du moins diminuer toujours de plus en plus un grand péril de la navigation, & travailler solidement à l'utilité publique. Une méthode sera employée au défaut de l'autre selon les occasions, & il y en aura toujours quelqu'une qui aura lieu ; de plus, l'incertitude qui restera à chacune sera levée ou amoindrie par le concours de plusieurs, selon qu'elles s'accorderont plus ou moins.

2077. Il n'est pas temps encore d'espérer beaucoup pour les longitudes du systême de M. Halley sur la déclinaison de l'aiman ; tout y paroît jusqu'à présent dans un mouvement assez irrégulier, & selon des especes de méridiens magnétiques assez bizarres ; mais peut-être en tirera-t-on un jour pour les longitudes, quelque méthode dont on augmentera le nombre des autres qui ne peut être trop augmenté.

2078. Ce que je viens de transcrire de l'Ouvrage de M. Bouguer, & des Mémoires de l'Académie, est suffisant pour donner une notion des longitudes, & pour faire sentir combien il est essentiel de les déterminer en mer, afin de diriger la route du vaisseau, d'abréger le trajet, d'éviter les écueils & les naufrages auxquels un vaisseau est exposé : ainsi rechercher les moyens de parvenir à déterminer la longitude en mer dans tous les temps, est le service le plus grand que l'on puisse rendre aux navigateurs & à la société : cet objet est donc très-capable d'exciter vivement l'émulation d'un bon citoyen. Je laisse aux Astronomes la recherche des longitudes par les éclipses des satellites de Jupiter, par la lune, &c; il est à propos de prendre différentes routes, & chacun doit suivre celle qui lui convient; trop heureux si, en combinant différents moyens, on peut y parvenir. Quant à moi je suis le chemin qui a été tracé par le célebre Huyghens, le créateur de l'Horlogerie (*), je veux dire, de faire servir l'Horlogerie aux longitudes; car une Horloge parfaite seroit le moyen le plus simple; s'il offre des difficultés, je pense qu'elles ne sont pas insurmontables; avec du courage, du génie, beaucoup de patience, on pourra y parvenir: il est donc à propos d'encourager les Artistes à faire des recherches là-dessus : je souhaiterois que la navigation eût cette obligation à l'Horlogerie. Mon but est donc de parvenir à la composition d'une Horloge marine assez parfaite, pour mesurer exactement le temps sur mer, malgré les agitations du vaisseau, &, ce qui est plus difficile à vaincre, les changements causés à une telle machine, par la différence des climats, & celle que cause la différence de la pesanteur. Si je ne parviens pas au but, en rendant mon Horloge marine propre à donner immédiatement la

---

(*) Dès la premiere application du pendule aux Horloges par Huyghens, cet Astronome célebre travailla à placer ces Horloges sur des vaisseaux pour trouver la longitude en mer. En 1664, il y en eut quelques-unes de faites, & qui eurent assez de succès, quoiqu'il ne pût alors faire attention aux changements de la pesanteur & des dilatations & contractions de la verge, deux causes qui devoient beaucoup faire varier ces Horloges en changeant de climats.

longitude, j'ose croire qu'elle servira au moins à faire des observations en mer, & que jointe à la Chaise marine que M. Irwin a inventée en dernier lieu en Angleterre, on pourra, en réunissant ces deux moyens, avoir la longitude dans tous les temps : enfin ces recherches, quand même elles n'auroient pas le succès qu'on peut desirer, ont un but assez noble pour dédommager des peines qu'elles coûtent, par la seule satisfaction de l'avoir osé tenter ; elles sont d'ailleurs utiles, puisqu'elles ne ne font que perfectionner l'art, & ajouter à ce qu'on savoit, car ce n'est que par degrés que l'on parvient à la perfection : ce qui a échappé à ceux qui ont entrepris la même carriere, je puis l'avoir saisi ; & un homme de génie qui travaillera après moi, achevera ou suppléera à ce qui manque à mes recherches.

2079. Avant de décrire l'Horloge marine que j'ai composée & exécutée, je dois rendre compte des principes & raisonnements qui m'ont conduit à sa construction ; c'est ce qui forme la matiere du Chapitre suivant ; ensuite nous donnerons dans le Chapitre XLII la description de cette Horloge ; & enfin, dans le Chapitre XLIII, nous rendrons compte de son succès, & le détail des expériences que j'ai faites.

CHAPITRE XLI.

Examen des Principes que l'on doit suivre dans la composition d'une Horloge Marine, au moyen de laquelle on puisse déterminer les longitudes en Mer.

2080. Pour parvenir sûrement à la composition d'une bonne machine qui puisse mesurer exactement le temps en mer, il faut examiner, avec une extrême attention, les causes de la justesse d'une Horloge astronomique, afin de suivre, s'il est possible, la même marche, en substituant aux Horloges marines l'équivalent le plus approchant. Nous allons donc examiner les propriétés du pendule, & découvrir les causes de sa justesse, ce régulateur étant le plus parfait que l'on ait trouvé pour les machines qui mesurent le temps.

2081. Les expériences que j'ai faites sur le pendule libre, ont fait voir que lorsqu'il est bien suspendu & disposé, il peut vibrer pendant deux jours entiers, étant abandonné à lui-même, après l'avoir éloigné de 5 degrés de la verticale : voici les causes de cette longue durée du mouvement du pendule.

2082. 1°, La forte pesanteur de la lentille exige que la puissance qui la met en mouvement soit grande, ainsi la force qu'elle acquiert est en même raison : or, plus la lentille est pesante, & plus la résistance de l'air diminue (1565) : *Une lentille pesante a donc une grande quantité de mouvement, & peu de résistance de l'air ; elle tend donc à conserver le mouvement imprimé.*

2083. 2°, La durée du mouvement du pendule libre vient de sa suspension, dont le frottement est infiniment petit, par la raison que l'espace parcouru par la lentille est très-grand relativement au point de suspension : cette différence sera d'autant plus grande que la lentille sera distante du point de suspension ; c'est-à-dire, que le pendule sera long, (l'angle du couteau restant le même). D'ailleurs le frottement de la suspension du pendule se fait par le développement de l'angle du couteau sur la gouttiere (2024) ; or cette espece de frottement est la plus favorable.

2084. 3°, Le point de suspension du pendule étant formé par des parties très-dures, elles ne peuvent pas être pénétrées, & conséquemment le frottement est très-petit.

Causes de l'Isochronisme des vibrations du Pendule, & de la justesse d'une Horloge Astronomique.

2085. 1°, C'est, comme on le sait, l'action de la pesanteur qui produit les vibrations du pendule ; car lorsqu'on a éloigné un pendule de la verticale, & qu'on l'abandonne à lui-même, la pesanteur le fait descendre; & avec la force qu'il acquiert par sa descente, il remonte à la même hauteur de l'autre côté de la verticale; ayant perdu toute sa force, la pesanteur le fait redescendre, &c : or cette action de la pesanteur est constamment la même, d'où suit l'isochronisme des vibrations du pendule, puisque si l'on suppose pour un moment que le pendule n'éprouve aucune résistance de l'air ni de la suspension, il fera toutes ses vibrations de même étendue, & par conséquent de même durée : & quoiqu'il ne puisse y avoir de pendule qui ne soit susceptible de la résistance de l'air & du frottement de suspension; cependant si ce régulateur est bien disposé, il fera un très-grand nombre d'oscillations qui auront sensiblement la même étendue, & par conséquent la même durée.

2086. 2°, D'où il suit qu'un tel pendule exige une force infiniment petite pour en entretenir le mouvement, & que par conséquent cette force motrice ne doit pas troubler l'isochronisme des vibrations, puisque la quantité de mouvement du pendule qui est très-grande, ne peut être interrompue par les petites inégalités de la force motrice.

2087. 3°, La force motrice d'une Horloge Astronomique est toujours un poids dont l'action est constante, & qui communique au pendule des degrés égaux de force pour en entretenir le mouvement.

2088. 4°, On sait que le changement de longueur du pendule change la durée des oscillations, & que la verge d'un pendule s'alonge par la chaleur, & se raccourcit par le froid, ce qui est un obstacle à leur justesse : on avoit essayé depuis long-temps de remédier à cette difficulté; & ce que l'on n'avoit que tenté & ébauché, je crois l'avoir porté à sa perfection; voy. Part. II, Ch. XXXVIII, 2016, &c. Je puis donc ajouter ici, pour perfection des Horloges astronomiques, celle de n'être en aucune manière susceptibles de la différence de température.

2089. 5°, Une des causes de la constante justesse d'une

Horloge aftronomique, c'eft que le point de fufpenfion du pendule refte fenfiblement le même; c'eft-à-dire, que la réfiftance ou frottement qui s'oppofe au mouvement du pendule eft toujours la même, & ne varie point, ou infiniment peu, & elle caufe d'autant moins de changement dans la durée des ofcillations, qu'elle eft infiniment petite, relativement à la force de mouvement du pendule.

2090. 6°, Enfin, nous devons obferver ici que la jufteffe d'une Horloge aftronomique dépend auffi de la grande différence qu'il y a entre la quantité du mouvement du pendule & la force motrice; car il pourroit encore arriver que, malgré toutes les propriétés du pendule que nous venons de rapporter, l'Horloge où il feroit appliqué, feroit des écarts; c'eft dans le cas où la force motrice feroit affez grande pour donner le mouvement au pendule auparavant en repos, (comme cela fe fait dans les montres); or la jufteffe d'une telle machine dépendroit alors de l'uniformité de force tranfmife au régulateur par le moteur; mais la force tranfmife au régulateur, lors même que le moteur eft un poids, varie par la coagulation des huiles, par les frottements du rouage, (qui feroient alors très-grands, ainfi que ceux de l'échappement), par la contraction des huiles par le froid, &c; donc la force motrice étant plus grande que celle du régulateur, celui-ci en fuivroit les impreffions, & on ne pourroit parvenir à donner de la jufteffe à une telle machine, qu'en appliquant un échappement qui eût la propriété de rendre ifochrones les ofcillations du pendule, malgré l'inégalité des arcs qu'il décrit : & un tel moyen ne donneroit pas toute la jufteffe poffible; car les frottements de l'échappement changeroient fa propriété. L'addition de la cicloïde ne réuffiroit pas mieux, car elle ne pourroit fe faire qu'avec un échappement à repos, dont les frottements changent beaucoup : lors donc que l'on veut que les ofcillations du pendule foient ifochrones, fans recourir à des propriétés d'échappements très-difficiles à obtenir, & plus encore à conferver, il faut que la force motrice ne faffe que reftituer au pendule la force qu'il perd à chaque ofcillation.

REMARQUE.

SECONDE PARTIE, CHAP. XLI. 249

REMARQUE.

2091. Nous devons observer ici par rapport au pendule, qu'il faut que le point de suspension de cet excellent régulateur soit parfaitement inébranlable & solidement arrêté, sans quoi le moindre mouvement ou flexion qu'il auroit, changeroit la durée des oscillations, & feroit même arrêter le pendule, pour peu que ce mouvement fût un peu considérable ; car si on suppose que pendant que le pendule éloigné de la verticale tend à descendre, le point de suspension se meuve selon le plan d'oscillations en sens contraire de la descente du pendule, & avec la vîtesse de la lentille, celle-ci arrivée au milieu de sa descente resteroit en repos, puisqu'elle se trouveroit dans la verticale du point de suspension, sans avoir acquis de force pour remonter de l'autre côté ; & par une suite de la même remarque, les oscillations du pendule changeroient de durée selon la diversité de mouvement relatif de suspension avec ceux de la lentille.

Recherches pour parvenir à substituer un Régulateur aux Horloges-Marines, qui ait les mêmes propriétés que le Pendule.

2092. La remarque que nous venons de faire sur la nécessité de rendre très-fixe le point de suspension du pendule, sert à nous faire voir l'impossibilité d'employer un tel régulateur (*) aux Horloges marines continuellement exposées à

(*) Le pendule oppose encore un autre obstacle qui l'empêche de pouvoir servir en mer ; quand même on parviendroit à suspendre l'Horloge, de maniere à ne pas déranger les oscillations ; c'est celui qui est causé par la différence de la pesanteur : car un pendule qui bat les secondes à Paris, doit être plus court si on le transporte sous l'équateur, & plus long si on le transporte sous le pole ; & cette différence de la pesanteur est capable de causer des écarts très-considérables ; car la longueur du pendule qui bat les secondes sous l'équateur est de 36 pouc. lig. 7, 07 au niveau de la mer : à Paris, dont la latitude est de 48 degr. 50 min. la longueur du pendule à secondes est de 36 pouc. 8 lig. 57 ; à Pello en Laponie, à 66 degr. 48 min. de latitude, 36 pouc. 9 lig. 17 ; c'est-à-dire, qu'une Horloge qui seroit réglée à Pello, retarderoit d'environ 3 min. ½

II. Partie. I i

toutes fortes d'agitations & mouvements: il faut donc recourir à un régulateur qui conferve ces ofcillations, malgré qu'il foit agité; tel eft celui que l'on emploie dans les montres, je veux dire le balancier; cette propriété du balancier vient, comme nous l'avons vu (124), de ce que fon centre de mouvement eft le même que celui de gravité.

2093. Voyons maintenant comment on peut parvenir à fubftituer au balancier l'équivalent des propriétés qui caufent la juftefle du pendule.

2094. 1°, En faifant un balancier pefant, il éprouvera une moindre réfiftance de l'air.

2095. 2°, En faifant le balancier fort grand, comme d'un pied de diametre, on diminuera le frottement à proportion; mais pour remplir cet objet, il faut que la pefanteur du balancier foit fupportée, de maniere à produire le moindre frottement poffible; c'eft ce que nous expliquerons ci-après.

2096. 3°, La propriété que donne la pefanteur au pendule pour lui faire faire des vibrations, eft celle qu'il eft le plus difficile de donner au balancier; car fi on vouloit les produire par un poids, comme avoit fait Sully, la moindre inclinaifon ou agitation de la machine augmenteroit ou diminueroit l'action du poids, ce qui changeroit la durée des ofcillations; d'ailleurs ce poids par fa defcente participeroit aux changements de pefanteur produits par la différence des latitudes: le reffort fpiral eft donc le feul agent connu propre à produire les ofcillations du balancier, puifque fon action eft la même dans toutes les pofitions; mais on fait qu'un reffort agit avec plus ou moins de force, felon qu'il fait chaud ou froid, ce qui fait accélérer ou retarder les ofcillations du balancier: nous expliquerons ci-après par quels moyens nous efpérons parvenir à vaincre cet obftacle.

2097. 4°, Lorfque le balancier libre décrit de grands arcs,

par jour, fi on la tranfportoit fous l'équateur: il eft vrai que l'on pourroit conftruire une courbe, au moyen de laquelle on éleveroit & baifferoit le pendule felon la longueur requife pour telle latitude; mais cette courbe ne pourroit être que tâtonnée, & par conféquent fujette à erreur; ce moyen feroit d'ailleurs très-incommode: on pourroit auffi fouftraire de l'heure marquée par l'horloge à pendule, le changement qui a dû arriver par telle différence de latitude.

ces arcs diminuent & changent fenfiblement d'étendue; ainfi il faut une grande force pour en entretenir le mouvement; au contraire, lorfqu'il décrit de petits arcs, il s'en fait, comme dans le pendule libre, un grand nombre de même étendue; par conféquent les ofcillations font alors fenfiblement de même durée, & la force requife pour en entretenir les vibrations eft très-petite, & diffère de beaucoup de la force du mouvement du balancier. Il faut donc faire décrire de petits arcs au balancier, & ne donner pour force motrice que la quantité requife pour reftituer au balancier la force que la réfiftance de l'air, les frottements des pivots & de la fufpenfion lui font perdre; mais il eft bon de remarquer que dans ce cas la force motrice ne fera pas fuffifante pour rendre le mouvement au balancier lorfque la machine eft arrêtée, & que par conféquent, pour la faire marcher, il faut donner le mouvement au balancier, comme on le fait dans les horloges à pendule, ce qui ne fouffre aucune difficulté. Il n'en eft pas de même de l'effet des agitations du vaiffeau; car ces agitations peuvent être affez grandes pour augmenter & diminuer le temps des vibrations, & même pour arrêter la machine, défaut très-confidérable; il eft vrai qu'en donnant affez d'action à la force motrice, elle pourroit alors redonner le mouvement au balancier: or ces ofcillations feroient alors fujettes aux variations de la force motrice; enfin, on pourroit encore corriger ces inégalités de force motrice par un échappement ifochrone. Mais nous avons heureufement un moyen propre à lever ces obftacles, en confervant au régulateur les propriétés du pendule; c'eft de faire deux balanciers de même diamètre, poids, &c, dont les axes portent des roues qui s'engrenent & fe communiquent le mouvement de la même manière que je l'ai fait à la montre décrite (*Part. II, Ch. XXXVII*); par ce moyen, aucune agitation du vaiffeau ne pourra troubler les ofcillations du régulateur; car ces balanciers tournent toujours en fens contraire; ainfi les impreffions du vaiffeau fur un balancier, feront auffi-tôt détruites par l'autre balancier. Il ne fera donc befoin que de très-peu de force motrice, dont l'inégalité ne pourra troubler l'ifochronifme des vibrations.

2098. Enfin nous suspendrons la machine, de maniere que tous les mouvements & les agitations du vaisseau ne puissent changer sensiblement la position de la machine. Nous allons entrer dans tous les détails de construction qui ont précédé l'exécution de notre Horloge marine.

2099. 1°, Les balanciers seront posés horizontalement; ainsi leurs oscillations se feront dans un plan perpendiculaire aux balancements du vaisseau.

2100. 2°, Les balanciers seront suspendus par des ressorts (a) qui en soutiendront toute la masse; ensorte qu'ils n'éprouveront qu'un frottement infiniment petit, & qui sera constamment le même, à cause de la position avantageuse des balanciers qui se meuvent horizontalement, & que leurs pivots ne supportent qu'une très-petite partie du poids des balanciers, lors même que la position n'est pas tout-à-fait horizontale.

2101. 3°, Comme le frottement qui se feroit sur la circonférence des pivots feroit considérable, si les balanciers prenoient toutes les inclinaisons du vaisseau, nous employerons tous les moyens possibles pour conserver les balanciers toujours sensiblement horizontaux. Pour cet effet, l'Horloge sera attachée à une suspension (b) à peu près semblable à celle qu'on employe pour les boussoles marines, mais avec une disposition particuliere. Autour des quatre pivots qui forment les balancements, par le roulis & le tangage, il y aura quatre demi-cercles ayant tous même grandeur, & sur lesquels on fera appuyer une plaque d'acier, afin de produire un frottement égal qui empêche-

---

(a) Avant de déterminer exactement la construction de mon Horloge marine, je fis des expériences sur un grand balancier pesant: j'essayai d'abord de faire vibrer le balancier pesant en faisant rouler la pointe du pivot sur une agathe orientale; mais le pivot creusoit la pierre: ensuite j'employai un d-amant; alors la pointe du pivot s'émoussoit, & de sorte que les vibrations de ce balancier libre cessoient en très-peu de temps: enfin j'imaginai de le suspendre par un ressort de la maniere qu'on le voit Pl. XXXI, fig. 1; ce qui me réussit parfaitement.

(b) Je m'étois d'abord proposé d'employer une suspension à genou, à peu près semblable à celle d'un pied ordinaire de télescope; mais j'ai observé que pour éviter que l'axe de la boule ne touchât aux calottes dans les grandes agitations du vaisseau, il faudroit faire l'ouverture de cette calotte très-grande, & que dans ce cas il ne resteroit qu'une très-petite superficie frottante que le frottement continuel de la boule auroit bientôt détruite, & qu'alors ce frottement deviendroit beaucoup plus considérable.

Seconde Partie, Chap. XLI.

ra les oscillations de la machine, dont le poids ne sera que suffisant pour ramener à la situation horizontale; on augmentera & on diminuera ce frottement à volonté.

2102. 4°, Pour éviter les contre-coups que peuvent causer les agitations violentes du tangage, j'adapterai au-dessous de la suspension un ressort en forme de tirebourre, lequel suspendra l'Horloge, & adoucira les secousses de la même maniere que les ressorts d'un carrosse.

2103. 5°, Lorsque la mer est fortement agitée, le vaisseau reçoit des mouvements de trépidation à peu-près comme une montre que l'on feroit aller & revenir vivement en la tournant selon le plan du cadran; ce mouvement se fait donc selon le plan des balanciers; & quoique les deux balanciers doivent servir à rendre nulles de telles agitations, il est essentiel de les empêcher de parvenir jusqu'aux balanciers : c'est pour l'éviter que la suspension sera construite, de maniere que le vaisseau venant à tourner selon son plan, par ce mouvement de trépidation, la suspension tournera séparément de l'Horloge, dont l'inertie la fera rester en repos.

2104. 6°. Pour diminuer les frottements sur la circonférence des pivots, au lieu de les faire rouler dans des trous de cuivre, je ferai ces trous dans des agathes orientales les plus dures, & je construirai l'axe des balanciers, de maniere que l'on puisse rapporter aisément des pivots d'un acier fin & trempé très-dur; car si on formoit les pivots sur les axes mêmes, il ne seroit pas possible de leur donner le même degré de dureté, puisque plus les pieces sont grosses, & moins l'acier est fin, & moins il devient dur; d'ailleurs si on venoit à casser un pivot, on le rapporteroit facilement, comme on le verra dans la description du Chapitre suivant. Enfin il résultera de cette disposition des pivots & des trous, que l'huile que l'on mettra pour adoucir encore le frottement, se conservera très-longtemps pure; car il ne pourra se détacher des parties, qui broyées avec l'huile, l'épaississent bien-tôt, (comme cela arrive aux montres) ce qui altére nécessairement la liberté de mouvement du balancier.

2105. 7°, Les vibrations des balanciers seront produites par des ressorts spiraux les plus parfaits possibles, c'est-à-dire, de bon acier, & trempés très-dur.

2106. 8°, Chaque balancier sera réglé par un spiral, & de sorte qu'en les faisant vibrer séparément, leurs oscillations soient d'une seconde; & lorsqu'ils seront mis en place, & qu'ils se communiqueront par l'engrenage des roues, ils feront leurs vibrations dans le même temps (une seconde) : l'engrenage servira donc uniquement dans le cas d'agitation du vaisseau.

2107. 9°, Il faut que les deux bouts de chaque spiral soient attachés très-solidement, l'un à la virole portée par l'axe, & l'autre à la platine, de maniere que le piton ne puisse ni fléchir ni vibrer; car sans cela le mouvement de vibration que l'on donneroit au ressort seroit bien-tôt détruit, puisque sa force se consumeroit à ébranler le corps qui le retient; & celui-ci ne restituant pas la même quantité de mouvement, les oscillations diminueroient plutôt; il arriveroit aussi que les oscillations se feroient en des temps différents de ce qu'elles seroient si le ressort eût été fixé très-solidement.

2108. 11°, La perfection des ressorts spiraux est très-essentielle, & exige des soins infinis : il faut qu'ils ayent une bonne courbure, & que la force des lames soit ménagée, de sorte qu'en vibrant, toutes les parties du ressort se développent; ils doivent être trempés très-dur. Pour cet effet, il faudra les tremper après qu'ils seront pliés; de cette maniere ils restitueront une plus grande partie de la force qu'ils reçoivent; ainsi le balancier vibrera plus long-temps.

2109. Il ne faut pas que les spiraux gênent les balanciers en pressant les pivots contre les trous; comme ils seront forts, une telle pression causeroit un frottement capable de troubler les vibrations; ainsi lorsque les balanciers seront arrêtés & la machine posée horizontalement, il ne faut pas que les pivots touchent aux parois des trous; c'est pour y parvenir que je dispose le piton du spiral, de maniere à pouvoir l'approcher ou l'écarter du centre, & à l'arrêter avec deux fortes vis au point où le ressort libre le porte.

2110. La virole du spiral arrêtera le spiral au moyen de deux vis; & le spiral pourra monter & descendre sur le piton & sur la virole, de maniere à ne pas pouvoir être bridé selon la hauteur des lames.

2111. Pour que le spiral, par son mouvement, ne porte pas les pivots du balancier tantôt d'un côté des trous, & tantôt de l'autre, il faut qu'il fasse plusieurs tours de lame, & que la virole du spiral soit bien au milieu du ressort; alors le balancier tournera sans que que son centre se meuve hors de l'axe.

2112. 12°, Pour employer la moindre force motrice, les balanciers ne décriront que des arcs d'environ 20 degrés.

2113. 13°, La force motrice ne sera que de la quantité requise pour entretenir les vibrations du balancier.

2114. 14°, La force motrice d'une telle machine ne peut être un poids; car les agitations du vaisseau tendroient à diminuer ou à augmenter son action; j'employerai donc un ressort, dont la force sera rendue uniforme au moyen d'une *fusée*.

2115. 15°, J'ai fait voir (1989) que plus un ressort a de vîtesse, & fait des vibrations approchantes de celles d'un spiral de balancier, & plus un tel ressort conserve son élasticité: je ne ferai donc marcher cette Horloge que 24 heures sans remonter.

2116. 16°, La force transmise par le rouage au régulateur, change nécessairement par les frottements, par l'épaississement des huiles, par l'action du chaud & du froid sur les huiles & sur le ressort moteur, &c; ainsi l'étendue des arcs décrits par les balanciers, doit aussi changer de même que la durée des vibrations. Pour éviter ces petites inégalités, j'employerai un échappement qui rende les oscillations isochrones, malgré l'inégalité de force motrice.

2117. 17°, Dans une machine dont le moteur est un ressort, on n'est pas maître d'appliquer très-exactement la force convenable pour entretenir les vibrations du régulateur: j'employerai ici, pour suppléer à cette difficulté, une fourchette mobile, qui fera décrire de plus grands ou plus petits arcs au balancier, selon que je l'approcherai ou l'éloignerai du centre du balancier.

256 ESSAI SUR L'HORLOGERIE.

2118. 18°, Pendant qu'on remonte une montre, elle s'arrête. Pour éviter ce défaut essentiel dans notre Horloge, nous emploierons une détente qui entretiendra le mouvement de la machine ; cette détente portera une piece qui recouvrira le trou du remontoir, ensorte qu'on ne puisse faire entrer la clef sur le quarré sans avoir déplacé la détente, & par conséquent sans la faire agir sur le rouage.

2119. 19°. Les roues du mouvement seront placées horizontalement, comme les balanciers ; ainsi leur pesanteur sera portée par la pointe des pivots qui rouleront sur des coquerets d'acier.

2120. 20°, Les expériences que j'ai faites sur les balanciers libres, m'ont appris que plus les vibrations sont lentes, & plus l'impulsion qu'on donne au balancier se conserve longtemps, d'où on voit qu'il seroit avantageux d'employer des vibrations lentes, parce qu'alors la force requise pour entretenir le mouvement du balancier, seroit très-petite; mais il est bon d'observer, ainsi que nous l'avons fait (1865) que la quantité de mouvement d'un régulateur doit être grande, afin que les changements qui peuvent arriver dans les frottements & les huiles, soient dans un moindre rapport avec cette force ; je ferai donc chaque vibration d'une seconde, ce qui est préférable à des oscillations plus lentes, sur-tout pour servir à observer.

2121 21°, Enfin, je disposerai un méchanisme qui soit tel, que les impressions du chaud & du froid ne changent pas la durée des oscillations des balanciers ; & j'espere en venir aussi heureusement à bout que pour les Horloges astronomiques. Pour cet effet, je placerai sur la cage des balanciers une verge composée de verges d'acier & de cuivre, à peu près semblables à la verge du pendule astronomique (*Pl. XXIII*, *fig.* 12) : je ferai agir sur la verge de cuivre du milieu le petit bout d'un grand levier ; & l'extrémité du grand portera une cheville qui fera mouvoir le rateau qui porte les chevilles, entre lesquelles le spiral d'un des balanciers passe : ainsi lorsque la chaleur agissant sur les spiraux, les affoiblira, & tendra à retarder les vibrations du
régulateur,

SECONDE PARTIE, CHAP. XLI.

régulateur, la même chaleur agira sur les verges, & fera mouvoir le levier, & par conséquent le rateau, & de sorte qu'il accélérera les vibrations de la même quantité que l'affoiblissement des spiraux l'a fait retarder, & compensera ainsi les écarts que le chaud & le froid pourroient produire : voici en gros la route qu'il faudra tenir.

2122. Lorsque l'Horloge marine sera exécutée, je la placerai d'abord au froid de la glace, & ensuite au chaud de 30 ou 40 degrés, afin d'estimer la variation que cette différence de température cause à l'Horloge : je noterai exactement ces écarts. Je placerai ensuite l'Horloge dans un air tempéré ; j'avancerai le rateau ou porte-cheville du spiral, jusqu'à ce qu'il fasse autant avancer l'Horloge, que le froid l'avoit faite avancer dans le temps donné de l'expérience ; je placerai ensuite le rateau en arriere, & ferai retarder l'Horloge de la même quantité que la chaleur l'a faite retarder, ayant attention que pendant tout ce temps l'Horloge soit à la même température ; je marquerai sur la platine les points où a été conduit le rateau ; cela connu, j'aurai la quantité dont il faudroit tourner ce rateau, pour conserver les oscillations des balanciers isochrones, quoiqu'ils éprouvassent le froid de la glace, & passassent ensuite à 30 ou 40 degrés de chaleur. Je composerai donc en conséquence la verge de compensation, avec plus ou moins de verges, selon la quantité de mouvement que devra faire le rateau ; cela donnera aussi les dimensions du levier de compensation, & la distance où il devra agir sur le rateau ou porte-cheville du spiral ; mais je me réserverai encore un moyen de changer ces dimensions, en rendant mobile la cheville du grand levier de compensation, afin de la faire agir plus loin ou plus près du centre du rateau, & par conséquent de lui faire parcourir plus ou moins d'espace, & de corriger, selon qu'il sera besoin, ces rapports, afin que la compensation se fasse exactement lorsque l'Horloge sera exposée à différentes températures.

2123. La description de cette Horloge suppléera à ce qu'on n'aura pas entendu ci-devant.

II. Partie.

2124. Voilà en gros les principes de construction que nous avons établis sur notre Horloge marine, avant de travailler à son exécution : nous allons maintenant la décrire, réservant quelques expériences que j'ai faites pour être placées à la suite du Chap. XLII.

CHAPITRE XLII.

Description de l'Horloge Marine que j'ai composée, pour servir à la Navigation, & à déterminer la Longitude en Mer.

PLANCHE XXX.

2125. La figure de la XXXe Planche représente l'Horloge-marine toute montée avec sa suspension, en un mot, prête à attacher au vaisseau.

De la Suspension.

2126. *ABCD*, est une plaque épaisse de cuivre qui doit poser sur une planche du plafond du vaisseau, avec laquelle elle s'attache au moyen des quatre fortes vis, 1, 2, 3, 4; cette plaque est percée d'une grande ouverture parallélogramme *a*, *b*, *c*, *d*; la planche du vaisseau doit avoir une pareille ouverture pour laisser le jeu à la suspension : cette plaque *AD* qui est fondue, porte deux parties opposées & semblables *E*, *F*, qui sont deux demi-cercles, dont le centre est percé & taraudé pour recevoir les vis *G*, dont les bouts sont terminés par des pivots : le cercle *H I* est divisé & percé de quatre trous, dont deux servent pour recevoir les pivots portés par les pieces *E*, *F*, & les deux opposés reçoivent les pivots des vis *K*, *L*; ces

Seconde Partie, Chap. XLII. 259

vis font attachées sur une forte fourchette de cuivre fondu *M N O*; la fourchette porte en *N* l'axe *Q P* qui supporte l'Horloge. Ainsi on voit que si le vaisseau s'incline selon sa longueur, c'est-à-dire, qu'il agisse par le *tangage*, le roulement se fera sur les pivots opposés portés par les pieces *E, F*; & à cause de la pesanteur de l'Horloge, elle restera immobile pendant que le vaisseau balancera sur sa longueur; & si le vaisseau se balance selon sa largeur, c'est-à-dire, par le *roulis*, le roulement se fera sur les pivots des vis *K, L*, & l'Horloge restera encore en repos, ou sensiblement horizontale; enfin, si les balancements du vaisseau se font en partie par le roulis, & partie par le tangage, alors le mouvement de la suspension sera formé, partie par le roulement autour des pivots *K, L*, & partie autour de ceux *G, F*, & l'Horloge restera encore horizontale.

2127. Autour des vis *K, L*, sont formés deux demi-cercles, *M, O*, pareils à ceux *E & F*, & de même rayon; le ressort à quatre branches *Q Q*, agit sur chacun de ces cercles, & il les presse également, pour produire un frottement capable d'empêcher les oscillations que pourroit prendre l'Horloge dans de certaines agitations du vaisseau: la broche *e* qui porte ce ressort, est fixée sur une plaque portée par le dessous du cercle *H I* (*); l'écrou *f* sert à donner plus ou moins de tension au ressort *Q Q*, & par conséquent à changer le frottement qu'il produit autour des demi-cercles *E, F, M, O*. Pour empêcher que le frottement sur les pivots des vis *G, F, K, L* ne puisse faire tourner les vis dans leurs trous, chaque demi-cercle porte un coussinet,

---

(*) J'avois fait percer ce cercle *H I* d'un assez grand trou, afin d'y laisser passer un prolongement de l'axe *Q P*; cet axe ainsi prolongé, auroit servi à porter une Chaise sur laquelle on auroit pu asseoir un Observateur, comme l'a fait M. Irwin en Angleterre; mais j'ai supprimé cet usage, me contentant de mon objet: d'ailleurs cette suspension, lorsque le vaisseau agit en même-temps par le tangage & le roulis, fait faire à l'Horloge un petit mouvement horizontal qui ne fait rien à l'Horloge, mais qui auroit été très-contraire à l'Observateur: au reste, il ne sera pas difficile de joindre ces deux propriétés à la suspension; celle de porter un Observateur & l'Horloge. Dans mon ancien plan, je m'étois proposé de faire porter par les côtés de la Chaise deux branches qui auroient passé au-dessus de la tête de l'Observateur, & dont une traverse auroit porté une suspension à genou, sur laquelle devoit être attaché le télescope; cette seconde suspension auroit infiniment réduit l'effet des agitations du vaisseau; elle auroit pu servir à porter une Horloge à pendule à demi-seconde & à poids.

comme *g*, qui traverse le trou, & est taraudé ; la vis de pression *h* agit sur le coussinet, & fixe très-solidement la vis avec son trou.

2128. L'axe *P Q* porte, par son extrémité supérieure, la boule *Q* qui roule dans la cavité sphérique faite en *N* à la fourchette *M N O*. La boule a deux sortes de mouvements ; le premier, par lequel l'Horloge pourra tourner horizontalement & séparément de la suspension ; c'est pour éviter que lorsque le vaisseau est fortement agité, & qu'il a des mouvements de trépidation, il ne puisse entraîner l'Horloge ; car la force d'inertie sera supérieure à la résistance de la boule, ce qui fera rester immobile l'Horloge, tandis que le vaisseau ira & reviendra vivement sur lui-même ; le second mouvement de la boule permet à l'axe *Q P* de s'incliner de côté & d'autre sur la fourchette, par le roulement de la boule dans sa cavité sphérique ; pour cet effet, le trou de la fourchette, à travers lequel passe l'axe, est aggrandi selon les lignes ponctuées *i*, *l*. Le mouvement d'inclinaison que peut prendre l'axe *Q P*, selon tous les sens, est semblable à celui d'une suspension à genou ; il peut servir à diminuer l'effet des balancements du vaisseau qui se font en même-temps par le tangage & le roulis. La traverse *m* pose sur le sommet de la boule *Q* ; cette traverse est rendue fixe après la fourchette au moyen de deux vis, comme *n* ; en serrant plus ou moins ces vis, on cause plus ou moins de frottement à la boule, & selon qu'il est besoin pour empêcher le mouvement de vibration que pourroit prendre l'Horloge : cette traverse *m* sert en même-temps à empêcher que dans de fortes secousses du vaisseau, la boule & l'axe ne puissent s'éloigner de la fourchette.

2129. L'axe *Q P* porte une forte plaque ronde *R*, formée sur l'axe même ; elle sert à retenir, au moyen des deux ponts *o*, *p*, le bout inférieur d'un ressort à boudin *S*, dont le trou entre librement sur l'axe ; le bout supérieur de ce ressort est fixé par deux ponts opposés *q*, avec la partie *T*, sur laquelle s'attachent les quatre branches 5, 6, 7, 8, dont les extrémités inférieures sont fixées à la cage de l'Horloge : l'axe *Q P* est cylindrique, il entre librement dans les trous faits en T & V; ainsi le ressort S soutient toute la pésanteur de l'Horloge, & s'il arrive que le vaisseau éprouve de fortes secousses par le tangage, le ressort fléchit, & cede à leur impression qui ne se communique pas jusqu'à l'Horloge. On voit que la croix V sert à retenir l'extrémité P de l'axe, & à l'empêcher de s'incliner d'aucun côté, en conservant toujours cet axe dirigé perpendiculairement au plan du cadran de l'Horloge, & au centre de gravité de la machine; cette croix V est attachée par quatre vis, avec les branches 5, 6, 7, 8.

2130. Le bout supérieur de chaque verge 5, 6, &c, est attachée après la piece T par deux vis, & les bouts inférieurs sont fixés à la cage de l'Horloge par deux vis.

2131. XYZ est la cage des balanciers de l'Horloge: le mouvement BB est porté par la plaque du cadran AA; & celle-ci est fixée par quatre vis sur deux ponts opposés CC. DD, EE sont les deux balanciers suspendus l'un & l'autre, comme celui DD, par la suspension à ressort r; FF est le bout de la verge de compensation; le levier st mobile en s, porte le bout u qui appuie sur le bout x de cette verge; l'autre bout t du levier agit sur le rateau y du spiral GG, pour compenser les effets du chaud & du froid. HH est la partie non dentée de la roue portée par le balancier DD; l'autre roue portée par le balancier EE, n'est pas vue dans la fig. de la Planche XXX.

2132. Nous venons de décrire particuliérement ce qui concerne la suspension, & de donner en gros une idée de l'Horloge; il faut entrer maintenant dans les détails qu'exige cette machine, pour être conçue.

2133. La fig. de la Planche XXXI représente la cage ou chassis des balanciers, lorsqu'on ôte le mouvement & la suspension de l'Horloge. Le chassis $ABCD$ est fait d'une seule piece de cuivre fondu; les montants tiennent lieu de piliers, & s'élevent perpendiculairement à la base EF; ces montants sont terminés par des bouts taraudés qui passent à travers les trous faits aux branches a, b, c, d de la platine supérieure G; ces vis entrent dans les écrous 1, 2, 3, 4, & fixent solidement le châssis inférieur & la platine G, ce qui forme la cage dans laquelle se meuvent les balanciers H, I.

2134. Les ponts e f, g h sont attachés chacun par deux vis à la platine G a b c d; ces ponts servent à recevoir la plaque du cadran qui s'attache dessus au moyen de quatre vis qui entrent sur les bouts supérieurs 5, 6, 7, 8; la cage du mouvement entre dans l'intervalle f g que forment ces ponts.

2135. L'ouverture G sert à laisser descendre le pont & la fourchette d'échappement, dont le rouleau porté par la fourchette va agir sur la fente K de la roue portée par le balancier I, ce qui entretient le mouvement des balanciers. Les ponts e f, g h servent aussi à porter la suspension des balanciers : pour cet effet le milieu de chaque pont est percé en i & l d'un trou, à travers lequel passe une piece ronde ou broche qui porte une base, pour la retenir sur le pont; le bout de cette piece est fendu par le milieu, de maniere à y recevoir les plaques de cuivre qui attachent le bout supérieur des ressorts de suspension m, n; ces plaques & la piece qui traverse le pont sont assemblées par une cheville. Pour empêcher que l'action des ressorts ne fasse tourner les broches, les petits coquerets i, l, pressent ces broches contre le pont, au moyen des vis qui les attachent.

2136. Le bout inférieur des ressorts est attaché de la même maniere que celui supérieur, à une petite broche fixée sur les plaques o, p; ces plaques sont assemblées par deux vis, avec des assiettes fixées sur les axes des balanciers (ces assiettes sont logées dans l'épaisseur de la platine G;) ainsi toute la pesanteur des balanciers est supportée par les ressorts de suspension m, n.

2137. Pour empêcher que les axes des balanciers ne puissent s'éloigner ou s'approcher, ni changer de position, les axes des balanciers sont terminés par des pivots qui roulent dans des trous faits à deux traverses q attachées à la platine G avec deux vis; les pivots inférieurs des balanciers roulent dans des trous faits à la platine E F (*) : or comme par la disposi-

(*) Les deux vis qui assemblent les ressorts de suspension avec les axes de balancier, se meuvent dans l'ouverture de la platine sur les côtés des traverses; on voit que

tion de la suspension l'horloge doit toujours être sensiblement horizontale, & que les plans des balanciers se meuvent horizontalement, on voit que le frottement sur la circonférence des pivots sera infiniment petit. Nous avons déja parlé des moyens que nous avons employés pour le réduire encore, en employant des agathes percées : nous expliquerons ci-après la disposition de toute cette partie de la suspension des balanciers & des pivots.

2138. Les roues K & L sont fixées chacune par deux vis sur les assiettes des axes des balanciers ; ces roues sont dentées chacune du tiers du tour ; elles s'engrenent pour que le mouvement de l'une soit communiqué à l'autre, & détruire, par l'opposition de leur chemin, l'effet des agitations du vaisseau ; une de ces roues est d'acier, & l'autre de cuivre ; elles sont fendues sur le nombre 150, afin que l'engrenage en soit plus parfait ; il n'y a que 50 dents de fendues, le reste étant inutile. Elles sont entieres, pour ne pas changer l'équilibre.

2139. Chaque balancier a un pied de diametre, & pese 3 liv. 9 onces 6 gros ; les balanciers sont fixés sur leurs axes, chacun par deux vis qui entrent dans des trous faits aux assiettes.

2140. Le bout inférieur de chaque axe de balancier porte une virole qui tourne à frottement ; ces viroles reçoivent & fixent les bouts intérieurs des ressorts spiraux M, N ; les bouts extérieurs des spiraux sont attachés aux pitons O, P, dont les bases se fixent à la platine EF, chacune par deux fortes vis ; les pitons sont formés par les bases O, P, & par une partie qui s'éleve perpendiculairement ; celle-ci est percée de deux trous, dans lesquels entrent deux vis r, r ; le bout extérieur du ressort passe entre cette partie du piton & la plaque Q, ce qui le fixe très-solidement avec le piton ; les vis r sont assez distantes entr'elles, pour permettre au ressort, (avant de le serrer), de prendre sa situation naturelle sans être bridé. Les viroles

---

les balanciers ne peuvent pas décrire de fort grands arcs ; car ces traverses l'empêcheroient, ainsi que les barettes des balanciers ; ils en pourroient décrire de près de 120 degrés, mais la plus grande étendue des arcs qu'ils parcourent est au plus de 30 degrés.

font ajuſtées de la même manière, & avec les mêmes précautions : je les détaillerai ci-après. Les baſes des pitons O, P font fendues par deux rainures, qui permettent à ces pitons de s'écarter ou approcher du centre des balanciers ; c'eſt pour permettre au ſpiral de prendre ſa poſition naturelle, & de n'être pas contraint par les pitons ; on n'arrête ceux-ci ſur la platine, qu'après que l'on a laiſſé agir le ſpiral qui porte le piton à la diſtance & au point qui lui convient. La piece R eſt ce que j'appelle le *pince-ſpiral* ; c'eſt une fourchette d'acier trempé, qui tient lieu des chevilles miſes au rateau d'une montre : ce pince-ſpiral eſt rivé ſur une petite plaque de cuivre qui s'attache ſur le rateau S au moyen d'une vis ; le trou de cette plaque eſt aſſez grand pour permettre à cette plaque de prendre la diſtance convenable, pour qu'elle ne gêne pas le ſpiral, lorſque celui-ci eſt arrêté ; alors on ſerre la vis, & cette piece reſte fixe après le rateau S ; ce rateau ſe meut près du centre du balancier en décrivant la courbure du ſpiral ; c'eſt ce rateau qui ſert à régler l'Horloge ; la vis 10 ſert à fixer le rateau avec la platine EF ; il porte un index qui marque ſur la platine le nombre de degrés dont on l'avance ou retarde ; ces degrés ſont gravés ſur le plan F de la platine.

2141. Le rateau T porte, comme celui S, un pince-ſpiral ajuſté de la même manière ; le centre de mouvement du rateau T eſt placé à côté de celui du balancier H, afin de ſuivre exactement la courbure du ſpiral M, & qu'en avançant ou reculant ce rateau, le ſpiral n'en ſoit pas gêné ; ce rateau ſe meut ſur le plan de la platine EF, & entre la *couliſſe* VV, & très-juſte, ne pouvant que tourner librement ſur lui-même ; enſorte que l'action du ſpiral ſur le pince-ſpiral ne peut faire monter ni deſcendre le plan du rateau qui reſte très-fixe : c'eſt ce rateau qui ſert à compenſer les effets du chaud & du froid ſur l'Horloge de la manière que je vais l'expliquer.

2142. Le plan de la platine EF eſt prolongé de V en X. Sur le bout X s'élevent quatre piliers x, y, qui forment, avec les platines X, Y, une cage dans laquelle ſe meut en z le levier z 12 : entre les piliers x, y & la platine ſupérieure Y, eſt attaché chée le bout *A A* de la verge à châssis de compensation *A A*, *B B*, *C C*; ce bout *A A* est percé de deux trous, à travers desquels passent deux fortes vis 15, l'endroit de ces vis qui entre dans la platine *Y*, est conique, ainsi que ceux des vis 16, 17, ce qui rend cette platine très-inébranlable & solidement arrêtée, enforte qu'elle ne puisse céder à aucun effort: la verge du milieu de cuivre *a a* porte par son extrémité une piece *b b* prolongée jusqu'au dehors du châssis, sur laquelle agit, comme on l'a vu (*Pl. XXX.*), un talon porté par le levier *z*, 12 ; le grand bout 12 de ce levier porte une cheville qui entre dans une rainure faite à un bout 13 du rateau de compensation *T*: ainsi lorsque la chaleur agit sur les verges de compensation *A A*, *B B*, *C C*, elle dilate différemment les verges d'acier & celles de cuivre, enforte que l'excès de dilatation du cuivre sur l'acier fait remonter la partie *b b* de la verge de cuivre du milieu vers *z*; & ce bout agissant sur le talon du levier, il fait parcourir un grand arc à l'extrémité 12 ; & celui-ci agissant sur le rateau de compensation, ce rateau avance & rétrograde selon l'action du chaud & du froid sur les verges. Nous expliquerons dans le Chapitre suivant comment nous sommes parvenus à trouver les dimensions des verges & leviers de compensation, pour que l'action du chaud & du froid sur ces verges compense celle qu'elle produit sur les spiraux & les balanciers.

2143. Le ressort *Z* presse contre le centre du rateau de compensation, afin que le talon du levier agisse continuellement contre la partie *b b* de la verge de cuivre *a a*.

2144. *D D*, *E E* sont deux ponts qui servent à élever le bout *B B* des verges à la même hauteur, au-dessus de la platine, que les piliers *x*, *y* élevent le bout *A A*; ces ponts servent aussi à empêcher que cette verge ne puisse s'élever plus haut, ni s'écarter de côté ou d'autre, en supposant que l'Horloge fût agitée.

Planche XXXII.

2145. La fig. 1 repréfente le plan de la platine ou chaffis inférieur des balanciers, lorfqu'on a ôté les balanciers & la platine de deffus. *A B C D* eft ce chaffis ; *a , b* font les trous dans lefquels entrent les axes des balanciers ; les balanciers font ponctués en *E* & *F*, pour marquer leurs projections fur ce plan ; *G , H* font les roues d'engrenage projettées, comme les balanciers ; *I L c d e f* eft le premier chaffis d'acier, ou verge de compenfation ; le bout *I* de ce chaffis eft arrêté, comme je l'ai dit, par les vis 1, 2, qui entrent dans les piliers formés fur le plan ou platine prolongée *M* ; ce chaffis eft retenu entre ces piliers & la platine *N* par la preffion de ces vis ; le chaffis *I c d e L f* eft d'acier, & d'une feule piece ; il paffe entre les ponts 3, 4 vus en perfpective (*fig.* 2) ; ce chaffis ne peut monter ni defcendre, ni s'écarter, mais feulement fe mouvoir felon fa longueur ; & comme ce chaffis eft fixé en 1, 2, l'action de la chaleur le fera alonger en éloignant les points *I* & *L* ; *g h* & *i l* font deux verges de cuivre de même longueur, dont les bouts *h, l* pofent fur le bout *e f* du chaffis ; ainfi la chaleur aura auffi fait écarter les extrémités *h, l* des verges de cuivre du point *L* ; mais comme le cuivre s'alonge plus que l'acier dans le rapport de 121 à 74, on voit que les bouts *i, g* fe feront au contraire approchés de *I* : *m m n n* eft un fecond chaffis d'acier qui porte deux talons formés par un levier mobile en 5 fous la fourchette *O* ; ces talons pofent fur les bouts *g , i* des verges de cuivre : ce chaffis eft donc remonté par l'excès de dilatation de ces verges : ce chaffis fe dilate auffi ; mais comme il porte deux verges de cuivre correfpondantes *o p , o p*, dont les bouts *p p* pofent fur le bas du chaffis *n n*, & que ces verges de cuivre s'alongent dans un plus grand raport ; les bouts *o , o* fe rapprochent plus de *L*, que ceux *n n* ne s'en font écartés ; enfin les bouts *o , o* des verges de cuivre agiffent fur les talons du troifieme chaffis d'acier, *q q̄ r r* ; le bout *r r* de ce chaffis reçoit la verge de cuivre *S t*, dont la dilatation étant plus grande que celle du troisieme chassis, remonte & s'approche plus de N; ainsi le point t est remonté devers N de tout l'excès de la dilatation des verges de cuivre sur la dilatation de celles d'acier.

2146. La piece O est une fourchette de cuivre vue en perspective (*fig.* 3) laquelle s'attache sur la verge de cuivre S, afin de transporter le mouvement des verges jusqu'au dehors du chassis, pour agir sur le talon u du levier de compensation $u P$ mobile en x; ce levier est vu (*fig.* 4); il porte en P une fente pour y faire mouvoir à coulisse la broche 6, que l'on fixe au point convenable, au moyen de l'écrou 7; cette broche du levier entre dans une fente faite au bras Q du rateau R de compensation.

2147. Les rateaux R & S se meuvent hors du centre des balanciers, comme on le voit par la fig. 1; les trous des rateaux roulent sur des canons faits aux ponts T, V; T (*fig.* 8) représente un de ces ponts vu en perspective; le rateau R se meut juste & librement sur la platine, & entre la coulisse X qui est graduée en degrés du cercle; le rateau R est vu en perspective (*fig.* 5); le talon y qu'il porte, sert à faire appuyer dessus le petit levier mobile z(*fig.* 1), sur lequel agit le ressort Y; je n'ai pas fait agir immédiatement le ressort sur le bras y du rateau, afin de rendre son action plus égale; le ressort est très-fort, & agit sur le petit bras du levier z; ainsi pendant que y parcourt un grand espace, le ressort qui agit sur un levier quatre fois plus petit, en parcourt quatre fois moins, il change donc infiniment peu de force; cette action du ressort doit être assez grande à cause des frottemens du rateau, & de la justesse qu'il exige dans sa coulisse; & comme le levier $x P$ est environ 17 fois plus long que celui $x u$, on voit que si cette action du ressort est de demi-livre au point 6, elle est 17 fois plus grande en u; par conséquent l'action qui produit la dilatation sur les verges auroit à vaincre un effort de 8 liv. $\frac{1}{2}$. C'est pour résister à cet effort du levier que j'ai ajouté les vis 8, 9, afin d'éviter la flexion des platines; & j'ai rendu les bouts des chassis très-larges pour éviter toute flexion.

2148. La fig. 6 repréfente un des bouts *m m*, ou *q q* des châffis d'acier; *A* & *B* font deux fortes plaques d'acier rivées fur l'extrémité des verges d'acier; elles fervent à arrêter au centre *a* le levier *C*, dont les extrémités vont pofer fur les bouts des verges *g, i*, ou *o, o* de cuivre; c'eft pour faire agir également l'effort fur ces verges, que je l'ai rendu mobile, au lieu de réferver fimplement des talons à ces verges, ce qui auroit été plus fimple; mais on n'auroit jamais été affuré que les verges de cuivre correfpondantes euffent également agi pour remonter ce chaffis, & vaincre la preffion du rateau de compenfation.

2149. Les traverfes 10 & 11 attachées fur les verges de compenfation, font des brides pour retenir les verges enfemble de bas en haut, & de haut en bas; ainfi toutes ces verges doivent fimplement fe mouvoir librement, & felon leur longueur.

2150. Les pieces 12 & 13 (*fig.* 1) font les pitons des fpiraux vus en plan.

2151. *W* (*fig.* 9) repréfente le pince-fpiral vu en perfpective: *a* eft la virole qui attache le pince-fpiral avec le rateau, & *b* eft la vis.

2152. La couliffe *X* eft vue en perfpective (*fig.* 10); elle eft formée de deux pieces; l'une *c d* eft d'acier, & un peu plus épaiffe que le rateau; & l'autre *e f* eft de cuivre, & plus mince, & affez large pour recouvrir le rateau.

2153. *A* (*fig.* 7) repréfente une des agathes percées pour y laiffer rouler les pivots inférieurs des balanciers; ces agathes font coniques en dehors; elles entrent dans des trous de même figure faits aux centres *a* & *b* (*fig.* 1) des balanciers; elles fe placent dans l'épaiffeur de la platine, après laquelle elles font retenues par deffous au moyen d'un coqueret *B*; le fommet du cône vient à fleur du plan fupérieur de la platine.

Planche XXXIII.

2154. La fig. 1 repréfente un des ponts de fufpenfion

d'un balancier avec le ressort de suspension, & l'axe tout monté, comme il est dans la cage, à l'exception du balancier, du spiral, & de la roue d'engrenage que l'on a ôtée pour mieux faire voir tous les ajustements de cet axe, de la suspension & de la virole du spiral.

2155. *AA* est le pont, dont la traverse est percée dans le milieu pour y ajuster la broche *B* vue développée (*fig.* 2); elle est rendue fixe avec la traverse au moyen du coqueret *a* : *C*, est le ressort de suspension, vu séparément (*fig.* 2); à chaque bout de ce ressort sont rivées très-solidement deux plaques de cuivre; ces plaques & le ressort sont percés de chacun 3 trous, dans lesquels sont rivées 3 chevilles d'acier; l'extrémité des plaques de cuivre est percée d'un trou qui sert à l'assembler par une goupille avec la broche *B*, dont la fente sert à y loger très-juste l'épaisseur des plaques; le bout inférieur du ressort s'ajuste avec la broche *D*, de la même maniere que celle supérieure avec la broche *B*; la broche *D* est rendue fixe après la plaque *E*, au moyen de deux chevilles qui traversent l'assiette de la broche & la plaque *E*; le trou de cette plaque qui reçoit la broche, doit être parfaitement concentrique avec l'axe du balancier, & la broche *B* doit être de même placée parfaitement dans l'axe prolongé du balancier; c'est-à-dire, qu'il faut que les trous des pivots & ceux des broches soient exactement dans la même ligne, sans quoi la pesanteur du balancier se porteroit contre les côtés des trous des pivots, & causeroit un frottement, & qu'en supposant ces balanciers mis bien horizontalement, toute leur pesanteur ne seroit pas supportée par le ressort de suspension, mais en partie par les pivots, ce qui seroit un très-grand défaut, d'ailleurs facile à éviter.

2156. La plaque *E* (*fig.* 1) est assemblée avec l'assiette *F* fixée à l'axe, au moyen des deux vis 1,2 diamétralement opposées; c'est par cet ajustement que toute la masse du balancier est supportée par le ressort; le pivot supérieur *b* entre dans le trou de la traverse *G* (*fig.* 3); cette traverse est attachée avec deux vis à la platine supérieure, dont *A* représente une portion : lorsque les balanciers font leurs vibrations, les vis 1, 2 (*fig.* 1) se meuvent autour de la traverse (*fig.* 3), & le pivot sert simplement à empêcher que l'axe du balancier ne s'écarte de la direction *a b c* (*fig.* 1).

2157. H est l'assiette qui sert à fixer la roue d'engrenage des balanciers ; cette roue est rendue fixe après l'assiette au moyen de deux vis, afin de pouvoir la démonter ; mais pour cela il est nécessaire que l'assiette & le canon F se démontent facilement de dessus l'axe ; c'est pour parvenir à ce but que ce canon F s'ajuste simplement à frottement, & qu'il est retenu par une goupille *d* qui le traverse en même-temps que l'axe.

2158. L'assiette *I* sert à fixer le balancier au moyen de deux vis, afin de pouvoir le démonter; alors on ôte la virole de spiral K L M N, vue développée (*fig.* 4); cette virole est formée de quatre pieces : la premiere L est le canon, lequel est fendu pour entrer à force sur la partie L de l'axe, vu (*fig.* 5) & produire le frottement ; elle s'arrête avec une vis qui la presse contre le creux fait en *m* (*fig.* 4) à la seconde piece ; le bout inférieur *n* sert à maintenir cette piece sur l'axe, & sans changer de direction ; la troisieme piecé K sert à presser le ressort spiral contre la piece M, & à le fixer très-solidement au moyen de deux vis 3,4 ; la quatrieme piece N (*fig.* 1) est fixée après celle M en *o* (*fig.* 4) au moyen de deux vis ; c'est ce bras N (*fig.* 1) qui sert à faire tourner la virole de spiral K L M, & à amener le spiral au point convenable pour l'échappement.

2159. La fig. 5 représente l'axe du balancier démonté pour faire voir les ajustements des pivots : le canon F est percé d'un trou bien fait, & de grosseur convenable pour entrer très-juste sur l'extrémité *e* de l'axe, lequel entre jusqu'au milieu de ce canon; ils sont rendus fixes, comme j'ai dit, par la cheville *d*; sur l'autre partie du trou entre à frottement le pivot *b* chassé assez à force pour y tenir très-solidement, & de maniere cependant à pouvoir l'ôter pour en changer au cas qu'il ne fût pas de bon acier, ou qu'il vînt à casser.

2160. Le canon O est percé de même que F, d'un trou bien fait dans toute sa longueur; la partie supérieure de ce canon entre à force sur le bout *f* de l'axe, & l'autre partie du trou sert à y chasser à force le pivot inférieur *c*.

2161. La fig. 6 représente la barrette G de la fig. 3, vue de profil, & avec l'ajustement de l'agathe; G est la barrette; *a*, l'agathe : celle-ci entre dans le trou conique fait au milieu de la barrette; & *b* est le pont qui fixe l'agathe avec la barrette G.

2162. La fig. 7 représente le calibre du mouvement de l'Horloge : je n'entrerai pas dans le détail de ce mouvement vu de profil (*fig.* 8); il est à secondes, & le moteur est un ressort corrigé par une fusée, avec la même disposition qu'une montre; la disposition des secondes est semblable à celle de la pendule décrite Chap. III, & l'échappement & la roue sont vus (*fig.* 9) : *A* est la roue d'échappement, les dents s'élèvent perpendiculairement au plan de la roue; j'ai donné cette disposition à la roue pour faciliter les grands arcs; l'ancre d'échappement *B* est pareil à celui isochrone décrit (art. 1324) & suivants; la fourchette *C* est mobile en *D*, pour mettre la piece dans son échappement au moyen de la vis de rappel *a* : cette disposition est décrite Part. I, Chap. III, (78).

2163. La tige *E* (*fig.* 9) qui communique avec la roue d'engrenage des balanciers, pour entretenir le mouvement du régulateur, se meut en coulisse le long de la fourchette *C* sur la rainure *b*; c'est pour faire décrire de plus grands ou petits arcs aux balanciers, selon qu'elle agit plus près ou plus loin du centre du balancier.

2164. *F* (*fig.*9) est un rouleau d'acier dont le trou est formé par un canon de cuivre qui entre juste sur la tige *E*; ce rouleau sert à réduire le frottement qui se feroit sur la fente de la roue d'engrenage; la petite virole *c* est arrêtée après la tige par une goupille pour retenir le rouleau; l'écrou *d* sert à fixer la tige au point convenable sur la fourchette; la fourchette *C* est vue de profil (*fig.* 8); la tige d'échappement *a b* se trouve placée devant la tige de la roue d'échappement *A*; la fourchette *C* & le rouleau *F* devroient être dirigés selon la même direction de ces tiges; mais cette fourchette est vue, comme si on l'avoit fait tourner en avant d'un quart de tour; c'est pour la faire voir de profil, car autrement on ne l'auroit pu distinguer, puifqu'elle feroit vue felon fa longueur derriere l'affiette *b*; B eft le coq de la tige d'échappement; il a cette longueur, afin de faire defcendre le rouleau pour aller agir fur la roue d'engrenage du balancier : j'ai déja dit que ce pont & le rouleau paffent dans l'ouverture faite à la platine fupérieure de la cage des balanciers; une partie de cette ouverture eft repréfentée en G (*fig.* 3); *f*, *g*, *e*, (*fig.* 8) repréfente la détente qui fert à faire marcher l'Horloge pendant qu'on la remonte : cette détente eft vue de profil; je ne l'ai pas décrite ici, pour ne pas répéter ce que j'en ai dit (71) Part. I, & (2042) Part. II. Le refte du mouvement n'a rien de particulier qui exige de s'y arrêter; ces différentes parties font déja traitées ci-devant.

CHAPITRE XLIII.

Détail de main d'œuvre, Calcul & Expériences concernant l'Horloge Marine.

Des Refforts fpiraux des Balanciers.

2165. Ayant plié en fpiral une lame d'acier bien battue à froid, & appliqué ce fpiral au balancier avant de le tremper; le balancier fufpendu par fon reffort de la maniere que je viens de l'expliquer, & les pivots roulant dans les trous des agathes, a fait 141 vibrations en deux minutes; le fpiral étoit arrêté par fes deux extrémités : ayant fait tremper ce reffort, je l'ai laiffé de toute fa dureté, je l'ai appliqué fur le balancier, & arrêté exactement au même point où il étoit avant de le tremper; il a fait faire 136 vibrations au balancier en 2 minutes; c'eft-à-dire, qu'il paroît par cette expérience que l'acier trempé a moins de force que lorfqu'il eft battu à froid; mais ce changement de force doit être caufé par le changement

Seconde Partie, Chap. XLIII. 273

ment de courbure du spiral par la trempe ; j'ai fait revenir le spiral en l'échauffant, jusqu'à ce qu'il fût bleu ; appliqué au balancier, celui-ci a fait 138 vibrations en 2 minutes.

2166. Le reſſort spiral dont je viens de parler étant trop fort, j'en ai fait exécuter un autre, dont la lame a 22 pouces de longueur, 7 lig. $\frac{9}{12}$ de largeur, & $\frac{1}{12}$ de ligne d'épaiſſeur, l'acier bien battu à froid ; cette lame étant calibrée & polie, je l'ai pliée en spirale, faiſant quatre tours. Pour la plier je me ſuis ſervi de gros arbres de faiſeurs de reſſorts ; j'ai enſuite ouvert les tours de lames, pour laiſſer entr'elles un intervalle égal. Pour empêcher que la trempe ne dérangeât la courbure du spiral, j'ai fait, à travers de deux bouts de reſſort, pluſieurs fentes qui ſont paralleles entr'elles, comme les lames du spiral ; ces deux bouts ou brides étant placés en croix, l'un d'un côté, & l'autre de l'autre du spiral, contiennent les lames du spiral, & l'empêchent de ſe déranger en trempant, & elles contiennent les lames du spiral parfaitement dans le même plan : j'ai arrêté les deux brides par un fil de fer, & fait chauffer le tout dans un fourneau à reverbere, dont ſe ſervent les faiſeurs de reſſorts ; ils poſent leurs reſſorts ſur une plaque mobile qu'ils font tourner dans le feu, afin que le reſſort prenne un égal degré de chaleur dans toute ſa longueur (1267) ; cela fait, je l'ai trempé dans l'huile, il a pris un égal degré de dureté, qui eſt parfaitement le même dans toute ſa longueur ; j'ai enſuite poli ce spiral avec de l'émeri & un bois mince, ayant attention à ſupporter l'endroit ſur lequel j'appuiois pour ne pas caſſer le reſſort.

2167. J'ai fait revenir le reſſort, en le poſant ſur une plaque de fer miſe ſur du charbon ; en retournant le reſſort de côté & d'autre, il a pris une couleur bleue fort égale.

2168. Je ne crois pas qu'il ſoit inutile d'entrer dans ces détails de pratique, puiſque c'eſt par de pareilles opérations que l'on parvient à la perfection ; car, par rapport à ce spiral, ſa perfection eſt très-eſſentielle pour la juſteſſe de l'Horloge, & on ne ſeroit jamais parvenu à plier un reſſort trempé, en lui donnant une courbure spirale. Les faiſeurs de reſſorts ne

Partie II. M m

parviennent à plier leurs ressorts au centre, qu'en les rendant fort mous, & d'ailleurs le degré de dureté qu'ils donnent à leurs ressorts, est fort au-dessous de celui que j'ai donné aux spiraux de balancier; je les aurois même laissés de toute leur dureté, si je n'avois craint qu'en nettoyant la machine, quelque mal-à-droit ne les eût cassés, car ces ressorts ont très-peu de mouvement, pour pouvoir casser seuls en vibrant; enfin j'ai observé à différentes reprises qu'un ressort étant revenu d'un bleu très-vif, a plus d'élasticité.

Des Agathes dans lesquels roulent les Pivots de Balanciers.

2169. J'ai fait percer par un Lapidaire des agathes sardoines; ensuite j'ai poli les trous avec une attention extrême. Pour cet effet, j'ai commencé par les bien dresser, en faisant rouler un petit arbre lisse dans le trou, avec de l'émeri; lorsqu'ils ont été parfaitement adoucis, j'ai tourné les pierres avec une pointe de diamant, afin de la rendre bien ronde pour ne pas changer le centre du balancier, & conique pour qu'elle soit retenue par le trou fait à la platine; j'ai enfin poli les trous de ces agathes, en faisant rouler une broche d'étain presque cylindrique, c'est-à-dire, de la figure de l'arbre lisse qui a formé le trou, & je mettois du tripoli sur la broche d'étain: je suis ainsi parvenu à polir parfaitement ces trous.

2170. Les agathes ainsi disposées, & ajustées comme nous avons dit ci-devant, & les pivots des balanciers terminés avec beaucoup de soin, j'ai mis en place un balancier, avec sa suspension & le ressort spiral; dans cet état, les vibrations du balancier qui sont d'une seconde, se font très-librement; car ayant fait décrire des arcs de 30 degrés, le balancier libre s'est mu pendant plus de 30 minutes.

2171. J'ai terminé le régulateur de mon Horloge marine, composé de deux balanciers parfaitement de même grandeur, poids, &c, portant l'un une roue dentée de cuivre, & l'autre une d'acier, toutes deux de même diametre (4 pouces) & fendue sur 150: l'engrenage est très-bien fait, les pivots roulant dans des agathes ; ces balanciers suspendus par deux ressorts semblables, & ayant chacun un spiral fait, comme je l'ai expliqué ; enfin tout ce qui concerne le régulateur, terminé avec des soins extrêmes, les balanciers d'équilibre, &c. Dans cet état, j'ai mis les deux balanciers dans la cage avec leurs suspensions, mais sans ressorts spiraux, afin de voir si des mouvements de rotation quelconque, donnés à la machine, pourroient les faire mouvoir : je l'ai donc agitée avec beaucoup de force, en faisant tourner la cage sur elle-même ; mais les balanciers sont toujours restés immobiles : j'ai ensuite mis séparément chaque balancier avec son spiral, afin de le régler, de maniere que ses vibrations soient d'une seconde, & qu'étant adaptés ensemble, ils fassent leurs vibrations, comme s'ils les faisoient seuls & librement : ayant ainsi réglé chaque balancier, je les ai remontés tous deux, & les ai mis en mouvement ; leurs vibrations sont d'une seconde, & ils se meuvent aussi librement qu'ils le faisoient séparément, ce qui prouve que l'engrenage ne cause aucun frottement ; en cet état, j'ai fortement agité la machine, & n'ai point apperçu de changement dans les vibrations du régulateur.

2172. Nous observerons ici qu'il faut avoir attention lorsqu'on remonte les balanciers, à mettre les ressorts spiraux dans leur repos, c'est-à-dire, que les balanciers étant arrêtés, les ressorts spiraux ne soient point tendus, car cet état forcé des ressorts ôte la liberté des vibrations. Pour éviter ces défauts, lorsque les balanciers sont remontés, j'ôte les vis qui arrêtent les pitons, & lorsque les balanciers ont la direction requise pour que l'entaille de la fourchette se présente convenablement, je tourne les viroles de spiral jusqu'à ce que ces pitons s'arrêtent librement sur les trous des vis qui servent à les fixer : en cet état on attache les vis, & on fixe les pitons. Cette observation doit servir particuliérement lorsqu'on exécute une telle machine ; car dès qu'elle est terminée, on n'a jamais besoin de déranger les ressorts ; il n'est besoin que de mettre les balanciers aux repaires qui doivent être marqués sur leurs roues d'engrenages.

2173. J'ai donné assez de jeu à l'engrenage des balanciers, pour que la poussiere qui pourroit s'attacher aux dents, ne puisse pas en gêner le mouvement.

De l'Echappement.

2174. J'ai appliqué le rouage de l'Horloge à la machine entiérement finie ; il est construit, comme on l'a vu, ayant une fourchette mobile à rouleau pour entretenir le mouvement du régulateur ; & pour éprouver l'effet de l'échappement sur le régulateur, j'ai adapté une poulie sur laquelle la corde de la fusée passe ; cette corde portoit un poids pour agir en place du ressort ; ainsi en augmentant & diminuant les poids, j'ai noté les changements qu'ils ont produits dans la marche de l'Horloge, ce qui m'a donné lieu à faire un échappement qui pût rendre les oscillations du régulateur isochrones, malgré l'inégalité de la force motrice.

I. EXPÉRIENCE.

2175. A 9 heures 57 min. j'ai mis un poids de 3 livres : le balancier décrit des arcs de 8 degrés, l'échappement est à repos. En 2 heures l'Horloge a avancé d'une seconde.

II. EXPÉRIENCE.

2176. A 11 heures 47 min. j'ai ajouté un poids de 6 livres : la force motrice est donc de 9 livres, ou triple de ce qu'elle étoit dans la premiere expérience ; les balanciers décrivent 20 degrés. En deux heures l'Horloge a retardé de 6 secondes.

2177. On trouve donc encore par cette expérience que l'échappement à repos ne corrige pas les inégalités de la force motrice ; car en triplant la force, elle retarde de 3 secondes par heure, tandis qu'avec trois fois moins de force elle avançoit de demi-seconde par heure ; ce qui produit une différence de 84 secondes en 24 heures.

III. EXPÉRIENCE.

2178. J'ai adapté un échappement à recul, dont le recul est un tiers du chemin de la roue.

A 4 heures 31 min. mis un poids de 4 livres, les balanciers décrivent 15 degrés.

En une heure l'Horloge a été constamment avec la *Pendule*.

Ajouté un poids de 8 livres.

En une heure l'Horloge a avancé de 6 secondes.

2179. J'ai refait un ancre qui a fort peu de levée, afin d'augmenter l'arc de supplément, & d'éviter que des secousses subites puissent arrêter la machine. Le recul de cet ancre est un $\frac{1}{6}$ du chemin de la roue par chaque vibration.

A 11 heures 50 min. le poids moteur, 3 livres.

Arc de levée 7 deg. $\frac{1}{2}$; arc de vibration 9 degrés.

En une heure a retardé d'une seconde.

Ajouté un poids de 6 livres (force motrice 9 livres).

En une heure a retardé de $\frac{1}{2}$ seconde.

Force motrice étant de 6 livres, l'Horloge a retardé d'une seconde par heure.

Remarque sur cet Échappement.

2180. L'ancre dont nous venons de parler remplit aussi bien qu'il est possible ce qu'on en exige ; car la durée de la vibration n'a pas changé sensiblement en doublant la force motrice. Or les changements de la force motrice ne peuvent jamais être si considérables, puisque le ressort ne peut pas perdre la moitié de sa force ; d'ailleurs il ne la perd que dans un temps très-long : nous pouvons donc conclure que les oscillations des balanciers seront sensiblement isochrones, malgré la petite inégalité qui surviendra dans la force motrice par l'épaississement des huiles, & l'affoiblissement du ressort dont l'action est d'ailleurs rendue égale par la fusée.

2181. Lorsque le rouleau de la fourchette est à égale

distance de son centre, & de celui du balancier, celui-ci décrit 20 deg. étant mu par le ressort moteur. Nous avons examiné si, en éloignant le rouleau du centre de la fourchette, & laissant la même force motrice, cela pouvoit changer l'étendue des arcs.

L'arc de levée étoit alors de 13 deg. & les balanciers décrivent 30 deg. passés. Il est donc préférable de laisser agir le rouleau en ce point, puisque la force motrice étant la même, elle communique avec le même échappement une plus grande quantité de mouvement ; cela vient de ce que l'échappement, dans le second cas, parcourt un plus petit espace, & éprouve par là moins de frottement, quoique pressé par la même force.

Des Verges de Compensation pour corriger les effets du chaud & du froid sur l'Horloge.

2182. Lorsque j'eus terminé le régulateur & le rouage de l'Horloge marine, & exécuté les rateaux & pinces spiraux, je fis subir à cette machine diverses épreuves du froid au chaud, afin de conclure les dimensions des verges & du levier de compensation. Nous allons rapporter ces épreuves très-essentielles pour parvenir à la composition de cette partie de l'Horloge.

EXPÉRIENCE.

2183. L'air extérieur étant à 1 deg. ½ au dessous de la glace, & la coulisse & le pince-spiral de compensation étant mis en place, j'ai exposé l'Horloge au froid avec un thermometre placé dans la boîte de l'Horloge, afin qu'il m'indiquât la température qu'elle éprouvoit.

Le thermometre étant à 0, j'ai mis l'Horloge à l'heure de ma pendule astronomique (la coulisse étoit arrêtée à 3 deg.)

En une heure l'Horloge a avancé de 8 secondes.

Je plaçai l'Horloge & le therm. dans une espece d'étuve.

Le thermometre étant à 27 deg. l'Horloge a retardé de 7 secondes.

SECONDE PARTIE, CHAP. XLIII.

2184. C'est-à-dire, que l'Horloge étant d'abord exposée au froid de la glace pendant une heure, & ensuite pendant le même temps à la température de 27 deg. au-dessus, la chaleur l'a fait retarder de 15 secondes par heure; ceci servira à nous donner à-peu-près le chemin que doit faire le rateau de compensation pour corriger cet écart; ce que j'ai trouvé de la maniere suivante. J'ai réglé l'Horloge dans une température constante, afin d'estimer le chemin que doit faire le rateau; ensuite j'ai fait mouvoir ce rateau en avant & en arriere, jusqu'à ce que j'aie fait avancer & retarder l'Horloge de 15 secondes par heure.

2185. J'ai trouvé qu'en faisant parcourir 17 deg. au rateau, cela donnoit l'écart en question, ce qui répond à 4 lignes de mouvement du pince-spiral. C'est après cela qu'il faut trouver les dimensions des verges & leviers de compensation; mais il faut trouver premiérement l'excès d'alongement des verges de cuivre sur celles d'acier, puisque c'est cet excès qui doit produire le mouvement du levier, & conséquemment du pince-spiral, pour compenser les effets du chaud & du froid.

2186. Je fis d'abord trois verges (*a*) de cuivre & autant d'acier, placées à côté les unes des autres; ce qui formoit en tout 6 branches arrangées avec des talons comme la verge de pendule décrite (1759). Quoique ces verges ne soient pas celles que nous avons employées, nous croyons à propos d'en rendre compte, puisque c'est aux épreuves auxquelles elles ont donné lieu, que nous devons la disposition actuelle de cette partie de l'Horloge.

(*a*) Je fis ces verges aussi longues qu'il fût possible; & j'en augmentai le nombre jusqu'à 6, afin qu'elles ne pussent pas être affaissées par la pression du ressort qui agit sur le rateau de compensation: j'évitai de les faire trop fortes, afin que l'action du chaud & du froid agît sensiblement dans le même instant & avec le même effet sur ces verges & sur les spiraux. Je les ai donc faites minces, longues & en plus grand nombre pour éviter ces deux défauts essentiels; l'un d'être affaissées par la pression du ressort, & l'autre de n'éprouver pas dans le même instant la différence de température.

Dimension des anciennes Verges.

2187. Deux verges d'acier de 18 pouces chacune, font . . . . 36 pouces
Une de 13
Pouces. 49

Deux verges de cuivre de 18 chacune, . . 36
Une de. 13
Pouces 49

Trouvons donc l'excès d'alongement des verges de cuivre sur celles d'acier.

2188. Pour cet effet il faut réduire ces verges en lignes, on aura 49 pouces = 588 lignes. Or nous avons trouvé par nos expériences qu'une verge d'acier qui a 461 lig. (1691 & 1699) s'alonge de lig. o $\frac{74}{360}$, lorsqu'elle éprouve un changement de 27 deg. de température: on fera donc la proportion;
$$461 : 74 :: 588 : x = \frac{94}{360}.$$
On trouve donc que 588 lig. d'acier doivent s'alonger de lig. o $\frac{94}{360}$ en 27 degrés.

2189. On fera pour les verges de cuivre la proportion suivante, fondée sur ce qu'une verge de cuivre de 461 lig. s'alonge de $\frac{121}{360}$ en 27 degrés.
$$461 : 121 :: 588 : x = \frac{154}{360}.$$
588 lignes de cuivre s'alongent donc de lig. o $\frac{154}{360}$. Or lig. $\frac{154}{360}$ surpasse lig. o $\frac{94}{360}$ de $\frac{60}{360} = \frac{1}{6}$ de ligne ; c'est-à-dire, que 27 degrés de température produisent un excès d'un $\frac{1}{6}$ de ligne, dont la dilatation ou contraction du cuivre surpasse celle de l'acier : il faut donc donner des dimensions au levier de compensation qui soient telles que pendant que le petit levier ou talon qui appuie sur la verge de cuivre, parcourt $\frac{1}{6}$ de ligne, le pince-spiral parcoure 24 fois plus de chemin.

2190. J'exécutai donc en conséquence le levier de compensation & les verges; mais l'action du rateau sur le levier

&

& sur les verges, les faisoit fléchir, ainsi que le pont qui servoit de cage au levier ; ensorte que l'effet de la dilatation & contraction des verges s'employoit uniquement à faire courber ces verges, & à faire fléchir ce pont.

2191. Pour porter cette Horloge à sa perfection, je pris donc le parti de faire d'autres verges avec les dispositions suivantes que je rapporte ici, telles que je les imaginai avant de les mettre en exécution.

2192. 1°, Pour éviter la flexion des verges, je les ai disposées dans un chassis comme celles du pendule astronomique, afin que l'effort se fasse perpendiculairement sans tendre à faire faire ressort aux verges comme cela arrivoit à celles que j'avois employées ; car tout l'effort étoit employé à courber les verges, & non à les mouvoir selon leur longueur ; par ce moyen les verges n'ont pas besoin d'être plus fortes ; car, outre que l'effort se fera perpendiculairement, il sera divisé sur deux verges correspondantes, ce qui évitera & l'affaissement & la flexion.

2193. 2°, J'employe trois verges d'acier & autant de cuivre : il y aura donc, à cause des chassis, 12 verges ou branches à côté les unes des autres.

2194. 3°, La verge de cuivre du milieu doit avoir deux largeurs, afin que toutes les parties éprouvent le même effort.

2195. 4°, Pour être assuré que l'effort se divise également sur les verges correspondantes, j'ai placé deux leviers mobiles aux chassis intérieurs.

2196. 5°, Les verges de compensation seront placées à plat sur la platine, & fixées avec elle au moyen de deux fortes vis : j'éviterai par ce moyen le pont qui fléchissoit.

2197. 6°, Le levier de compensation sera mis en cage entre la platine & une petite platine qui arrête la verge de compensation : cette cage sera rendue fixe par 4 fortes vis, ce qui rendra inébranlable ce levier & la verge qui ne pourront fléchir ni s'écarter l'un de l'autre ; défaut essentiel à prévenir.

2198. 7°, La verge de cuivre du milieu portera une

fourchette arrêtée par deux vis, laquelle passant par-dessus les leviers des châssis ira poser hors du grand châssis sur le talon du levier de compensation.

2199. 8°. Le levier de compensation doit être fort & solide, afin qu'il ne puisse fléchir : le talon qui appuie sur les verges de compensation, doit aussi être fort, & fixé très-solidement.

2200. 9°. La cheville portée par l'extrémité du grand levier doit être mobile en coulisse, & arrêtée par un écrou, afin d'augmenter ou diminuer l'effet des verges de compensation : ainsi tout ce méchanisme étant achevé, nous ferons éprouver à l'Horloge différents degrés de température, & nous ferons mouvoir cette cheville jusqu'à ce que l'Horloge marche uniformément pendant toutes les épreuves qu'elle subira.

Dimension actuelle des verges de compensation.

2201. Le grand châssis d'acier ... 2 pieds, 0 pouces, 6 lignes.
Deuxieme châssis d'acier 1   11   6
Troisieme châssis d'acier 1   10   9

             5   2   9

2202. Verges de cuivre.
Premiere . . . . 1 pieds, 11 pouces, 10 lignes.
Seconde 1   10   11
Troisieme 2

             5   2   9

Largeur des verges, 5 lignes ; Épaisseur, 4 lignes.

2203. Il faut trouver l'excès d'extension des verges de cuivre sur celles d'acier, afin de déterminer les dimensions du levier de compensation, en employant la même méthode des articles (2188 & 2189).

On trouve que l'alongement de l'acier seroit de lig. 0 $\frac{138}{560}$ pour 27 degrés de température ; & celui de cuivre de lig. o $\frac{222}{360}$ exposé à la même température : l'excès de dilatation du cuivre sur l'acier est donc de $\frac{84}{360}$, c'est-à-dire, fort près d'un quart de ligne. Or nous avons vu que l'Horloge éprouvant une différence de 27 degrés dans la température, le pince-spiral devroit parcourir 4 lignes pour corriger les impressions que cause cette différence : réduisant 4 lig. en 360emes, & divisant par 84, on trouve pour quotient 17 $\frac{1}{7}$, c'est-à-dire, qu'il faut que les dimensions du levier de compensation soient telles que le pince-spiral fasse 17 fois $\frac{1}{7}$ plus de chemin que le talon qui appuie sur la verge de cuivre du milieu des verges de compensation, ce qui compensera les effets du chaud & du froid. Ce talon du levier est fixé à 7 lignes du centre, & la cheville du grand levier est distante de 119 lignes, & agit à la même distance du centre du rateau que le spiral : on peut changer, comme j'ai dit, la position de cette cheville ; pour cet effet, il faut éprouver l'Horloge par différentes températures.

I. EXPÉRIENCE.

2204. L'Horloge marine étant achevée de la maniere que je viens de l'expliquer, je l'ai réglée à-peu-près dans une température moyenne : elle retardoit de 25 secondes en 24 heures, exposée à 8 degrés du thermomètre. J'ai ensuite placé l'Horloge dans une étuve, dont la température étoit de 19 deg. elle a avancé d'une seconde en 7 heures ; au lieu que si elle eût été à 8 deg. elle auroit retardé de 7 secondes.

REMARQUE.

2205. Cette expérience sert à prouver la bonté du méchanisme, puisque la chaleur fait actuellement avancer l'Horloge ; au lieu que sans la compensation, elle auroit retardé de 10 secondes par heure, exposée à 19 deg. de température.

II. EXPÉRIENCE.

2206. Après avoir rapproché du centre du levier de compensation la cheville mobile, j'ai exposé l'Horloge marine à divers degrés de température ; elle avançoit conſtamment d'une ſeconde, ſoit qu'elle ait été expoſée au froid de 4 degrés au-deſſous de la glace (le 2 Mars 1762), ſoit que l'ayant miſe dans mon cabinet, le thermometre ſoit monté à 18 degrés au-deſſus de la glace. Enfin depuis le 2 Mars juſqu'aujourd'hui 20 Juin, j'ai continué à faire marcher l'Horloge par les alternatives de froid & de chaud que nous avons eu ; elle a toujours avancé ſelon la même progreſſion d'une ſeconde par heure, c'eſt-à-dire, qu'elle a été avec une extrême juſteſſe ; car je ſuis le maître de l'empêcher d'avancer, il ne faut que toucher au rateau qui ſert à la faire avancer ou retarder ; mais il me ſuffit pour le moment actuel qu'elle marche avec uniformité. J'ai donc mis mon Horloge marine en état d'être éprouvée ſur mer ; & c'eſt ce que je me propoſe de faire moi-même, dès que les circonſtances ſeront plus favorables à de telles épreuves.

2207. Je n'ai rapporté ici que le précis des expériences que j'ai faites pour parvenir à donner à mon Horloge marine cette juſteſſe ; les détails en ſont trop grands, & feroient ſeuls un volume, & ils ſont d'ailleurs inutiles dans le cas actuel : j'ai rapporté le point où je l'ai amenée, & cela ſuffit.

I. REMARQUE.

2208. Pour ſavoir combien l'Horloge marine varieroit, ſi elle n'avoit pas de machine de compenſation, j'ai fait diverſes expériences dont le réſultat eſt que, pour 11 degrés de différence dans la température, l'Horloge avance ou retarde de 6 ſecondes par heure ; c'eſt-à-dire, que ſi on regle l'Horloge à la température de 4 degrés, & qu'on l'expoſe au chaud de 15 degrés, elle retardera de 6 ſecondes par heure, & ainſi de ſuite à proportion de la différence dans la température :

donc pour 30 degrés de différence, l'Horloge retarderoit de 16 fecondes $\frac{4}{11}$ par heure par la chaleur; & en 24 heures de 6 min. 32 fecondes $\frac{8}{11}$: voilà la quantité de variation qui eft produite par la dilatation du fpiral & du balancier. Or notre Horloge paffant alternativement du froid de la glace à la chaleur de 30 degrés, marche toujours uniformément par l'effet des verges & leviers de compenfation ; d'où l'on voit l'utilité de ce méchanifme dans une Horloge où l'on a réduit infiniment les frottements des pivots & fufpenfions du régulateur. Si donc on parvenoit à réduire de même les frottements des pivots de balanciers des montres, alors ces machines varieroient au moins de 6 min. 32 fecondes en 24 heures, pour 30 deg. de différence dans la température. Mais quoique les montres éprouvent fréquemment cette différence en hiver, cependant lorfqu'elles font difpofées felon nos principes (*II. Partie*, Chap. XXX), cela ne trouble pas fenfiblement leur juftefle ; & c'eft ce qui eft dû à la compenfation des frottements. Loin donc de devoir chercher à réduire les frottements des pivots de balanciers des montres, on doit uniquement s'attacher à les rendre conftants, & dans un certain rapport avec la force de mouvement du balancier: nous traiterons encore cet objet à la fin de cet ouvrage.

II. REMARQUE

Sur cette Horloge marine.

2209. Les expériences que j'ai faites avec l'Horloge marine, m'ont prouvé affez de juftefle dans fa marche pour ofer efpérer que cette machine pourra être utile à la navigation. Mais comme elle eft affez compliquée, d'une exécution très-difficile, & par conféquent à la portée de peu d'Artiftes, ce qui rend néceffairement le prix d'une telle machine trop confidérable, & que cette feule raifon feroit fuffifante pour en empêcher l'ufage ; nous allons rechercher une conftruction qui, en nous donnant la même précifion, rempliffe notre double objet.

CHAPITRE XLIV.

Construction d'une Horloge Marine plus simple que la précédente.

2210. Lorsque je composai l'Horloge marine que j'ai décrite ci-devant, je n'avois pas encore trouvé les moyens d'employer un poids pour moteur, ce qui m'avoit entraîné dans une construction plus compliquée ; car à cause de l'inégalité de force d'un tel moteur (le ressort), & pour donner plus de puissance au régulateur, il est nécessaire, lorsqu'on veut mettre l'Horloge en marche, de donner un mouvement de vibration aux balanciers (2097); & par une suite de cette combinaison, il a fallu adapter un second balancier, afin que si la machine éprouve de certaines agitations, elles ne soient pas capables d'interrompre la marche de l'Horloge. Or depuis que j'ai exécuté cette machine, j'ai eu le temps de l'envisager sans prévention, & de chercher à la perfectionner ; & je l'ai examinée, comme si elle étoit l'ouvrage d'un autre Artiste. Je vais donc rendre compte des moyens que je crois propres à cela, & donner le plan de cette machine.

2211. La plus grande différence dans la construction consistera particuliérement dans l'emploi d'un poids moteur au lieu d'un ressort ; & comme ce poids est la base de la nouvelle Horloge que je propose, je commence par donner les raisons de préférence que je donne au poids sur le ressort. Je donnerai ensuite l'idée du méchanisme de ce poids, & enfin je décrirai la machine.

Des obstacles que cause le ressort employé pour moteur d'une Horloge de Mer.

2212. 1°, Un ressort moteur est sujet à casser par les changements qui arrivent dans la température, sur-tout lorsque ce ressort est fort. Or un tel accident ne peut être réparé sur mer : on ne peut donc pas compter sur une Horloge à ressort, lorsqu'il est question d'opérations aussi essentielles.

2213. 2°, Un ressort change de force selon qu'il est exposé alternativement au chaud & au froid, ce qui ne peut manquer d'influer sur l'isochronisme des vibrations, à moins qu'on ne suppose une perfection constante dans l'échappement; & c'est ce que l'on ne doit pas espérer à cause de la variation des frottements de l'ancre.

2214. 3°, Un ressort perd de sa force à mesure qu'il agit : ce changement trouble encore la justesse de l'Horloge.

2215. 4°, Telle parfaite qu'on suppose la fusée, l'action du ressort n'égale pas celle du poids; d'ailleurs, à mesure que le ressort se *rend* (*a*), la fusée perd encore son égalité.

2216. 5°, Enfin il faut nécessairement mettre de l'huile aux spires du ressort pour en adoucir le frottement ; mais dès que cette huile s'épaissit, le frottement augmente, & souvent au point qu'il suspend toute l'énergie du ressort.

Du poids moteur de l'Horloge Marine.

2217. Par la construction de la suspension de l'Horloge, cette machine sera toujours sensiblement horizontale : ainsi si l'on attache à la boîte de l'Horloge un tuyau perpendiculaire, & que l'on y place le poids, celui-ci descendra librement ; ensorte que s'il n'a pas de jeu, les agitations mêmes auxquelles pourroit être exposée l'Horloge, n'influeront pas sur le poids. Il n'y a que le cas où les secousses du vaisseau se feroient de bas en haut ou de haut en bas ; alors le poids

(*a*) Les ouvriers disent qu'un ressort se *rend*, quand il perd de sa force en marchant.

perdroit ou acquerroit de la force selon le sens de l'agitation. Mais voici comment je prétends y remédier. Le poids sera quarré, ainsi que le tuyau; il n'aura que le jeu convenable pour descendre librement : on attachera sur deux côtés opposés du tuyau en dedans deux regles dentées à rochet ; ces regles formeront des especes de crémaillers, dont le côté droit des dents sera en en bas. Le poids portera deux cliquets qui appuieront sur les dents de crémailleres, ensorte qu'à mesure que le poids descend, les cliquets arcbouteront alternativement contre les côtés droits des dents ; & que si le vaisseau éprouvoit une secousse de bas en haut, &c, le poids ne pourroit cesser d'agir sur la corde, & qu'il ne produiroit pas de contre-coup, parce que nous supposons les dents de crémailleres peu distantes les unes des autres, & qu'il y auroit un cliquet en prise, tandis que l'autre glisseroit contre le côté incliné des dents. Enfin pour éviter encore ce petit contre-coup, je placerai au-dessous de l'axe de la poulie du poids un très-fort ressort qui suspendra ce poids ; ainsi lorsqu'une agitation du vaisseau de haut en bas fait cesser le poids d'agir sur la corde, alors ce ressort dont l'action est égale à celle du poids qui le tend, tend la corde, & continue à faire marcher l'Horloge pendant le très-petit intervalle où le poids cesse d'agir : nous expliquerons ci-après ces effets du poids & du ressort dont nous ne donnons ici qu'une notion. Cela posé, on voit que le poids n'éprouvera que les agitations de l'Horloge même que nous avons supposé rester sensiblement horizontale à cause de sa suspension ; ainsi le poids ne peut avoir de contre-coups qui le fassent cesser d'agir pendant un instant sur la corde, & l'instant suivant avec toute la force acquise par sa descente, comme cela arriveroit, s'il n'étoit forcé de suivre les mouvements du tuyau, & d'être comme fixé avec lui, n'ayant seulement que la faculté de descendre à mesure que l'Horloge marche; enfin par cette disposition, le poids n'ayant pas de contre-coups ne pourra ni rompre la corde, ni la corde sortir de la poulie. Maintenant pour remonter ce poids, on voit qu'il faut mettre les cliquets hors de prise des dents des crémailleres ;

crémailleres ; pour cet effet, on pratiquera, à côté des cliquets, une espece de tenaille à boucle, dont un bout agira sur les cliquets pour les rapprocher du centre du poids ; & lorsque le poids sera remonté, on lâchera les cliquets qui se remettront en prise. Mais comme par cette disposition il faudroit, à chaque fois que l'on veut remonter l'horloge, agir sur cette tenaille pendant tout le temps que l'on remonteroit le poids, ce qui seroit incommode, j'ai suppléé à cet obstacle, en disposant la détente qui sert à faire marcher l'horloge, pendant qu'on remonte le poids ; de sorte qu'elle communique avec les cliquets, & qu'elle les met hors de prise ; ainsi à mesure que la détente va à son repos, les cliquets reprennent leur situation : on ne peut pas remonter l'horloge sans déplacer cette détente. Nous en expliquerons l'effet ci-après.

Des autres Parties de l'Horloge.

2218. La suspension de l'horloge, telle que nous l'avons exécutée & décrite (2126), devient trop composée & trop coûteuse ; c'est pour cette raison que nous employerons une suspension à double genou, avec le ressort à boudin, pour adoucir les cahotages.

2219. On peut supprimer le double balancier, en sorte que l'horloge aura pour régulateur un simple balancier, auquel la force motrice sera capable de restituer le mouvement, ainsi que cela se pratique dans les montres ; car il est bon d'observer que quoique les montres soient exposées à des agitations fort grandes & irrégulieres, cependant ces agitations ne troublent point la justesse des montres, lors même qu'elles sont à secondes. Or si cela n'arrive pas dans les montres, à plus forte raison, dans une machine suspendue de maniere à n'éprouver que de très-foibles mouvements.

2220. Pour que les changements qui arrivent dans le rouage par la coagulation des huiles, variations de frottement, &c, n'influent pas sur la justesse des oscillations du régulateur, on adaptera un échappement rendu ifochrone felon les art. (1324 & fuiv.).

2221. Le balancier fe mouvra verticalement ; fon axe portera des pivots rapportés très-fins, & très-durs : ces pivots au lieu de rouler dans des trous fe développeront fur des gouttieres d'agathe, à-peu-près comme l'angle d'un couteau de pendule. Pour empêcher que ces pivots ne puiffent caffer, il faut les revêtir du deffus & des côtés, ne laiffant à découvert que la partie inférieure qui doit fe développer fur la gouttiere.

2222. Les vibrations du balancier feront déterminées par un reffort fpiral placé à l'un des bouts de l'axe, & l'ancre d'échappement à l'autre.

2223. Le balancier pourra n'avoir que fix pouces de diametre, & être d'une livre pefant ; car je n'ai pas apperçu qu'en faifant mouvoir librement les balanciers de l'horloge marine, ils euffent acquis une faculté de conferver leur vibration qui fût proportionnelle à leur pefanteur & diametre.

2224. Le balancier fera une vibration par feconde.

2225. Pour corriger les variations caufées par les différentes températures, on adaptera des verges de compenfation, comme pour l'horloge décrite ci-devant, à cela près que dans celle-ci, ces verges feront placées verticalement, ainfi que le levier & le rateau de compenfation. Par cette difpofition, la pefanteur du rateau ou porte-cheville fuffira pour lui faire fuivre le mouvement du levier de compenfation ; ainfi on fupprimera le reffort qui preffe le rateau, la couliffe, le cliquet, & il en réfultera d'ailleurs que ce rateau roulant fur des pivots, aura beaucoup moins de frottement, & dès-là les verges de compenfation pourront être plus minces & pénétrées dans le même temps par la température qui agit fur le fpiral.

2226. Les fecondes excentriques font plus fimples, & caufent moins de frottement : on en fera donc ufage.

Description de cette Horloge, vue Planche XXXIV.
fig 1.

2227. La plaque A s'attache au vaisseau, au moyen de quatre vis 1, 2 ; cette plaque porte fixement la calotte B sur laquelle s'attache l'autre calotte C : c'est entre ces deux calottes que roule la boule formée à l'extrémité du petit axe D ; l'autre bout de cet axe porte une boule qui roule entre deux calottes pareilles à B, C. L'ouverture, à travers laquelle passe l'axe dans ces calottes, est assez grande, pour qu'il puisse s'incliner de côté & d'autre ; ce mouvement est semblable à celui d'un genou de pied de télescope : j'emploie deux boules, afin de faciliter la plus grande inclinaison à la plaque qui représente ici le vaisseau ; & sans être obligé de trop agrandir l'ouverture de l'axe D, ainsi que cela devroit être, s'il n'y avoit qu'une boule & deux calottes : la calotte inférieure est attachée à la tige FF, sur laquelle le bout G du ressort à boudin H est fixé ; l'autre bout de ce ressort est attaché au pont à quatre branches IK : les pattes de ce pont sont fixées par des vis sur la planche quarrée LL : cette planche est le dessus de la boîte qui contient le mouvement de l'horloge : MM est une planche qui forme le fond de la boîte dont on a supprimé les côtés, pour laisser voir la machine à découvert. On voit, par cette disposition, que le ressort à boudin H soutient tout le poids de la machine par laquelle il est comprimé ; ainsi ce ressort s'accourcit & s'alonge selon les agitations du vaisseau duquel il adoucit les chocs.

2228. Le mouvement de l'horloge est composé de trois platines N, O, P, qui forment deux cages au moyen de 8 piliers : la quatrieme plaque Q est le cadran vu par derriere ; celle-ci forme avec la platine des piliers P une troisieme cage, entre laquelle sont placées à l'ordinaire les roues de cadran. La cage OP contient les roues du mouvement que nous nous dispensons de décrire, parce qu'elles n'ont rien de particulier.

2229. Les platines O, N forment la cage entre laquelle se meut le balancier ou régulateur OF. L'axe du balancier porte à chaque bout un pivot fixe, dur, & revêtu, qui va se développer sur les gouttieres fixées l'une à la platine des piliers P, & l'autre à la platine N.

2230. Le poids S est le moteur de l'horloge ; il descend entre les crémailleres T, V : ce poids porte deux plaques de cuivre a & b fixées avec lui; ces plaques portent deux entailles opposées, dans lesquelles passent les crémailleres ; le poids est contenu par les crémailleres qui tiennent en même temps lieu du tuyau dont nous avons parlé; ainsi ce poids descend librement sans pouvoir se mouvoir d'aucun sens séparément des crémailleres; celles-ci sont fixées par en haut à la platine X sur laquelle s'attache le mouvement, & par en bas à la planche MM; sur la plaque a du poids sont ajustés les cliquets c & d qui arcboutent contre les dents des crémailleres : les chappes e, f de la poulie Y se meuvent en coulisse sur les ponts g, h, attachés à la plaque a ; ce mouvement sert à faciliter la compression du ressort i que bande le poids, & agit sur le rouage, lorsque par un contre-coup, le poids tend à remonter, & est arrêté par les cliquets ; la corde W s'attache par un bout à la platine X, & par l'autre au cylindre K que porte la premiere roue du mouvement.

2231. Quand on veut remonter le poids, on fait agir une détente qui produit plusieurs effets dans le même instant; 1°, un bras découvre le trou du remontoir, pour pouvoir y placer la clef : 2°, un deuxieme bras va agir sur une roue du rouage, afin que pendant tout le temps qu'on suspend le poids pour le remonter, l'horloge ne discontinue pas de marcher; 3°, un troisieme bras porte une cheville 3 qui passe en dessous de la platine X pour agir sur le bras 4 de la piece ZZ mobile sur deux pivots, dont l'un roule dans la platine X, & l'autre dans celle MM; cette piece ZZ, en tournant sur elle-même par le mouvement de la détente, agit en même temps sur les petits leviers l, m, dont les bouts opposés agissent sur les cliquets c, d, & les mettent hors de prise des crémailleres, ce qui donne la facilité de remonter le poids ; car la piece ZZ étant également large dans toute sa longueur, elle écarte les leviers l, m, & par conséquent les cliquets ; & dès que le poids est monté au haut, l'horloge continuant à marcher, la détente, dont nous avons parlé, reprend son repos, ainsi que la piece ZZ, les leviers l, m, & les cliquets qui se remettent de nouveau en prise avec les crémailleres, à mesure que le poids descend. Voilà en gros le méchanisme du poids, dont nous donnerons le détail ci-après.

2232. Les verges de compensation 5, 6, 7 sont attachées sur la platine N, au moyen de deux fortes vis 8, 9 ; la plaque 5 qui recouvre ces verges sert en même temps de pont pour y faire mouvoir le levier de compensation no, mobile en n, & dont le bout o agit sur un bras du pince-spiral p ; ainsi celui-ci se meut selon l'excès de dilatation des verges de cuivre sur celles d'acier ; voyez (2142) : le pince-spiral se meut sur deux pivots, dont l'un roule dans un trou fait à la platine N, & l'autre au coq q ; il faut que ce pince-spiral ne soit pas tout-à-fait concentrique à l'axe du balancier, mais qu'il décrive un arc qui se confondre avec la portion du spiral, afin qu'en tournant le pince-spiral ne contraigne pas le spiral.

2233. Le pince-spiral p peut tourner séparément & à frottement du bras so fixe sur l'axe t ; cet effet est nécessaire pour régler l'horloge ; sans cette précaution, cela ne pourroit se faire sans alonger ou accourcir le spiral par son piton, ce qui seroit une opération difficile : le pince-spiral porte un index r qui marque sur les graduations de la platine la quantité dont on l'a tourné pour faire avancer ou retarder l'horloge.

2234. Nous n'entrerons pas dans de plus grands détails sur les verges & leviers de compensation ; ceux qui auront lu tout ce qui concerne l'horloge marine, chap. XLII & XLIII, entendront de reste toute cette matiere.

Détail du poids, de la détente, de la suspension de l'Horloge, & des Pivots de Balancier.

2235. La 2e. figure de la planche XXXV fait voir en perspective la détente en action sur la bascule pour écarter les cliquets, lorsqu'on veut remonter le poids. L'axe *A B* de la détente se meut dans des trous faits, l'un à la plaque du cadran, & l'autre à la seconde platine du mouvement. Le bras *C* sert à recouvrir le trou du remontoir, afin qu'on ne puisse remonter le poids sans faire produire à la détente ses différents effets ; le bras opposé *D* reçoit l'action du ressort qui sert à continuer le mouvement pendant qu'on soutient le poids : le bras *E* porte une cheville qui passe à travers une ouverture faite au cadran ; c'est sur cette cheville que l'on agit pour faire découvrir le trou de remontoir, bander le ressort qui agit en *D*, &c : le bras coudé *F* porte le pied de biche *a* mobile en *b*, pressé par le ressort *c*, & retenu par la cheville *d* ; ce pied de biche emporté par le mouvement de la détente va se mettre en prise avec une roue du mouvement, & par l'action du ressort qui presse le bras *D*, agit sur le rouage pour le faire marcher, tandis qu'on monte le poids : la cheville *G* de la détente, par le mouvement produit lorsqu'on la fait tourner pour découvrir le trou, fait tourner la bascule *H* au moyen de son bras en fourchette *I*. Ce mouvement de la bascule écarte les leviers *d*, *e* mobiles en *f* & *g* ; les bouts *i* & *l* de ces leviers agissent sur deux chevilles portées par les cliquets *m*, *n* ; ainsi ces cliquets sont ramenés contre le centre du poids *K*, enforte que ces cliquets sont mis hors de prise des dents de crémaillere : le ressort *o* porte deux bouts qui agissent, l'un sur le cliquet *m* & l'autre sur *n* pour les ramener en prise, aussi-tôt que la détente (abandonnant la roue sur laquelle le pied de biche agissoit) reprend son repos.

2236. Le poids *K* porte fixement les plaques de cuivre *L* & *M* ; les fentes *n*, *p*, *q* servent à recevoir les crémail-

SECONDE PARTIE, CHAP. XLIV.

leres ; la coupe des crémailleres est vue en A & B (*fig.* 3); la même fig. fait voir en plan la bascule H; les leviers d, e, & les cliquets m, n sont attachés sur la plaque de cuivre supérieure L ; les traits ponctués p, q marquent la place des ponts qui supportent les chappes de la poulie ; ces ponts servent à contenir les bouts extérieurs des cliquets ; les bouts intérieurs le sont par des vis à portée qui entrent dans les ouvertures alongées des cliquets : o, est le ressort qui ramene les cliquets.

2237. La figure 4 fait voir de profil le poids assemblé avec ses ponts & chappes : A est le poids ; B, la plaque de cuivre inférieure qui porte les fentes opposées pour le faire mouvoir en coulisse sur les crémailleres ; C, la plaque supérieure qui sert au même usage, & de plus à porter les ponts, leviers & cliquets : les ponts D & E tiennent à la plaque, chacun par deux vis : les chappes F, G qui portent la poulie, sont retenues après les ponts D, E par les vis à portée a, b ; ces chappes auxquelles tiennent les vis, peuvent monter en coulisse, & descendre selon la hauteur des ponts; pour cet effet les ponts portent des trous alongés (voy. fig. 1) dans lesquels passent les vis à portée, & deux tenons écartés des vis, pour empêcher que les chappes ne puissent vaciller. Le ressort H tient par son centre à la plaque C, au moyen de la vis c ; ce ressort appuie sur les talons portés par les chappes F, G ; ainsi la force de ce ressort étant proportionnée à la pesanteur du poids, on voit que ce ressort fléchit, & que la poulie s'écarte du poids pour produire l'effet indiqué (2217).

2238. La figure 5 représente le pince-spiral ; A est l'axe sur lequel le pince-spiral B se meut à frottement ; le bras C porte une cheville sur laquelle agit le bout du levier de compensation ; D est un contre-poids qui entraîne le pince-spiral selon le mouvement du levier de compensation.

2239. Les figures 6, 7 & 8 représentent les détails du genou de suspension. A (*fig.* 6) est la plaque qui s'attache au vaisseau ; B, la calotte fixée à cette plaque, & C, l'autre calotte qui s'assemble avec la premiere par trois vis : c'est entre ces deux calottes que se meut la boule D (*fig.* 8) ; les entailles faites aux calottes, sont faites pour faciliter le jeu de l'axe E des boules: D, F, *fig.* 8 ; G, *fig.* 7 ; & H, *fig.* 8, sont les deux calottes qui recouvrent la boule F ; ces calottes G, H se fixent après l'axe I K au moyen d'une forte vis : l'assiette K de cet axe sert à y fixer le bout inférieur du ressort à boudin, & l'autre bout de ce ressort s'attache, comme j'ai dit, au pont qui tient à la boîte.

2240. Les figures 9, 10 & 11 représentent l'ajustement d'un pivot de l'axe de balancier, la gouttiere, &c. A (*fig.* 9) est le bout de l'axe sur lequel le canon entre à frottement, & de sorte que le bout de l'axe affleure au bord b de l'entaille ; le petit canon C (*fig.* 11) entre à frottement dans le trou du canon B ; l'entaille de celui-ci passe par le centre ; le bout du canon C est aussi entaillé jusqu'au centre, afin que le bout du cylindre ou pivot D qui entre dans C, soit revêtu du dessus & des côtés, & qu'on le puisse faire très-petit, pour réduire le frottement autant qu'il est possible. C'est la partie de ce pivot qui est située dans l'entaille b, qui roule sur la gouttiere faite au coussinet E (*fig.* 10) ; ce coussinet se fixe sur la platine ; il est recouvert par la piece F percée d'un trou, à travers lequel passe un bout prolongé du cylindre ou pivot D (*fig.* 11) ; cette piece est nécessaire pour empêcher que par de certaines secousses, le balancier ne puisse s'écarter des coussinets qui le supportent ; la pointe du pivot prolongé va poser contre le coqueret d'acier G ; ce coqueret, la piece F, & le coussinet E sont arrêtés par la même vis après la platine. Chaque bout de l'axe est terminé de la même maniere ; ainsi le balancier ne peut que tourner sur lui-même, sans pouvoir s'écarter des coussinets à cause des pieces F, ni se mouvoir selon sa longueur à cause des coquerets G.

Remarque

Seconde Partie, Chap. XLIV.

Remarque sur cette Horloge.

2241. Quoique la disposition du balancier placé verticalement paroisse rendre la machine plus simple; cependant je ne crois pas encore être parvenu au but que je desire; car les ajustements des pivots sont assez difficiles & sujets à des frottements. Mais on peut prendre de cette machine la disposition du poids, & tout ce qui lui est relatif, & combiner cela avec le balancier, tel que je l'ai employé dans ma premiere horloge; faire usage de même des verges & leviers de compensation, ensorte qu'il résultera du tout une machine très-simple, d'une facile exécution, & dont j'espere que la justesse sera très-grande : nous allons donner une notion de cette horloge, dont les principales parties sont vues, (*Planche XXXV fig.* 1).

Description d'une Horloge Marine à un seul balancier horizontal & suspendu : cette Horloge est à poids, elle a des verges de compensation, &c.

Planche XXXV.

2242. Cette horloge vue (*fig.* 1), est à secondes d'un seul battement; le poids est distribué comme dans l'horloge que nous venons de décrire : l'échappement est à roue de rencontre ; la roue de rencontre a 30 dents ; son axe porte l'aiguille des secondes qui marque sur un petit cadran excentrique : le balancier A est suspendu par un ressort a attaché à un pont qui se fixe sur une platine qui n'est pas ici représentée, mais qu'il est facile de se figurer, puisque la disposition du balancier doit être la même que dans l'horloge décrite chap. XLII. & XLIII : le pivot supérieur du balancier doit rouler dans un trou fait à cette platine; & le pivot inférieur dans un trou fait à la platine *B B* : ces pivots ne font faits que pour maintenir le balancier en l'empêchant de s'écarter de la ligne *a b*; car son poids est entiérement foutenu par le ressort *a*.

2243. Le bras *C* est rivé sur un canon qui roule à frottement sur l'axe du balancier ; ce bras porte une cheville qui communique à la fourchette *D*, rivée sur un canon qui entre à frottement sur l'axe des palettes d'échappement *E* : ainsi la force de la roue de rencontre est transmise au balancier ; ce qui lui donne & entretient son mouvement. Les platines *G*, *H* forment la cage qui contient le rouage de mouvement ; on ne voit de ces roues que celle d'échappement *F*, & le cylindre porté par la premiere roue : ce cylindre *I* est entouré de la corde *K* qui foutient le poids moteur *L*, dont la disposition est expliquée ci-devant (2217, 2235 & suiv.)

2244. La plaque *M M* est le derriere du cadran ; cette plaque s'attache à la platine des piliers *H* par quatre faux piliers rivés sur la plaque du cadran : les roues de cadran sont placées à l'ordinaire entre le cadran & la platine des piliers.

2245. Les vibrations du balancier sont réglées par le ressort spiral *N N*; le bout intérieur est retenu sur l'axe du balancier par une virole faite comme celle décrite (2158); le bout extérieur est arrêté à un piton *O O* arrangé comme celui décrit (2140).

2246. L'axe du balancier est fait d'une seule piece. Comme il n'a pas besoin d'être fort gros, le balancier étant plus petit & léger, on peut le faire d'assez bon acier pour avoir des pivots qui soient durs.

2247. Les pivots de balanciers rouleront tout simplement dans des trous faits aux platines, ce qui sera très-bon ; car le frottement des pivots peut être regardé comme nul, puisque le balancier est toujours sensiblement horizontal : on supprimera par ce moyen les agathes & leur ajustement.

2248. Le spiral peut être fait comme un ressort de montre, & aussi élastique que ceux dont nous avons fait usage, qui ont cependant coûté beaucoup de peines & de soins.

2249. Le pince-spiral sera disposé comme celui de la figure 5, décrit (2238) ; l'axe *b c* de ce pince-spiral sera mobile au-dessous de l'axe de balancier, entre le dessous de la platine *B B*, & le pont *P* : le bras *Q* est mis en mouvement par la fourchette *R* fixée sur l'axe *S* du levier *T* ; ce levier appuie sur la verge de cuivre prolongée du milieu du chassis de compensation *V X* dont on ne voit que le bout supérieur.

2250. On n'a pas ici représenté un ressort qui doit presser le pince-spiral, afin qu'il oblige par son bras *Q* le levier *T* de suivre le mouvement de la verge prolongée *V*, & suivre par-là toutes les impressions que produisent le chaud & le froid sur les verges de compensation : il est d'ailleurs facile de se représenter ce ressort.

CHAPITRE XLV.

Additions & Expériences sur les verges de Pendule, propres à corriger les dilatations & contractions des métaux.

Expériences sur les effets des frottements d'un échappement à repos pour changer la justesse de l'Horloge.

Expérience faite avec un Pendule à chassis de même dimension que celui dont j'ai rendu compte (2008).

2251. AYANT appliqué ce pendule sur le pyromètre, mis l'éguille à zéro, l'air extérieur étant au terme de la glace, le thermomètre est monté à 2 degrés ; l'aiguille a aussi parcouru 2 degrés du froid ; ensuite j'ai mis l'étuve, fait chauffer avec des mottes ; le thermometre est monté à 34 degrés ; le pyrometre a parcouru 10 degrés du chaud ; il est revenu à 5 deg. où il est resté assez constamment : ôté l'étuve ; le thermometre est revenu à 2 degrés & le pyrometre à zéro.

2252. Cette expérience prouve que la compensation ne se fait pas parfaitement, & que les verges ne sont pas assez longues ; d'où il suit, 1°, que l'on ne peut pas fixer exactement les dimensions d'une verge de pendule, par la raison que les dilatations varient selon la nature de l'acier & du cuivre ; 2°, que pour suppléer à ces différences, il faut ajouter au pendule un levier de compensation, au moyen duquel on puisse faire varier l'effet par une vis de rappel, & selon les différentes extensions des métaux.

2253. J'ai encore trouvé un autre défaut à ce pendule ; c'est que si l'on appuie un peu fortement sur la lentille pendant qu'elle est suspendue sur le pyrometre, les verges éprouvent une flexion, & que si on laisse la lentille sans la soulever, l'aiguille du pyrometre ne revient pas exactement au point où elle étoit avant la pression ; or cet effet est produit par le trop de pesanteur de la lentille qui n'est pas proportionnelle à la force des verges. Si l'on souleve ensuite la lentille, & qu'on l'abandonne à son propre poids, l'aiguille du pyrometre ne revient pas au même point où elle étoit, c'est-à-dire, que le pendule change de longueur ; à la vérité, c'est de fort peu de chose, mais trop pour l'exactitude que nous desirons. Au reste, ce défaut peut être corrigé facilement ; il ne faut que faire une lentille plus légere.

Remarque.

2254. Il suit de cette expérience que pour juger si la pesanteur de la lentille est proportionnelle à la force des verges de compensation d'un pendule quelconque appliqué sur le pyrometre, il faut que, soit que l'on appuie sur la lentille, ou qu'on la souleve, l'aiguille du pyrometre revienne

SECONDE PARTIE, CHAP. XLV.

toujours au même degré d'où elle est partie.

2255. Il suit de-là qu'il est possible de faire différentes fortes de verges propres à remédier aux écarts produits par la dilatation & contraction des métaux, & que cela dépend du rapport de solidité des verges avec la pesanteur de la lentille ; ainsi en n'employant qu'une verge de cuivre, deux d'acier, & un levier de compensation, on pourra parvenir à faire une verge de pendule, qui étant plus simple que celle à châssis, soit cependant propre à corriger les effets du chaud & du froid. Nous allons travailler à donner les dimensions d'un tel pendule.

2256. Pour ne pas donner au pendule plus de pesanteur qu'il n'est besoin, il faut faire chaque verge particuliere d'une force qui soit telle qu'elle soit relative à la pression qu'elle éprouve ; il faut donc rechercher, avant de composer le pendule, la quantité de pression que cause la lentille fur chaque verge ; car il est bon de remarquer qu'elle n'est pas la même sur toutes les parties de la verge. Pour cet effet il faut remarquer que s'il n'y avoit point de levier de compensation, & que la verge qui porte la lentille eût simplement un talon qui posât sur la verge de cuivre, alors les verges d'acier & de cuivre devroient être dans le rapport des dilatations, c'est-à-dire, comme 74 à 121 ; or cela est fondé sur nos expériences qui paroissent prouver que les dilatations sont en raison inverse des ténacités (*a*) des

---

(*a*) Car l'action du feu produit une dilatation qui est d'autant plus grande, que les parties du corps sur lequel elle agit, cedent facilement ; & au contraire si la chaleur agit sur un corps dont les parties ne puissent se séparer que par un effort violent, l'extension ou dilatation en sera plus petite ; en un mot cet effet de la chaleur sur les corps ne doit pas être différent de l'action produite par des poids dont on peut charger ces corps pour les faire rompre ; & la loi de la dilatation doit être la même que celle de la ténacité : nous joignons ici une table de la ténacité des métaux ; je l'ai tirée de la Minéralogie de *Vallerius*, tom. I.

Un fil d'or cylindrique d'un dixieme de pouce (pied du Rhin) de diametre, peut soutenir, avant de se rompre, un poids de . . . . 500 liv.
Un fil de fer de même dimension que celui d'or, . . . 450
De cuivre, ... 299 $\frac{1}{4}$
Argent, ... 270
Etain, ... 49 $\frac{1}{2}$
Plomb, ... 29 $\frac{1}{4}$

En comparant cette table avec celle des dilatations de l'article (1696), on voit que les dilatations ne sont pas exactement en raison inverse des ténacités des parties ;

parties qui compofent les corps : donc en fuppofant qu'une verge fimple d'acier qui a 6 lignes de largeur & 4 d'épaiffeur peut fupporter, fans s'affaiffer, une lentille de 20 livres ; la verge de cuivre qui fupportera la même lentille par un fimple talon, ayant la même épaiffeur, devra être plus large que celle d'acier, dans le rapport de 121 à 74. Mais lorfqu'il eft queftion d'un pendule qui a un levier de compenfation, les dimenfions deviennent tout autres, ainfi que nous allons le faire voir ; car dans le pendule compofé de trois verges (*Planche XXXIV, fig. 2*) à caufe du levier de compenfation, l'action de la lentille fur la verge de cuivre eft double de fon poids ; ainfi la largeur de cette verge ne doit pas être feulement comme la dilatation du cuivre à l'acier ; mais de plus, comme l'effort qu'elle reçoit eft à celui qu'éprouve la verge qui fupporte la lentille, c'eft-à-dire, dans le cas actuel, double de la largeur premiérement trouvée. Enfin la verge d'acier *A B* qui porte les deux talons, dont l'un porte le point de fufpenfion, & l'autre fur lequel pofe le bout inférieur de la verge de cuivre ; cette verge, dis-je, n'éprouve pas fimplement l'effort du poids de la lentille, mais elle reçoit cet effort multiplié par le levier, c'eft-à-dire, qu'il eft double du poids de la lentille ; donc cette force fait effort pour écarter ces talons, & faire fléchir la verge ; ainfi pour qu'elle n'éprouve pas plus d'effort que la verge qui fupporte la lentille, il faut qu'elle ait une largeur double de celle-ci : il faut auffi avoir attention au poids même des verges ; car la verge à talon fupporte, outre l'action double de la lentille, le poids de

je fuis cependant perfuadé que cette loi doit avoir lieu (même dans les fluides) ; mais pour s'en affurer, il faudroit que la même verge d'or, de fer, de cuivre, &c, qui auroit fervi à faire les expériences fur les dilatations, fût enfuite employée pour faire les expériences fur les ténacités ; car fans cela, la différence des matieres peut caufer une erreur confidérable, puifqu'il eft évident que la dilatation d'une verge d'or à 21 karats eft différente de celle de l'or pur dont M. Vallerius a dû fe fervir pour faire expérience de la ténacité : l'or recuit ou battu change encore ; ainfi il faut, pour pouvoir tabler là-deffus, que chaque verge à éprouver foit dans les mêmes circonftances ; c'eft-à-dire, qu'il faut l'employer à l'une & l'autre expérience.

la verge de cuivre, plus celui de la verge qui foutient la lentille ; il faut auſſi que le levier de compenſation ait une force relative à l'effort qu'il reçoit. Enfin il faut en général que les dimenſions de toutes les parties du pendule ſoient dans le rapport des preſſions ; alors toutes ces parties feront capables de ſupporter le même effort ſans affaiſſement.

Dimenſions du Pendule.

2257. Ayant fuſpendu à une verge d'acier qui a 6 lignes de largeur & 4 d'épaiſſeur, une lentille de 30 livres, j'ai vu que cette verge n'en étoit point affaiſſée : partant d'après cela, on aura facilement les autres dimenſions des verges. Pour trouver la largeur de la verge de cuivre, on fera la proportion 74 : 121 :: 6 : x ; on trouve pour 4e terme $9\frac{60}{74}$, c'eſt-à-dire qu'un pendule qui auroit une verge de cuivre de 9 lignes $\frac{60}{74}$ de largeur, & 4 d'épaiſſeur, feroit également propre à foutenir un poids de 30 livres que la verge d'acier qui a 6 lignes de largeur & même épaiſſeur. Mais comme dans le pendule compoſé de trois verges, celle de cuivre ſupporte un effort double du poids de la lentille, il faut doubler la largeur de cette verge ; ainſi elle ſera de 19 lignes $\frac{46}{74}$, ou environ 20 lignes. Enfin la verge d'acier qui porte les deux talons, éprouve le même effort que celle de cuivre ; donc cette verge doit avoir le double de la largeur de la verge d'acier qui porte la lentille ; elle aura donc 12 lignes, & renforcée vers le talon, comme dans la figure (*Pl. XXXVI. fig.* 2). Voilà les dimenſions qu'il faut donner au pendule à trois verges dont voici la defcription.

2258. Le bout A de la verge à talon AB s'attache à la fourchette de fuſpenſion qui n'eſt pas ici repréſentée. (Voy. la figure, *Pl. XXVIII, fig.* 5). Le talon inférieur B reçoit le bout C de la verge de cuivre ; le bout fupérieur D porte une cheville a ſur laquelle poſe le levier de compenſation E ; le bout F de la feconde verge d'acier porte une cheville b qui appuie ſur le levier de compenfation ; le bout inférieur G de cette verge eſt fait en vis, & paffe à travers la fourchette HH : cette fourchette eft retenue après la verge au moyen de l'écrou I ; la fourchette embraffe la lentille par fon épaiffeur, & la fupporte au moyen de la vis K qui la traverfe : la lentille ainfi fufpendue par fon centre, peut fe dilater fans changer la longueur du pendule (2015) ; la lentille eft donc fufpendue par la verge FG, & agit fur le levier E, & par conféquent fur la verge de cuivre. Le centre de mouvement du levier de compenfation fe fait au point C fur une efpece de dent d portée par la fourchette L ; cette fourchette qui embraffe l'épaiffeur de la verge (ainfi que le levier de compenfation) eft mobile au moyen de la vis de rappel M ; en faifant mouvoir cette vis de rappel, on approche ou on écarte le centre du mouvement c des chevilles a, b ; par ce moyen on cherche le point convenable pour la compenfation felon que les extenfions des mêmes métaux font différentes.

2259. Le bout inférieur de la verge AB porte une partie prolongée N qui paffe dans une entaille faite à la fourchette, & qui fert à l'empêcher de tourner, ainfi que la lentille ; la partie OP eft fixée fur la fourchette H; elle fert à appuyer fur le côté de la verge FG, afin de maintenir la lentille dans fa direction, & l'empêcher de vaciller.

2260. Les brides Q, R, S fervent à retenir les verges du pendule en leur laiffant feulement la liberté de fe mouvoir librement felon leur longueur.

2261. J'ai ajouté à ce pendule un thermometre qui eft mis en action par la dilatation & contraction de la verge : il ne fert pas feulement à faire voir ces différents effets du chaud & du froid ; mais il eft fur-tout utile pour eftimer fi toutes les parties du pendule font bien proportionnées en folidité, & à tenir lieu, à cet égard, du pyrometre ; ainfi en appuyant ou en foulevant la lentille, on voit fi l'aiguille du thermometre revient au même dégré.

2262. Sur la verge d'acier GF, eft fixée une cheville d'acier e, fur laquelle appuie la petite partie f du levier fg

fait

fait d'une seule piece rivée sur un canon qui est mobile en *h* sur une broche attachée à la verge de cuivre ; le bout *g* de ce levier agit sur une cheville fixée à la partie *i* de l'aiguille *i l*, mobile en *m* sur une broche mise à vis sur la verge de cuivre ; le ressort *n i* appuie sur la cheville *i*, ensorte que l'aiguille va & vient sur elle-même, selon les impressions du chaud & du froid sur les verges : cette aiguille *i l* marque ces changements sur le limbe gradué *T V* : on peut graduer ce limbe en des divisions qui soient correspondantes à celles du thermometre de M. de Réaumur ; ainsi ce thermometre marquera le degré de température qui frappe le pendule.

Remarque sur les verges simples de Pendule.

2263. Il suit des observations que nous venons de faire, sur le rapport entre la pesanteur de la lentille & la force des verges, que dans un pendule simple il ne faut pas être moins attentif à donner ce rapport, que pour celui qui est composé de plusieurs verges ; car si la lentille est trop pesante, relativement à la verge, il arrivera que la verge s'alongera de plus en plus par la chaleur, & que le froid ne la ramenera jamais au même point où elle étoit avant l'extension ; & ainsi de suite, à proportion que la lentille est plus pesante ; ensorte qu'une horloge où ce pendule est appliqué, ira toujours en retardant de plus en plus. Il suit de la même remarque que les suspensions à ressort doivent nécessairement s'alonger de plus en plus par les changements de température ; & c'est une des raisons qui nous ont fait préférer la suspension à couteau. Lors donc que l'on voudra employer une lentille du poids de 30 livres, il faudra employer une verge d'acier qui ait 6 lignes de largeur & 4 d'épaisseur.

2264. Nous devons encore observer que la force relative de la verge avec le poids de la lentille doit changer par l'étendue des arcs de vibrations du pendule ; car plus les arcs seront grands, & plus la lentille fera effort (*a*) pour s'écarter du point de suspension, à cause de l'effet de la force centrifuge : ainsi la verge éprouvera une pression plus grande que le poids de la lentille ; d'où il suit qu'un pendule, d'abord en repos & appliqué sur le pyromètre, étant alors dans le rapport convenable, pourroit ne plus l'être, lorsque le pendule étant appliqué à l'horloge il décriroit de grands arcs.

Expériences sur les effets des résistances des huiles, & les frottements de l'échappement à repos dans une Horloge astronomique.

2265. Ayant voulu connoître quels sont les changements produits par la différence des huiles & des frottements, en passant du chaud au froid, dans l'horloge astronomique décrite (1768 *& s.*) je notai, le 23 juin 1761 les degrés que parcouroit le pendule. Le thermometre étant à 22 degrés, le pendule décrivoit des arcs de 25 minutes ; & en hyver (le 2 Mars 1762), lorsque le froid extérieur étoit à 4 degrés au dessous de la glace, j'ai laissé ouverte pendant la nuit, la fenêtre de la chambre où est placée l'horloge ; le thermometre placé à côté de l'horloge, étoit alors à 1 degré au-dessous de la glace ; le pendule ne décrivit que des arcs de 12 minutes $\frac{1}{2}$: ainsi 23 degrés de différence dans la température ont réduit l'étendue des arcs décrits par le pendule, à la moitié de ce qu'ils étoient en été. Voilà l'effet produit par les résistances des huiles, & la différence des frottements du chaud au froid. Or on conçoit que malgré la théorie qui dit qu'en doublant l'étendue des petits arcs, on ne change pas l'isochronisme des vibrations, on conçoit, dis-je, que l'horloge doit nécessairement varier ; car les frottements de l'échappement qui est à repos, changent très-sensiblement la durée des vibrations, comme on

―――――――――
(*a*) Cet effort augmente comme le quarré de l'arc.

le verra par une expérience que je rapporterai ci-après. Cette différence dans l'étendue des arcs de vibration auroit été infiniment petite, si l'arc décrit par le pendule, au lieu d'être de 25 minutes, eût été de 2 ou 3 degrés ; car alors, selon la remarque du n°. (1865) , l'effet des huiles auroit été dans un moindre rapport avec la force de mouvement du pendule.

Expérience faite avec une Horloge à secondes, sur les effets de l'Échappement à repos.

2266. L'horloge à équation que je présentai à l'Académie en 1754, a un échappement à repos, disposé pour faire décrire de très-petits arcs au pendule : voyez art. (1789). L'ancre d'échappement de cette horloge a son centre de mouvement 6 pouces au-dessous du point de suspension, dont l'élévation est la même que le centre de la roue d'échappement ; & la cheville de la fourchette agit sur le pendule à 12 pouces du centre de suspension ; ainsi l'angle décrit par le pendule, est moitié plus petit que celui de l'ancre. Par cette méthode, l'ancre parcourant un plus grand espace, devenoit plus facile à exécuter ; mais j'ai reconnu depuis quelque temps, que cette méthode d'augmenter le chemin parcouru par les palettes d'échappement, sans augmenter l'étendue des arcs décrits par le pendule, est très-défectueuse, parce que cela augmente les frottements & les variations ; & c'est ce que je viens de vérifier encore dans l'horloge en question ; car après l'avoir vue assez bien réglée, je me suis apperçu tout-à-coup qu'elle retardoit de plus de 2 minutes par jour : je remontai la lentille de deux tours d'écrou ; & malgré cela, l'horloge alloit toujours en retardant, ce que j'attribuai au frottement de l'ancre : je vis en effet que les palettes étoient entièrement desséchées d'huile, & sans que le poli de l'ancre fût ôté ; je ne fis donc simplement que remettre de l'huile à l'ancre, & dès-lors l'horloge avançoit beaucoup, & elle n'a été réglée qu'après avoir ramené la lentille au point où elle étoit auparavant.

2267. On voit par cette expérience que si dans une horloge dont le régulateur est assez puissant (la lentille pese 40 livres), le changement de frottement de l'échappement est capable de produire de si grands écarts, le changement des frottements ne doit pas en produire de moindres dans les montres à repos : on peut en conclure de plus sur les échappements d'horloges ou montres en général ; 1°, qu'il faut employer préférablement, lorsqu'il est possible, un échappement dont la traînée est très-petite, & qui n'exige pas d'huile ; alors le frottement sera plus constant ; 2°, qu'il faut, pour obtenir une petite traînée, diminuer, autant qu'il est possible, la longueur des bras de l'ancre ; 3°, l'effort que fait la roue par la levée, augmente la quantité de mouvement du régulateur ; & immédiatement après le même effort de la roue diminue la force de mouvement ; ainsi plus l'arc par la levée sera grand, & celui de supplément petit, & moins les frottements de l'échappement seront capables de troubler l'isochronisme des vibrations.

Note sur les Couteaux de suspension.

2268. Nous avons dit (1552) qu'il faut proportionner la longueur du couteau à la pesanteur de la lentille ; mais cela ne suffit pas pour éviter l'affaissement des parties ; il faut de plus, & l'effet en est plus sûr, changer l'angle ou petite portion de cercle qui termine le couteau, selon que le pendule est léger ou pesant ; s'il est léger, le couteau peut être plus angulaire ; & s'il est pesant, il doit être émoussé ou formé par une portion d'un plus grand cercle ; dans ce dernier cas il y aura, à la vérité, plus de frottement ; mais, ce qui est avantageux, ce frottement sera constant.

Méthode pour prendre très-exactement l'heure du Temps-moyen par le passage du Soleil au Méridien (a).

2269. Prenez une montre à secondes que vous arrêterez au nombre de minutes & de secondes marquées par la table d'équation, pour l'année & jour actuel ; faites marcher la montre à l'instant du passage du soleil au méridien, vous aurez exactement l'heure moyenne pour le jour donné ; ensuite vous réglerez l'heure de l'horloge sur celle de la montre ; ainsi répétant plusieurs fois la même opération, on verra si l'horloge avance ou retarde, & on la réglera en conséquence.

EXEMPLE.

2270. Le 6 Février 1762, je veux avoir exactement l'heure du temps moyen, & m'en servir à vérifier en même temps la justesse de mon horloge astronomique ; je cherche dans la IIIe. table d'équation (placée à la fin de la première partie) l'heure du temps moyen ; je trouve que lorsqu'il est midi au soleil ; le temps moyen est 12 heures 14 minutes 34 secondes ; j'arrête donc avant midi la montre à secondes, ensorte qu'elle marque juste 12 heures 14 minutes 34 secondes, & j'attends le passage du soleil au méridien ; dans ce moment je laisse marcher la montre, & j'ai précisément l'heure du temps moyen : je me sers de l'heure marquée par la montre, pour mettre l'horloge à la même heure, minute, & seconde. Le lendemain ou deux jours après, je recommence la même opération ; & après avoir pris l'heure au soleil avec la montre, j'examine d'abord la différence de mon horloge avec l'heure de la montre ; je monte

---

(a) Ce n'est point ici la place de cet article qui auroit dû être à la suite de la première Partie, Ch. XX. Lorsque j'en étois à cette Partie, cela ne me vint pas dans la tête : ce ne sera pas le seul article qui ne soit pas mis à sa place. On se rappellera que ceci n'est qu'un essai qui n'a pas été fait de suite, mais à mesure que les idées se sont présentées.

ou je descends la lentille en conséquence, & ensuite je mets les aiguilles à l'heure : je vérifie ainsi, à plusieurs reprises, la marche de l'horloge, jusqu'à ce qu'elle soit parfaitement réglée.

2271. On voit par cette méthode, qu'en même temps que l'on vérifie la justesse de l'horloge, l'on a la facilité de retoucher à la lentille, & de remettre ensuite les aiguilles à l'heure ; parce que pendant cette opération la montre conserve l'heure, ce que l'on ne pourroit pas pratiquer en vérifiant immédiatement l'heure du soleil avec celle de l'horloge; car pendant que l'on touche au pendule pour le régler, & aux aiguilles pour les remettre à l'heure, le soleil passe, & on est obligé d'attendre pour cela au lendemain, ce qui multiplie les opérations, & augmente le temps qu'il faut pour régler l'horloge.

CHAPITRE XLVI.

Additions à différentes parties des Montres ; compensations, frottements, &c.

Sur le le calcul des pesanteurs de Balancier.

2272. Lorsque nous avons calculé les forces de balancier, relativement à la force motrice, nous supposions que la force transmise au régulateur par la roue d'échappement, étoit proportionnelle au plus ou moins de force motrice ; mais cela ne peut avoir lieu que dans le cas où les frottements des pivots seroient proportionnels à cette force : or pour cela il est nécessaire d'augmenter & de diminuer la grosseur des pivots proportionnellement à la pression qu'ils reçoivent du moteur. Il est aisé de voir que, malgré que l'on fît deux montres sur le même calibre, en employant même pesanteur de balancier, même étendue de vibration, même force motrice, que pour peu que l'on changeât les grosseurs des pivots, les deux montres n'iront pas avec la même justesse, ensorte qu'il faudra augmenter ou diminuer la force motrice, selon que la montre variera du chaud au froid: or si cela est nécessaire dans deux montres de même espece, à plus forte raison doit-on estimer & proportionner les frottements dans deux montres qui différent par la force de mouvement; & c'est pour parvenir à ce but que nous avons construit un compas propre à mesurer très-exactement la grosseur des pivots; par ce moyen, lorsque l'on aura exécuté une montre qui aille parfaitement dans tous les temps, on en fera toujours une autre qui soit aussi exacte en partant d'après ses dimensions.

Description du Compas propre à mesurer exactement les grosseurs des pivots.

2273. La figure 12 de la XXXV Planche représente ce compas : $b\ c$ est un limbe gradué en 48 divisions; l'aiguille $d\ e$ porte deux pivots, dont l'un roule dans un trou fait au centre f du limbe, & l'autre pivot roule dans le trou fait au pont g : a est une piece d'acier fixée sur le limbe; elle forme avec la partie d de l'aiguille, la mâchoire ou compas qui doit mesurer le pivot, tandis que le bout opposé e de l'aiguille marque sur le limbe le diametre du pivot en 48emes de ligne ; car lorsque les deux mâchoires d, a du compas se touchent, alors l'aiguille doit marquer exactement zéro, & quand la mâchoire a, d est ouverte d'une ligne, l'extrémité e de l'aiguille est écartée du point o du limbe de 48 divisions; ainsi lorsqu'un pivot ne fait parcourir à l'aiguille que trois divisions du limbe, en partant de zéro, cela indique que le diametre du pivot est de $\frac{3}{48}$ de ligne, & ainsi de suite.

2274. Le ressort h agit sur une cheville m fixée à l'aiguille, ce qui l'oblige d'appuyer sur le bout de la vis de rappel *k* ; cette vis fert à donner aux mâchoires *a*, *d* l'ouverture exacte pour mefurer le diametre du pivot indiqué par le bout oppofé de l'aiguille ; le bout *n* fert de manche à cet outil.

2275. Pour pouvoir eftimer la plus petite différence dans la groffeur d'un pivot, j'ai donné deux pouces de rayon à l'arc gradué *b c* du limbe, & j'ai donné deux lignes de longueur aux mâchoires *a*, *d* : par ce moyen on peut eftimer la groffeur d'un pivot jufqu'à la 96e partie d'une ligne. Nous nous fervirons ci-après de cet outil pour donner les dimenfions d'une bonne montre éprouvée felon nos principes.

Sur les réfiftances des huiles pour la compenfation de l'action du chaud & du froid fur le Spiral.

2276. Quand après des peines infinies on eft parvenu à compofer & exécuter une montre qui ne varie point par les changements de température, pofition &c, enfin qui marche conftamment avec la même juftefte ; il eft très-effentiel de noter toutes fes dimenfions, afin de s'en fervir pour terme de comparaifon, pour conftruire une montre qui differe, foit par fa quantité de mouvement, vibration &c. Mais il ne fuffit pas alors, comme nous avons fait ci-devant (1949 & *fuiv.*), de comparer les forces de mouvement des deux montres ; car les réfiftances des huiles dans les pivots de balancier (feules caufes de compenfation des effets du froid fur le fpiral), ne fuivent pas la proportion des quantités de mouvement, elles font plutôt en raifon inverfe ; c'eft-à-dire que plus la quantité de mouvement de balancier augmentera, & plus les réfiftances des huiles diminueront (les pivots reftant les mêmes) ; & par conféquent moins la compenfation aura lieu. Il faut donc de plus, & cela eft très-effentiel, comparer les frottements & réfiftances par les huiles dans les pivots de balancier, afin de les proportionner aux quantités de mouvements.

Propofition

Proposition sur la Compensation.

2277. Il faut, pour la compensation, que la résistance des huiles, ou frottement des pivots de balancier produise par le froid un retard qui soit égal à l'accélération du même froid sur le spiral (1887) ; mais la force du spiral doit être proportionnelle à la force de mouvement du balancier ; & les changements d'élasticité du spiral par le froid sont aussi proportionnels à la force du spiral. On tirera donc delà cette regle :

La résistance des huiles dans les pivots d'un balancier doit être (pour la compensation) à la résistance des huiles d'un autre balancier où cette compensation a lieu, comme la force de mouvement du balancier cherché est à la force de mouvement du balancier donné.

2278. Pour déterminer ce rapport, on se servira, 1°, des méthodes indiquées (1961) pour trouver les quantités de mouvement des balanciers ; & 2°, pour avoir les résistances des huiles dans les pivots du balancier donné, ou, ce qui revient au même, les frottements, on fera un produit de l'espace parcouru en une seconde, par exemple, par les pivots du balancier ; or pour avoir cet espace, il faut mesurer le diametre des pivots, multiplier ce diametre par le nombre de vibrations en une seconde; enfin on multipliera ce produit par le poids du balancier : on fera le même calcul pour le balancier cherché, & l'on aura des produits qui exprimeront les frottements relatifs des pivots des deux balanciers. Mais comme par le principe (2277), le frottement des pivots du balancier cherché doit être proportionnel à la quantité de mouvement du balancier ; afin que la compensation ait lieu, on laissera une inconnue x qui représentera le diametre des pivots du balancier cherché ; on fera la regle de Trois qui donnera la valeur de x ; ou, si le diametre des pivots est donné, on trouvera le poids du balancier, & ainsi des autres dimensions.

II. Partie. R r

2279. Je m'étois propofé de donner des exemples pour mieux faire entendre les principes que je viens d'énoncer; mais ce que j'ai encore à traiter, & le peu de temps que je puis donner à cet ouvrage m'en empêche : au refte, pour peu qu'un Artifte ait d'intelligence, il fuppléra aux applications.

REMARQUE.

2280. Il paroît d'abord par le principe que nous venons d'établir, qu'en fuppofant ces rapports donnés, une montre qui auroit peu de force de mouvement, comme celle à un mois, par exemple, devroit aller avec une juftesse égale à celle qui allant 30 heures, auroit une grande force de mouvement; mais cela n'eft vrai que pour les réfiftances des huiles, feulement dans les pivots de balancier qui compenferont les effets du froid fur le fpiral, en fuppofant que la force motrice eft conftante; or dans une montre qui a peu de force de mouvement (a), cette fuppofition n'a lieu que pour le moment actuel où le reffort conferve toute fon élafticité, les huiles, leur fluide, enfin les frottements reftant les mêmes; & auffi-tôt que ces chofes changeront, la montre fera des écarts confidérables, ainfi qu'il eft aifé de voir; car l'effet du froid fur les huiles des pivots du rouage (d'une montre à un mois, par exemple,), peut être tel qu'il diminue une grande partie de la force qui eft à la circonférence de la roue d'échappement (1865) : or dans ce cas la montre doit varier; 1°, parce que le balancier décrivant de plus petits arcs, les vibrations ne feront pas de même durée que par les grands arcs (1926); 2°, la

(a) Il faut d'ailleurs obferver que les limites de la diminution de mouvement dans une montre, a des bornes affez étroites ; car il faut fuppofer que l'on peut diminuer les frottements des pivots de balancier & du rouage à proportion de la force ; mais il y a un terme, paffé lequel, les pivots ne peuvent être réduits fans augmenter les frottements; car plus ils feront fins, & plus ils tendent à détruire, à caufe que leur furface n'eft plus unie, mais compofée de petites parties angulaires qui coupent; effet qui n'a pas lieu dans les pivots qui ont un certain diametre, & cela eft relatif à la configuration des parties de l'acier : enfin on ne doit diminuer la force de mouvement qu'au point convenable, pour que les changements des huiles par le froid & le chaud ne foient pas capables de changer fenfiblement la force communiquée à la roue d'échappement.

pression de la roue sur le cylindre sera beaucoup plus petite, & le frottement, par cette raison, sera bien différent ; il le sera encore, parce que les huiles mises à l'échappement, seront moins fluides, &c ; & cela seul est capable de produire de grands écarts, & d'autant plus que ces frottements seront dans un grand rapport avec la force de mouvement du régulateur : il est donc encore évident que cette montre sera préférable, qui aura une grande quantité de mouvement.

2281. Il suit aussi de la même remarque, & de ce qui précède, que pour que la compensation du chaud & du froid ait lieu, il faut que la force motrice soit constante ; car si elle change, alors le balancier décrira de plus grands ou plus petits arcs, & par conséquent les résistances des huiles changeront à proportion ; ce qui produira des écarts à la montre, qui seront plus ou moins grands, selon qu'elle aura plus ou moins de force de mouvement, selon la nature de l'échappement, &c. Nous ne nous arrêterons pas à l'analyse de ces effets ; car cela est susceptible d'une infinie variété, selon les différentes combinaisons de la machine ; il suffit de faire sentir ici la nécessité d'une force motrice constante.

2282. Pour parvenir à rendre la force motrice aussi constante qu'il se peut dans une montre, il y a trois moyens : le premier, c'est de donner une grande force de mouvement au régulateur, ce qui augmente à proportion le moteur, & par conséquent les effets des huiles diminuent par le froid une très-petite partie de la force transmise à la roue d'échappement. Le second moyen est de proportionner les surfaces des parties frottantes de la machine à la pression que chaque partie supporte, & sur-tout relativement à la quantité que peut soutenir une matiere donnée, sans que sa surface en soit pénétrée & déchirée, condition essentielle pour rendre le frottement constant. Enfin le troisieme moyen est de tellement disposer la machine, que l'huile que l'on met aux parties frottantes, pour en adoucir le frottement, s'y conserve long-temps, & en se renouvellant en quelque sorte.

2283. Pour établir les dimensions des parties frottantes,

il faut partir d'après l'expérience ; car c'est la seule voie à suivre, puisque l'on ne peut pas déterminer immédiatement la quantité d'effort que peut éprouver, sans se déchirer, un corps de telle masse qui se meut avec tant de vîtesse, &c. Mais si je sais par expérience qu'un balancier, par exemple, qui pese tant, à telle vîtesse, ayant des pivots de telle grosseur, peut rouler sur un autre corps, sans que les parties de l'un ou l'autre se déchirent par un mouvement continué ; je pourrai, d'après cette connoissance, en conclure les dimensions de tout autre balancier, roues, &c, en augmentant ou diminuant les surfaces, proportionnellement aux pressions, vîtesses, &c ; c'est-à-dire, en donnant des frottements relatifs à ceux connus.

Dimensions d'une montre à demi-secondes, dont l'echappement est à cylindre.

Cette montre a été éprouvée par différentes températures ; & la compensation se fait très-bien, les frottements rendus constants : on pourra donc partir d'après, pour construire d'autres montres.

2284. La roue de fusée fait un tour en 5 heures $\frac{1}{2}$.

2285. Le ressort tire 3 gros $\frac{1}{2}$ appliqués à 4 pouces du centre de la fusée.

2286. La roue de grande moyenne fait un tour par heure ; ses pivots ont $\frac{1}{48}$ de ligne de diametre : cette roue pese 5 grains.

2287. La petite roue moyenne pese 2 grains $\frac{1}{4}$; ses pivots ont de diametre lign. 0, $\frac{1}{48}$; elle fait un tour en 7 minutes $\frac{1}{2}$.

2288. La roue de champ pese 1 grain $\frac{1}{8}$; ses pivots ont de diametre lig. 0, $\frac{3+\frac{1}{2}}{48}$; elle fait un tour par minute : c'est un pivot prolongé de cette roue qui porte l'aiguille des secondes.

2289. La roue d'échappement pese 1 grain $\frac{1}{8}$, ses pivots $\frac{3}{48}$ de lign. diam. elle fait un tour en 15 secondes, ou 4 tours par minute ; & par conséquent 240 par heure, &

SECONDE PARTIE, CHAP. XLVI. 317

1320 révolutions pour une de la fusée : cette roue a 15 dents ; le balancier fait donc 120 vibrations par minute, & 7200 par heure : le diametre de cette roue est de 3 lignes $\frac{1}{7}$.

2290. Le balancier pese avec la virole & le piton de spiral 13 grains, & 12 grains sans la virole & le piton. Ses pivots ont de diametre $\frac{3}{48}$; le diametre du balancier est de 9 lignes $\frac{1}{2}$; le diametre extérieur du cylindre $\frac{22}{48}$.

2291. L'arc de levée de l'échappement est de 45 degrés ; l'arc de vibration est de 280 degrés, lorsque la montre marche à plat.

Sur les frottements du Cylindre.

2292. Lorsqu'on travaille à rendre les frottements constants, il ne faut jamais perdre de vue ce principe : Qu'un corps donné ne peut soutenir qu'une certaine pression, sans que les parties frottantes se détruisent, & par conséquent sans que le frottement augmente. Si donc l'on a un grand balancier pesant, ayant des vibrations promptes & étendues, c'est-à-dire, une grande quantité de mouvement, & que ce balancier soit mu par un échappement à cylindre, alors le frottement sur le cylindre sera très-considérable, & il en résultera une prompte destruction, à moins que les dents de la roue ne soient fort épaisses ; car si ces dents sont aigues & minces, elles pénétreront les pores qui terminent la surface du cylindre, & déchireront cette surface, d'où suivra une très-grande augmentation de frottement & une prompte destruction, & des variations dans les vibrations du régulateur : l'épaisseur de la dent ou plan incliné dans une roue de cylindre doit donc augmenter à proportion de la force que cette roue doit transmettre au balancier ; & au lieu de terminer en angle les bouts des plans inclinés, il faut au contraire les arrondir afin qu'ils portent sur la plus grande surface : or pour ainsi proportionner l'épaisseur des dents, il est à propos de calculer la force transmise à la circonférence de la roue d'échappement. En voici une méthode simple qui, à la vérité, n'est pas fort exacte, puisque nous n'y faisons pas entrer la considération des frottements du rouage ; mais elle l'est assez pour l'application que nous en faisons ici.

2293. Pour trouver la force que le ressort de la montre à secondes dont nous avons donné les dimensions (2284 & s.) communique à la circonférence de la roue d'échappement, il faut réduire 3 gros $\frac{1}{7}$, force motrice, en 100emes de grain, & l'on a 252,00, lesquels étant divisés par 1320 nombres de révolutions de la roue d'échappement pour une de la fusée, donnera la force communiquée à la roue d'échappement supposée de 4 pouces de rayon : la division faite, on trouve $\frac{19 + \frac{1}{11}}{100}$; mais comme la roue d'échappement n'a que $\frac{2}{17}$ de rayon, il faut multiplier $\frac{19 + \frac{1}{11}}{100}$ par le nombre qui exprime de combien le rayon 4 pouces de la fusée où le poids est appliqué, est plus grand que le rayon de la roue d'échappement ; ce nombre est 27 $\frac{3}{7}$ qui multiplié par $\frac{19 + \frac{1}{11}}{100}$ donne 5 grains $\frac{24}{100}$; c'est-à-dire, qu'en faisant abstraction des frottements des pivots & de l'inertie des roues, la roue d'échappement a à sa circonférence une force de 5 grains $\frac{24}{100}$: or pour éviter la destruction du cylindre, je donne $\frac{1}{72}$ d'épaisseur aux dents de cette roue, afin que sa pression ne soit pas capable de déchirer la surface du cylindre.

2294. Nous observerons encore ici sur les frottements du cylindre, que plus les frottements des pivots de balancier sont réduits, & plus la force motrice doit être grande, afin d'augmenter l'étendue des vibrations, pour que la compensation par le chaud & le froid ait lieu ; d'où il suit que dans une telle montre la pression sur le cylindre en est plus considérable, & par conséquent les frottements plus grands, & ainsi des variations que ce frottement produit ; donc il seroit préférable de faire de plus gros pivots de balancier: on diminueroit par ce moyen l'étendue des vibrations & le frottement du cylindre.

2295. Il faut encore remarquer, par rapport aux frottements, que quoique dans deux montres de même espece on ait fait les pivots de même grosseur, les roues de même poids, le ressort de même force, enfin toutes les dimensions parfaitement les mêmes, il peut très-bien arriver que les frottements ne soient pas les mêmes, sur-tout si ces montres sont à cylindre ; car l'acier dont les cylindres sont formés, peut assez différer pour produire des frottements différents ; les surfaces des pivots peuvent être moins unies dans les uns que dans les autres, ce qui dépend encore de la nature de l'acier ; les pivots qui sont moins durs ont aussi plus de frottement ; le cuivre dont les trous sont formés, peut être plus ou moins poreux, moins pur, &c ; ainsi quoique l'on ait employé tout l'art imaginable à deux montres, on ne doit pas encore s'attendre qu'elles marchent avec la même justesse : il est vrai que les écarts uniquement produits par la variabilité des matieres ne peuvent pas causer des écarts bien sensibles, & l'on peut d'ailleurs les corriger ; mais il est bon d'envisager, sous toutes ses faces, ce qui contribue à la justesse de ces machines.

2296. Enfin, indépendamment des causes de variation dans les montres que j'ai parcourues ci-devant, il y en a encore d'autres qui pour être moins apparentes, ne sont pas moins réelles ; car ces machines sont sujettes à des écarts, lors même qu'il n'arrive pas de changement ni dans la température, ni dans la position de la montre, enfin lorsqu'il paroît que les frottements doivent être les mêmes : or ces variations peuvent être causées, 1°, par les changements de pesanteur de l'atmosphere ; 2°, par la différente élasticité du spiral ; car malgré que nous ne connoissions que l'action du chaud & du froid sur un ressort, il peut y avoir d'autres causes qui en changent la force : 3°, l'humidité & la sécheresse peuvent changer la nature des frottements. Je n'ai pas pu, jusqu'ici, faire des expériences qui m'autorisent à poser rien de certain : ce ne sont donc ici que des conjectures. Au reste si les écarts que j'ai remarqués sont causés par une des choses supposées, ou par plusieurs, il est évident qu'on en diminuera d'autant plus les effets, que les montres auront une grande quantité de mouvement, & que les frottements feront réduits & rendus conftants.

Remarques fur la maniere de rendre les frottements conftants.

2297. Puifque la juftefle des montres dépend du rapport des frottements avec la force de mouvement du régulateur (2277) & de la conftance des frottements (2281), il faut rechercher tous les moyens qui peuvent y conduire: nous avons déja traité ces deux objets, nous ajouterons feulement quelques remarques au dernier.

2298. 1°, Les groffeurs des pivots étant données, on rendra les frottements conftants en exécutant ces pivots avec foin, en forte qu'ils foient parfaitement ronds, d'acier pur, bien poli, &c ; on apportera ces mêmes foins aux trous : pour cet effet il faut employer du cuivre de chaudiere bien durci ; on aura foin de proportionner la longueur du pivot & du trou à fon diametre : la regle que je me fuis faite eft de donner pour longueur du pivot, deux fois fon diametre.

2299. Pour rendre les frottements les plus petits poffibles, il eft très-effentiel de répartir la preffion qui fe fait fur un pignon, de forte que chaque pivot en fupporte la moitié, (voyez Iere Part. 941): même obfervation pour les balanciers, roues, &c. Voilà le plus grand avantage des barrettes que l'on met fur ces platines. Il eft même à propos, pour parvenir au même but dans les pieces à répétition, de mettre, ainfi que je le fais, des ponts en dedans des platines, afin d'accourcir les tiges, de maniere que le pignon fe trouve également diftant des deux pivots; il eft évident que dans ce cas la preffion fe divife fur chaque pivot, & qu'on peut les tenir plus petits: on diminue donc par ce moyen le frottement en le rendant plus conftant.

2300. 3°, Il faut réferver aux trous des pivots de profonds

fonds réservoirs qui contiennent une assez grande quantité d'huile, pour pouvoir se conserver long-temps. Or par la disposition des frottements, il ne pourra se détacher que très-peu de particules de matieres des parties frottantes, ainsi les huiles resteront mobiles, & le frottement constant.

2301. 4°, On met communément des calottes aux montres à cylindre; mais outre que souvent elles gênent le mouvement, & en augmentent le volume, je crois qu'elles sont assez inutiles pour empêcher la poussiere d'entrer dans le mouvement; car ces calottes sont percées de trous par où la poussiere s'introduit, & en aussi grande quantité que s'il n'y avoit pas de calotte: il seroit donc préférable, en faisant l'emboîtage de la montre, de supprimer le ressort de la boîte, parce que le bouton de ce ressort ne joint jamais assez parfaitement pour empêcher le passage de la poussiere; j'aimerois mieux ne faire fermer ces boîtes que par le simple embichetage; la boîte en ferme beaucoup mieux.

2302. 5°, Il est très-essentiel, comme on sait, de mettre de l'huile pour adoucir le frottement des pivots, & autres parties frottantes d'une montre; mais il n'est pas du tout indifférent de prendre telle ou telle huile; c'est au contraire de sa nature que dépend la plus grande uniformité dans les frottements; car si on se sert d'huile qui soit très-fluide dans le moment actuel où on l'emploie, alors les frottements seront très-petits; mais cette huile dont les parties sont si mobiles, s'évapore (*a*) très-promptement, en sorte qu'il reste une matiere gluante qui augmente considérablement le frottement; voilà ce qui arrive aux huiles préparées. Il n'est

---

(*a*) L'huile ne s'évapore pas également dans toutes les parties de la montre; cela dépend du plus ou moins de frottement, & selon que l'huile est rassemblée ou exposée par petites parties à l'action de l'air: par exemple, si on place une grande goutte d'huile dans le réservoir d'un pivot, elle sera beaucoup plus de temps à s'évaporer, que ne le seroit la même quantité d'huile mise à un échappement à cylindre; car dans le premier cas, l'huile présente une moindre surface, au lieu que dans le second, chaque dent de la roue emporte une partie de l'huile, d'où suit une plus grande surface exposée à l'air, & par conséquent une prompte évaporation: aussi ai-je toujours vu l'huile de l'échappement plus promptement desséchée que celle des pivots.

pas aifé de choifir entre ces deux chofes : il faudroit que l'huile que nous employons dans nos montres fût très-mobile , à caufe du peu de force de ces machines ; & il faudroit en même temps que cette huile fe confervât très-longtemps dans le même état, & c'eft ce qui ne fe peut ; car fi l'huile eft fluide, & qu'on veuille que le froid ne la congele pas aifément , elle s'évaporera en peu de temps ; & fi elle eft graffe, elle caufera une plus grande réfiftance. Au refte , il eft préférable d'employer cette derniere efpece d'huile , parce qu'il vaut encore mieux que la réfiftance foit plus grande , mais qu'elle foit permanente : j'emploie avec fuccès d'excellente huile d'Aix fans préparation ; la plus fraîche & la plus pure eft la meilleure.

2303. Il faut encore obferver , par rapport aux huiles, que l'on n'en doit pas employer de la même forte pour tous les frottements ; car dans une groffe horloge de clocher, dont les roues font pefantes & la force motrice grande, alors il eft befoin de fe fervir d'huile fort graffe & épaiffe, qui s'étende fur les parties frottantes ; car fi on emploie de l'huile très-fluide, comme elle n'a point de corps, elle s'échappera de deffous les parties frottantes , & celles - ci fe gripperont comme fi on n'avoit pas mis d'huile, d'où fuit la deftruction ; en un mot il faut que la matiere ou graiffe que l'on met pour adoucir le frottement , ait une confiftance relative à la preffion ; c'eft ainfi que pour le frottement de l'aiffieu d'un caroffe , de l'huile d'Aix ferviroit auffi peu que de l'eau.

Defcription d'une Machine à fendre toutes fortes de Roues de Montres, Roues plates, Rochets, Roues de rencontre enarbrées , & qui fert à former les Roues de cylindre.

2304. Quoique je ne penfe pas, ainfi qu'on l'a dû voir ci-devant, que l'échappement à cylindre foit auffi bon que celui à roue de rencontre pour les montres ordinaires, il faut convenir qu'il est très-commode pour les montres à secondes, à vibrations lentes; & c'est pour cette raison que je crois devoir parler en passant de sa construction, & de quelques soins d'exécution; cela pourra d'ailleurs servir à diriger les Ouvriers qui veulent en faire usage. Or pour rendre l'exécution de cet échappement plus facile, je joins ici la description & le plan d'un outil à fendre, qui, outre la propriété de figurer les roues de cylindre, sert à fendre les roues plates ordinaires, & les roues de rencontre enarbrées. Je crois faire plaisir à grand nombre d'Ouvriers, en leur donnant une machine qui étant assez simple, sert aux usages les plus essentiels des montres : cette machine, telle qu'elle est, n'a pas encore été exécutée; mais chaque partie l'a été séparément; je n'ai que le mérite de rassembler dans la même machine des effets dont on fait un fréquent usage; ainsi elle ne peut qu'être très-bonne.

2305. La premiere figure de la Planche XXXVI représente cette machine toute montée dans la situation où elle doit être pour former l'intervalle des colonnes de roues de cylindre. La partie A du chassis $ABCD$, sert à l'attacher à l'étau; ce chassis forme avec la platine CD la cage dans laquelle se meut la plate-forme ou diviseur E; le diviseur est fixé au moyen de trois vis sur l'axe F; le bout supérieur de cet axe roule dans le haut d'un trou conique fait au pont G (a) formé sur le chassis même AB; le bout inférieur de l'axe F roule sur le bout de la vis H portée par le talon I formé sur la platine CD; ce talon sert à placer la plate-forme sur l'étau, & lui donner la situation horizontale nécessaire pour fendre les roues plates & de rencontre &c : le chassis $AKGBC$ est de cuivre fondu d'une seule piece; la platine CD (de même matiere) s'assemble avec ce chas-

---

(a) L'élévation G est nécessaire pour rendre les ajustements des tasseaux plus solides; car alors l'effort de la fraise se fait tout contre l'appui du tasseau dans l'arbre F.

fis au moyen des écrous 1, 2 qui entrent à vis fur les bouts taraudés du châssis *A B*.

2306. L'alidade *L L* a deux sortes de mouvements : le premier par lequel elle tourne fur fon centre 3, afin de faire pofer fa pointe fur l'un ou l'autre cercle concentrique du divifeur. Le fecond mouvement de l'alidade eft celui par lequel la pointe étant pofée dans un des points de divifion du divifeur, on peut faire tourner celui-ci en avant ou en arriere pour préfenter la dent d'une roue contre la fraife ; comme fi, par exemple, ayant fendu une roue fur 60, on vouloit la fubdivifer encore en autant de parties ; ce mouvement eft fur-tout néceffaire pour tailler les roues de cylindre ; ce mouvement de l'alidade eft produit par l'écrou de rappel *M* qui entre à vis fur la partie 4 de l'alidade ; cet écrou *M* eft retenu avec une clavette après la piece *N* qui fe meut autour du centre 3 ; ainfi à mefure qu'on tourne l'écrou, on fait avancer ou reculer l'alidade, & par conféquent le divifeur *E*. Nous expliquerons ci-après l'ajuftement de l'alidade : on fait d'ailleurs qu'elle eft flexible pour pouvoir être foulevée pour faire pofer la pointe fur les points de divifion du divifeur.

2307. L'*H* (*fig.* 5) qui fert à fendre les roues plates & roues de rencontre, s'ajufte à l'ordinaire fur la piece *O P* (*fig.* 1) portée par le coulant *Q Q* ; la pointe de la vis *a* (*fig.* 5) entre dans le point *O* (*fig.* 1), & l'autre pointe *b* (*fig.* 5) dans le point oppofé à *O* (*fig.* 1) ; la piece *R* qui porte le point *O* & fon oppofé qui n'eft pas vu, eft portée par la piece coudée *O P*, & elle peut tourner féparément fur le centre *S*, afin d'incliner l'*H* du nombre de degrés, dont on veut que les dents de la roue de rencontre foient inclinées à l'axe : pour cet effet, le bord de cette piece *R* eft gradué en degrés de cercle ; on trace un trait fur la piece *O* qui fert d'index, pour affembler ces deux pieces *R* & *O P* ; celle *R* porte une tige parfaitement tournée ronde, qui entre très-jufte dans le trou fait au centre *S* de la piece *O* ; le bout de cette tige eft taraudé pour recevoir

SECONDE PARTIE, CHAP. XLVI.

l'écrou S, dont la preſſion fixe les pieces R & O, en donnant à celle R l'inclinaiſon que l'on veut : cette inclinaiſon doit être zéro lorſque l'on doit fendre les roues plates ; c'eſt-à-dire, que l'H doit être parallele au diviſeur, ſans quoi les dents ſe fendroient à *vis ſans fin* (*a*).

2308. La piece OP s'applique ſur le coulant QQ après laquelle elle ſe fixe au moyen de l'écrou 5 qui entre ſur la vis faite à une broche fixée à la baſe Q ; la piece P a un trou qui entre très-juſte ſur cette broche dont on voit le bout qui ſaille au-deſſus de l'écrou 5. Ce mouvement de la piece OP ſert à donner à l'H l'inclinaiſon que l'on veut, ſoit pour fendre un rochet ou pour incliner les dents des roues de cylindre ; pour cet effet, il faut graduer le deſſus du coulant Q en degrés de cercle, & fixer à la piece P un index 6 pour indiquer l'inclinaiſon que l'on donne à l'H.

2309. Quand on fend une roue ordinaire, il faut, pour que ſes dents tendent parfaitement au centre de la roue, c'eſt-à-dire, qu'elles ne ſoient pas en rochet ; il faut, dis-je, que l'axe de la fraiſe ſoit perpendiculaire à la fente 7, 8 dans laquelle le coulant QQ ſe meut ; & il faut que cette fente 7, 8 ſoit parfaitement dirigée au centre de la plate-forme : enfin il faut pour remplir cette condition, que le plan de la fraiſe paſſe par le centre du diviſeur. Quand on a trouvé cette poſition de l'H, on marque zéro ſous la pointe de l'index 6 ; & c'eſt de ce point que l'on commence les degrés d'un ou d'autre côté : cela étant ainſi arrangé, à chaque fois que l'on veut fendre une roue ordinaire, on arrête la piece OP ſur le coulant QQ, de maniere que l'index ſoit à zéro ; on place ſur le porte-fraiſe, la fraiſe dont on veut ſe ſervir pour fendre ſa roue ; on fait mouvoir le coulant au moyen de la vis de rappel T, juſqu'à ce que la fraiſe ſoit tout contre la pointe du taſſeau ; alors on fait mouvoir (ſelon ſa longueur) l'arbre A (*fig.* 5) au moyen des vis B, C, & de ſorte que le milieu de

---

(*a*) C'eſt le terme dont ſervent les Ouvriers, pour dire que le flanc d'une dent de roue ou de pignon eſt incliné à l'axe de la roue, ou, ce qui revient au même, lorſque le flanc de cette dent n'eſt pas perpendiculaire au plan de la roue.

l'épaisseur de la fraise passe par la pointe du tasseau ; on recule ensuite le coulant jusqu'à ce que la fraise n'anticipe sur la roue à fendre que de la quantité d'enfoncement qu'il faut donner aux dents.

2310. Le coulant QQ porte un talon formé au-dessous de la base Q, & dans toute la longueur QQ; ce talon entre très-juste dans la fente 7, 8, faite au châssis B, & c'est ce qui forme le coulant; ce talon est percé d'un trou fait à vis, dans lequel entre la vis de rappel T; cette vis porte un colet qui est retenu au bout du châssis B par la plaque 9 attachée par trois vis ; ainsi le coulant se meut selon le sens dont on fait tourner la vis de rappel : pour empêcher le coulant QQ de s'écarter du châssis B, le talon qui passe dans la fente 7, 8, porte une vis prolongée qui entre dans l'écrou V; ainsi en serrant cet écrou, on fixe très-solidement le coulant après le châssis.

2311. L'arbre F de la plate-forme est percé dans toute sa longueur, d'un trou propre à y faire entrer les tasseaux A & B (*fig.* 3) : le trou de l'arbre doit être fait avec beaucoup de soin ; & il ne suffit pas de l'agrandir avec un équarrissoir, il faut de plus le faire entrer sur une espece d'arbre lisse mis sur le tour ; on introduit de la pierre à l'huile broyée, & on fait rouler l'arbre lisse pendant qu'on retient l'arbre de la plate-forme, & jusqu'à ce que le trou de celui-ci soit parfaitement uni & droit : on appelle cette opération *roder* un trou.

2312. Quand le trou est parfaitement rodé, alors on peut tourner l'extérieur : pour cet effet, après avoir nettoyé l'arbre lisse & le trou de l'arbre, il faut rendre l'arbre lisse fixe sur le tour, & mettre l'archet sur l'arbre de la plate-forme ; on tournera celui-ci, & par ce moyen on sera assûré que le trou est parfaitement concentrique au-dehors de l'arbre.

2313. Le tasseau est retenu après l'arbre de la plate-forme par la clavette X qui traverse l'arbre & le tasseau ; cette clavette passe dans la fente pratiquée à l'un & l'autre, comme on le voit en *C* (*fig.* 3) : le bas de cette fente eſt angulaire, & le deſſous de la clavette eſt de même figure ; c'eſt pour empêcher que le taſſeau ne puiſſe tourner ſéparément de l'arbre. La preſſion de la clavette ſur le fond de la fente du taſſeau eſt produite par un écrou *Y* (*fig.* 1) : qui entre ſur la vis faite en *Y* à l'arbre *F* : cette vis doit ſe faire ſur un *tour à vis*.

2314. L'arbre de la plate-forme ainſi préparé, il eſt à propos, lorſque la vis *Y* eſt formée & la fente de la clavette faite, de roder encore le trou, afin d'ôter les bavures &, pour le dreſſer, au cas qu'en faiſant la vis, on l'eût courbé ; il ne reſte enſuite qu'à fixer au bout inférieur de l'arbre un tampon bien ajuſté qui porte la pointe conique qui doit aller rouler ſur le trou conique fait à la vis *H*.

2315. *W* eſt un contre-écrou qui ſert à empêcher la vis *H* de ſe deſſerrer lorſqu'on a donné le jeu convenable à l'arbre de la plate-forme.

2316. On a pratiqué ſur l'arbre *F* en deſſous de la clavette un cuivrot *Z* qui ſert à faire tourner cet arbre avec un archet, lorſqu'on veut centrer les roues de rencontre pour les fendre *enarbrées* : nous expliquerons cela ci-après.

2317. Pour fixer les roues de montres ſur leurs taſſeaux, on ſe ſert de deux moyens ; le premier, c'eſt par des taſſeaux à vis pareils à ceux des pendules ; le ſecond, c'eſt par la ſimple preſſion d'un levier ſur un petit cône ou *pain de ſucre* ; nous en avons expliqué la diſpoſition (434) ; la figure 2 repréſente ce levier placé dans ſa chape ; la vis *A* entre dans un trou fait en deſſous de *A A* (*fig.* 1), dans le châſſis ; ce trou ne peut être vu, parce qu'il eſt recouvert par la pièce *A A* qui porte l'*H* à tailler les roues de cylindre : tout cet ajuſtement *A A*, *B B*, *C C* qui ne ſert que pour les roues de cylindre, s'ôte de deſſus la plate-forme quand on veut fendre les roues ordinaires & de rencontre.

2318. Le châſſis *A* eſt prolongé, & porte la partie *K* ſur laquelle eſt ajuſté le rouleau *K* qui ſert à recevoir le bout *A* du levier (*fig.* 2) ; l'autre bout *B* du même levier porte un point conique dans lequel entre la pointe du pain de sucre *d* (*fig*. 3) : la pression de ce levier est produite par la vis *C* (*fig*. 2) ; c'est cette pression qui fixe la roue que l'on peut fendre entre les bases *c* & *d* du tasseau (*fig*. 3).

2319. Le tasseau *A* (*fig*. 3) est d'acier ; il est percé dans toute sa longueur d'un trou propre à recevoir le petit tasseau *D* ; la partie conique *a* des tasseaux *A* & *B* entre sur le bout de l'arbre de la plate-forme qui est aussi tourné en cône (*a*) ; par ce moyen la pression de la clavette centre toujours parfaitement les tasseaux.

2320. Le trou du tasseau *A* est rodé de la même maniere que celui de l'arbre de la plate-forme ; & le dehors est tourné par la même méthode ; le bout *b* du tasseau est rendu conique, lorsque le tasseau est attaché sur l'arbre de la plate-forme ; & en faisant rouler celui-ci, comme nous venons de le dire dans la note de l'art. 2319.

2321. Le tasseau *D* (*fig*. 3) est d'acier trempé & tourné parfaitement rond ; la petite base *c* est taillée comme une lime, ainsi que le dessus *d* du pain de sucre. Par ce moyen la pression du levier (*fig*. 2) fixe très-solidement la roue. La partie conique *e* du tasseau *D* entre sur le bout conique du trou *b* du tasseau *A* ; ainsi ces tasseaux étant ajustés avec les précautions indiquées, les roues ne peuvent manquer de se trouver parfaitement concentriques à la plate-forme. On voit que le seul frottement du cône retient le petit tasseau *D* sur celui *A* ; mais cela est suffisant, & l'ajustement est infiniment préférable aux petits tasseaux ajustés quarrément dont on faisoit usage ci-devant ; & d'ailleurs ces petits tasseaux tournés sont très-faciles à faire : on en a de diverses grandeurs, selon le diametre des roues plates que l'on a à fendre.

2322. Pour fendre les roues de rencontre enarbrées, on se sert d'un tasseau (*fig*. 11) qui ne porte point de tige, comme celui *B* (*fig*. 3) ; il est au contraire percé pour

---

(*a*) Pour former ce cône du bout supérieur du trou, il faut attendre que l'arbre soit ajusté dans le chassis ; alors faisant tourner l'arbre par un archet dont la corde passe sur le cuivrot *Z*, cet arbre sera comme un arbre en l'air : on attachera le chassis à l'étau avec un support ; & avec un burin on figurera la partie conique qui sera parfaitement concentrique à l'arbre.

y laisser entrer le pignon & la tige de la roue de rencontre : pour fixer la roue sur ce tasseau, on se sert d'excellente cire d'Espagne ; on fait chauffer le tasseau jusqu'à ce que la cire soit fondue, & on pose la roue dessus, on l'appuie de sorte qu'il ne reste pas de cire entre la base du tasseau & le dessous de la roue ; & pour le mieux, il faut que la cire ne fasse qu'entourer le bas du champ de la roue ; pendant que le tasseau est chaud, on le place sur la plate-forme qui est attachée à l'étau par son talon I ; ainsi sa position est horizontale : on pose sur le châssis le pont (*fig*. 10) en place de AA (*fig*. 1) qui doit être ôté : on met un archet sur le cuivrot Z, on fait poser le bout A de la tige AB (*fig*. 10) sur le bout du pivot : la pression du poids B contient la roue de rencontre appliquée sur ce tasseau, ce qui la maintient droite. Pour la centrer, on appuie avec une pointe contre le champ de la roue, pendant qu'avec l'autre main on fait tourner la plate-forme avec l'archet ; par ce moyen la roue tourne parfaitement rond, & devient concentrique à l'arbre de la plate-forme ; mais pour que la roue se centre ainsi, il faut que la cire soit chaude ; pour cet effet, il faut que la machine soit toute préparée quand on place le tasseau échauffé : au reste on peut aisément faire chauffer le tasseau tout monté sur la plate-forme, se servant pour cela d'une petite bougie, & prenant garde sur-tout que la flamme n'aille pas donner sur la roue, ce qui l'amolliroit ; quand la roue est fendue, on fait chauffer le tasseau pour en séparer la roue ; & pour ôter la cire qui s'est attachée à la roue, il ne faut que jetter celle-ci dans de l'esprit-de-vin.

2323. Le trou du châssis qui sert à recevoir la vis A de la chape (*fig*. 2), sert aussi à recevoir la vis qui fixe le pont C (*fig*. 10) après le châssis.

2324. La figure 6 fait voir le développement de l'alidade. La piece A de cuivre se fixe par une vis au montant BC du châssis (*fig*. 1) ; cette piece A (*fig*. 6) est fendue en B pour recevoir la piece d'acier coudée, ou porte-alidade CD ; celle-ci tourne autour du centre a, y étant retenue par une vis à portée qui entre très-juste dans le trou fait à la piece coudée C D : cette vis entre dans le trou taraudé *a* ; ainsi la pression de cette vis fait mouvoir le porte-alidade C D à frottement sur la piece A : le bout taraudé E de l'alidade E F entre dans le trou de l'écrou G ; la partie *b* de cet écrou entre juste dans le trou *c* du porte-alidade C D ; & cet écrou porte la rainure *d*, dans laquelle entre la clavette H ; cette clavette s'applique contre le dedans *e* du porte-alidade, après lequel elle est retenue par des goupilles qui entrent dans les trous 1, 2 faits en H, & 3, 4 faits en C, enforte que l'écrou G ne peut que tourner sans s'écarter du porte-alidade : ainsi en tournant cet écrou, on fait mouvoir l'alidade E F selon sa longueur.

2325. Pour rendre l'alidade inébranlable sur la piece coudée C D, en ne lui laissant que la faculté de se mouvoir selon sa longueur, elle est retenue en D par une vis à assiette qui entre très-juste dans la fente I : cette vis entre dans le trou D ; ainsi la pression de cette vis fixe l'alidade sur l'appui D, le bout E est retenu par l'écrou dans le trou *c*.

2326. La vis K est terminée en pointe pour poser dans les points du diviseur : on change, comme on veut, la pression de l'alidade contre les points du diviseur, en tournant cette vis K d'un ou d'autre côté; le contre-écrou L sert à arrêter la vis au point convenable, pour la tension de l'alidade.

2327. Voilà ce qui concerne la machine ordinaire pour fendre les roues plates & les roues de rencontre enarbrées : il nous reste à décrire le méchanisme de cet outil qui sert à tailler les roues de cylindre.

2328. Pour bien concevoir ce méchanisme, il est à propos de se représenter la forme d'une roue de cylindre. Pour cet effet, il faut jetter les yeux sur les figures 1 & 2 de la XVe planche où l'on a représenté fort en grand une roue de cylindre en perspective, & de profil ; enfin les figures 8 & 12 de la planche XXXVI font voir de profil une roue de cylindre prête à tailler ; & la figure 9 représente la même roue en plan : elle est vue avec les différentes gradations qu'elle reçoit lorsqu'on l'exécute. Comme il est nécessaire d'entendre ces gradations d'exécution pour bien concevoir le méchanisme qui sert à cela, nous allons les décrire.

2329. Dans la figure 8, *a b* représente le dehors de la roue vue de profil ; la partie saillante *a a* est l'épaisseur qui doit servir à former les dents ou plans inclinés, & *b b* est ce qui forme les colonnes (on appelle plan incliné ou dent la partie *a b*, (*Planche XV fig.* 1), & *e* est la colonne) ; la figure 12, (*Planche XXXVI*) fait voir la coupe de la roue par son diametre ; ainsi on voit les dimensions de toute la roue ; l'épaisseur *a* du fond, l'épaisseur *b c* qui doit former les colonnes ; & enfin la largeur *d e* des dents. Lorsque la roue est tournée selon cette figure, on fait les croisées, comme on le voit (*fig.* 9) ; on agrandit le trou de maniere à le faire entrer très-juste sur la tige *b* du tasseau * B (*fig.* 3); le côté vu (*fig.* 9) doit être le dessus de la roue lorsqu'on veut la fendre ; on recouvre la roue avec la plaque *c* (*fig.* 3), & on fixe la roue avec quatre vis : la roue fixée sur le tasseau, on place celui-ci sur l'arbre de la plate-forme ; on met en place l'*H* (*fig.* 5) ; on ajuste sur le porte-fraise *A* une fraise mince qui ait pour épaisseur environ $\frac{1}{10}$ de la longueur que doit avoir le plan ; on fend la roue comme une roue plate ; on prend un nombre quadruple de celui des dents qu'elle doit avoir, c'est-à-dire, que si elle a 13 dents, il faut se servir du nombre 52 ; on fera 26 fentes (par la raison que la dent de la roue doit être alternativement logée dans le cylindre, & celui-ci dans l'intervalle des dents de la roue): il ne faut pas trop enfoncer ces fentes de la roue ; mais il faut qu'il reste, comme on le voit en *a* (*fig.* 9), une épaisseur qui servira à soutenir la roue pendant qu'on la taillera ; on fendra ainsi tout le tour de la roue, & elle prendra la figure telle qu'on la voit dans la partie 1, 2, 3 (*fig.* 9).

---

* Il faut avoir des tasseaux de plusieurs grandeurs, afin qu'ils anticipent sur le champ de la roue, pour l'empêcher de se courber en la taillant ; ce qui ne manqueroit pas d'arriver, si elle n'étoit soutenue que par les croisées.

Cela fait, on changera la fraise mince, & on en mettra une qui soit plus épaisse que l'intervalle entre 1 & 2 de la roue ; c'est de cette fraise dont on fera usage pour former les plans inclinés des dents. Pour cet effet, il faut 1°, avancer la plate-forme d'une division, ensorte que la fraise se présente dans le milieu de la dent ; on fera à cette dent une petite marque propre à la distinguer ; 2°, il faut incliner la piece O P(*fig.* 1)de la moitié du nombre de degrés de levée que doit produire une dent sur une levre du cylindre : si, par exemple, on veut que la levée totale de l'échappement soit de 40 degrés, la levée par une dent sur une des levres du cylindre sera de 20 degrés ; ainsi il ne faudra incliner l'*H* que de 10 degrés, & ainsi de suite pour toute autre levée ; enfin cela étant ainsi préparé, on fera mouvoir le porte-fraise selon sa longueur, jusqu'à ce que la fraise se présente vis-à-vis la dent marquée ; alors on coupera avec la fraise, & on formera les plans inclinés, comme on le voit en 4 & 5, &c (*fig.* 9) ; on fera ainsi tout le tour de la roue, mais on se dispensera d'incliner toutes les dents, & seulement de deux l'une ; car il est inutile de travailler les dents qui doivent former les vuides ou séparations entre chaque dent : on *sautera* donc pour chaque dent quatre points du diviseur.

2330. Les plans inclinés ainsi faits, il faut former les vuides 6, 7, *a*, &c. Pour cet effet, voici ce que l'on a imaginé, & c'est ici où commence l'usage de l'*H*, *B B*, *C C* porté par la potence *A A* (*fig.* 1) : *a b* est un petit arbre en l'air porté par l'*H*, *B B* ; cet arbre porte une fraise cylindrique *c* qui ne coupe que par sa circonférence ; cette fraise doit avoir pour diametre l'intervalle *b c* (*fig.* 9), moins l'épaisseur convenable pour la colonne *d* ; c'est cette fraise qui forme les intervalles 6, 7, &c (*fig.* 9) ; l'*H* est mobile sur deux vis *d*, *e* (*fig.*1)dont les pointes entrent dans les points *a*, & l'opposé *b* faits à la boîte *A* (*fig* 4) ; cet *H* décrit par son mouvement un petit arc qui sert à produire l'enfoncement entre les colonnes; cet arc doit être dirigé au centre de la roue ; ainsi il faut que la position de l'*H* soit telle que la ligne qui passe par le centre de l'arbre en l'air *a b*, & des vis *d*, *e*, soit perpendiculaire au rayon tiré de *c* au centre de la roue. Pour faciliter cette condition, selon que les roues sont plus ou moins grandes, la boîte *A A* (*fig.* 1) peut se mouvoir selon la longueur du châssis. On voit que si le petit arc décrit par l'*H*, pour l'enfoncement des vuides de colonne, ne tendoit pas au centre de la roue, les colonnes se feroient à rochet; le bout de la fraise doit être formé plat & uni, afin de ne pas couper, il faut qu'il approche tout contre le fond *a k* (*fig.* 9) qui fait l'épaisseur du plan : pour approcher ou écarter le bout de la fraise du côté du plan ; l'*H*, *B B* s'éleve ou s'abaisse perpendiculairement à la roue ; pour cet effet la potence (*fig.* 4) porte la boîte *A* qui se meut sur la branche *C*, au moyen de la vis de rappel *D D* ; le tenon *E* dans lequel entre la vis de rappel sert en même temps à recevoir le bout de la vis *E E* (*fig.* 1); c'est cette vis qui regle l'enfoncement du vuide des colonnes. Cela entendu, on concevra facilement le reste de cette opération ; & voici ce que l'on fera avant de commencer à former les vuides des colonnes : on fera mouvoir la vis de rappel *D D*, afin de faire passer le bout de la fraise au-dessus du plan supérieur de la roue ; en cet état, on fera mouvoir la vis *E E*, de maniere que le diametre de la fraise passe par l'extrémité de la circonférence 4, 5 (*fig.* 9) qui fait le sommet des colonnes ; on arrêtera la vis *E E* (*fig.* 1) par son contreécrou *F F* : cela fait, on fera mouvoir le rappel de l'alidade, jusqu'à ce que le bord de la fraise passe par le derriere du sommet du plan incliné *e b* (*fig.* 9); on voit si dans cette position la partie *d* qui doit rester en *d* pour la colonne de *d e* est trop grande ou trop petite ; on change de fraise selon qu'il en est besoin ; le tout ainsi préparé, il ne reste plus qu'à faire couper la fraise ; pour cet effet, il faut faire redescendre la fraise par la vis de rappel *D D*(*fig.*1)& de sorte que le bout de la fraise aille frotter contre le bord de la dent ; on met un archet sur le cuivrot de l'arbre *a b*, & on coupe jusqu'à ce que le bout de la vis *E E* pose sur le talon de la boîte qui porte l'*H*, c'est-à-dire, que le milieu de la fraise passe par la circonférence *e d* (*fig.* 9) ;

on fautera quatre points , & on fera un fecond intervalle, & ainfi de fuite.

2331. Cela ainfi fait, la roue pourroit être regardée achevée par l'outil ; mais dans ce cas, les colonnes *d*, *f*, &c, refteroient quarrées, & l'ufage eft de les arrondir, comme on le voit en *g*, *h* & *i*, & cela eft fur-tout néceffaire pour écarter cette colonne du plan incliné, & l'empêcher d'y toucher ; & c'eft pour concourir à ce but qu'eft fait l'enfoncement *b* (*fig.* 12) : pour donc arrondir les colonnes, il a fallu trouver un moyen de le faire fur l'outil, afin de rendre l'opération plus fûre & plus abrégée ; & voici comment on y eft parvenu : c'eft encore au moyen de l'arbre en l'air, & d'une fraife cylindrique fort douce ; mais au lieu que cet arbre eft emporté par l'*H* pour décrire la portion de cercle requife pour l'enfoncement du vuide des colonnes, il a un mouvement particulier par lequel il peut décrire autour de la colonne un arc d'un très-petit cercle, & cela eft produit par une couliffe qui porte cet arbre; cette couliffe eft attachée fur l'arbre *f* (*fig.* 1)qui fe meut fur les bras *g* & *h* de l'*H*;cet arbre porte une vis de rappel *k* qui fait mouvoir le lardon *k l* qui porte un point conique fur lequel fe meut le bout du petit arbre *a b* ; ce lardon *k l* porte la branche fixe *m* fur laquelle entre la boîte *n x*: cette boîte eft percée en *x* d'un trou conique, dans lequel entre le bout de l'arbre; ainfi cet arbre fe meut dans la cage formée par le lardon & fa boîte, d'où l'on voit qu'en faifant écarter ou approcher le point conique du lardon du centre de l'arbre *f*, fi l'on fait mouvoir cet arbre *f*, le petit arbre *a b* décrira un cercle plus ou moins grand ; c'eft donc du chemin que l'on fait faire au lardon *k l* que dépend l'excentricité de l'arbre *a b* ; fi donc en même temps que l'on fait tourner le petit arbre avec un archet, on fait décrire à celui *f* une portion de cercle, & que la fraife appuie fur l'extrémité de la colonne, on voit que celle-ci s'arrondira & plus ou moins, ainfi qu'on le voudra. Pour faire décrire à l'arbre *f* la portion de cercle requife pour tourner autour du fommet de la colonne, on fe fert de la vis *G G* attachée au pivot de cet arbre *f*

Seconde Partie, Chap. XLVI. 335

qui entre dans le bras *h* de l'*H* ; & pour régler le chemin ou portion de cercle décrite par cet arbre, sa tige porte entre les bras *g,h* un canon sur lequel est rivée une oreille *o*; sur celle-ci s'ajuste une seconde oreille *p* qui s'arrête sur la première avec la vis de pression *q* ; ces oreilles vont battre contre la partie *r* de l'*H* ; ainsi plus l'angle compris entre ces deux oreilles est grand, & plus aussi la portion de cercle décrite par l'arbre *f* est grande *.

2332. Le canon qui porte l'oreille *o* peut tourner séparément de l'arbre *f* ; on les fixe l'un avec l'autre par la vis de pression *s* ; on se sert de ce mouvement pour régler l'arrondissement de la colonne, c'est-à-dire, pour amener l'arbre, ou porte-fraise, de sorte que lorsqu'elle est à l'extrémité de la colonne, la portion de cercle qu'elle décrit de côté & d'autre ne coupe pas plus un angle de cette colonne, qu'elle ne fait l'autre.

2333. Quand les colonnes sont ainsi arrondies, on peut les polir, se servant pour cela d'une fraise cylindrique non taillée : on peut en faire autant pour les vuides des colonnes.

2334. Pendant toutes les opérations que nous venons d'indiquer, les fonds *a* des dents sont restés tels qu'on les voit en *a* (*fig.* 9), afin de tenir la roue solide ; & lorsque les colonnes sont arrondies, on achève de couper les séparations *k l*. Pour cet effet, on ôte la roue de dessus l'outil, & on prend une scie mince, appuyant le dessous sur un bois pour ne rien courber, & les dents restent, comme on le voit, en *g*, *h* ; enfin le bout de la dent *h* restant trop large, on limera en dedans la dent *i m*, de sorte que le bout *m* devienne, comme on le voit dans la figure ; on arrondira ensuite légerement le bout *m* du plan incliné ; il restera enfin à adoucir les plans inclinés, & à ôter les bavures que l'outil a faites ; on achèvera les croisées, & la roue sera prête à enarbrer.

---

* Lorsque l'on fait les vuides des colonnes, on ferme entièrement ces oreilles, de manière qu'elles embrassent juste l'épaisseur de l'*H* ; par ce moyen le petit arbre ne peut tourner que sur lui-même, & sans être emporté par le mouvement excentrique, lequel n'a plus lieu pendant que les oreilles sont ainsi fermées.

2335. Les figures 7 & 13 font voir le développement de l'H,B B qui sert à tailler les roues de cylindre. *A B* est le corps de l'H ; *a b*, les bras qui reçoivent les vis *d e* (*fig. 1*), & qui s'assemblent, comme j'ai dit, sur la boîte *A* (*fig. 4*) ; *g,h,*(*fig.* 7) sont les bras sur lesquels se meut l'arbre *C D*;cet arbre *C* est d'acier ; sa tige entre dans les trous des bras *g* , *h* ; celui *g* est conique en *i* pour recevoir la partie conique *k* de l'arbre ; l'arbre entre par *i* , & le bout *l* roule dans le trou *h*. Pour retenir cet arbre sur l'H, en ne lui permettant que de tourner sur lui-même, on fait entrer sur le bout saillant *m* le bouton conique *n* ; celui-ci porte une cheville qui entre dans une fente faite au bout de *m* ; ainsi l'arbre & le bouton ne peuvent pas tourner séparément l'un de l'autre ; le bout *m* est percé d'un trou taraudé, dans lequel entre la vis *o*; on serre plus ou moins cette vis, & de sorte que l'arbre *C* n'ait point de jeu sur sa longueur ; la partie conique *n* entre sur le bout du trou *h* , aussi rendu conique.

2336. L'arbre *C* est formé d'une seule piece avec la base *D E* ; c'est sur cette base ou roue tournée parfaitement droite & ronde que s'ajuste la coulisse ou lardon qui porte l'arbre à fraise *F G* ; le lardon *H K I* est d'acier trempé, & d'une seule piece; sa base *K* s'applique contre celle *L* de l'arbre ; le lardon est recouvert par la piece de cuivre *M* (*fig.* 13) ; celle-ci est entaillée dans sa longueur, pour y faire entrer très-juste le lardon *H K* ; la piece *M* se fixe sur la base *L* au moyen de deux vis & de deux tenons 1 , 2 fixés à la base *L* ; par ce moyen le lardon est rendu très-fixe sur la base *L* , & il ne peut se mouvoir que selon la rainure faite à la pièce *M*: on se sert pour cela de la vis de rappel *N* dont la tête *p* entre dans l'entaille *q* du lardon.

2337. Sur la branche *I* du lardon, entre très-juste la boîte *O P*, & on la rend fixe sur cette branche avec la vis *r* ; le trou *P* de la boîte est conique, ainsi que le bout *G* de l'arbre *F G* qui doit y rouler ; la pointe *s* de l'arbre *F G* doit rouler dans un point conique fait au lardon. Pour marquer ce point, il faut avoir attention de le placer dans le diametre de la base *L*,

SECONDE PARTIE, CHAP. XLVI. 337

L, afin qu'en faisant mouvoir la vis de rappel, ce point puisse devenir parfaitement concentrique à l'arbre.

2338. L'arbre ou porte-fraise $F G$ est d'acier trempé; il doit être percé dans toute sa longueur, comme on a fait l'arbre de la plate-forme; la pointe s doit être rapportée: par cette disposition, les petites fraises Q pourront être tournées séparément, & mises dans l'arbre, elles tourneront rond; ces fraises sont rendues fixes sur l'arbre $F G$ au moyen de la vis t.

2339. La piece $A B C$ ($fig.$ 13) représente les deux oreilles qui s'ajustent en C sur l'arbre $C D$ ($fig.$ 7); A ($fig.$ 13) est le canon sur lequel est rivée l'oreille B ; C est l'autre oreille appliquée contre la premiere; elle peut tourner séparément, ce que permet l'ouverture dans laquelle passe la vis D qui sert à les fixer ensemble; la vis R sert à fixer le canon sur l'arbre C.

2340. La potence $B C$ ($fig.$ 4) se fixe sur le châssis de la plate-forme au moyen des vis $L L, M M$ ($fig.$ 1) & du lardon $N N$, vu ($fig.$ 14); ce lardon porte une vis de pression $O O$ ($fig.$ 1); la partie $A A$ de la potence est faite en fourchette, ce qui permet de l'ôter facilement de dessus le châssis; il ne faut que retirer les vis $L L, M M$, & on ôte la potence, ainsi que les pieces qu'elles portent, lesquelles ne servent que pour former le vuide des colonnes, & pour les arrondir.

De l'Outil à tailler les fraises pour exécuter les Roues de cylindre.

2341. Les fraises dont on se sert pour former les vuides des colonnes de roues de cylindre sont cannelées selon leur longueur, ou plutôt elles forment des especes de cylindres taillés en rochet: pour tailler ces fraises, on a imaginé l'outil représenté planche XXXVIII, fig. 32. La piece de cuivre $A B C$ qui s'attache à l'étau par la patte A, porte en B une espece d'H, D; & celle-ci une seconde $I F G$ dont les bras F, G portent un arbre en l'air H, sur lequel s'ajuste une fraise à rochet a qui sert à canneler les fraises cylindriques pour les roues de cylindre. La vis I qui regle l'enfoncement des dents de la fraise, pose sur le plan K parallele à l'axe de la fraise L;

ainsi le double mouvement des deux *H* permet de promener le porte-fraise *E F* selon la longueur de la fraise *L ;* pendant ce mouvement on fait couper celle *a* au moyen d'un archet dont la corde passe sur le cuivrot *H* pour faire tourner le porte-fraise : la roue dentée *M* entre à force sur le bout de la fraise *L* , & celle-ci se meut sur ses pointes , l'une dans le pont *N* , & l'autre sur la broche *O ;* cette roue sert à rendre les dents de la fraise égales entr'elles , & on les fait aussi fines que l'on veut, ce qui dépend du nombre que l'on emploie ; le ressort *P* fait l'office d'alidade.

De l'exécution de l'échappement à Cylindre.

2342. La description que nous venons de donner de la machine à fendre les roues de montre nous a entraînés à parler de la maniere dont on taille les roues de cylindre , ce qui forme une partie essentielle de l'exécution de cet échappement; mais comme il y a différents soins qui regardent cette roue , & dont nous n'avons pas parlé, nous allons la reprendre dès son origine.

2343. Pour faire une roue de cylindre, on se sert de cuivre de chaudiere le plus pur que l'on peut trouver ; il est préférable pour nos montres parce qu'il est plus ductile que le laiton ordinaire ; il est moins poreux , plus pur, cause moins de frottement, se ronge difficilement ; il faut prendre ce cuivre fort épais afin de pouvoir le rendre bien dur en l'écrouissant ; il faut l'amener au marteau à l'épaisseur que doit avoir la roue. La grandeur de la roue est déterminée par la position des roues du calibre, c'est-à-dire , par la distance du centre de la roue de cylindre au centre du balancier : il faut que la roue soit plus grande que cet intervalle , parce que, comme je l'ai dit (412), la position du cylindre doit être dans le milieu de la hauteur du plan incliné : quant à l'épaisseur de la roue, elle dépend de la force qu'elle doit avoir à sa circonférence , puisque, comme je l'ai dit (2292) ; l'épaisseur des dents doit être proportionnelle à cette force; par exemple, dans une roue à 30 heures, dont la force motrice est de 6 gros, ou la force à la circonférence de la roue de 9 grains, l'épaisseur de la dent doit être d'environ $\frac{1}{12}$ de ligne; l'épaisseur du fond de la roue & la hauteur des colonnes doivent être relatives à l'épaisseur des dents: on peut au reste avoir des dents épaisses & des colonnes peu élevées, lorsque la place de la montre ne le permet pas: il suffit que ces colonnes soient assez élevées pour écarter la dent du fond de la roue, de maniere que la levre *a* du cylindre (*Planche XV, fig.* 1) ne puisse y toucher, & que cependant la traînée de l'épaisseur de la dent se fasse en plein sur la levre; cela entendu, on tournera la roue selon ces dimensions, & selon la figure indiquée (*Planche XXXVI, fig.* 12); il faut observer que la largeur *d e* n'est pas arbitraire, elle dépend de la longueur que les plans inclinés auront, parce qu'il faut que cette partie se loge dans le cylindre sans y toucher: il ne faut pas la faire trop étroite, car il en résulteroit deux défauts; le premier, c'est que la premiere fente que l'on fait en taillant la roue, couperoit entiérement ce bord, & lui ôteroit le soutien des dents pendant qu'on les forme; le second, c'est que les colonnes seroient trop minces: il vaudroit donc encore mieux pécher par trop de largeur de bord, que par trop peu; on en seroit quitte pour ôter du dedans de ces colonnes, quand l'échappement est fait; mais pour peu que l'on acquiere de pratique, on évitera ces deux défauts.

2344. La roue ainsi tournée, on la fendra selon les méthodes que nous avons indiquées ci-devant: on l'adoucira, & elle sera prête à être enarbrée.

2345. Dans une montre simple à cylindre, dont la cage est haute, l'élévation de la roue de cylindre dans la cage n'est point arbitraire; car cette élévation doit être relative à la force que cette roue a à sa circonférence, au poids du balancier & à la position du balancier sur la longueur de son axe, & cela afin de répartir également la pression sur chaque pivot: si par exemple, le balancier pese 12 grains; & qu'il soit placé au quart de la longueur de l'axe, & que la force à la circonférence de la roue soit de 6 grains; alors pour que les pressions sur chaque pivot soient égales, il faut que la roue agisse à l'autre bout de l'axe un peu moins que le quart de la longueur de l'axe, & ainsi des autres.

2346. On enarbrera la roue sur son pignon en lui donnant la hauteur convenable, & ayant attention que les points des plans inclinés soient dirigés selon le côté où tourne la roue ; on rivera la roue, & si on a bien opéré, elle doit se trouver parfaitement ronde ; mais on ne fera pas mal, quoiqu'il en soit, de friser l'extrémité des plans inclinés.

2347. La roue étant enarbrée, on fera le cylindre. Pour cet effet, on prendra d'excellent acier quarré d'Angleterre ; car je ne pense pas que l'acier tiré soit bon ; je crois qu'il doit se corrompre en passant à la filière ; l'acier doit être assez gros pour qu'étant tourné il entre juste dans l'intervalle *n o* (*fig. 9*) ; on se réglera pour la longueur du cylindre, sur la hauteur qu'il y a depuis le talon de potence jusqu'au dessus de la petite platine : on coupera un bout d'acier, & on le percera avec un foret qui soit un peu plus petit que la dent *p n* ; on aggrandira ce bout d'acier pour le cylindre avec un équarrissoir bien fait, peu en pointe, & faisant entrer l'équarrissoir par chaque bout du cylindre, on aggrandira ainsi le trou du cylindre jusqu'à ce qu'une dent de la roue y entre librement, mais avec peu de jeu ; cela fait, on le fera entrer sur un arbre lisse, bien rond, & on tournera le dehors cylindrique, & jusqu'à ce qu'il entre librement dans l'intervalle *n o* de la roue.

2348. Quand le cylindre est ainsi tourné, il faut en faire l'entaille : voici par quel moyen on doit en régler l'ouverture. On laissera le cylindre sur l'arbre lisse, & en cet état on l'ajustera sur le tour décrit (497 *& suiv.*), (ce tour est vu Pl. XIX, fig. 6) : on arrêtera la pointe de l'arbre lisse avec la pincette *a b*, ayant attention que la pointe de l'arbre pose au centre de la plate-forme *B* ; on approchera le support *V* tout contre le cylindre ; on fera poser la pointe de l'alidade sur le nombre 360, & avec une lime tranchante, on fera un trait sur la longueur du cylindre ; on fera faire un demi-tour à la plate-forme, & on marquera un trait leger pour défigner le diametre du cylindre ; de ce point, on avancera la plate-forme d'autant de degrés, comme on veut en donner de levée : fi l'on veut que chaque dent leve 20 degrés, on fera avancer le divifeur de 20 degrés, & on tracera un trait felon la longueur du cylindre ; l'intervalle qu'il y a depuis ce trait, jufqu'au premier que l'on a fait, marque la quantité d'ouverture que l'on doit donner au cylindre, pour que la roue étant placée felon les regles prefcrites (412), la levée par chaque levre foit exactement de 20 degrés ; or cet intervalle eft de 160 degrés ; c'eft-là l'ouverture du cylindre : cette ouverture ainfi marquée, on ôtera le cylindre de deffus l'arbre, & on le mettra fur une broche de cuivre ; on fera l'entaille bien exactement, felon la profondeur marquée par les traits de divifion, & on fera la longueur de cette entaille propre à y loger fort à l'aife l'épaiffeur de la roue, & à l'endroit convenable dans la longueur du cylindre, c'eft-à-dire, que le bout fupérieur affleure avec le deffus de la petite platine : on arrondira la tranche par où la dent entre dans le cylindre, comme on le voit en *f* (*Pl.* 15, *fig.* 2), & on fera l'autre levre *d* inclinée, comme on le voit dans la figure ; cela fait, on fera une feconde entaille *e* (*Pl. XV. fig.* 4) à la levre qui porte le plan incliné ; cette feconde entaille eft néceffaire pour donner lieu à des vibrations étendues ; car fans cela cette levre viendroit battre contre la partie *e* de la colonne (*Pl. XV*, *fig.* 1) ; on enfoncera cette entaille de la moitié environ de l'épaiffeur qui reftoit à la premiere, c'eft-à-dire, qu'il refte environ un quart de la circonférence du cylindre.

2349. Le cylindre ainfi préparé, fera prêt à tremper : ce que l'on fera ; on le blanchira enfuite avec de la ponce, afin de voir comment on fait revenir les deux bouts : pour empêcher l'endroit où la roue doit agir de s'amollir, on prendra cette partie avec une pince, on donnera un coup de chalumeau fur chaque bout, afin de le faire revenir bleu.

2350. Pour polir le cylindre, on commencera par l'intérieur, ce que l'on fait de la maniere fuivante : on prend une broche d'acier cylindrique qui entre juste & librement dans le trou : on prend de la pierre à huile broyée, & on promene cette broche selon sa longueur dans le cylindre, & jusqu'à ce que le trou soit parfaitement uni ; après avoir dressé le dedans, on le polira avec la même broche & de la potée d'étain. Pour polir le côté extérieur, on mettra le cylindre sur un arbre lisse; & avec une lime d'acier, & de la pierre à huile, on l'adoucira sur le tour, on le polira, employant de la potée d'étain.

2351. Pour polir les levres du cylindre on emmanchera le cylindre sur une broche de cuivre qui n'entre que sur le bout ; on se servira de petites limes non taillées, & de la pierre à l'huile ; on aura attention à ne pas changer la figure qu'on leur a donnée ; avec la lime on les polira, employant de la potée d'étain.

2352. Le cylindre ainsi préparé sera prêt à être enarbré : pour cet effet, on fera les tampons tels qu'ils sont vus (Pl. XXV, fig. 5 & 6) ; ces tampons sont formés de chacun deux pieces; ƒ n (fig. 5) est de cuivre percé d'un trou, dans lequel on a chassé à force la tige d'acier h, sur laquelle on doit faire le pivot ; ce tampon (fig. 5) est celui qui doit se fixer au bout supérieur du cylindre, & sur lequel le balancier doit être rivé; le tampon (fig. 6) est fait de la même maniere, à cela près qu'il n'a pas besoin d'assiette : quand on a tourné ces tampons de grosseur propre à entrer bien juste dans le cylindre, on coupe les bouts de sorte qu'ils ne puissent pas saillir l'entaille du cylindre ; cela fait, on les chasse à petits coups de marteau, jusqu'à ce que ces tampons s'arrêtent par leurs portées sur les bouts du cylindre ; quand cela est fait, on place le cylindre sur le tour, & l'on voit s'il tourne rond; si cela n'est pas, on jette les pointes de côté jusqu'à ce qu'il tourne rond; on coupe ces pointes selon les méthodes indiquées (891); on tourne bien rond les bouts des tigerons, & on prépare l'assiette pour y river le balancier; on recule cette assiette convenablement, on rive le balancier, on leve les pivots, & enfin on met le balancier en cage.

2353. Le balancier ainsi enarbré & mis en cage, il restera pour achever l'échappement, à trouver la juste position de la roue, relativement à sa grandeur & inclinaison de ses plans, & à l'ouverture du cylindre; or l'ouverture du cylindre est donnée pour produire 20 degrés de levée de chaque côté, & les plans sont aussi inclinés de maniere à produire la même levée de 20 degrés : donc si l'échappement ne leve pas 20 degrés, il faudra éloigner ou approcher la roue du cylindre : pour juger si la levée est telle, on fera sur le bord du coq deux petits traits éloignés chacun de 20 degrés du milieu de l'intervalle entre les deux pieds du coq ; on fera aussi un petit trait à ce point milieu ; cela ainsi fait, on mettra la roue en place ; on gênera le balancier en mettant du papier entre lui & le coq ; on fera tourner le balancier jusqu'à ce qu'une pointe des dents commence à être en prise sur une des levres pour opérer la levée; dans cet endroit, on fera vis-à-vis le point milieu du coq une petite marque sur le bord du balancier ; on pressera la roue afin qu'elle opere sa levée; si l'échappement est bien fait, le petit trait du balancier doit parvenir jusqu'au trait marqué au coq pour la levée; si la levée est moindre, c'est une marque que la roue n'est pas assez proche du cylindre ; & au contraire si la levée se fait de 20 degrés justes, il y a lieu de croire que l'échappement est bien ; mais pour s'en assurer tout-à-fait, il faut ramener le balancier à son repaire ; si en cet état une dent de la roue se trouve prête à opérer la levée sur l'autre levre, c'est une marque que l'ouverture du cylindre a été bien faite, & que la roue est dans la position qui lui convient; on en fera donc les pivots, & on la mettra en cage : voilà en gros la pratique de cet échappement.

Remarque sur la Cheville de renversement du Balancier d'une Montre à secondes, à vibrations lentes.

2354. Dans les montres ordinaires, une cheville placée au balancier suffit pour faire le renversement; il n'en est pas de même pour celles à vibrations lentes qui ont des balanciers pesants ; car alors à cause de la grande inertie du balancier, si l'on agite un peu fortement la montre, la cheville de renverfement frappera avec force contre la cheville d'arrêt, enforte que la réaction agira fur le pivot, & le caffera ; pour éviter un tel obftacle, on place diamétralement deux chevilles de renverfement qui frappent en même temps fur deux chevilles attachées au coq ; ainfi elles reçoivent toute la force du balancier : une de ces chevilles de renverfement fe place au bord fupérieur du balancier, & l'autre au bord inférieur : les chevilles fixées au coq font élevées ; l'une pour recevoir l'effort de la cheville fupérieure fans empêcher le paffage de la cheville inférieure, & le tenon qui arrête la cheville inférieure n'empêche pas non plus le paffage de la cheville fupérieure de renverfement : par ce moyen le balancier décrit près de 360 degrés.

De l'Outil à égalifer les Roues de rencontre.

2355. Enfin pour achever ce qui concerne les inftruments qui fervent à rendre l'exécution des pieces d'horlogerie plus exacte & plus facile, nous parlerons ici d'un outil à égalifer les dents de roues de rencontre : cet outil eft repréfenté (Pl. XXXVIII, fig. 23); il eft très-effentiel à la perfection des roues de rencontre que l'on peut rendre auffi juftes que l'on veut par fon moyen : il a été imaginé par M. Crevoifier faifeur d'outils à Paris.

2356. La roue de rencontre A (*fig.* 23) fe place entre la pointe B & le pont coudé C de l'outil, & roule fur les portées de fes pivots, dans les trous coniques faits à ces pointes ; DE eft un arbre dont la partie D eft taillée en fraife comme celles à roue de rencontre : on fait mouvoir cet arbre au moyen d'un archet & du cuivrot H qu'il porte ; il porte deux points coniques qui roulent dans les trous des vis F, G portées par les bras H, E de l'H ; le levier IkL eft mobile en k fur une vis à portée ; le bout L de ce levier appuie fur le bout de la vis MN, y étant forcé par l'action du reffort op ; ainfi à mefure qu'on tourne la vis d'un ou d'autre côté, on fait approcher le bout I du levier de la fraife ; le levier ainfi que

la

la fraife font portés par l'*H* ou piece *P Q* qui fe meut fur le bout des vis 1 , 2 ; ainfi on fait approcher la fraife plus ou moins de la roue par le mouvement connu de l'*H* ; on en regle à l'ordinaire l'enfoncement par la vis *R*. Cela entendu , voici le principe de cette machine : en appuyant fur l'*H*; la fraife & le bout *I* du levier viènnent s'engager dans les dents de la roue; on fefert du levier & de la fraife , comme d'un échantillon dont le devant de la fraife fert à couper la quantité dont les petites dents d'une roue font trop rapprochées , afin de les réduire toutes à la même mefure ; or cela ne fe fait que par le tâtonnement, comme on le verra par l'ufage de la machine.

2357. La piece *S* fur laquelle pofent les pointes 1 , 2 de l'*H* eft mobile fur celle *T*, après laquelle elle eft retenue par l'écrou *V* qui entre à vis fur une broche portée par la piece *S* ; ainfi on donne à celle-ci l'inclinaifon que l'on veut ; la piece *T* eft formée fur une boîte qui fe meut fur la barre prolongée *E* , après laquelle elle eft arrêtée par une vis ; on peut avancer & reculer cette boîte felon la grandeur des roues de rencontre ; la piece *X* eft coudée pour recevoir le bout de la vis *R* ; cette piece tient à la noix graduée *S* ; la partie *Y* de la barre fert à attacher l'outil à l'étau ; 3, 4, 5, 6 font des écrous qui fervent à arrêter les vis 1 , 2 , *F*, *G* ; la broche *B* eft rendue fixe par la vis ou écrou 7 ; les vis 8 , 9 fixent la potence *C* que l'on éleve ou baiffe à volonté , à caufe des ouvertures dans lefquelles paffent les vis.

2358. Pour faire ufage de cet outil, on place la roue de rencontre entre la broche *B* & le pont *C* ; alors on préfente l'*H*, on fait mouvoir la vis de rappel jufqu'à ce que la dent appuyant contre le levier *I* , le devant de la fraife foit prêt à toucher à la dent prochaine ; on effaie toutes les dents les unes après les autres , afin de reconnoître la plus grande dent & la plus petite ; on n'écarte pas d'abord l'outil felon la grande dent ; car fi on fe régloit fur elle pour limer les plus petites , lorfqu'on auroit fait le tour de la roue , il y auroit une dent beaucoup plus petite que toutes les autres ; mais on fe régle fur les petites qu'on diminue, de forte que ce qu'on en ôte pour en augmenter la diſtance, diminue d'autant les plus grandes à chaque révolution; lorſque la révolution eſt achevée, on tourne tant ſoit peu la vis de rappel *N* pour écarter le levier *I* de la fraiſe (la tête de cette vis eſt graduée afin de connoître le chemin que l'on fait faire au levier); l'on va ainſi de proche en proche, & très-inſenſiblement juſqu'à ce que la fraiſe touche également à toutes les dents. Pendant qu'avec une main on fait rouler l'arbre de la fraiſe avec un archet, de l'autre on preſſe la roue pour la faire appuyer contre la fraiſe; lorſque la dent poſe ſur le levier, alors la fraiſe ceſſe de couper.

2359. Lorſque le devant des dents eſt parfaitement égaliſé, il faut mettre la roue ſur le tour, & friſer les pointes des dents, de ſorte que le burin atteigne la plus courte; on ôte enſuite légérement les traits de la fraiſe avec une lime, & on préſente de nouveau la roue ſur l'outil pour voir ſi en limant le devant des dents, on n'a pas changé leur juſteſſe: s'il eſt beſoin, on y touchera par la méthode indiquée.

2360. Cela fait, il reſte à terminer le derriere des dents, afin de les rendre également en pointes. Pour cet effet, on ſe ſervira du côté courbe de la fraiſe; on mettra donc la roue ſur l'outil, on fera appuyer le devant de la dent contre le levier *I*, on écartera ce levier de la fraiſe juſqu'à ce que la fraiſe paſſe dans le vuide de la dent prochaine, & que le dos de la fraiſe ſoit prêt à couper le derriere de la dent, on élevera pour cela ou baiſſera l'*H* au moyen de la vis *R*; pour cet effet on ſe réglera ſur la dent la plus pointue, & de ſorte que la fraiſe ne faſſe que l'effleurer; alors on ſerrera le contre-écrou *Z*, on avancera la roue d'une dent, & avec l'archet on fera couper à la fraiſe la quantité dont cette dent eſt plus épaiſſe que la premiere: on fera la même opération à toutes les dents, & juſqu'à ce qu'elles ſoient toutes également aigues: il ne reſtera, pour achever cette roue, qu'à paſſer une lime à arrondir, très-douce, pour arrondir la pointe de la dent.

CHAPITRE XLVII.

De la construction & de l'exécution d'une Montre dans laquelle on réunit tout ce qui peut contribuer à sa justesse.

2361. Aprés avoir fait tous mes efforts pour parvenir à découvrir des principes sur la justesse des Montres, & établir une théorie qui serve de base à la construction de ces machines, je crois m'être mis en état de donner à une montre quelconque la disposition la plus avantageuse, pour que cette machine mesure le temps avec toute la justesse dont elle est susceptible: il me reste donc maintenant à traiter de la construction & de l'exécution d'une bonne montre, & des détails les plus essentiels qui peuvent concourir à ce but : c'est le travail qui me reste à faire pour terminer cet ouvrage.

2362. Je me propose la construction d'une montre simple à roue de rencontre, & dont le mouvement soit grand, par les raisons suivantes.

2363. Nous choisissons une montre à roue de rencontre, parce que, 1°, nous la croyons plus propre à mesurer le temps avec précision (*voy.* 559 & 1902); nous observerons encore ici que l'échappement à roue de rencontre a un avantage essentiel; c'est qu'il produit un très-grand mouvement au balancier, avec un très-petit espace parcouru dans l'échappement, d'où suit le peu de frottement qu'il a ; aussi ne voit-on pas qu'après plusieurs années de marche, les palettes soient marquées: le frottement est donc constamment le même, à moins que par accident l'huile ne se communique aux palettes, alors elles se creusent, & la montre varie ; mais ce défaut est facile à éviter.

2364. 2°, Parce que ces fortes de montres peuvent être exécutées & réparées par des Ouvriers ordinaires.

2365. 3°, Parce qu'une telle montre durera beaucoup plus de temps fans être réparée ; car l'échappement a le moins de frottement qu'il eft poffible;& quant aux autres frottements, nous les rendrons par notre conftruction auffi conftants qu'il eft poffible.

2366. 4°, Nous préférons une grande montre, 1°, pour avoir, felon nos principes, une plus grande quantité de mouvement (1834 & 1866); 2°, parce qu'il eft beaucoup plus facile de donner à chaque partie la perfection requife, non-feulement pour l'exécution, mais encore pour la diftribution des pieces ; car telle conftruction peut fe faire en grand, qui deviendra très-difficile à pratiquer en petit ; & comme notre objet actuel ne porte que fur l'extrême perfection, & que les difficultés que l'on fe forge en faifant de petites montres, ne tendent point à donner plus de juftefle, & font dès-là en pure perte, je les regarde comme défectueufes en qualité de montre; ce ne font plus que des bijoux : j'avoue cependant que ce font ces colifichets qui font la fortune de beaucoup d'Horlogers, & que moi-même j'en vends, mais après avoir dit ce que j'en penfe. Au refte, ces petites montres, quand elles font parfaitement bien faites, vont jufte pourvu qu'elles ne foient pas nettoyées par de mauvais Ouvriers, & qu'il ne leur arrive pas d'accident.

Obfervations préliminaires pour fervir à la conftruction de la Montre, & pour tracer le Plan ou Calibre de cette Machine.

2367. Le calibre d'une montre eft une plaque de cuivre de la grandeur que l'on donne à la platine des piliers ; on projette fur ce calibre toutes les parties de la montre, roues, balanciers, deffus de platine, &c : en un mot le calibre renferme toutes les dimenfions de la machine. Il n'y a rien de fi commun que la fabrication des calibres ; il n'y a pas jufqu'au moindre Ouvrier qui ne fe donne les airs d'en tracer, & il n'y a cependant rien de plus difficile & de plus essentiel ; car pour le faire avec intelligence, il faut avoir dans la tête tous les principes dont nous avons traité ci-devant , & il faut joindre à ces principes l'expérience, & ce n'est que du moment actuel que je commence à être capable de donner une bonne disposition à une montre. Je ne propose donc encore qu'un essai ; je ne prétends pas que mes regles soient toujours exactes ; je m'en propose seulement la recherche : nous allons parler de quelques remarques préliminaires qui doivent servir de base ; & quant à l'application, nous nous réglerons d'après l'expérience.

2368. La constante justesse d'une montre est fondée sur deux choses principales ; la premiere, c'est dans l'harmonie ou rapport entre le régulateur & le moteur, rapport que nous avons établi ci-devant pour la compensation des effets du chaud & du froid ; la seconde, sur la constante uniformité des frottements : nous avons traité ci-devant le premier objet ; mais il est à propos de rechercher les moyens de rendre les frottements constants.

2369. Par rapport aux frottements, on ne doit pas perdre de vue les principes suivants ; 1°, *que ce n'est pas à la quantité absolue des frottements qu'il faut avoir égard, mais à leur constante uniformité* (1875) ; 2°, *que les temps des oscillations d'un corps seront toujours les mêmes, si la résistance au mouvement est toujours la même, & que la puissance motrice agisse avec une force constante* (1822). *Consultez encore le principe du n°*. 1823.

2370. Or dans les montres, toute leur justesse est fondée sur la constance des frottements (1894) ; car la compensation même pour les différentes températures, est aussi bien fondée sur le frottement : c'est donc à rendre les frottements constants, que nous nous attacherons.

2371. Nous avons fait voir que pour diminuer, autant qu'il est possible, les inégalités produites par la force motrice, il falloit donner une grande quantité de mouvement au régulateur, & que le moteur étant puissant, les changements dans les huiles diminueroient une moindre partie du mouvement : nous établirons d'après l'expérience, les limites de cette force de mouvement.

2372. Une autre considération qu'il ne faut pas perdre de vue pour les frottements, c'est d'augmenter les surfaces des parties frottantes en raison des pressions, & ne leur donner que la quantité convenable pour ne pouvoir être déchirées.

2373. Nous avons dit, (art. 941) que pour diviser également la pression sur chaque pivot, il faut que la force agisse dans le milieu des deux pivots : cette considération est très-essentielle pour diminuer le frottement & le rendre constant.

2374. Enfin pour rendre le frottement constant, il faut pratiquer de grands réservoirs aux pivots, afin que l'huile qu'on y met s'y conserve long-temps également fluide.

2375. Nous avons dit (565) que les montres à roue de rencontre doivent battre un plus grand nombre de vibrations que celles à cylindre, afin d'éviter les battements de la cheville de renversement du balancier contre la coulisse, défaut qui fait varier la montre par le *porté* : cette considération est particuliere aux montres à roue de rencontre ; mais nous devons observer qu'en général il est préférable de faire battre un plus grand nombre de vibrations, lorsque la quantité de mouvement doit être grande; car avec des vibrations lentes, il faut un balancier pesant, & dès-lors les pivots sont plus exposés à casser par la moindre chûte ; il faut encore observer que le frottement de l'échappement en devient plus nuisible ; car supposant la même quantité de mouvement dans les balanciers de deux montres, que l'un fasse cinq vibrations par seconde, & l'autre une, & que les roues aient même nombre de dents, épaisseur, diametre, &c ; alors la force à la circonférence de la roue, pour la montre à vibrations lentes, sera à la force de l'autre roue, comme 5 est à 1 ; donc la pression sur le cylindre sera cinq fois plus grande, & la destruction plus prompte ; il est vrai que dans la montre à vibrations promptes, il y aura cinq fois plus d'espace parcouru par l'échappement ; mais fi l'épaiffeur de la roue eft proportionnelle à la preffion, le déchirement des parties n'aura pas lieu, ainfi que dans l'autre montre dont la roue a même épaiffeur ; donc le frottement fera plus conftant. Pour corriger ce défaut dans une montre à vibrations lentes qui a une grande quantité de mouvement, il faut augmenter l'épaiffeur de la roue à proportion de la force qu'elle a à fa circonférence ; il faut alors fuppofer que la dent eft affez exactement formée, pour qu'elle porte par tous fes points fur la piece d'échappement ; car fi cela n'eft pas, le frottement fe fera de la même maniere que fi la dent étoit mince ; or dans ce cas les vibrations promptes par une roue plus mince rendront cet effet moins équivoque.

2376. Voilà en gros les confidérations qui doivent nous guider dans la conftruction de notre montre : il faut maintenant entrer dans les détails de pratique.

2377. Le balancier eft la partie principale d'une montre, & ce font fes dimenfions qui déterminent toutes les parties de la machine ; car la force du reffort doit être relative à la quantité de mouvement du régulateur, & la grandeur des roues, les nombres des dents, &c, font relatives à l'action du reffort ; mais pour conftruire fûrement ce régulateur, nous partirons d'après une montre faite felon mes principes, dont la jufteffe eft très-grande, & les dimenfions convenables. Dans cette montre, le balancier a 10 lignes de diametre ; il pefe 7 grains ; les arcs de levées font de 40 degrés ; il fait 17333 vibrations par heure. Pour entretenir le mouvement de ce régulateur, il faut un reffort dont la force faffe équilibre avec 6 gros appliqués à 4 pouces du centre de la fufée : voilà ce qui détermine la hauteur de la cage, & fon diametre.

2378. Pour avoir un reffort capable de produire cette force, il faut que le barillet ait 2 lignes $\frac{1}{2}$ de hauteur, & plus de 8 lignes de diametre ; cela donne une platine des piliers, qui a de diametre 18 lignes $\frac{1}{2}$; la figure 1ere, Planche XXXVII, repréfente le dedans de cette platine fur laquelle le calibre eft tracé.

2379. Le barillet $a\,c$ eft mis à côté de la fufée d ; par ce moyen il a toute la hauteur de la cage, d'où il en résulte deux avantages ; le premier, c'est que le ressort en est meilleur (1988); le second, c'est que le barillet est moins exposé à vaciller sur son axe, & que l'on peut réserver au couvercle & au fond des têtines qui donnent des trous épais qui ne peuvent s'aggrandir, & on reserve en outre des creusures pour l'huile, & rendre le frottement constant.

2380. Il faut que la grande roue moyenne f soit noyée dans l'épaisseur de la platine des piliers, parce que, 1°, on conserve, comme je viens de le dire, le barillet de toute la hauteur de la cage; 2°, la fusée a aussi toute la hauteur de la cage, ensorte que l'on peut employer une bonne chaîne Angloise.

2381. Il faut distribuer les roues de petite moyenne & de champ, de sorte que le talon de la potence puisse descendre à fleur de la platine, afin que la roue de rencontre soit aussi grande possible, & que cependant il reste un tigeron qui éloigne l'huile de la palette, qui éloigne aussi du pivot l'effort que la palette d'enbas reçoit de la roue. La position que j'ai donnée à ces roues dans le calibre satisfait à ces conditions; elle a de plus l'avantage de rendre la montre facile à remonter, ce qui n'a pas lieu dans les montres ordinaires ; dans celle-ci la roue de petite moyenne passe entre la petite platine & la tige de rencontre.

2382. Je ne donne que la hauteur convenable à la cage pour le barillet & la roue de rencontre, & j'augmente la hauteur de la place sous le cadran ; par ce moyen j'ai des ponts fort élevés qui vont jusqu'au cadran ; ainsi la pression des roues se fait dans le milieu de la longueur entre les deux pivots, (*voyez fig.* 4 , qui fait voir toutes les roues de la montre de profil, & arrangées sur la même ligne); cette figure présente d'une maniere facile à être saisie, les élévations de chaque partie de la montre.

2383. Pour faciliter l'exécution des roues, on les tient aussi grandes que la place le permet ; mais pour en déterminer exactement la grandeur, relativement à leur position, il faut

avoir

Seconde Partie, Chap. XLVII.

avoir égard au nombre de dents que ces roues doivent avoir, & à ceux de leur pignon, afin que ces roues étant exécutées, & ainsi placées, les engrenages soient aussi près d'être à leur vrai point, qu'il est possible ; ainsi toutes les roues ne doivent pas approcher également du centre des pignons, dans lesquels elles doivent engrener ; car cela varie selon que les pignons sont plus ou moins nombrés, & qu'ils font un plus grand ou plus petit nombre de révolutions pour une de la roue qui les mene : par exemple, la roue de fusée qui doit porter 54 dents, & engrener dans un pignon 12 (celui-ci fait donc 4 tours $\frac{1}{2}$ pour 1 de la roue), doit moins approcher du centre de son pignon que la roue de grande moyenne qui a 60 dents, & engrene pignon 6 (celui-ci fait 10 tours pour 1 de la roue), parce que ce pignon doit être beaucoup plus petit que celui de 12. Avant donc de tracer la vraie grandeur de ces roues, il faut trouver le nombre des dents des roues & pignons ; & l'on trace les roues en conséquence, en estimant le point où l'engrenage doit se faire, ce que l'on juge par le rapport de la grosseur du pignon au diametre de la roue ; mais pour fixer bien ces grandeurs, on ne peut le faire parfaitement que lorsqu'on a exécuté une piece d'après le calibre ; alors on retouche celui-ci en conséquence : c (*fig.* 1) est le barillet ; d la fusée ; f la grande roue moyenne ; g la petite moyenne ; h la roue de champ.

2384. Pour régler le nombre de vibrations dans une montre à roue de rencontre, il faut considérer, ainsi que nous l'avons déjà dit (565), qu'il ne faut pas que le balancier fasse des vibrations lentes à cause des battements auxquels il seroit sujet au porté : je fais battre au balancier de cette montre 15600, lorsque la montre est sans secondes ; & comme ce calibre est disposé pour que l'on puisse faire la montre à secondes excentrique, l'aiguille portée par la roue de champ ; alors je fais battre 14400 : voici les nombres des dents des roues & pignons dans l'une & l'autre montre.

Partie II.

Montre ordinaire.

2385. Roue de fusée 54, engrene dans le pignon de 12 qui porte la grande roue moyenne : celle-ci a 60 dents ; elle engrene dans le pignon 6 qui porte la petite roue moyenne : la petite roue moyenne a 48 ; elle engrene dans le pignon 6 qui porte la roue de champ : celle-ci porte 45 dents, elle engrene dans le pignon de la roue de rencontre qui a 13 dents (*).

Montre à secondes.

2386. Roue de fusée 54, engrene pignon 12 ; grande roue moyenne 60, engrene pignon 8 ; petite moyenne 48, engrene pignon 6 ; de champ 48 engrene pignon 6 ; roue de rencontre 15.

2387. Les roues ainsi tracées, on marquera la grandeur de la petite platine que l'on fera concentrique à la grande platine ; mais qu'il faut tenir plus petite par la raison que la charniere étant attachée à la platine des piliers, lorsque l'on ouvre la montre, l'extrémité de la cage opposée à la charniere décrit une portion de cercle dont la charniere est le centre ; or comme la petite platine doit passer dans l'ouverture de la boîte, il faut qu'elle soit plus petite que la grande, à raison de l'élévation des piliers ; c'est ce que l'on appelle l'*Embichetage*.

2388. Quand on a tracé sur le calibre la place des roues contenues dans la cage, alors on trace sur le même côté du calibre *le dessus de platine*, c'est-à-dire, toutes les pieces posées sur la petite platine, comme le coq, la coulisserie, la rosette, &c.

(*) Il est préférable de ne donner que 13 dents à la roue de rencontre ; car le diametre de cette roue étant donné, ainsi que la grosseur du corps de la verge de balancier ; moins cette roue aura de dents, & plus l'arc de levée sera grand, & celui de recul sera dans un moindre rapport avec celui de levée ; condition qui conduit à l'isochronisme (559).

2389. Le balancier doit être tracé d'après la disposition des pieces du dedans qui doit être combinée de sorte à ménager sa place convenablement, pour que le talon de potence descende à fleur de la platine des piliers ; on a par ce moyen une plus grande roue de rencontre. Le balancier doit être situé, le plus qu'il se peut, dans le milieu de la cage ; par ce moyen, cela rend la boîte de la montre moins élevée.

2390. Le balancier placé sur le calibre, comme on le voit dans la fig. 1, on marquera le coq dont la grandeur doit être la même que celle du balancier ; ainsi les deux traits se confondent : pour donc désigner le coq, il faut tracer la direction *t u* des pattes pour les vis ; or cette direction dépend de l'endroit où on peut placer la rosette ; car les pieds du coq doivent être perpendiculaires à la ligne qui passe du centre de la rosette à celui du balancier ; mais pour placer la rosette, il faut choisir un endroit où elle ne recouvre aucun trou de pivots, non plus que la coulisse & les pieds du coq ; car j'ai déja fait observer que lorsqu'une piece quelconque passe par-dessus le réservoir d'un pivot, elle attire toute l'huile contenue dans ce réservoir ; il faut aussi choisir, autant que cela se peut, une place pour la rosette qui soit telle, qu'elle soit la plus grande possible ; car il est nécessaire que la roue de rosette soit grande, afin que le rateau parcoure un grand espace, & que par ce moyen tous les changements qui peuvent arriver dans les huiles, frottements, &c, n'obligent jamais, ainsi que cela arrive fréquemment, d'alonger ou d'accourcir le spiral par le piton ; & la rosette doit être grande pour que ses divisions soient plus sensibles.

2391. Pour tracer le dessus, comme nous venons de le dire, la rosette *p* (*fig.* 1) se placera entre le barillet & la fusée ; il faut qu'elle soit assez distante du trou de fusée, pour loger l'un des pieds de la coulisse entre la rosette & le pont de fusée ; l'autre pied de la coulisse doit être à même distance du centre de la rosette, que le premier ; la rosette doit être attachée par deux vis, comme on le voit (*fig.* 8); par ce moyen les chiffres & divisions gravés sur cette espece de cadran, ne sont pas coupés, & la rosette plaque mieux sur la platine : les pattes 6, 8 (*fig* 1) que la rosette doit porter pour ces vis, doivent être assez écartées pour ne pouvoir toucher aux pieds de la coulisse ; & il faut, autant que cela se peut, que ces pattes de la rosette soient près du milieu, afin qu'elle soit fixée solidement : pour donner à ces pieces une symmétrie qui ne nuise pas à la bonté de la machine, il faut placer sur un arc de cercle tiré du centre de balancier, & pour leur distance du centre de la rosette, on tirera un autre arc, dont les sections avec le premier déterminent la position des vis ; on placera de même les pieds *l, l* de la coulisse, à même distance du centre du balancier.

2392. On tracera la roue de rosette *m* que l'on tiendra aussi grande qu'elle est marquée sur le calibre. On voit que cela rapproche de beaucoup le rateau du centre du balancier ; & voici pourquoi je donne cette disposition à la coulisserie ; 1°, c'est qu'en tenant une roue de rosette grande, cela augmente le chemin du rateau, & donne la facilité de régler sa montre, quoique les huiles soient fort épaissies, &c. (566) ; 2°, on fait ordinairement battre la cheville de renversement sur le bout de la coulisse, & cette cheville passe par-dessus le rateau, & souvent y touche, ce qui arrête la montre ; ou bien elle passe par-dessus la coulisse, & dans ce cas ou la montre arrête, ou le rouage court, & la roue de rencontre s'estropie contre les palettes ; il est vrai que l'un & l'autre de ces accidents arrivent peu à des montres faites avec soin ; mais alors on est obligé de tenir la coulisse plus épaisse, ce qui rend le coq plus élevé, & sans nécessité ; 3°, la roue de rosette étant grande, & l'espace parcouru par le rateau augmentant à proportion, il arriveroit que lorsque la coulisse est coupée de longueur convenable à arrêter la cheville de renversement, le rateau seroit presque entiérement à découvert, & son ajustement moins solide. Je remédie donc à ces obstacles en laissant une grande largeur en dehors du rateau ; car par ce moyen, pour faire le renversement, je forme sur la coulisse l'entaille *p q* telle qu'on la voit dans la fig. 8, & la cheville qui peut être fort longue tourne autour du rateau & de la matiere réfervée à la coulisse, & va battre contre le fond que l'on recule selon qu'il en est besoin ; je conserve la coulisse aussi longue qu'il la faut pour recouvrir tout le chemin parcouru par le rateau. Comme les bouts de la coulisse sont assez éloignés des vis qui la fixent à la platine, il pourroit arriver que ces bouts de la coulisse se souleveroient lorsqu'on fait mouvoir ce rateau ; c'est pour éviter cela que l'on fixera sur la platine deux especes de griffes qui retiendront la coulisse appliquée contre la platine.

2393. On tracera le coqueret qui doit porter le pivot supérieur du balancier : on observera que ce pivot casse presque toujours par la moindre chûte de la montre ; or pour prévenir cet accident, en place du coqueret du balancier, je forme un pont qui éloigne le pivot du balancier, ensorte que celui-ci se trouve aussi près du milieu de l'axe qu'il se peut ; alors le tigeron passe seulement avec liberté à travers le trou du coq qui lui est concentrique ; ce trou ne doit pas être trop aggrandi ; par ce moyen, si la montre tombe, la verge fléchit, & le tigeron reçoit tout l'effort du coup, de sorte que le pivot ne casse pas ; mais quand même cela arriveroit, l'accident en seroit borné là ; car le rouage ne pourroit pas *courir*, ni les dents de la roue de rencontre s'émousser, ainsi que cela arrive à presque toutes les montres où le pivot de balancier casse. Mais s'il arrive que la chûte fasse casser un pivot de balancier dans nos montres, voici comment il faut le réparer ; c'est d'ajuster sur le tigeron du pivot cassé, un *chaperon* sur lequel on levera un pivot de même dimension que celui cassé. Pour faire ce chaperon *e f* (*fig.* 11), on perce sur le tour un bout d'acier bien pur, de grosseur convenable à former un canon solide autour du tigeron ; le trou doit être de la grosseur du tigeron, c'est-à-dire, propre à y entrer juste ; la profondeur du trou doit être un peu moindre que la longueur du tigeron ; car il faut raccourcir ce tigeron, afin que le trou ne soit pas coupé par le pivot que l'on doit former au chaperon, & qu'il reste de la matiere, comme on le voit dans la figure 11 : le trou ainsi fait, on y passe un équarrissoir pour le rendre uni,

& de grosseur à entrer à force sur le tigeron : on formera une pointe au bout où doit être le pivot ; on mettra ce chaperon sur un arbre lisse ; on jettera la pointe pour que l'arbre tourne rond ; en cet état, on tournera le chaperon, & on lui donnera à-peu-près la figure que l'on voit en *e f* (*fig*. 11) ; cela fait, on le trempera, & on le fera revenir bleu-jaunâtre ; on nettoiera le trou, & on le chassera sur le tigeron, & bien au fond ; on jettera la pointe, si la verge de balancier & le balancier ne tournent pas rond, & jusqu'à ce que cela soit, on tournera le chaperon dans toute sa longueur ; on fera le pivot, on agrandira le trou du coq, pour que le chaperon y passe librement, & on raccourcira le pivot, si le balancier est trop haut en cage, &c.

2394. Quand on fait rouler le pivot supérieur de la fusée dans la platine même, l'huile que l'on met à ce trou est souvent exposée à être attirée par le crochet de fusée qui se trouve fort près de ce pivot : c'est pour éviter ce défaut que l'on doit faire usage du pont que l'on met à la fusée ; mais il faut le faire plus solide qu'on ne fait communément, afin, 1°, qu'il ne puisse fléchir par l'effort qu'il reçoit pendant qu'on remonte la montre ; 2°, il faut que la partie qui reçoit le pivot (*) soit fort épaisse, afin d'avoir de quoi former un réservoir qui contienne beaucoup d'huile : on tracera ce pont sur le calibre ; il ne faut pas le contourner, cela ne se feroit qu'aux dépens de sa solidité : je ne fais consister l'élégance dans des machines utiles, comme sont celles qui mesurent le temps, que dans l'intelligence que l'Artiste emploie à leur composition,

---

(*) A propos de ce pivot, plusieurs Auteurs qui ont écrit sur l'Horlogerie se sont trompés très-grossièrement quand ils ont dit : *Le pivot supérieur* (de la fusée) *devroit avoir son diametre beaucoup plus petit que celui du pivot inférieur*. Cela est contraire à tout principe de méchanique ; car c'est comme si l'on disoit que parce que les roues de grosses horloges qui sont plus pesantes que celles d'une montre, il faut en rendre les pivots plus petits. Bien loin que l'on doive tenir le pivot supérieur de la fusée plus petit que celui de la base, il faudroit au contraire (le pivot de la base étant de bonne grosseur) que le nombre des parties frottantes du pivot supérieur fût au nombre de parties frottantes du pivot inférieur, comme la pression au sommet est à la pression de la base ; dès-lors le frottement sera égal sur chaque pivot, & il sera constant

dans la solidité convenable à chaque partie, & dans la justesse de la marche de la machine.

2395. Le dessus étant ainsi tracé, il faudra marquer la place des piliers, & de sorte qu'ils ne gênent ni aux roues contenues dans la cage ni aux pieces du dessus de platine : les bouts des piliers ou pivots que l'on goupille pour assembler la cage, ne doivent passer ni sous le coq ni sous la rosette ; mais en être même assez éloignés pour que les goupilles n'approchent d'aucunes pieces, afin d'avoir la facilité de les ôter : il faut ne pas trop approcher du dedans de la cage le pilier situé entre le barillet & la roue de fusée, afin qu'il ne puisse pas toucher à la chaîne lorsque la montre *est au bas*, c'est-à-dire que la chaîne entoure le barillet, & qu'il n'y a plus qu'une partie d'un tour sur la base.

2396. Pour diminuer le frottement qu'éprouve le pivot du côté de la roue de rencontre, il faut, au lieu de placer la contre-potence sur le bord de la platine, & de faire passer la tige à côté de celle de champ, placer cette contre-potence en dedans, entre la tige de champ & la potence, comme on le voit (*fig.* 8) ; $n o$ représente cette contre-potence ; il en résultera, 1°, que les deux pivots de rencontre souffriront une égale pression, ce qui donnera la liberté de tenir ces pivots plus petits que l'on ne pourroit le faire sans cette disposition; 2°, l'engrenage de champ en sera meilleur; 3°, le trou du nez de potence dans lequel roule le pivot du dedans de la roue ne pourra pas se rendre ovale, ainsi que cela arrive par la mauvaise disposition que l'on donne à cette partie ; ainsi l'échappement restera constamment le même ; on tirera donc un trait $y\,i$ (*fig.* 1) du centre de la roue de champ au centre du balancier ; ce trait désignera l'axe de la roue de rencontre ; & on tirera du centre du balancier un trait $i\,z$ perpendiculaire au premier, lequel indiquera le plan de mouvement du lardon de potence.

2397. Le barillet étant de toute la hauteur de la cage, on ne pourra pas placer la charniere du mouvement sous le barillet, ainsi que cela se pratique ; on la mettra donc à côté du barillet entre la fufée ; on tirera de l'endroit où cette charniere doit être, un trait qui paffe par le milieu du calibre ; ce trait marqué *a* dans le calibre, repréfente auffi l'endroit des 12 heures ; on marque à fon oppofite *b*, la place du reffort de cadran.

2398. Le calibre ainfi tracé, on perce des trous fur chaque centre, roue, vis, &c ; on ne doit pas fe fervir du même foret pour chaque trou ; car ceux des piliers doivent avoir environ $\frac{1}{4}$ ligne de diametre ; ceux de barillet & de fufée $\frac{1}{2}$, ainfi que ceux des vis de rofette & de couliffe ; ceux de champ & de petites moyennes $\frac{1}{8}$, &c.

2399. Les trous percés, on marquera fur le bord *a* un petit trait à travers l'épaiffeur du calibre ; on fe fervira de ce trait pour tracer de l'autre côté (*fig.* 2) un trait *a b* qui paffe de l'endroit marqué au bord par le centre ; ce trait défignera la ligne de midi.

2400. On tracera fur ce côté du calibre le pont dans lequel doivent rouler les pivots de roue de champ & de petite moyenne, & tel qu'on le voit en *i k* : pour le rendre plus folide, on doit l'attacher avec deux vis dont on marquera la place fur le calibre.

2401. En donnant au barillet toute la hauteur de la cage, ainfi que nous le faifons ici, on ne peut pas placer une vis fans fin pour foutenir l'effort du reffort. Il faut donc employer, comme on le fait dans les pendules, un rochet & un cliquet ; & cette méthode eft infiniment préférable ; car les vis fans fin font très-difficiles à bien faire ; il y a plus d'ouvrage, & peu d'Ouvriers les font bonnes, & elles n'ont d'ailleurs aucun avantage. L'encliquetage, pour retenir l'arbre de barillet, fera donc pofé fous le cadran ; on tracera cet encliquetage, ainfi qu'on le voit en *g h* fur le calibre ; ce rochet *g* doit être d'acier. Quand les montres font à répétition, l'encliquetage ne peut pas fe placer fous le cadran, à caufe de la cremaillere ; mais alors on le met fous le barillet ajufté quarrément comme une roue de vis fans fin, le cliquet ajufté de même fur la platine en deffous du barillet,

Seconde Partie, Chap. XLVII. 361

2402. Pour déterminer la grandeur du rochet d'encliquetage de l'arbre de barillet, il faut premiérement tracer sur le calibre la roue de cadran, & celle de renvoi ; il faut placer celle de renvoi entre le bout *i* du pont, & le rochet *g* d'encliquetage. Pour déterminer la grandeur & la position de ces roues, on se réglera sur le nombre de leurs dents & des pignons qui les menent: ici le pignon de chauffée a 10 dents; il engrene dans la roue de renvoi qui en a 30 ; le pignon que porte la roue de renvoi est de 8 ; il engrene dans la roue de cadran de 32 dents. On tracera donc ces roues en conséquence, & on fera ensuite le rochet d'encliquetage de toute la grandeur qu'il peut avoir pour ne pas gêner ces roues : voyez la figure 2.

2403. Lorsqu'on fait la disposition d'une montre, il faut profiter de toute la place que l'on a pour écarter les pieces les unes des autres; nos cadrans d'émail, par exemple, sont assez convexes, & il en faut profiter pour élever les minuteries ou roues de cadran. Pour cet effet, il faut, 1°, comme on le voit (*fig. 4*), faire une *noyure* profonde, pour éloigner autant qu'il est possible, le pivot de la grande roue moyenne de cette roue; & pour cela, il faut profiter de l'épaisseur de la platine, à laquelle je pratique une batte, comme on le voit dans le profil ; cette batte me fournit des ponts qui allongent les tigerons, & font que la pression des roues se fait au milieu des axes : 2°, il faut élever le pignon de chauffée *c* assez au-dessus du réservoir du trou du pivot de grande roue moyenne, pour qu'il ne puisse pas en attirer l'huile : enfin par cette disposition, la roue de renvoi *e* se trouve élevée au-dessus de la platine, ce qui retranche le frottement qu'elle produit lorsqu'elle roule sur la platine même, ainsi que cela se pratique. Or pour diminuer encore le frottement de cette roue, il faut la faire rouler sur deux pivots dont l'un entre dans un trou de la platine, & l'autre dans le trou d'un pont ; par ce moyen on ôtera toute équivoque au jeu qu'elle doit avoir ; car on sait que, selon l'usage ordinaire, cette roue est retenue par le cadran, ensorte que j'ai presque toujours vu ces roues n'avoir pas le jeu convenable, & au point de pouvoir défen-

II. Partie. Zz

grener de la chauffée ; lorsque le cadran est appliqué, on ne voit pas comment la roue en approche ; par le moyen que j'emploie, le moins adroit peut arranger ce pont *d* ; on le tracera sur le calibre, comme on le voit dans la figure 2 : quoique cette roue soit maintenue par un pont & des pivots, il faut percer le pignon dans sa longueur, cela facilitera l'exécution des pivots, parce qu'on tournera le tout sur un arbre lisse.

2404. Pour avoir un tigeron de bonne longueur au-dessous de la roue de fusée, & empêcher l'huile du réservoir d'en pouvoir être attirée, il faut faire une noyure profonde à la platine en laissant seulement assez d'épaisseur pour y river solidement un bouchon que l'on laissera saillant sous le cadran, afin que le trou ait une épaisseur convenable, & qu'il y ait un réservoir qui contienne beaucoup d'huile. Voyez la fig. 7.

2405. Pour rendre les frottements constants, il est essentiel, comme je l'ai déja répété plusieurs fois, de pratiquer de bons réservoirs pour contenir beaucoup d'huile : pour cet effet, lorsqu'une platine est mince, il faut y mettre des bouchons épais & saillants au-dessus, afin qu'en outre la longueur du trou, il reste une épaisseur convenable pour former le réservoir ; or il faut que le bouchon ait au moins deux fois la longueur du pivot. Quand on met des barrettes pour alonger les tigerons, il faut que ces barrettes soient épaisses, sinon il faut y mettre des bouchons épais : il y a une quantité de montres qui péchent par-là, ensorte que l'huile est en si petite quantité, le trou si mince, que celui-ci se déchire, & l'huile se dessèche, ce qui détruit & fait varier les montres. Ces sortes de bouchons saillants dont je parle, ont même un avantage, c'est qu'ils garantissent de la poussiere l'huile contenue dans le réservoir ; il seroit très-convenable de boucher ainsi tous les trous par des parties ainsi saillantes ; car 1°, l'huile est moins attirée en dehors du réservoir, parce qu'elle est isolée & retenue dans son trou ; 2°, c'est que la poussiere qui tombe sur la platine, ne peut que glisser dessus, sans entrer dans le réservoir.

2406. Nous devons encore obferver ici que l'on ne doit pas faire ufage des trous foncés pour faire rouler les pivots: cette méthode eft très-défectueufe ; car l'huile qui eft dans le fond du trou ne fe renouvelle point, enforte que les particules qui fe détachent par le frottement & les atômes qui s'attachent à l'huile n'ont point d'iffue pour fortir du fond du trou ; ainfi l'huile fe noircit bien-tôt, ronge le pivot, & ôte toute la liberté du mouvement ; c'eft pour ces raifons qu'il faut faire ufage des contre-potences pour les roues de rencontre. J'ai dit (626) qu'il falloit faire un trou foncé au nez de potence pour y faire rouler le pivot de rencontre, afin d'empêcher que la palette n'en pût emporter l'huile ; mais je n'avois pas examiné toute cette matiere avec affez d'attention. J'avoue que ce n'eft pas le feul article fur lequel j'aie befoin de faire correction.

2407. Pour éviter qu'en mettant le balancier en place la palette d'en bas ne puiffe prendre de l'huile au réfervoir du pivot de rencontre, il faut recouvrir ce trou avec une petite plaque mince d'acier ; cette plaque recevra le bout du pivot ; on mettra le derriere du nez de potence en goutte de fuie pour y retenir l'huile.

2408. Pour donner aux platines & barrettes l'épaiffeur convenable, il faut favoir quelle devra être la longueur du pivot qui doit y rouler : or la proportion qu'il faut fuivre pour déterminer cette longueur des pivots, c'eft qu'elle doit être double du diametre du pivot, c'eft-à-dire, que fi un pivot a $\frac{1}{4}$ de lig. de diametre, il faut que fa longueur foit de demiligne. Voilà les obfervations préliminaires fur la conftruction d'une bonne montre à roue de rencontre : nous allons maintenant en décrire toutes les parties.

Defcription de cette Montre.

2409. La figure 4 (*Pl. XXXVII*) fait voir en profil le mouvement de la montre & toutes les roues placées fur la même ligne ; les platines coupées par le milieu des trous ; c'eft, comme j'ai dit, pour faire voir l'élévation de toutes les parties de la montre. AA eſt la platine des piliers ; ee, ſon épaiſſeur ; aA, aA, la batte ou fauſſe plaque ; cc le pont réſervé au centre pour le tigeron de la grande moyenne ; BB, la creuſure pour former la fauſſe plaque ; CC eſt la petite platine (les piliers ne ſont pas ici repréſentés ; la figure 1 de la XXXVIII Planche en fait voir un) ; D eſt le barillet avec ſa chaîne qui l'entoure ; E, la fuſée ; F, le pont de la fuſée ; d la noyure faite à la platine, pour que le pivot inférieur de la fuſée ait un plus grand tigeron ; gg eſt l'aſſiette ou bouchon rivé à la platine pour former l'épaiſſeur du trou du pivot de fuſée, & le réſervoir pour l'huile ; G eſt la roue de fuſée ; h, le pignon de la grande roue moyenne dans laquelle engrene la roue de fuſée ; I eſt la grande roue moyenne qui engrene dans le pignon k, ſur lequel eſt rivée la petite roue moyenne L : le pivot ſupérieur 1 de la petite roue moyenne roule dans le trou fait à la petite platine ; & l'inférieur 2, dans un trou fait au pont ff fixé avec deux vis & deux pieds ſur le dehors de la platine des piliers ; l'élévation de ce pont dépend de la hauteur de la fauſſe plaque & de la courbure du cadran ponctué $A'2 A$. La petite roue moyenne L engrene dans le pignon l, ſur lequel eſt rivée la roue de champ ; le pivot ſupérieur 3 de la roue de champ roule dans le trou de la petite platine, & celui 4 dans celui fait au pont ff ; la roue de champ M engrene dans le pignon m, ſur lequel eſt rivée la roue de rencontre N ; le pivot de la roue de rencontre du dedans de la roue roule dans le trou fait au nez de potence O ; & l'autre pivot roule dans le trou fait à la contre-potence n. La verge de balancier op porte deux pivots dont l'un ſupérieur p roule dans le trou fait au coqueret P fixé avec une vis & deux pieds ſur le coq Q ; celui-ci ſe fixe ſur la petite platine avec deux vis & deux pieds ; le pivot inférieur de la verge de balancier roule dans le trou fait au talon de la potence O ; la verge de balancier porte deux palettes qui engrenent dans les dents de la roue de rencontre, ce qui forme l'échappement (135) ; le balancier RR eſt rivé ſur l'aſſiette 5 ſoudée à la verge op : rr repréſente la coupe

Seconde Partie, Chap. XLVII. 365

de la couliffe & du rateau appliqué fur la petite platine; il faut que le balancier n'approche pas trop près ni du deffus du coq, ni du deffus de la couliffe, afin que la pouffiere qui pourroit s'y arrêter ne puiffe interrompre le mouvement du balancier: la plaque d'acier *s* fert à recevoir le bout du pivot de la verge, afin que la portée ne frotte pas au coqueret. Je fupprime l'agathe dont on fait ufage affez communément, par la raifon qu'elle prenoit une hauteur qu'il vaut mieux employer à augmenter le tigeron p; d'ailleurs cette plaque étant trempée fort dure, le pivot ne la ronge pas: cette plaque eft fixée par la même vis *t* qui arrête le coqueret fur le coq; le pivot fupérieur 6 de la grande roue moyenne roule dans le trou fait au centre de la petite platine, & le pivot 7 roule dans le pont réfervé au centre de la platine des piliers; ce pivot prolongé 7, 8 porte le pignon de chauffée *u* qui engrene dans la roue de renvoi S; celle-ci eft rivée fur le pignon *x*; ce pignon porte deux pivots, l'un 9, roule dans le trou fait à la platine des piliers, & l'autre 10, dans le trou du pont T 10 attaché par une vis & deux pieds à la platine; le pignon *x* engrene dans la roue de cadran V rivée fur un canon qui roule fur celui de chauffée; le bout 11 du canon de chauffée eft quarré; fur ce quarré eft ajuftée l'aiguille des minutes X; la goupille z traverfe le bout du pivot de grande moyenne, & retient la chauffée *u* 11 fur la tige: l'aiguille des heures Y s'ajufte à frottement fur le canon de la roue de cadran; le pivot 12 de l'arbre de barillet entre dans le trou fait à la petite platine; & celui 13, dans celui de la platine des piliers; la partie faillante de ce pivot eft limée quarrée pour recevoir le rochet d'encliquetage Z; le bout prolongé 14 du quarré fert à donner la bande convenable au reffort moteur contenu dans le barillet D: 15 eft le quarré de fufée qui fert à remonter la montre: les encoches 16, 6, 1, 3, gg, 7, 2, 4 que l'on voit faites aux ponts & platines, repréfentent la coupe des réfervoirs que l'on a pratiqués aux bouts des trous des pivots pour y conferver l'huile.

2410. La figure 5 repréfente le dedans de la platine des piliers vue en plan avec les pieces qu'elle porte lorfqu'on vient d'ôter la petite platine. *A A* eft la platine; 1,2,3,4 les piliers; *D*, le barillet; *G*, la roue de fufée; *h*, le pignon de longue tige; *I*, la grande roue moyenne; *i* le pignon qui porte la petite roue moyenne *L*; *l* le pignon de la roue de champ; *F* eft la charniere qui attache le mouvement de la montre après la boîte; *R* eft la tête du reffort de cadran; *P P*, la noyure faite dans l'épaiffeur de la platine pour y loger la grande roue moyenne.

2411. La figure 6 repréfente le dedans de la petite platine avec les pieces qu'elle porte pour être affemblée avec la figure 5, & former la cage. *C C* eft cette platine; *O*, la potence attachée à la platine avec une forte vis & deux *pieds*; *d* eft la vis de rappel qui fait mouvoir le lardon *e f* qui porte le nez de potence dans lequel roule le pivot du dedans de la roue de rencontre *N* fixée fur le pignon *m*; l'autre pivot que porte ce pignon roule dans le trou de la contre-potence *n o* attachée à la platine avec une vis *q* & un pied; cette contre-potence porte la plaque d'acier *o* attachée avec la vis *p*; c'eft fur cette plaque que roule le bout du pivot; la partie *r* de la contre-potence eft arrondie en goutte de fuie du côté de la plaque pour y retenir l'huile du pivot; le nez ou lardon de potence porte auffi une plaque d'acier pour recevoir le bout de l'autre pivot; nous expliquerons cet ajuftement ci-après : la plaque *P* eft attachée à la potence *O* avec la vis *s*; c'eft fur cette plaque que roule le bout du pivot inférieur de la verge de balancier; 1,2,3,4 font les trous dans lefquels paffent les pivots des piliers, & *h*, *i*, *l*, les trous pour les pivots des roues de grande moyenne, petite moyenne & de champ. *Q*, *R*, *V* repréfente le garde-chaîne; *Q* eft le *plot* piece de cuivre rivée à la platine; elle eft fendue pour recevoir le bout *a* du garde-chaîne; le plot & le garde-chaîne font traverfés par la cheville *c* fur laquelle le garde-chaîne eft mobile; c'eft fur le bout *b* que vient arcbouter le crochet de fufée (ponctué en *T*) lorfqu'il eft preffé par la chaîne *S*; le reffort *V* preffe le deffous du garde-chaîne, afin d'écarter le garde-chaîne du crochet à mefure que la montre marche, & que par conféquent la chaîne s'applique fur le barillet.

2412. La figure 7 repréfente en perfpective le dehors de la grande platine avec les pieces qu'elle porte : elles font fituées fous le cadran. AA eft la platine ; BB, la partie creufée pour former la batte ou fauffe plaque A : cette fauffe plaque eft rompue en aa pour laiffer voir toutes les pieces portées par le fond de la platine. F eft la charniere pour faire ouvrir le mouvement fur la boîte de la montre ; fur le côté oppofé de F, la platine porte un reffort qui retient le mouvement fermé ; on fera voir ce reffort dans les développements. Z eft le rochet d'encliquetage du barillet ; C eft le cliquet, & 14 l'arbre prolongé du barillet ; gg eft le bouchon pour former le réfervoir pour l'huile du gros pivot de fufée. D eft le quarré de fufée pour remonter la montre ; ce quarré porte l'entonnoir E qui fert à empêcher la pouffiere qui entre avec la clef par le trou du cadran, de defcendre dans l'huile du réfervoir gg : cc eft le pont réfervé au centre de la platine pour alonger le tigeron de la grande moyenne ; ff eft le pont dans lequel roulent les pivots de petite moyenne & de champ : la chauffée u 11 entre à frottement fur le pivot prolongé de la roue de longue tige ; pour empêcher cette chauffée d'approcher trop près du fommet du pont cc, il y a une portée qui eft levée fur ce pivot, & fur laquelle pofe le bout inférieur u de la chauffée : pour produire le frottement fur le pivot 8, la chauffée eft fendue, comme on le voit en d ; le pignon de chauffée u engrene dans la roue de renvoi S, mife en cage entre le pont T & la platine, au moyen des deux pivots formés fur le pignon x, fur lequel la roue S eft rivée : ce pont T eft attaché fur la platine avec une vis & deux pieds.

2413. La figure 8 fait voir en plan le dehors de la petite platine avec les pieces qui forment le *deffus*. CC eft la platine ; 1, 2, 3, 4, les trous pour les pivots de piliers ; F le pont de fufée ; DD la couliffe fous laquelle fe meut en couliffe le rateau ponctué EE, portant en a le bras, entre les chevilles duquel paffe le fpiral bcd ; la couliffe eft attachée fur la platine avec deux vis e, f ; & pour empêcher que les bouts g, h de la couliffe ne s'écartent de la platine, ils font recouverts par deux griffes fixées à la platine ; ces griffes font en biseau, ainsi que le bout de la coulisse, afin de ne pas saillir au-dessus, & toucher au balancier. G est le piton du spiral ; ce piton porte un pivot qui entre à frottement dans un trou fait à la platine ; c'est sur ce piton qu'est fixé le bout extérieur du spiral au moyen de la cheville i ; l'autre bout d du spiral se fixe à la virole de spiral. H I est la *rosette* ou cadran qui sert à indiquer le chemin que l'on fait faire au rateau pour régler la montre : cette rosette est attachée à la platine par les deux vis l, m ; la rosette est creusée en dessous pour y loger la roue de *rosette* K, fixée sur l'axe n qui porte l'aiguille o ; cette roue engrene dans le rateau E a : ainsi lorsqu'on fait tourner l'aiguille $n\,o$ par son quarré, on fait mouvoir le rateau, ce qui alonge ou accourcit le spiral, & par conséquent fait avancer ou retarder la montre (166) : les especes de degrés D p, D q faits à la coulisse servent à arrêter la cheville de renversement du balancier, laquelle vient battre contre les parties p, q.

2414. La figure 9 représente le coq de balancier. A B sont les pattes qui servent à l'attacher sur la petite platine(*fig.* 8); 1, 2 sont les trous des vis ; P est le coqueret de cuivre dans lequel roule le pivot supérieur du balancier ; t est le coqueret d'acier sur lequel le bout du pivot roule.

2415. La figure 10 fait voir le balancier en perspective, & tel qu'il est lorsqu'on l'ôte de dessus le mouvement, & entiérement fini. R R est le balancier ; a, b, les pivots de la verge de balancier ; c, d, les palettes ; e la virole de spiral mise à frottement sur l'assiette de la verge ; $e f$ est le spiral dont le bout e se fixe par une cheville avec la virole ; le bout f du spiral est fixé au piton $g\,h$ au moyen de la goupille i ; le bout ou pivot h du piton est fait pour entrer à frottement dans un trou fait à la petite platine (*fig.* 8) ; k est la cheville de renversement.

2416. $a\,b\,c\,d$ (*figure* 11) représente la virole de spiral vue en perspective : a est le trou qui entre sur l'assiette ; b la fente faite à la virole pour qu'elle fasse ressort ; $c\,d$, le trou dans
lequel

lequel passe le bout intérieur du spiral pour y être arrêté par une cheville.

2417. P p (*fig.* 1) fait voir la roue de cadran en perspective : P est la roue, & p le canon sur lequel elle est rivée ; c'est sur le bout p de ce canon qu'entre à frottement le canon de l'aiguille des heures.

2418. G z (*fig.* 12) fait voir de profil le bouchon g g de la figure 7, dans lequel roule le gros pivot de fusée : G est la partie dans laquelle est fait le réservoir pour l'huile ; & z l'assiette & le canon pour river ce bouchon sur la platine.

Planche XXXVIII.

2419. La premiere figure fait voir en profil un des piliers de la cage du mouvement.

2420. La seconde figure représente le barillet, son couvercle, l'arbre & la *bride*. A est le couvercle vu du dedans avec la têtine a dont le trou concentrique reçoit le pivot b de l'arbre B : C C est le barillet vu en perspective par le dedans ; g g est la têtine dont le trou reçoit la partie c du pivot de l'arbre de barillet; le rebord h est creusé en dedans pour que le bord du couvercle y entre à drageoir ; le crochet o fixé en dedans de la circonférence du barillet sert à retenir le bout extérieur du ressort moteur ; D est la bride qui empêche le ressort de fléchir ; cette bride traverse le barillet avec lequel elle est retenue ; le bout l de cette bride entre dans l'ouverture i du fond de barillet ; & le bout m de la même bride entre dans l'entaille r du couvercle A ; f est le crochet de l'arbre du barillet ; ce crochet entre dans le trou fait au bout intérieur du ressort moteur ; d est le pivot de l'arbre de barillet B qui entre dans le trou fait à la petite platine ; e est le pivot du même arbre qui entre dans le trou fait à la platine des piliers ; p est la partie prolongée hors de la platine pour recevoir quarrément le rochet d'encliquetage ; l'entaille q faite au couvercle A, sert à démonter le couvercle de dessus le barillet.

2421. La figure 4 représente l'arbre de fusée, de profil

& en perspective. Cet arbre est fait d'une seule piece forgée, ce qui rend le crochet plus solide ; on soude communément à l'étain, l'arbre sur la fusée ; mais cette méthode est défectueuse ; car ces sortes de fusées sont sujettes à se dessouder : voici donc un ajustement qui est préférable, & qui a d'ailleurs l'avantage de permettre de refaire sans difficulté une fusée en conservant l'arbre ; c'est de faire entrer bien juste la tige *a* dans le trou concentrique de la fusée B (*fig.* 5) ; on arrête l'arbre avec la fusée au moyen d'une vis ; on rend cet ajustement encore plus solide en pratiquant au sommet *b* de la fusée une creusure dans laquelle se noye l'épaisseur du crochet, & l'on fait en *b* une entaille dans laquelle entre très-juste le crochet ; ainsi il ne peut pas tourner séparément de la fusée ; la vis sert à retenir l'arbre appliqué contre la creusure.

2422. Pour donner à la fusée toute la grandeur qu'elle peut avoir, on loge dans sa base l'encliquetage ; pour cet effet, la base C C (*fig.* 5) est creusée de deux renfoncements ; dans le premier *a a* se loge le ressort d'encliquetage, & le cliquet porté par la roue de fusée D D (*fig.* 7) ; dans le second *c c* entre fort juste le rebord *c c* du rochet E , vu en perspective (*fig.* 6) ; les dents du rochet s'appliquent sur le premier enfoncement *a a*(*fig.* 5); ce rochet vu en profil (*fig.* 6) porte deux chevilles 1,2, ou tenons qui entrent dans les trous *c*, *c* (*fig.* 5) ; ainsi le rochet est entraîné par la fusée, & il reste appliqué sur le fond de sa creusure , au moyen de la roue de fusée qui le retient ; F (*fig.* 7) est la *goutte* (piece d'acier) qui entre à frottement sur l'arbre de fusée , & retient par ce moyen là roue D D (*fig.* 7) appliquée contre la base de la fusée ; cette goutte E se loge dans une noyure faite au centre de la roue de fusée ; c'est pour cela que l'on réserve la têtine *d d* ; cette têtine se loge dans le vuide du rochet E (*fig.* 6) ; *e e f* est le ressort d'encliquetage rivé sur la roue avec des petites chevilles de cuivre; *g* est le cliquet.

2423. A (*fig.* 8) fait voir en perspective le garde-chaîne.

2424. B (*fig.* 8) représente le pont de fusée aussi vu en perspective avec ses deux tenons *a*, *b*, & le réservoir pour l'huile du pivot supérieur de la fusée.

2425. Les figures 9 & 10 représentent la potence avec le lardon & les plaques d'acier pour recevoir les bouts des pivots de rencontre & de balancier; la potence *C* est vue de profil (*fig.* 9); *d d* est la rainure faite pour y loger le lardon ou nez de potence *D*; la vis de rappel *e* entre dans le trou taraudé de la potence parallele au chemin du lardon; la partie *g* de cette vis entre dans l'entaille *h* du lardon *D*; ainsi celui-ci se meut dans la rainure de la potence, selon que l'on fait tourner la vis de rappel; ce mouvement du nez de potence est nécessaire pour mettre parfaitement la montre dans son échappement. Pour retenir le lardon appliqué contre le fond de la rainure *d d* de la potence, celle-ci est percée en *k* d'un trou dans lequel entre une vis dont la tête appuie sur le lardon; & pour que la vis n'empêche pas le mouvement du lardon, on alonge le trou *l* à travers lequel la vis passe; la plaque *E* est d'acier; elle s'attache sur le haut de la potence, pour recevoir le bout du pivot de la verge de balancier qui roule dans le *talon f* de la potence; ce talon est arrondi en goutte de suif par dessus, pour retenir l'huile du pivot entre cette partie sphérique & la plaque *E*; les tenons 1, 2 de la potence entrent très-juste dans des trous faits à la petite platine.

2426. Pour que l'huile que l'on met au pivot de rencontre ne puisse être emportée par la palette, feu M. Julien le Roi imagina de recouvrir ce trou d'une plaque d'acier *F* (*fig.* 10) qui s'assemble avec le lardon même, qui est retenu avec elle par la vis qui fixe le lardon; le bout du pivot de rencontre roule sur cette plaque; & pour retenir l'huile de ce pivot, le nez de potence *m* est arrondi par derriere en goutte de suif, de la même maniere que pour le nez de potence: on doit à MM. Sully & Julien le Roi cette excellente méthode de conserver l'huile aux pivots; pour que le lardon d'acier se meuve en même temps que le nez de potence, celui-ci porte une cheville *n* qui entre dans un trou de la plaque d'acier, *G* (*fig.* 10)

A a a ij

fait voir la plaque d'acier assemblée ave le lardon.

2427. La figure 11 repréfente la contre-potence : elle eft affemblée en *H* avec la plaque d'acier qui doit retenir le bout du pivot de rencontre, & elle eft vue en *I* fans la plaque : *o* eft la partie percée pour le pivot de rencontre ; elle eft limée en goutte de fuie pour retenir au fommet du trou, entr'elle & la plaque, l'huile du pivot ; *K* eft la plaque d'acier.

2428. On voit (*fig*. 12) la rofette vue en-deffous ; *L L* eft la creufure pour loger la roue de rofette vue en *M M* ; *p p* font les pattes pour fervir à attacher la rofette avec les vis fur la petite platine ; le quarré *q* de la roue de rofette *M* entre à force dans le trou de l'aiguille *N* ; ce quarré paffe à travers le trou de la rofette ; le pivot *r* de la roue *M* roule dans un trou de la petite platine, & *s* entre dans celui de la rofette ; celle-ci recouvre la roue, enforte qu'elle ne puiffe tourner que par un frottement doux.

2429. *D D* (*fig*. 13) eft la couliffe vue en-deffous : les parties *E E* font voir le profil de la coupe de la couliffe ; le rateau *F F* (*fig*. 14) eft vu en plan par fon deffus ; c'eft ce côté qui s'applique dans la couliffe pour s'y mouvoir dans les rainures pratiquées au rateau & à la couliffe ; ces rainures font repréfentées par les coupes *G G*, *H H* (*fig*. 14) ; *G G* font celles de la couliffe, & *H H* celles du rateau.

2430. La figure 15 repréfente le coq de balancier vu en-deffous : *P P* font les pattes qui fervent à le fixer fur la petite platine au moyen de deux vis qui paffent à travers les trous 1, 2 ; les tenons *a*, *b* fixés au coq, entrent fort jufte dans les trous de la petite platine.

2431. *Q* (*fig*. 16) eft le coqueret dans le trou duquel doit rouler le pivot fupérieur de balancier ; *R* eft le coqueret d'acier qui reçoit le bout du pivot ; cette plaque d'acier s'applique fur le deffus du coqueret ; celui-ci porte deux tenons 1, 2 qui entrent dans les trous 3 & 4 du coq (*fig*. 15) ; 5 eft le trou qui eft taraudé pour recevoir la vis qui applique les coquerets de cuivre & d'acier fur le coq ; le trou 6 (*fig*. 15) eft

Seconde Partie, Chap. XLVII. 373

celui à travers lequel doit paffer librement le tigeron du balancier; le coqueret Q (*fig.* 16) eft arrondi en *q*, en goutte de fuie pour retenir l'huile au pivot.

2432. La figure 17 repréfente la verge de balancier fort en grand ; l'affiette T fur laquelle on doit river le balancier, eft prête à entrer fur la tige V pour y être foudée.

2433. La figure 18 repréfente le reffort de cadran : D eft le reffort ; A la tête ou verrouil qui arrête le mouvement avec la boîte ; B eft la plaque d'acier que l'on pouffe avec le doigt ou avec l'ongle pour ouvrir le mouvement.

2434. Figure 19 eft un arbre dont on fe fert pour tourner parfaitement d'épaiffeur & ronds les balanciers : pour cet effet, on fait entrer bien jufte le trou du balancier fur le pivot *a* de l'arbre ; ce pivot doit être parfaitement tourné rond, ainfi que la bafe *b b* contre laquelle s'applique le balancier ; le balancier eft arrêté fur cette bafe au moyen des trois vis 1, 2, 3, & de la plaque *c c* : pour tourner le balancier, il faut d'abord le croifer, mais il faut avoir attention que le champ du balancier foit appuyé fur la bafe de l'arbre & de la plaque *c c*, d'où l'on voit qu'il feroit néceffaire d'avoir des arbres de différentes grandeurs, felon le diametre des balanciers ; mais on fupplée à cela en employant des plaques *d, d* bien tournées d'épaiffeur, & qui fe rapportent fur la bafe *b b* au moyen des tenons 4, 5, 6 ; on met de même des plaques pour recouvrir le balancier ; les vis 1, 2, 3 fervent à toutes les plaques, ainfi que l'arbre A & fon affiette *b b*.

2435. Figure 20 eft un arbre à cire dont on fe fert pour tourner les platines des montres, les couliffes, &c.

Détails* de pratique pour l'exécution de la Montre à Roue de rencontre.

Dimensions sur lesquelles on doit se régler pour l'exécution.

2436. La hauteur des piliers doit être 2 lig. $\frac{1}{2}$.

2437. Il faut donner une ligne $\frac{1}{4}$ d'épaisseur à la grande platine (toute forgée), afin de pouvoir y former la batte ou fausse plaque.

2438. Lorsque la fausse plaque est formée, le fond de la platine doit être de demi-ligne d'épaisseur.

2439. La petite platine doit aussi avoir demi-ligne d'épaisseur, 1°, afin qu'elle ne puisse fléchir par la pression du coq, de la potence, contre-potence & coulisserie ; car pour peu que cette platine se courbe, cela change le jeu de la roue de rencontre ; effet très-dangereux & assez commun, car j'ai vu des montres très-bien faites d'ailleurs, arrêter & varier par cette cause ; 2°, afin que les pivots aient de bonnes creusures pour l'huile.

2440. Il faut faire des piliers tournés pour les montres simples, pareils à ceux des répétitions ; ils sont plus solides, & l'Ouvrier est sûr du cuivre qu'il emploie : les piliers façonnés ne sont propres qu'à retenir les saletés, & à déchirer les doigts de celui qui nettoie la montre.

2441. Pour faire les piliers, il faut employer du cuivre de chaudiere bien écroui, & les faire de bonne grosseur, afin que les pivots qui passent à travers la petite platine, puissent soutenir, sans se fendre, de fortes goupilles.

2442. La base du pilier vu (*Planche XXXVIII, fig.* 1)

---

* Nous ne nous arrêterons pas autant sur toutes les parties de l'exécution d'une montre, que nous l'avons fait pour celles de la pendule ; l'exécution de celle-ci entendue conduit à la pratique des montres, & ce que j'en dis ici servira peu aux Ouvriers : c'est aux Amateurs que je destine cet article ; il y a cependant des Ouvriers à qui je conseillerois de le lire.

a une ligne $\frac{8}{12}$ de diametre, le corps une ligne $\frac{1}{12}$, & les pivots $\frac{2}{12}$; le pivot inférieur qui doit être rivé à la platine des piliers, doit être plus gros que le pivot supérieur.

2443. L'épaisseur de la roue de fusée doit être de $\frac{4}{12}$; celle de la grande roue moyenne $\frac{3}{12}$, & les autres à proportion.

2444. Le diametre des pivots de la petite roue moyenne doit être de $\frac{5}{48}$ de lig.; de la roue de champ $\frac{4}{48}$; des pivots de rencontre $3\frac{1}{2}$, & de balancier $\frac{3}{48}$ de lig.

2445. Quant au cuivre qu'il faut employer pour la fabrication de nos montres, je pense que le meilleur est celui de chaudiere qui est gras, & est d'un jaune doré; ce cuivre est plus pur que le laiton neuf, soit qu'il soit d'une autre nature, ou qu'à force d'être fondu on l'ait purifié, & que les graisses y aient aussi contribué. Les trous que l'on fait dans cette sorte de cuivre sont moins sujets à s'agrandir; l'huile s'y conserve plus pure; ces trous rongent moins le pivot; enfin ce cuivre est moins exposé à fendre à la dorure.

Faire les Platines & monter la Cage.

2446. Pour faire les platines, il faut prendre du cuivre dont l'épaisseur soit double de celle qu'elles doivent avoir; ainsi pour la platine des piliers, il faut prendre du cuivre qui ait 2 lig. $\frac{1}{2}$ environ d'épaisseur, & pour l'autre 1 ligne; il faut couper chaque morceau plus petit que la platine, car il s'agrandira de reste en forgeant; on écrouira ces platines avec beaucoup de soin, comme nous l'avons dit (729 & s.). Les platines de montres demandent d'être forgées avec toutes les attentions imaginables; car pour peu qu'elles le soient inégalement, elles se courbent à la dorure, & quelquefois même elles se fendent. Il faut les amener au marteau fort près de l'épaisseur qu'elles doivent avoir; il ne faut pas se servir de la pane du marteau, elle corrompt le cuivre.

2447. Les platines ainsi forgées, on percera au centre un petit trou, qui servira pour tracer avec le compas la grandeur des platines, & à les diminuer à la lime, presqu'à cette grandeur : cela fait, on prendra, pour les tourner, l'arbre représenté (Pl. XXXVIII fig. 20); on fera chauffer cet arbre, & on appliquera sur sa base une couche légere de cire d'Espagne ; on appliquera l'arbre sur la platine des piliers ; on fera chauffer celle-ci par le dessous, ensorte que la cire s'y attache ; on mettra l'arbre & sa platine sur le tour, faisant porter la pointe du tour dans le trou de la platine, & en même temps qu'on fait tourner l'arbre, on appuie sur le bord de la platine avec un manche de lime, ce qui dresse son plan : on laisse ensuite refroidir la cire ; on tourne d'abord la platine quarrément par le bord, & de la grandeur du calibre ; on tourne les deux côtés en rendant sur-tout bien plan le dehors de la plaque, dont on fera le dedans de la platine des piliers ; pour cet effet on présentera une regle sur ce plan que l'on rendra parfaitement uni ; on fera sur le bord la retraite $a\,a$ (Pl. XXXVII, fig. 4) (telle qu'on la voit à la platine AB vue par sa coupe & de profil) ; c'est cette retraite qui s'emboîte sur le bord de la boîte, & qui en recouvre la batte. On tracera au centre de la platine la grandeur de la grande roue moyenne afin d'en faire la noyure ; on creusera cette noyure un peu plus grande que la roue, & un peu plus épaisse ; car il faut que la roue s'y loge avec du jeu en tous les sens. Pour dresser le fond de cette noyure, on présentera dessus une petite regle, on rendra cette noyure bien unie, ensuite on l'adoucira avec une pierre à eau, & l'on coupera la petite tétine du centre que l'on aura dû réserver pour recevoir la pointe du tour.

2448. La platine AB a une seconde noyure $c\,c$, pour prolonger le tigeron de la grande roue moyenne ; mais on ne fait celle-ci qu'après que la platine est tournée des deux côtés ; la noyure d, pour le gros pivot de fusée, ne se fait non plus qu'en dernier lieu. Pour faire ces sortes de noyures, on se sert d'une espece de foret dont les bouts sont plats, & que l'on centre à l'endroit où on veut faire la noyure ; on a pour cela une plaque d'acier E (Pl. XXXVIII fig. 3) qui porte un canon ; on serre le bout i de cette plaque avec une tenaille, & on centre le trou au-dessus du trou que l'on doit creuser.

Pour

Pour cet effet, on prend la pointe D dont le bout *l* entre juste dans le trou de la plaque E; la broche D est parfaitement tournée rond & terminée en pointe; on fait poser cette pointe sur le trou que l'on doit creuser, ce qui centre la plaque; on la fixe en ce moment avec une tenaille; le bout *a* du foret qui doit faire la noyure, entre juste dans le trou *h* du canon; ainsi on creuse à volonté : pour régler cette profondeur, & rendre le fond de la noyure fort uni, on place sur le foret une virole *e d* qui s'y attache par une vis de pression *d*; on creuse jusqu'à ce que cette virole porte sur le canon de la plaque d'acier; alors le trou devient très-uni; on se sert encore de ces sortes de forets pour terminer l'extrémité de certains trous en goutte de suie; en ce cas le bout du foret est creusé, comme on le voit en *b* (*fig.* 3). B *b* représente cet arbre tout monté; *f* est le cuivrot pour faire tourner le foret; B est le corps du foret; *e d* l'assiette qui regle l'enfoncement de la noyure; *c* est la partie du foret qui doit entrer dans le trou d'une plaque E; *b* est la partie du foret qui coupe & forme la noyure ou la goutte de suie : pour former la noyure quarrée, on se sert du foret A dont le bout *a* est plat; & pour former en goutte de suie, on se sert du foret B dont le bout *b* est creusé.

2449. Le dedans de la platine des piliers ainsi tourné, on l'ôtera de dessus *l'arbre à cire*, & on appliquera le côté tourné sur l'arbre, & l'y attachant avec la cire, comme on a fait pour l'autre côté, on dressera la platine en appuyant avec un manche sur la partie du bord qui a été tournée, afin que les deux côtés tournent parfaitement droit; on tournera le bord A *a* auquel on donnera l'inclinaison approchante de la figure; on creusera la platine de B en B, de sorte que le fond *e e* soit de demi-ligne; on réservera au milieu l'espece de pont *c c* qui doit avoir la même élévation que la batte B B; pour dresser le fond de la platine, on présentera une petite regle afin de rendre ce fond très-droit & uni, & pour en régler l'épaisseur, on se servira d'un 8 de chiffre (478); ensuite on adoucira ce fond avec une pierre à l'eau.

2450. On mettra la petite platine sur l'arbre à cire, & on lui donnera la grandeur indiquée sur le calibre, & l'épaisseur de demi-ligne, on l'ôtera de dessus l'arbre, & on achevera de la dresser à la pierre à l'eau; car nous supposons qu'elle doit être tournée de chaque côté parfaitement plane jusqu'au centre, ensorte qu'elle puisse être de même épaisseur par-tout.

2451. On fera la noyure pour le tigeron de la grande roue moyenne, & on la fera assez profonde pour qu'il ne reste en f qu'une épaisseur d'un peu moins de demi-ligne; car ce pivot étant nécessairement gros, n'a pas besoin, relativement à sa pression, de porter sur un trou fort long, il faut que cette épaisseur serve à y former le réservoir pour l'huile : on fera aussi la noyure d pour l'arbre de fusée.

2452. On prendra pour faire les piliers, du cuivre bien net que l'on écrouira à plat, pour ne pas le corrompre en le forgeant quarrément, ce qui ne manque presque jamais d'arriver aux pieces forgées de deux côtés; on tournera ces piliers selon les dimensions indiquées, & selon la figure premiere (*Planche XXXVIII*); on donnera la longueur convenable aux pivots supérieurs, pour qu'il reste, outre l'épaisseur de la petite platine, une force suffisante pour y faire le trou de la goupille; à l'égard des pivots inférieurs, il faut qu'ils aient pour longueur, outre l'épaisseur de la platine, la quantité requise pour la rivure; on adoucira ces piliers qui seront prêts à river; mais pour cela il faut percer le calibre sur les platines.

2453. Pour percer le calibre, on appliquera le côté du cadran du calibre contre le dedans de la platine des piliers; on centrera avec grand soin la platine & le calibre; pour cet effet, on agrandira le trou du centre de la platine, juste à la grandeur du trou du centre du calibre; on fera entrer un arbre lisse dans ces trous, ayant attention que l'arbre soit parfaitement droit avec la platine & la plaque du calibre, c'est-à-dire que ces pieces tournent droit, ce qui ne manquera pas d'arriver si les trous sont agrandis bien droit; si cela n'est pas, on les dressera; cela fait, on chassera un peu à force l'arbre lisse pour qu'il tienne également à la plaque & à la platine, on prendra deux tenailles à boucles ou à vis ; on serrera les plaques l'une contre l'autre en les pinçant à deux endroits opposés des platines, & de sorte qu'il n'y ait aucun des trous du rouage & des piliers recouverts par les tenailles ; & pour que ces tenailles ne s'impriment pas sur le bord de la fausse plaque de la platine, on mettra sous chaque tenaille un petit morceau de cuivre qui portera sur le fond de la platine, & qui saillera au dehors de la fausse plaque ; cela ainsi préparé, on fera des forets qui soient fort juste de la grosseur des trous du calibre qui doivent être percés à la platine ; ces trous sont ceux des piliers, de la roue de fusée, du barillet, du balancier, des roues de petite moyenne, & de champ, & enfin de la roue de renvoi. On percera ces trous, ayant attention à tenir le foret bien droit, c'est-à-dire, perpendiculaire au plan de la platine ; on ôtera le calibre de dessus la platine des piliers, & on appliquera en place du calibre la petite platine dont on agrandira le trou du centre pour le faire entrer juste sur l'arbre lisse ; on serrera les platines avec les tenailles, & ayant attention qu'elles ne prennent que sur le bord pour ne pas recouvrir les trous : on percera avec les mêmes forets dont on s'est servi, les trous des piliers des roues & de balancier ; cela fait, & sans déranger les tenailles qui tiennent les deux platines fixées ensemble, on agrandira les trous des piliers, en tenant l'équarrissoir bien droit, jusqu'à ce que les petits bouts des piliers soient prêts à y entrer ; cette précaution est essentielle pour monter la cage bien droite, & de sorte que les roues soient parfaitement droites en cage ; c'est pour concourir au même but qu'il faut aussi passer un équarrissoir dans les trous de fusée & du barillet pour les dresser parfaitement ; il faut même les agrandir fort approchant de la grosseur des pivots ; on en fera autant aux trous des autres roues & du balancier : enfin pour achever de percer le calibre, on ôtera la petite platine de dessus l'autre, on retirera l'arbre lisse, on appliquera le calibre sur la petite platine, & du côté convenable, pour que les trous percés à la petite platine se rencontrent sur ceux du calibre,

& ayant attention que le côté du calibre sur lequel sont tracés le rouage & le dessus, soit en dehors; on centrera avec l'arbre lisse la platine sur le calibre; on fera passer par le trou du barrillet ou de la fusée un second arbre lisse qui entrera également juste sur la platine & sur le calibre, ce qui déterminera la position des trous de la platine parfaitement au-dessus de ceux du calibre; en cet état on fixera ensemble avec deux tenailles la platine & le calibre, & l'on percera sur la petite platine les trous des vis de la coulisse, ceux de la rosette, & le trou de la roue de rosette.

2454. Quand les Ouvriers en blanc ont percé le calibre, ils exécutent toutes les pieces qui s'ajustent sur la platine des piliers, afin que la cage étant montée & adoucie, cette platine reste unie, & qu'il ne soit pas besoin d'y passer la lime : on percera donc l'entrée du ressort de cadran, vis-à-vis de la charniere (*Pl. XXXVII, fig.* 5); on fera la tête du ressort telle qu'elle est vue dans cette figure, & dont le développement est vu (*Pl. XXXVIII, fig.* 18). A, est la tête qui s'applique sur le dedans de la platine des piliers; la partie *a* entre dans l'entrée faite à la platine pour s'y mouvoir en coulisse; B est une plaque d'acier qui se fixe avec la tête A au moyen d'une vis *b*, & d'un tenon *c*; c'est sur le bout entaillé *d* que l'on agit avec le doigt pour ouvrir le mouvement; le ressort D se fixe sur le dehors de la platine des piliers, ainsi que la piece B; le ressort renvoie la tête ou verrouil A; cet assemblage s'appelle un *ressort à verrouil*; on fera le pont *ff* (*Pl. XXXVII, fig.* 4) de la largeur & longueur dont on l'a tracé sur le calibre, & de la hauteur d'une ligne $\frac{1}{12}$; on en fera les pattes & la traverse épaisse, afin de pouvoir baisser ce pont, s'il touchoit au cadran.

2455. Le calibre ainsi percé, le ressort de cadran fait, &c, il faudra agrandir les trous des piliers de la grande platine, & jusqu'à ce que les pivots inférieurs des piliers y entrent très-juste : on fera à chaque pilier un repaire pour les raisons expliquées (476 & 477); on accourcira les pivots inférieurs qui auront trop de longueur pour pouvoir être bien rivés; on achevera d'ajuster par les mêmes méthodes les pivots supérieurs des piliers dans les trous de la petite platine, & fort justes ; on ôtera les rebarbes ; on adoucira le dedans de la grande platine ; on mettra en chanfrein les trous du dehors de cette platine ; on se servira pour cela d'un foret ; on nettoiera avec soin les trous pour qu'il n'y reste pas de saletés ; on accourcira convenablement les pivots de piliers, pour qu'il reste de quoi les river ; on mettra les piliers en place, & de même de la petite platine ; & on introduira de l'huile pure dans chaque trou de pilier de la grande platine, cela empêche que le mercure ne pousse à la dorure ; on rivera à petits coups les piliers en appuyant la cage sur un *petit tas* (748).

2456. Cette opération doit se faire avec précaution, afin de ne courber ni refouler les piliers ; il faut cependant que la rivure soit bien rabattue, pour que les piliers soient très-solides ; on pourroit bien laisser l'excédent de la rivure, mais pour plus de propreté, on limera avec une lime recoudée à fleur de la platine, & l'on passera une pierre à adoucir, pour ôter les traits qu'auroit fait la lime. On fera passer un équarrissoir dans les trous des piliers de la petite platine, pour qu'elle entre juste & librement dessus, & la cage sera *montée*: il ne restera qu'à percer les trous de goupille ; ce que l'on fera, & bien à fleur de la platine, ayant attention à diriger le foret de sorte que les goupilles ne passent sous aucune piece de dessus.

2457. La cage ainsi montée, il faudra faire les roues du mouvement. On choisira du cuivre bien net que l'on écrouira uniquement avec la tête du marteau ; car la méthode de forger avec la *pane* est défectueuse en ce qu'un coup mal appliqué est capable de corrompre & désunir les parties du cuivre. Pour faire la roue de fusée, il ne faut pas prendre du cuivre qui n'ait que le double de l'épaisseur que la roue doit avoir ; car cette roue doit avoir une tétine au centre, saillante au-dessus du plan de la roue de $\frac{4}{12}$ de ligne : on prendra donc pour cette roue du cuivre de 2 lig. d'épaisseur que l'on réduira au marteau à $\frac{7}{12}$ ligne : on prendra la roue de grande moyenne dans une plaque qui ait $\frac{10}{12}$ ligne d'épaisseur ; on prendra la roue de petite moyenne dans la même plaque ; la roue de champ sera prife dans une plaque qui ait 1 ligne $\frac{4}{12}$ ligne, pour être réduite au marteau à $\frac{10}{12}$ de ligne; on coupera la roue de rofette, & les roues de *minuteries* ou de cadran dans du cuivre qui ait $\frac{4}{12}$ ligne d'épaiffeur; on coupera le cuivre pour faire le balancier, afin de le forger, & tourner en même temps que les roues; il devra avoir, étant fini, $\frac{3}{12}$ d'épaiffeur; & pour le rendre tres-dur, on le prendra dans du cuivre quatre fois plus épais, fi c'eft du cuivre de chaudiere, comme je le fuppofe ici, ainfi que pour toutes les roues de la montre.

2458. Les roues coupées & forgées, on les percera au centre, de trous convenables pour être rivés fur leurs pignons, & plus petits qu'il ne faut; ainfi on fera le trou de la roue de fufée $\frac{8}{12}$ de ligne de diametre, celui de la grande roue moyenne $\frac{9}{12}$, celui de petite moyenne & de champ $\frac{5}{12}$, du balancier $\frac{4}{12}$, & des roues de cadran $\frac{9}{12}$; ces trous devront avoir cette grandeur lorfqu'on les aura agrandis avec foin, & rendus bien droits & ronds. Si les roues font beaucoup plus grandes qu'elles ne font marquées fur le calibre, on donnera fur celles qui feront dans le cas, un trait de compas un peu plus grand que la roue ne doit être, & on limera cet excédent.

2459. Pour tourner les roues on les chaffera à force fur les arbres liffes tournés parfaitement ronds: on aura attention en chaffant l'arbre, que la roue tourne bien droit; on les tournera ainfi de la grandeur tracée fur le calibre, & de l'épaiffeur indiquée (2436 *& fuiv.*); on aura foin que ces roues foient bien tournées planes des deux côtés, & jufqu'au centre, afin de n'avoir pas à les limer pour les amincir, ce qui les rendroit inégales d'épaiffeur; on réfervera au centre de la roue de fufée une têtine qui aura trois lignes de diametre; on attendra pour mettre cette têtine en goutte de fuie, que la roue foit fendue. Pour tourner la roue de champ, on la chaffera auffi fur un arbre liffe; on aura foin, lorfqu'on la creufera, de n'approcher pas tout contre l'arbre liffe, mais de laiffer un petit canon pour foutenir la roue fur l'arbre, jufqu'au moment où elle fera entiérement creufée; il faut tenir ce fond épais, afin que les croifées ne puiffent ni fléchir ni fe courber,

Seconde Partie, Chap. XLVII.

ce qui dérangeroit l'engrenage ; pour juger de l'épaisseur du fond de la roue, on prendra un compas d'épaisseur ; la roue ainsi tournée, on emportera au burin le petit canon que l'on avoit réservé au centre de la roue.

2460. Les roues ainsi tournées, on les fendra avec les précautions indiquées (431, 780 & *suiv.*), & aux nombres de dents marqués sur le calibre : on croisera la roue de grande moyenne, la petite moyenne & celle de champ : pour que ces croisées soient solides, il faut les faire à quatre barrettes, comme dans la figure 5, (*Pl. XXXVII*).

2461. Les roues fendues & croisées, on fera le pignon de longue tige : pour cet effet, on arrondira quelques dents de la roue de fusée, & avec un calibre à pignon, on prendra la mesure du pignon : or ce pignon doit être de 12 ; ainsi on prendra avec le calibre 5 dents sur les pointes un peu fortes (528); on choisira de l'acier tiré pour un pignon de 12 qui soit de cette grosseur & de longueur convenable pour la hauteur de la cage & pour la tige qui porte la chauffée ; on ébauchera & tournera ce pignon; on levera la portée pour y river la roue ; & on laissera les dents un peu plus longues que pour l'épaisseur de la roue, (*fig.* 4, *Planche XXXVII*) ; on efflanquera & arrondira le pignon selon les méthodes des articles 870 & suivants ; le pignon ainsi fait, on le trempéra & on le fera revenir (888), on le dressera par ses pointes (890 & 891), on tournera les tiges bien rondes, & l'on polira le pignon.

2462. Le pignon ainsi trempé, tourné & poli, on rivera la roue selon les méthodes indiquées 885, 886 & 897.

2463. Pour mettre en cage la roue de longue tige, on levera d'abord le gros pivot qui devra avoir $\frac{5}{11}$; on agrandira avec soin le trou du centre de la grande platine, de sorte que le pivot y entre fort juste lorsqu'il sera adouci, & on reculera la portée jusqu'à ce que la roue approche du fond de la noyure, de maniere à ne pouvoir y toucher, c'est-à-dire, qu'il y ait un bon *jour*; on dressera la portée avec une lime de fer & de la pierre à huile, & pour la polir, ainsi que le pivot, on prendra de la potée d'étain, & une lime de cuivre.

Pour lever l'autre pivot, on assemblera les platines ; on mettra deux goupilles ; & avec le maître-danse on prendra la mesure de la hauteur de la cage, depuis la noyure faite pour le tigeron de grande moyenne jusqu'à la petite platine ; on tournera le pivot selon cette hauteur ; on lui donnera $\frac{3}{12}$ de ligne de diametre, la longueur à proportion ; on le tournera en l'air (903) avec la lime à pivot, on le polira selon les méthodes indiquées. Comme le trou du centre de la petite platine a été agrandi plus qu'il ne falloit pour la grosseur de ce pivot, on le rebouchera ; pour cet effet, on l'agrandira encore, & on le taraudera ; on prendra une tige de laiton de chaudiere bien écroui & rendu rond ; on percera sur le tour un petit trou pour le petit pivot de grande moyenne ; on tournera le bout de ce bouchon en le faisant rouler sur la pointe du tour ; on lui donnera la grosseur propre pour être taraudé sur le trou de la filiere qui a servi à tarauder le trou de la petite platine ; on coupera au burin ce bouchon de la longueur convenable ; on ébifelera le trou de la petite platine, & on rivera le bouchon ; on agrandira le trou, & la grande noyure sera mise en cage.

2464. On ébauchera l'arbre de fusée auquel on donnera la forme représentée (*Pl. XXXVIII*, *fig*. 4) ; la tige doit avoir une ligne de diametre, le crochet $\frac{2}{12}$ d'épaisseur, la grandeur de la plaque $3\frac{1}{2}$ ligne, & le crochet saillant de 1 ligne ; on percera le trou *d* pour la vis ; on trempera cet arbre, & on le fera revenir bleu, & on le tournera avec soin ; on levera le pivot *b* (*fig*. 4), on lui donnera pour diametre $\frac{7}{12}$ ligne, pour reculer la portée convenablement ; on assemblera la cage, & on prendra la hauteur depuis la noyure faite pour la fusée, jusqu'à la petite platine ; on portera un bras du maître-danse contre le crochet *c*, avec un jour convenable pour ne pas toucher à la platine, & avec l'autre on marquera l'endroit de la portée ; on la tiendra un peu plus haute, afin de pouvoir encore la reculer lorsque l'on mettra l'arbre dans la cage, pour que le crochet de fusée approche près de la petite platine, & sans pouvoir y toucher ; on agrandira

Seconde Partie, Chap. XLVII.

dira le trou de la petite platine pour le paſſage du tigeron *c* de fuſée qui ne doit faire qu'y entrer juſte ; on levera le pivot ſupérieur *e* qui ſera élevé d'une ligne au deſſus de la petite platine ; la groſſeur de ce pivot * ſera d'$\frac{1}{7}$ ligne ; on fera le pont de fuſée, on percera le trou du pivot, & on poſera ce pont en l'attachant avec une forte vis ; on agrandira un peu le trou de la vis, afin de fixer le pont, de maniere que l'arbre de fuſée reſte droit en cage ; dans ce moment on percera les trous des pieds, & on les fixera, comme il eſt dit (958) ; l'arbre de fuſée mis en cage, on fera la fuſée.

2465. Pour faire la fuſée, on ſe réglera ſur la grandeur que l'on en a tracée ſur le calibre, laquelle repréſente la baſe ; le diametre du ſommet de la fuſée ſera de 3 lig. $\frac{8}{7\frac{1}{2}}$ de ligne. On prendra pour faire la fuſée, du laiton bien net & plus épais que le vuide de la cage, afin de le bien écrouir, & qu'il ne faſſe qu'entrer dans la cage ; on percera le trou de la fuſée en ſe réglant ſur la groſſeur de l'arbre ; on rendra ce trou bien net & on l'agrandira, enſorte qu'il ne faſſe que commencer à entrer ſur l'arbre ; on tournera la fuſée à-peu-près de la forme repréſentée en E (*Pl. XXXVII, fig.* 4), & toujours en la conſervant plus haute qu'il n'eſt beſoin, afin de pouvoir en ôter après : on diminuera l'arbre au burin avec ſoin, & juſqu'à ce qu'étant bien adouci, il entre très-juſte ſur la fuſée, on fera l'ajuſtement tel qu'il eſt expliqué (art. 2421).

2466. La fuſée ainſi montée ſur ſon arbre, on la tournera deſſus & bien droite de la baſe, on achevera de tourner & adoucir le côté de la roue de fuſée qui doit s'appliquer contre la fuſée ; on tournera auſſi cette roue de l'autre côté, afin qu'il n'y ait plus à ôter de ſon épaiſſeur ; on fera la creuſure pour loger la goutte qui doit aſſembler la roue avec la fuſée ; alors on agrandira le trou de la roue, de ſorte qu'il entre très-juſte ſur l'arbre, & que la roue s'applique ſur la baſe de la fuſée ; en cet état, on préſentera la roue ainſi montée en cage ; ſi cette roue touche à la platine, on reculera de la baſe, &

---

* Sur l'exécution des pivots il faut conſulter les art. 903, 904, 936, 937, 938, 939 & 940.

II. Partie.

jusqu'à ce qu'entre la roue & la platine il y ait un jour convenable pour n'y pouvoir toucher. Si la grande roue moyenne est un peu plus élevée que le dedans de la grande platine, il faudra encore reculer la fusée. On fera la goutte d'acier F (Pl. XXXVIII, fig. 7); on creusera le dessous de la base de la fusée pour y loger l'encliquetage; on exécutera cet encliquetage.

2467. La virole & le fond de barillet C C (fig. 2) d'une montre est formée d'une seule piece de cuivre qui est creusée & figurée, comme on voit. Pour faire un barillet il faut donc prendre du cuivre qui étant bien écroui, ait, pour épaisseur, la hauteur que doit avoir le barillet; on chasse ce cuivre sur un arbre lisse de la grosseur que doit avoir le pivot qui doit rouler dans le barillet ; ce pivot sera de $\frac{2}{12}$ ligne ; on tourne d'abord le barillet à-peu-près d'épaisseur & de la grandeur tracée sur le calibre ; on réserve en h un rebord à-peu-près de la hauteur de la chaîne; ce rebord est tracé sur le calibre ; le petit cercle désigne le vrai diametre du dehors du barillet, & le grand, le rebord pour la chaîne ; on creuse le dedans d'abord avec un burin ordinaire, & ensuite avec un burin à crochet ; on se sert de celui-ci pour unir le fond ; le dedans étant ébauché, on tourne le dehors selon la grandeur requise; on donne au fond l'épaisseur convenable que l'on mesure avec un compas d'épaisseur; ce fond, pour être solide, doit avoir $\frac{1}{12}$ ligne, & le cercle $\frac{2}{12}$ ligne ; on réservera au centre du fond la virole gg ; cette têtine doit avoir un peu moins que le diametre de l'arbre de barillet, c'est-à-dire, un tiers du diametre du barillet, elle doit être épaisse de $\frac{1}{12}$ ligne ; on fera le drageoir (814) pour le couvercle ; on fera le couvercle dont l'épaisseur sera de $\frac{2}{12}$, la têtine de même grandeur & épaisseur que celle du barillet ; on fera entrer le couvercle bien à force dans le drageoir, on fera une entaille au couvercle pour pouvoir l'ôter.

2468. On fera l'arbre de barillet ; on prendra, pour cela, de l'acier qui ait pour grosseur le tiers du diametre intérieur du barillet ; on prendra la mesure pour la longueur de la tête, comme on l'a expliqué (818); on ébauchera ainsi l'arbre de barillet, laissant les tiges plus grosses que le trou du barillet; on percera, à travers la tête, un trou pour pouvoir y chasser le crochet pour le ressort; l'arbre ainsi ébauché, on le trempera, & on le fera revenir; on le tournera, & on mettra les portées à la mesure prise pour la hauteur du dedans; on finira les pivots b, c, qui doivent rouler dans le barillet; on agrandira les trous du couvercle & du barillet pour les faire entrer fort juste, & libres sur les pivots de l'arbre. Le barillet ainsi monté, on levera les pivots d, e de l'arbre, afin de le mettre en cage: pour cet effet, on prendra la hauteur de la cage avec le maître-danse; on levera la portée pour le pivot e que l'on tiendra aussi gros qu'il se pourra, afin d'avoir un bon quarré; cette portée doit être distante du barillet, de sorte que celui-ci étant en cage, il ne puisse toucher aux platines.

2469. L'arbre ainsi mis en cage, on pourra faire tout de suite le quarré selon la méthode indiquée (832 & 833); & on étampera le trou du rochet selon le n°. 834. Ce rochet doit être d'acier, les dents inclinées, comme on le voit (Pl. XXXVII, fig. 7): on fera le cliquet & la vis; on posera le cliquet comme il est vu dans la figure.

2470. Le barillet étant fini, on fera la potence: pour cet effet, il faut tracer sur le dedans de la petite platine (Pl. XXXVII, fig. 6) un cercle D qui représente le barillet; ce cercle régle le derriere de la potence O; pour tracer le devant de la potence, on tirera du centre l de la roue de champ ponctuée m, un trait qui ira au centre du balancier; on tirera du centre du balancier une ligne fe qui soit perpendiculaire à la premiere; on réservera en f la place du talon de potence; on continuera la potence jusqu'en h, afin de garantir la roue de rencontre, dans le cas où la chaîne viendroit à casser; la place de la potence tracée, on prendra du cuivre épais que l'on écrouira jusqu'à ce qu'il soit prêt à entrer dans la cage; il faut que la potence soit assez épaisse à l'endroit du talon f, pour aller toucher au fond de la noyure de la grande moyenne lorsque la petite platine est posée sur la grande; on limera bien plan la baſe & le deſſus ; on entaillera le derriere O de la potence pour la place de la vis qui doit l'attacher à la platine ; on fera cette vis *t*, & on poſera la potence ; on placera deux pieds avec ſoin , & auſſi diſtants entr'eux qu'il ſe pourra : la potence poſée , on aſſemblera la cage ; on mettra deux goupilles , & par le trou fait à la grande platine pour le balancier , on percera un trou à la potence qui ſera celui du talon dans lequel doit rouler le pivot d'enbas du balancier ; on aura ſoin , en perçant ce trou , de tenir le foret bien droit ; cela fait , on baiſſera la potence juſqu'à ce que la roue de grande moyenne étant en cage , elle n'y touche pas ; on baiſſera encore la potence de $\frac{1}{12}$ pour la place de la plaque d'acier ſur laquelle doit rouler le pivot de balancier : la potence miſe de hauteur , on réſervera le talon *f*, & on reculera le plan *f e*, juſqu'à ce qu'il paſſe par le centre de la verge , ayant attention que ce plan demeure perpendiculaire à la ligne tracée du centre de la roue de champ à celle de rencontre : cela fait, on formera la rainure *d d* (*Pl. XXXVIII, fig.* 9) ; le fond de cette rainure doit être parallele audevant de la potence , & les côtés de la même rainure *d d* doivent être paralleles à la baſe de la potence ; cette rainure doit être profonde de $\frac{7}{12}$ de ligne, ſa largeur peut être de 1 ligne $\frac{1}{4}$: on fera le lardon de potence ; on prendra , pour cela , du cuivre dont l'épaiſſeur ſoit double de la profondeur de la rainure ; on figure le lardon comme on le voit en D (*fig.* 9) ; la partie *m* doit être entaillée par derriere , juſqu'au centre de la verge , & même plus , pour que la verge de balancier ne puiſſe y toucher ; il faudra même entailler davantage à cauſe de l'épaiſſeur de la plaque d'acier qui doit recouvrir le trou de la roue de rencontre ; le trou de la roue de rencontre ne ſe fait pas actuellement ; il faut s'en figurer la place , afin de ne pas faire le coude *p* trop diſtant de ce trou , car il faut que le nez de potence entre dans la roue de rencontre ; la baſe du lardon doit être fort plane , & les côtés parfaitement paralleles , & de largeur à entrer très-juſte dans la rainure de la potence : le lardon ainſi ajuſté , on fera la vis qui doit l'aſſembler avec la potence ; enfuite on fera la vis de rappel *g* (*fig. 9*), & l'entaille au lardon *D* ; on fera la contre-potence *I* (*fig.* 10) que l'on placera comme on le voit en *o n* (*Pl. XXXVII*, *fig.* 6).

2471. On marquera la place du garde-chaîne: pour cet effet, on tirera la lig. *S* (*Pl. XXXVII, fig.* 6) qui repréfente la chaîne; on placera le *plot* affez en dehors de la platine, pour que l'appui de la chaîne ne l'approche pas trop près: la pofition du plot *Q* détermine la longueur du garde-chaîne *R*, car lorfque le crochet de fufée arcboute contre le bout *b*, la ligne qui paffe par le milieu *b a* du garde-chaîne doit être perpendiculaire au devant du crochet de fufée, fuppofé dirigé au centre, ainfi que cela doit être ; on rivera le plot fur le dedans de la petite platine (*fig.* 6), on fera la fente pour le garde-chaîne, & l'on exécutera le garde-chaîne tel qu'il eft vu en perfpective (*Planche XXXVIII*; *fig.* 8); on percera le plot & le garde-chaîne d'un trou pour la goupille ; le mouvement du garde-chaîne autour de fon centre doit être fort petit; il faut fimplement qu'il puiffe approcher tout contre la platine (*Pl. XXXVII, fig.* 6): c'eft dans le moment que le crochet de fufée arcboute, & que cela empêche de remonter la montre plus haut, & il faut que le garde-chaîne puiffe s'écarter de la platine, afin de laiffer paffer entre la platine & lui le crochet de fufée : ce chemin du garde-chaîne dépend de la maniere dont on entaille le bas de la plaque qui entre dans le plot ; elle ne doit l'être que pour permettre le chemin fufdit ; car lorfque ce chemin eft trop grand, le bout *b* va toucher à la fufée : on fera le reffort *V* dont l'effet eft de tenir le garde-chaîne écarté de la platine pendant tout le temps que la chaîne ceffe de le preffer.

2472. Pour achever d'exécuter les pieces portées par la petite platine, on fera le deffus, c'eft-à-dire, la couliffierie, la rofette & le coq ; on commencera par la couliffe dont les dimenfions font tracées fur le calibre ; l'épaiffeur de la couliffe étant finie, doit être de $\frac{4}{12}$ de ligne ; on prendra du cuivre deux fois plus épais, afin qu'en l'aminciffant au marteau, il foit très-dur. Pour former la couliffe, il faut prendre du cuivre comme pour faire une roue qui auroit pour rayon la distance d'une des pattes P (*Planche XXXVII* , *fig.* 8) au centre *d* du balancier; on la figure après qu'elle est tournée ; de même pour faire le rateau , il faut d'abord faire une roue qui ait pour rayon E *d* ; on coupera donc la coulisse, & le rateau en conséquence ; la coulisse coupée & écrouie, on la dressera à la lime des deux côtés ; on percera un petit trou ; au centre de ce trou, on tracera plusieurs cercles concentriques ; le plus grand représentera le bord extérieur *e f* qui est la grandeur même du balancier; on tracera un second cercle *g* qui représentera la grandeur du rateau , & enfin un troisieme cercle qui représentera le bord intérieur de la coulisse ; cela fait , on appliquera cette plaque sur un arbre à cire ; le côté tracé étant en dehors , on dressera cette plaque sur le tour, pendant que la cire est chaude ; ensuite on creusera avec des échoppes la rainure pour y loger le rateau , ainsi que cela est vu en G G (*Pl. XXXVIII* , *fig.* 14) ; on réservera le filet *b* qui doit entrer dans la rainure du rateau ; c'est proprement ce filet qui forme la coulisse, ainsi c'est de sa perfection que dépend la bonté de la coulisserie , partie d'une assez difficile exécution ; ce filet doit être coupé très-net & quarrément en tout sens ; la profondeur de la rainure doit être telle qu'il reste une épaisseur de $\frac{1}{12}$ de ligne au fond ; on dressera les deux côtés de la coulisse au burin , ensorte qu'elle soit parfaitement plane : si elle avoit plus que l'épaisseur indiquée , il faudroit l'amincir sur le tour, car on court risque en en ôtant à la lime de la rendre inégale d'épaisseur, défaut essentiel qu'il faut éviter ; on adoucira avec soin la rainure, mais pour le mieux, ce doit être à la coupe du burin à terminer le fond ; cela fait , on coupera tout-à-fait la coulisse par l'endroit où on avoit tracé le cercle intérieur. On mettra la plaque qui doit servir à former le rateau sur un arbre à vis, dont le pivot ait $\frac{1}{12}$ de ligne de diametre ; on tournera les côtés bien plans , & ensuite le bord jusqu'à ce qu'il entre fort juste dans la rainure de la coulisse ; alors on mettra sur le filet de la coulisse du noir, ou pierre à huile ; on fera rouler le rateau dans la rainure de la coulisse , ensorte que le filet marquera sur le rateau l'endroit où il frotte : par cette marque on fera la rainure au rateau avec une échoppe bien quarrée ; on ne fera pas cette rainure bien profonde, on attendra pour cela que l'on ait coupé la coulisse en un endroit ; par ce moyen on verra comment le rateau s'applique sur la rainure de la coulisse ; on achevera ainsi de tourner la rainure du rateau, jusqu'à ce que le filet de la coulisse entre parfaitement dans la rainure du rateau, & que le plan du rateau touche au fond de la rainure de la coulisse ; cela fait, on amincira le rateau jusqu'à ce qu'il ne déborde pas le dessous de la coulisse, mais qu'il paroisse ne former qu'un même plan avec elle ; on tournera ainsi le dessous du rateau jusqu'au centre; on l'ôtera de dessus son arbre; on agrandira le trou du balancier fait à la petite platine, jusqu'à ce qu'il ait la même grandeur que le trou du rateau ; on appliquera le rateau sur le dehors de la petite platine, faisant passer par le trou du balancier & par celui du rateau un arbre lisse qui les tienne assemblés ; en cet état, on appliquera la coulisse sur le rateau, ce qui la centrera avec le trou du balancier fait à la platine ; on serrera la coulisse avec des tenailles, sur la platine, & alors on percera par les trous faits à la platine pour les vis de coulisse des trous à cette coulisse ; on agrandira ces trous l'un sur l'autre ; on démontera le tout; on taraudera les trous de la platine ; on fera les vis, & la coulisse sera posée.

2473. La coulisse étant posée, on la découpera selon la figure tracée sur le calibre ; pour cet effet, lorsqu'elle est attachée à la platine, on tracera du centre d (*Pl. XXXVII, fig.* 8) un trait de la grandeur du balancier ; c'est par ce trait que l'on doit limer l'extérieur $e f$, & l'on ne doit reculer les entailles $D D$ pour le passage de la cheville de renversement que par la moitié de la circonférence ; on ne porte ces entailles en p & q que lorsque l'échappement sera fini, & pour le mieux il ne faut commencer ces entailles qu'alors.

2474. La coulisse & le rateau étant faits & posés, on fera la roue de rosette ; on la tiendra de la grandeur marquée sur le calibre (plutôt plus que moins), & on lui donnera la même épaisseur qu'au rateau ; on fendra cette roue au nombre de 24 dents, & on la rivera sur un petit arbre qsr (*fig.* 12); cet arbre est d'acier trempé, & pris au bout d'une tige de la grosseur s de l'assiette ; on leve d'abord le pivot r, & ensuite une portée pour y river la roue ; on leve une petite tige au dessus de l'assiette s ; l'épaisseur doit être celle du fond de la rainure de la coulisse, par la raison que la rosette doit être de même épaisseur que la coulisse, & que cette assiette ne doit pas déborder la rosette ; la tige q doit servir à former le quarré pour recevoir l'aiguille de rosette ; ainsi la grosseur de ce quarré doit être la même que celui de la fusée, afin que la même clef serve aux deux quarrés ; on rivera la roue sur son arbre, sans que celui-ci soit encore séparé de sa tige, afin d'avoir la facilité de retourner la roue si on la laisse trop grande pour son engrenage avec le rateau.

2475. Pour trouver le nombre sur lequel on doit fendre le rateau, pour que ses dents soient parfaitement de grosseur convenable pour son engrenage avec la roue de rosette, on fera la proportion: Le diametre (ou rayon) de la roue de rosette est au diametre du rateau, comme le nombre de dents de la roue de rosette est au nombre cherché pour le rateau : ici la rosette a 2 lignes $\frac{1}{2}$ de rayon $= \frac{30}{12}$ de ligne, & le rateau a 4 lignes $\frac{1}{4}$ $= \frac{51}{12}$; on a donc 30 : 51 :: 24 : x : on trouve pour 4e terme le nombre 40 qui exprime le nombre de dents que doit avoir le rateau pour faire engrenage avec la roue ; mais comme c'est la roue de rosette qui mene, elle devra avoir les dents plus grosses ; on fendra donc le rateau sur le nombre 42.

2476. Le rateau étant fendu, on en arrondira les dents qu'il faut conserver pleines, afin que l'engrenage se fasse très-juste & sans le moindre jeu. On arrondira de même la roue de rosette, & pour juger à-peu-près de la force de l'engrenage, on fera rouler le centre du rateau sur l'arbre lisse mis dans le trou du balancier fait à la petite platine : si la roue est trop grande, on la diminuera sur le tour, on l'arrondira de nouveau ; mais on attendra d'achever l'engrenage, que l'on ait présenté la coulisse, le rateau & la roue de rosette en place;

SECONDE PARTIE, CHAP. XLVII.

or pour cela, il faut entailler la coulisse DD (*fig.* 13), de forte que la roue de rosette puisse s'y loger pour aller atteindre le rateau ; cette entaille TT de la coulisse doit être faite selon son épaisseur, afin de ne pas trop affoiblir la coulisse, & le fond sert d'ailleurs à recouvrir la roue.

2477. Pour pouvoir examiner & terminer l'engrenage de la roue de rosette avec le rateau, on peut faire une fenêtre à la coulisse, comme on le voit en EK dans la figure 8 (*Planche XXXVII*) ; mais cette fenêtre affoiblit la coulisse, ainsi il vaut mieux la pratiquer à la platine au-dessous du point de contact de la roue & du rateau ; l'engrenage étant fini, on séparera l'arbre de roue de rosette, de la tige d'où on l'a pris.

2478. Pour achever ce qui concerne la coulisserie, on fera la rosette. On prend pour cela, une plaque d'argent que l'on creuse en-dessous, comme on le voit en LL (*Pl. XXXVIII*, *fig.* 12) ; ensuite on la pose sur la roue appliquée sur la platine, ce qui sert à centrer la rosette ; on perce par les trous faits à la platine, les trous aux pattes de la rosette ; on fait deux vis, & la rosette est posée : on fait ensuite la coupe ou section gg qui est une portion de cercle tracée du centre du balancier percé à la petite platine ; cette section doit, pour la propreté, être parfaitement jointe au bord de la coulisse, & le plan de la rosette & de la coulisse doivent se confondre, c'est-à-dire, que la coulisse & la rosette sont de même épaisseur, & bien planes ; on fera le quarré pour l'aiguille de rosette, & on ajustera dessus cette aiguille qui doit être d'acier, & avoir la forme N (*fig.* 12).

2479. L'aiguille de rosette étant faite, & l'engrenage achevé, on remontera la coulisserie, la rosette & l'aiguille, afin de marquer la longueur que doit avoir le rateau, & le découper en conséquence ; pour cet effet, on conduira l'aiguille de rosette no (*Pl. XXXVII. fig.* 8) à l'extrémité o de la rosette ; on marquera un point s sur le rateau qui soit en dehors du point de contact de l'engrenage EK d'environ deux dents, afin que l'aiguille étant conduite à ce point, l'engrenage se fasse bien en plein ;

II. Partie.

on amenera l'aiguille de rosette à l'autre extrémité 32 de la rosette, & l'on marquera avec les mêmes précautions le point *a* du rateau, ces deux points *a* & *s* déterminent sa longueur; on conduira de nouveau l'aiguille à l'extrémité *o*, & l'on marquera sur la coulisse le point *g* correspondant à *a*; ce point *g* doit être un peu en dehors de *a*; il marquera l'endroit où il faut couper la coulisse pour qu'elle recouvre toujours le rateau lorsqu'il est parvenu en *a*; on ramenera l'aiguille à l'extrémité 32, & on marquera vis-à-vis de *s* le point *h* de la coulisse qui doit être un peu en dehors du bout du rateau. Avant de démonter la coulisserie pour la couper selon ces dimensions, on marquera un repaire (ce repaire doit se marquer au milieu de la longueur du rateau; or pour cela, il faut conduire l'aiguille au chiffre 15 de la rosette) de la roue de rosette avec le rateau, afin que l'on puisse toujours les remonter sans tâtonner le point de l'engrenage, qui soit tel, que lorsque l'aiguille de rosette est en zéro ou 32, l'engrenage se fasse aux extrémités du rateau; on réservera à l'extrémité *a* du rateau le bras qui doit porter les chevilles pour le spiral; par ce moyen on placera le piton en dehors de la coulisse, ce qui est préférable; & d'ailleurs par cette disposition ce bras *a* du rateau ne pourra jamais atteindre aucun trou de pivots, & par conséquent en emporter l'huile, ainsi que cela arrive communément.

2480. Pour faire le coq (*Pl. XXXVIII*, *fig.* 15), on se réglera pour la hauteur sur l'épaisseur de la coulisse, sur l'épaisseur du balancier & sur les jours qu'il doit y avoir entre la coulisse & le balancier, & entre celui-ci & le coq : or la coulisse a $\frac{4}{12}$ de lig. d'épaisseur, le balancier étant de cuivre aura $\frac{3}{12}$ d'épaisseur, & il faudra $\frac{3}{12}$ pour les jours du balancier; donc le dessous du coq sera élevé de $\frac{10}{12}$ de lig. au-dessus de la platine; il doit avoir $\frac{2}{12}$ de ligne d'épaisseur; ainsi le cuivre pour le coq étant forgé & dressé, devra avoir près d'une ligne d'épaisseur; sa grandeur est déterminée par le calibre; le balancier a 10 lignes de diamètre, & il faut réserver en outre une ligne $\frac{1}{2}$ pour les pattes *P P* : il est même nécessaire de réserver les pieds plus longs, afin de s'en servir pour attacher le coq sur la platine avec des tenailles pendant que l'on perce les trous 1, 2 pour les vis : on mettra le coq sur un arbre ; on le tournera bien plan des deux côtés, & de l'épaisseur donnée ; on fera la creusure pour le balancier, c'est 10 lignes de diametre ; cette creusure sera plutôt faite au burin qu'à la lime, & le coq en sera mieux fait; on creusera le coq de sorte qu'il ne reste que $\frac{3}{12}$ de ligne d'épaisseur au fond : on dressera ce fond avec beaucoup de soin, afin qu'il soit parfaitement de même épaisseur ; on figurera ensuite le coq, comme on le voit (*fig.* 15), à l'exception des pieds que l'on ne formera qu'après qu'on aura posé le coq.

2481. Pour poser le coq, on tirera sur la platine une ligne qui marquera la direction des pieds ; cette ligne doit être, comme je l'ai dit, perpendiculaire à la ligne qui passe du centre de la rosette à celui du balancier; on placera donc le coq selon cette direction ; mais pour le centrer parfaitement avec le trou du balancier fait à la petite platine, on se sert d'une tige bien tournée sur laquelle est fixée une plaque tournée avec soin ; on fait entrer la tige *a* de l'outil vu (*fig.* 21) dans le trou de la petite platine, & on fait *plaquer* très-exactement la plaque *c c* portée par la tige sur la platine ; on fait pareillement entrer le trou du coq sur la tige prolongée *b* au-dessus de la plaque ; alors on pince les pieds du coq & la platine avec des tenailles, & on perce à la platine les trous pour les vis du coq.

2482. On exécutera le coqueret de cuivre *Q* (*fig.* 16) ; on l'attachera sur le coq avec les deux tenons 1, 2, & une vis, on ne fera l'entaille *s* qu'en finissant la montre, on marquera le trou de ce coqueret avec un foret qui entre juste dans le trou du coq, on percera ensuite ce coqueret avec un plus petit foret : on fera la plaque d'acier *R*.

2483. Le dessus étant achevé, on pourra faire les minuteries ou roues de cadran. Pour cet effet, on mettra la roue de longue tige en cage, on goupillera les piliers, on fera une marque à la tige pour désigner l'endroit où il faut former la portée de la tige qui doit recevoir la chauffée $u z$ (*fig.* 7, *Pl. XXXVII*); cette portée doit être diſtante du ſommet du pont cc réſervé au centre de la platine d'environ $\frac{1}{12}$ de lig. afin que l'huile du pivot de longue tige ne puiſſe être attirée par la chauſſée : on ôtera la roue de la cage, & on tournera le pivot de la chauſſée qui aura $\frac{4}{12}$, afin que la portée ſoit de bonne largeur, & propre à arrêter la chauſſée ſans équivoque ; ce pivot ou tige de la chauſſée étant bien tourné, on prendra pour faire la chauſſée, de l'acier tiré à pignon de 10, on en coupera un bout de la longueur requiſe pour que la tige le *déborde*, comme on voit (*fig.* 7), & l'on choiſira l'acier de la groſſeur convenable ; on arrondira, pour cet effet, quelques dents de la roue de renvoi fendue ſur 30; & avec le calibre à pignon, on prendra, comme il eſt dit (529), 4 dents pleines ; & comme ici c'eſt le pignon qui mene, on le choiſira un peu plus gros ; on prendra 4 dents $\frac{1}{2}$; on marquera à chaque bout de l'acier coupé, un point qui ſoit bien concentrique ; alors on ébauchera la chauſſée à la lime, réſervant à un bout l'épaiſſeur convenable pour le pignon u qui doit être un peu plus épais que la roue de renvoi, & on le percera ſur le tour, ſelon la méthode preſcrite (910) ; on fera, pour cet effet, un foret un peu plus petit que le bout de la tige : le trou percé, on l'agrandira, ſelon l'art. (911) ; & ſelon le n°. (912), on le dreſſera ſi le trou n'eſt pas percé droit : cela étant fait, on le tournera, & on lui donnera la groſſeur du pivot de fuſée, ſur lequel doit être formé le quarré pour remonter la montre, afin que la même clef ſerve à tous les quarrés ; on tournera le pignon de groſſeur & d'épaiſſeur ; on réſervera au fond des ailes du côté de la chauſſée une portée propre à recevoir la roue de cadran, afin qu'elle ne frotte pas contre les ailes du pignon, défaut très-commun, parce que les Ouvriers croyant rendre leurs pignons de plus belle apparence ; font une creuſure au fond des ailes : on finira les ailes du pignon, on adoucira les faces, la chauſſée & le pignon même. On fera le canon de la roue de cadran ; on percera le trou plus petit que la chauſſée, afin de ne le faire entrer dessus fort juste, qu'après qu'on en a agrandi le trou, que le canon est tourné, & la roue rivée ; alors on achève de le faire entrer sur la chauffée ; mais si celle-ci n'a pas la figure de l'équarrissoir qui a servi à faire le trou du canon de roue de cadran, on tournera légerement la chauffée pour que le canon de cadran y entre sans balotage, ni d'un bout ni de l'autre ; on la fait ensuite tourner librement.

2484. La roue de cadran ainsi ajustée, on mettra la roue de longue tige en cage, on placera la chauffée sur la tige, & la roue de cadran sur la chauffée ; alors on prendra la mesure pour la longueur du pignon de renvoi : pour cet effet, on choisira de l'acier de grosseur convenable ; ce pignon étant de 8, & menant la roue, on prendra près de 4 dents sur les pointes ; on coupera un bout de cet acier qui aura pour longueur, outre la hauteur prise du fond de la platine au-dessus de la roue de cadran, ce qu'il faut pour former le pivot qui doit entrer dans la platine, & pour celui qui doit rouler dans le pont T, il vaut mieux le couper un peu plus long : on percera ce pignon sur le tour, d'un trou propre à recevoir un arbre lisse de $\frac{3}{12}$ de ligne de grosseur ; on ébauchera ce pignon à la lime, réservant l'épaisseur convenable pour les ailes de pignon, & pour la rivure de la roue de renvoi ; on tournera ce pignon, on le finira & on le trempera : quand il sera trempé & revenu bleu, on le polira, on achevera de tourner l'assiette pour y river la roue de renvoi ; on rivera cette roue, ensuite on levera le pivot inférieur qui aura près de $\frac{6}{12}$ de ligne de diametre, on ne reculera que peu la portée, afin de ne pas faire descendre la roue plus bas que le pignon de chauffée : on agrandira le trou fait pour ce pivot à la grande platine, & l'on présentera la roue, afin de voir si elle est élevée de la quantité convenable pour engrener en plein dans le pignon de chauffée ; on reculera petit à petit la portée, jusqu'à ce que cela soit ; on mettra la roue de cadran en place, & on tournera du pignon de renvoi jusqu'à ce qu'il soit à fleur de la roue de cadran ; alors on fera la face du pignon, & on levera à fleur du pignon le pivot pour le pont T ; on fera ce pont, &

on le posera pour le rendre inébranlable : lorsque la roue est bien droite, on perce deux trous dans lesquels on chassera des pieds.

2485. Les roues de cadran étant faites, il ne restera plus que les pignons de petite moyenne & de champ à faire, & celui de rencontre, & l'on aura un mouvement fait en blanc: on fera donc ces pignons k, l, m (Pl. XXXVII, fig. 4) ; on choisira de l'acier tiré à pignon de 6 ; on arrondira quelques dents des roues de grande moyenne, de petite moyenne & de champ, & l'on prendra les grosseurs de ces pignons selon l'art. (535), un peu plus de 3 dents sur les pointes : on coupera les pignons de petite moyenne & de champ de la longueur du dehors du pont ff, au dehors de la petite platine, plus que moins ; on ébauchera les pignons, on donnera la longueur requise aux corps pour y river les roues : or pour cela, on observera que la petite moyenne doit passer au-dessus de la roue de fusée, & que la roue de champ doit être élevée passé le milieu de la cage du côté de la petite platine; la longueur du pignon de rencontre est déterminée par la distance du nez de potence à la contre-potence : on tournera ces pignons, on aura soin de ne pas faire les tiges trop minces, afin qu'elles ne puissent pas fléchir, & que d'ailleurs les pivots étant faits, il reste une portée assez large pour ne pouvoir creuser les platines ; on polira les pignons, on levera les pivots que l'on tiendra plus gros qu'il ne faut : on tiendra les portées plus hautes, afin qu'en finissant, on puisse faire monter ou descendre la roue, & pour mettre ces pignons en cage, on creusera en chanfrein les trous des pivots du pont & de la platine afin que ces portées y entrent, on reculera les portées ou assiettes pour y river les roues ; on rivera ces roues, & le mouvement sera fait en blanc.

Du Finissage de la Montre.

2486. On fera faire le cadran auquel on donnera une courbure propre à ne pas toucher aux ponts de la cadrature;

Seconde Partie, Chap. XLVII.

avant de faire le cadran, on perce les trous des pieds qui doivent l'attacher au mouvement : on attache communément les cadrans de montre avec trois pieds qui passent en dedans de la grande platine, & là ils sont percés chacun d'un trou pour recevoir les goupilles qui arrêtent le cadran : or cette méthode est défectueuse ; car si on a besoin de lever le cadran pour examiner la cadrature, il faut ôter le mouvement de la boîte, afin de tirer les goupilles, & en mettant & en ôtant ces goupilles, on court risque, en échappant, de courber les roues du mouvement ; il est donc préférable d'attacher le cadran avec une vis, & mettre deux pieds qui ne fassent qu'entrer dans la platine, pour le contenir ; par ce moyen, on leve le cadran très-facilement, comme dans les montres à répétition. Le cadran ainsi fait, & ajusté, on baissera les ponts ff, T, s'ils sont trop hauts. On ne doit agrandir le trou de remontoir du cadran pour le passage de la clef, que lorsqu'on a fini l'engrenage de fusée, & mis les deux grandes roues en cage ; car si l'engrenage étoit trop foible, on rapprocheroit la fusée contre le centre, & le quarré de fusée ne seroit plus au centre du trou.

2487. La premiere chose à laquelle il faut travailler pour finir une montre, c'est de bien dresser & adoucir les platines, faire entrer librement la petite platine sur celle des piliers, passer un équarrissoir dans les trous de goupilles des piliers, & de sorte que le trou affleure avec la platine, afin que la goupille presse la petite platine contre l'assiette du pilier, & que les deux platines étant assemblées, soient inébranlables. Il faut que les quatre trous des piliers pour les goupilles soient de même grosseur : ces trous peuvent être de $\frac{1}{11}$ de ligne passé; il est nécessaire que la goupille soit forte pour être mise & ôtée aisément.

2488. Cela fait, on mettra la roue de grande moyenne en cage, on mettra les quatre goupilles aux piliers, & l'on verra si la roue est bien de hauteur ; si cela n'est pas, on reculera de l'une ou l'autre portée, selon qu'il sera nécessaire, pour donner les jours à la roue, soit avec la platine, ou avec la roue de fufée ; les portées étant tournées de hauteur, on polira de nouveau les pivots. Si les trous font trop grands, il faudra les reboucher, enfuite les agrandir, & de forte que le trou étant bien net, la roue tourne librement & fans jeu fur fes pivots : alors on fera les réfervoirs pour l'huile.

2489. Il faut obferver ici que pour reboucher les trous de pivots, il ne faut pas fe fervir de laiton tiré à la filiere ; le milieu de ce fil eft rarement net, les parties en font défunies, il s'y forme des cavités : il faut prendre du cuivre de chaudiere, d'un beau jaune, fort épais, & l'écrouir à plat feulement avec la tête du marteau : on coupe enfuite des petites bandes que l'on arrondit à la lime.

2490. On mettra la roue de fufée en cage avec celle de grande moyenne, on goupillera la cage, on mettra le pont de fufée, & l'on examinera les jours entre la grande roue, & celle de fufée, & du crochet de fufée avec la petite platine ; fi la fufée eft trop haute, c'eft-à-dire, que la roue de fufée approche trop près de la grande roue & de la platine, & le crochet de fufée de la petite platine, alors il faudroit tant foit peu tourner la fufée de la bafe & du fommet ; mais fi la fufée n'étant pas trop haute, approche trop de l'une ou l'autre platine, on tournera en conféquence de l'une ou l'autre portée de l'arbre de fufée ; on polira les pivots & portées de cet arbre.

2491. La fufée mife de hauteur, on examinera l'engrenage ; pour cet effet, on arrondira quelques dents de la roue de fufée; on percera au-deffus du point de contact de l'engrenage un trou *t* (*Pl. XXXVII, fig.* 6) affez grand pour fe rvir de fenêtre propre à voir l'engrenage ; on remontera en cage la roue de fufée & de grande moyenne ; on preffera un doigt contre la tige de grande roue moyenne faillante en dehors, afin de produire un frottement qui empêche de tourner la roue autrement que par la preffion des dents de la roue de fufée, que l'on conduira avec l'autre main : par ce moyen on juge parfaitement de la nature de l'engrenage, en faifant concourir le tact & la vue, on voit ainsi toutes les parties de la menée.

2492. Si l'engrenage est un peu trop fort, la roue de fusée pourra rester en place sans déjetter les trous, parce que la fusée étant *plantée* *, on ne fera que tourner tant soit peu de la roue: lorsqu'un engrenage est beaucoup trop fort, si le pignon est de bonne grosseur, alors il ne faut pas tourner la roue, parce que le pignon deviendroit trop gros; mais il faut la déjetter en dehors; & si l'engrenage est foible, il faudra étirer le trou de fusée pour rapprocher la roue du pignon dans lequel elle engrene; on étire ce trou, de sorte que l'engrenage étant de la force convenable, le pivot passe dans le milieu du trou; par cette précaution, pour reboucher le trou, il ne faut que tourner une virole.

2493. Le trou du gros pivot de fusée étant ainsi étiré pour l'engrenage, on l'agrandira de sorte qu'il y ait tout autour du pivot un vuide convenable pour faire une virole épaisse & solide. Pour reboucher ce trou, on tournera une virole G (*Pl. XXXVII, fig.* 12) sur laquelle on levera une portée z pour former un canon qui entre dans le trou du pivot de fusée; on laissera déborder le canon en dedans de la noyure, de la quantité requise pour la rivure: on mettra ce côté du trou en chanfrein, on rivera ce canon sur la platine, on mettra de l'huile pour la raison expliquée (2455): même observation à tous les trous que l'on rebouche.

2494. Le trou de fusée ainsi rebouché, on l'agrandira pour y faire entrer juste & librement le pivot; on mettra la petite platine en place sur celle des piliers, on étirera, comme il sera nécessaire, le trou pour le passage du tigeron de chauffée, & de sorte que la roue reste droite en cage; on fera la même chose au trou du pont de fusée qui devra être étiré, & de sorte que la roue étant droite, le pivot demeure juste dans le milieu du trou du pont, afin que celui-ci puisse

---

* On dit qu'une roue est *plantée*, lorsqu'on en a rebouché les trous, qu'elle est droite dans la cage, & qu'elle tourne librement.

II. Partie.   E e e

être rebouché au centre (mais si le trou devoit être beaucoup jetté de côté, ensorte qu'il ne restât pas assez de matiere autour du trou, il vaudroit mieux, dans ce cas, couper les tenons du pont de fusée, & mener ce pont, de maniere que la roue fût droite en cage, & percer de nouveaux trous pour les pieds) : on rebouchera les trous du pont avec un bouchon non percé ; & pour percer ce trou, on se servira de l'outil à mettre les roues droites en cage, décrit (504) ; on percera le trou par le point marqué avec l'outil, on l'agrandira convenablement, & la roue de fusée étant bien droite & libre en cage, & l'engrenage de la force convenable, on fera les réservoirs pour l'huile des pivots.

2495. On marquera au-dessus de l'entonnoir $g\,g$ du gros pivot de fusée (Pl. XXXVII, fig. 4) l'endroit où l'on doit faire descendre l'origine du quarré de fusée ; on fera ce quarré selon les regles prescrites ; on arrondira les dents de la roue de fusée, & on finira l'engrenage avec les attentions prescrites (972 & suiv.).

2496. On tournera la fusée prête à être taillée ; pour cet effet elle doit être creusée du milieu en forme de cloche : pour trouver le nombre de tours de chaîne qu'elle doit contenir, afin que la montre marche 30 heures, on comptera les dents de la roue de fusée ; celle-ci est de 54, & le pignon où elle engrene 12 (2385) ; elle fait donc un tour en 4 heures $\frac{1}{2}$ qui sont contenues 6 fois $\frac{2}{3}$ dans 30 heures : donc pour que la montre marche 30 heures, il faut que la fusée contienne 6 tours $\frac{2}{3}$ de chaîne.

2497. On taillera la fusée, ainsi qu'on l'a expliqué (art. 465 & suiv.), on fera à l'origine de la rainure, du côté de la base de la fusée E (Pl. XXXVII, fig. 6), une creusure avec une fraise mince pour y loger le crochet de la chaîne, on percera un trou pour y chasser la cheville p ; c'est sur cette cheville que le crochet de la chaîne S s'arrêtera : on choisira une bonne chaîne d'Angleterre qui soit juste de l'épaisseur de la rainure de la fusée, & on la coupera de longueur, selon l'art. (468).

2498. On percera tout contre le rebord du barillet D (Pl. XXXVII, fig. 4) un trou de foret incliné comme le crochet de la chaîne qui doit y entrer ; on entourera le barillet avec la chaîne, & on comptera le nombre des tours qu'elle fait, cela donnera le nombre de tours que le ressort doit faire (468) ; si la chaîne fait 4 tours sur le barillet, on fera faire un ressort qui fasse 6 tours $\frac{1}{2}$, afin qu'ayant un tour de bande en bas, lorsque le ressort sera monté, il reste encore un demi-tour ; cela est nécessaire pour avoir un ressort moins exposé à casser & à changer de force.

2499. Pour faire exécuter le ressort, il faut mettre les crochets à la virole de barillet, & à l'arbre ; & le ressort étant fait, on fera les ouvertures au fond du barillet & au couvercle pour la barrette ; on fera cette barrette, on placera le barillet & la fusée en cage, & on égalisera la fusée à son ressort, ainsi qu'on l'a expliqué (469 & suiv.).

2500. On fera faire l'effet au garde-chaîne que l'on amincira, s'il est trop épais, ce qui se voit, lorsqu'il arrête le crochet avant que la chaîne entoure le dernier tour de la rainure ; & cela étant arrangé, on fera au bout du garde-chaîne un creux angulaire contre lequel le crochet de fusée ira porter, de sorte que l'effort de la main ne pourra faire monter ni descendre le garde-chaîne.

2501. On ajustera sur le quarré de fusée un entonnoir E (fig. 7), dont le bord supérieur approche tout contre le cadran, & sans gêner la liberté de la fusée, & le dessus entrera jusqu'au bas du quarré : cet entonnoir est d'acier.

2502. On fera les engrenages des roues de cadran ; & pendant que l'on est à cette partie, on ajustera les aiguilles : nous ne répéterons pas ces opérations ; on peut consulter les art. (969 & suiv.) pour les engrenages ; & les art. (1201 & suiv.) pour l'ajustement des aiguilles.

2503. On fera l'engrenage de la grande roue moyenne avec le pignon de la petite roue moyenne : pour cet effet, on verra d'abord si l'engrenage est bon ; dans ce cas, on levera les pivots de la petite roue moyenne, selon les dimensions preſcrites, & on rebouchera les trous à taraud avec des bouchons percés ſur le tour ; on fera l'engrenage , on pratiquera une fenêtre à la grande platine pour le voir , &c.

2504. On pourroit maintenant achever l'engrenage de la petite roue moyenne avec celle de champ ; mais comme on ne peut faire l'engrenage de champ & planter la roue que lorſque le balancier & la roue de rencontre eſt poſée, il vaut mieux attendre, pour terminer cet engrenage, que la roue de rencontre ſoit plantée : nous allons maintenant parler de l'exécution de cette partie.

De l'exécution de l'Echappement : Du Balancier.

2505. J'ai dit (art. 575) que l'or eſt la meilleure matiere dont on puiſſe ſe ſervir pour le balancier d'une montre ; mais comme tous les Horlogers n'ont pas la facilité de préparer de l'or, & que d'ailleurs ces ſortes de balanciers deviennent trop coûteux pour des montres ordinaires, à cauſe du déchet de l'or, j'emploie pour celles-ci des balanciers de cuivre parfaitement durcis & dorés avec ſoin, ce qui les garantit du verd de gris : le cuivre eſt préférable à l'acier, n'étant pas ſujet au magnétiſme (556 & 557). Pour faire un tel balancier, il faut le finir entiérement, le mettre de peſanteur, le dorer, &c, avant de le river. Pour cet effet, il faut commencer par déterminer le poids qu'il convient donner à ce balancier, relativement au nombre de vibrations, à la groſſeur des pivots, & à la force de mouvement de la machine, &c ; & quand le balancier, l'échappement & la montre ſont terminés, on donne l'harmonie convenable entre le régulateur & le moteur. Il faut obſerver que pour ſuivre cette route, il faut partir d'après une montre bien conſtruite, qui ait ſubi les épreuves requiſes ; alors ſi le reſſort moteur eſt un peu trop fort ou trop foible, on change le reſſort, ſelon qu'il eſt néceſſaire. Nous avons donné (art. 2436 & ſ.) les dimenſions d'une telle montre ; c'eſt d'après ces dimenſions que nous exécutons celle-ci ; ou ſi l'on veut changer le poids du balancier, ſelon la force du reſſort, on ne rivera pas

Seconde Partie, Chap. XLVII. 405

tout-à-fait le balancier sur la verge, & quand il sera mis de poids, on l'ôtera pour le dorer, on le rivera ensuite & on mettra la cheville de renversement.

2506. Pour faire le balancier, on prendra du cuivre de chaudière que l'on écrouira avec soin, & jusqu'à ce qu'on l'ait presque réduit à l'épaisseur qui lui convient, qui est ici $\frac{1}{12}$ de ligne (2480); on percera un trou qui soit plus petit que le pivot de l'arbre à balancier (Pl. XXXVIII, fig. 19) décrit (2434), on fera entrer le trou du balancier fort juste sur le pivot de l'arbre, on croisera le balancier en trois, laissant les barrettes larges, ainsi que le champ; on tournera le balancier droit & rond, mais plus épais & plus grand qu'il n'est besoin; ensuite on l'ôtera de dessus l'arbre, on le limera bien plan des deux côtés, on diminuera la largeur des barrettes & du champ, en sorte qu'il ne pese qu'environ 10 grains; on le remettra de nouveau sur l'arbre pour achever de le tourner parfaitement rond, & de 10 lignes de diametre, & de l'épaisseur donnée: on achevera les barrettes que l'on arrondira, pour que les saletés ne puissent s'y arrêter, & pour le mettre du poids requis (7 grains, voy. art. 2377); on étrecira le champ en se réglant sur des traits fins faits sur le tour; cette attention est nécessaire pour que le balancier étant tout monté sur sa verge, il soit d'équilibre.

2507. On ajustera la plaque d'acier P sur la potence (Pl. XXXVII, fig. 6); cette plaque n'a besoin que d'environ $\frac{1}{12}$ d'épaisseur; il faut percer le trou pour la vis, de sorte qu'il soit en dehors de la creusure faite à la grande platine, afin que la tête de cette vis n'ait pas besoin d'être noyée; on prendra donc cette grandeur P h (fig. 5), & on la portera du centre h (fig. 6) sur la potence; on percera le trou à la plaque & à la potence, on taraudera le trou de celle-ci, on fera la vis avec une bonne tête; & comme la tête de cette vis toucheroit à la grande platine, on y fera un trou pour son passage, on mettra la grande roue moyenne en cage, & on verra si la plaque d'acier en approche trop près; si cela est, & la plaque n'étant pas trop épaisse, on baissera de la potence: cela fait, on limera du dedans du talon de potence pour le réduire à $\frac{1}{12}$ de ligne d'épaisseur qu'il doit avoir ; on réduira à la même épaisseur le coqueret de cuivre du balancier, on trempera le coqueret d'acier, & la plaque du talon de potence ; on ne fera pas revenir les bouts sur lesquels les pivots doivent porter, afin de leur conserver toute leur dureté, & qu'ils ne se creusent pas par le frottement du bout du pivot : pour cet effet, on pincera les bouts de la plaque & du coqueret, avec des tenailles à goupilles, & l'on présentera l'autre bout à la chandelle, afin qu'il devienne bleu jusqu'à la pince ; on polira le coqueret d'acier & la plaque ; & après les avoir bien dressés avec une lime non trempée, & de la pierre à huile, pour les polir, on se servira de potée d'étain & d'une lime de cuivre.

2508. En parlant de l'exécution de la coulisserie, nous avons prescrit des soins qui nous dispensent de répéter ici l'ajustement de cette partie ; ainsi nous supposons la coulisse faite, & ensorte qu'elle restera à la hauteur qu'on lui a donnée, Il en est de même du coq : nous supposons qu'il a la hauteur qui lui convient pour le jeu du balancier, & il vaut mieux qu'il en ait plus que moins, afin que si le balancier ne tourne pas parfaitement droit, il ne puisse toucher ni au coq ni à la coulisse ; & de la maniere dont il a été exécuté, ses pieds doivent plaquer parfaitement sur la platine, & sans qu'il soit besoin de les limer pour les dresser ; ils l'ont été sur le tour, ce qui est préférable : le plan du balancier doit être parfaitement parallele à la platine ; ainsi il ne faut que placer les tenons aux pattes du coq, ce que l'on fera avec les précautions indiquées (958 & *suiv.*) ; mais avant cela on a dû faire vuider & graver ce coq, ainsi que cela se pratique, & comme on le voit (*fig.* 9) : nous observerons ici pour les tenons & vis du coq qu'il faut avoir grand soin que la pression des vis ne tende pas à courber la platine, ainsi que cela arrive fréquemment ; car alors cela donne trop ou trop peu de jeu à la roue de rencontre, ce qui est capable de faire varier & arrêter la montre, ainsi que je l'ai vu arriver. Pour éviter ce défaut, il est essentiel, 1°, que les pattes du coq posent bien à plat

SECONDE PARTIE, CHAP. XLVII. 407

fur la platine ; & 2°, il faut que les creufures du coq, pour loger les têtes des vis foient très-plates du fond, & plus grandes que les têtes des vis, afin que ces têtes ne puiffent toucher aux côtés des creufures : cela étant ainfi préparé, on pourra faire la verge de balancier.

De la Verge de Balancier.

2509. Pour faire une verge de balancier, on prend du petit acier quarré d'Angleterre ; on a foin de choifir celui dont les pores font les plus ferrés, qui eft pur & fans paille ; on coupe le bout de cet acier un peu plus que la longueur que doit avoir la verge, on le lime felon la figure 17, *Pl. XXXVIII*, on fait les palettes ouvertes d'environ 100 degrés, c'eft-à-dire un peu plus que l'équerre ; les palettes doivent avoir plus de demi-ligne de largeur (nous remarquerons, à propos de largeur, que les Ouvriers appellent *largeur des palettes* la diftance de *a* (*fig.* 17) au centre *b* du corps, & longueur de la palette, l'intervalle de *b* en *c*) ; la diftance de l'une à l'autre palette dépend de la hauteur qu'il y a du dedans du talon de la potence au dehors de la petite platine ; on peut d'ailleurs faire la palette d'en bas plus longue qu'il ne faut, & on la recule après, felon qu'il eft befoin ; pour pouvoir paffer la verge dans la platine, on fera *l'entrée*, ou ouverture quarrée *d x* (*fig.* 8) ; on rend cette entrée affez grande, à caufe que la roue de rencontre doit s'y loger en partie (*voy. fig.* 6) ; en faifant cette ouverture, il ne faut pas emporter tout-à-fait le trou *d* du balancier, mais en réferver la moitié pour indiquer le centre : le plan des palettes ne doit pas être tout-à-fait dirigé au centre de la verge, mais un peu en dedans ; on appelle cela *ne pas entailler les palettes jufqu'au centre* ; par cette précaution l'échappement aura moins de chûte. Le corps de la verge doit être limé parfaitement rond, & de même groffeur dans toute fa longueur ; il faut qu'il n'ait que $\frac{1}{8}$ de ligne de groffeur pour cette montre.

2510. Lorfque la verge eft faite felon la figure prefcrite ;

on y ajuste l'assiette *T* sur laquelle doit être rivé le balancier, & qui doit porter la virole de spiral. On fait à cette assiette une petite entaille propre à entrer sur le bout de la palette d'en haut ; les Ouvriers pratiquent cette fente pour faciliter le poli de la palette : l'assiette peut avoir $\frac{8}{12}$ lig. de diametre, & autant d'épaisseur ; ainsi ajustée, ébauchée & tournée, on la soudera avec de la soudure d'argent (886 *& suiv.*) ; il faut avoir attention de diriger la flamme du chalumeau contre l'assiette, afin de ne pas faire trop chauffer la verge, & de ne pas corrompre l'acier, ce qui rendroit la verge sujette à casser par la moindre secousse. Lorsque l'assiette est bien soudée, on fait chauffer également toute la verge en promenant la flamme sur toute la longueur du corps, & quand la verge est de couleur de cerise, on la jette dans l'eau ; étant ainsi trempée, on la blanchit très-légerement avec de la pierre-ponce ; pour faire revenir la verge, on aura une plaque de cuivre ou d'acier fort mince & creusée ; on pose sur cette plaque la piece qu'on veut faire revenir, & on expose la plaque à la flamme de la chandelle ; cela fait revenir plus également : on appelle cet outil un *Revenoir* : on fera ainsi revenir la verge d'un jaune tirant sur le bleu.

2511. Pour dresser la verge après qu'elle est trempée, cela ne peut pas se faire par les pointes, ainsi que cela se pratique pour les pignons, parce que cela changeroit la grosseur du corps de la verge, & que les palettes ne seroient plus au centre, comme auparavant : on se servira donc d'un petit marteau tranchant avec lequel on frappera sur le corps du côté concave, & lorsque la verge est parfaitement ronde, il faut la faire chauffer de nouveau avec le revenoir, en sorte qu'elle devienne d'un jaune tirant sur le bleu, comme auparavant. Par cette précaution on évite que la verge ne se courbe, lorsqu'en la polissant on a emporté les coups de marteau.

2512. La verge étant parfaitement dressée, on tournera l'assiette, & on formera la portée & le canon pour recevoir le balancier ; on reculera cette portée, en sorte que l'assiette n'ait que $\frac{4}{12}$ ligne d'épaisseur, quantité suffisante pour l'épaisseur

de

de la virole de fpiral ; on adoucira avec une lime non trempée, les palettes & le corps, & avec beaucoup de précaution : on fera entrer le trou du balancier bien à force fur l'affiette de la verge, & de forte qu'il tourne droit.

2513. Cela ainfi fait, on mettra la potence en place ; ainfi que la couliffe ; on tournera de côté la plaque de la potence, on mettra le balancier en place, enforte que fon tigeron inférieur paffe dans le trou du talon de potence, on mettra le coq, & le tigeron d'en haut paffera dans le trou du coqueret, le balancier divifant l'intervalle entre le coq & la couliffe ; on marquera à raz du talon de potence, un trait qui défignera l'endroit où il faut couper le tigeron; on coupera au burin ce tigeron, mais en laiffant par précaution un peu plus de longueur, afin d'avoir de quoi en ôter : on fera le pivot d'en bas felon les dimenfions indiquées, on préfentera de nouveau le balancier, mais en faifant pofer le pivot fur la plaque d'acier : fi le balancier eft trop haut, il faudra reculer convenablement la portée, & racourcir le pivot : ce pivot ainfi fait, on marquera à fleur du coqueret de cuivre (le balancier & le coq étant en place) l'endroit où on doit couper le tigeron d'en haut, ce qu'étant fait, on formera le pivot felon les dimenfions prefcrites : il eft entendu que pour avoir plus de facilité de tourner les pivots, on a ôté le balancier. On mettra de nouveau le balancier, & on le préfentera fur l'outil décrit (480), afin de voir s'il eft d'équilibre ; s'il ne l'eft pas, on l'y mettra ; on le fera dorer, & enfuite on le rivera fur fon affiette ; (à propos de cette affiette, avant de river le balancier, il faut la tourner plus petite du côté du balancier que de la palette, afin que la virole de fpiral étant entrée fur cette affiette, elle ne tende pas à en fortir) ; on dreffera le balancier, enforte qu'il tourne parfaitement droit, & l'on polira la verge de balancier, corps, palette, &c.

2514. Les pivots de balancier ainfi faits, on rebouchera les trous du talon de potence & du coqueret : pour cet effet, on agrandira les trous, de forte qu'ils aient $\frac{1}{2}$ de ligne, on les taraudera ; on taraudera fur le même trou de la filière du laiton de chaudiere bien écroui ; on ébifelera les trous à reboucher ; on rivera avec foin les bouchons.

2515. Les trous ainfi rebouchés, on fe fervira de l'outil à mettre les roues droites en cage, pour marquer l'endroit exact où on doit percer les trous des pivots. Pour cet effet, on mettra le balancier en place ; on fera pofer le trou du coq fur la pointe inférieure de l'outil, & avec l'autre on fera une marque au talon de potence ; par ce point, on percera avec un foret plus petit que le pivot, un trou qui fera celui du pivot ; on agrandira ce trou bien droit, & de forte que le pivot y entre jufte ; cela étant fait, on mettra le coqueret en place, ainfi que le coq qui le porte ; on mettra une virole fous la platine, & on fera pofer le trou du pivot du talon de potence fur la pointe inférieure de l'outil à mettre les roues droites, & avec l'autre on marquera un point au coqueret, par lequel on percera avec le même foret dont on s'eft fervi, un trou pour le pivot ; on agrandira ce trou pour que le pivot y entre : on fera avec un foret rond par devant des creufures en dedans du coqueret & du talon de potence, afin que les portées des pivots ne puiffent pas y toucher, & que les pointes des pivots aillent, ainfi que cela doit être, pofer contre les plaques d'acier.

2516. On mettra le balancier en fa place, & on verra s'il a le jeu convenable en hauteur ; s'il eft trop haut, on accourcira l'un ou l'autre pivot ; & s'il a trop de jeu en hauteur, il faudroit limer tant foit peu du coqueret de cuivre & de la potence.

2517. Cela fait, on arrondira le dehors du coqueret de cuivre & du nez de potence, en les mettant en goutte de fuie pour y attirer l'huile ; mais il faut avoir grand foin que le fommet de cette goutte de fuie approche très-près de la plaque ; car fans cela l'huile s'échappera du talon de potence pour monter à la verge.

2518. Le balancier ainfi pofé & parfaitement droit, il faudra reboucher le trou du coq, afin que ce trou ne foit que de la groffeur convenable pour le jeu du tigeron, lequel ne doit pas pouvoir y toucher, mais tourner librement, & concentriquement à ce trou : cette précaution eft néceffaire, ainfi

SECONDE PARTIE, CHAP. XLVII. 411

que je l'ai dit (2393) , pour éviter qu'une chûte de la montre qui feroit caffer le pivot, ne pût pas eftropier la roue de rencontre, s'il y a un grand jeu entre le coq & le balancier ; on laiffera une têtine au bouchon, afin que dans l'accident fuppofé, cette têtine retînt le balancier, & l'empêchât de fortir de fa place: on ébifelera par le deffus du coq le trou rebouché, afin que ce foit le bas qui reçoive l'effort de la chûte ; car plus le contre-coup fera arrêté près du milieu de l'axe de balancier, & moins les pivots pourront caffer.

2519. Le balancier ainfi enarbré & mis en cage, on pourra planter le pignon de roue de rencontre: pour cet effet, il faut obferver que cela dépend de la grandeur de la roue, & cette grandeur elle-même dépend de la diftance qu'il y a depuis l'affiette de balancier au dedans du talon de potence. Or pour faciliter l'exécution de l'échappement, il faut tenir la roue la plus grande qu'il fe pourra, & il faut cependant qu'elle foit diftante du talon de potence, afin que de la palette d'en bas, il y ait un bon tigeron pour éloigner l'action de la palette du pivot, & que l'huile ne puiffe pas monter à la palette: il faut donc élever la roue de rencontre jufqu'à ce qu'elle approche fort-près de l'affiette; par ce moyen l'action de la roue fe fait plus dans le milieu de l'axe de balancier ; ici la roue de rencontre peut être de 2 ligne $\frac{3}{12}$ lig. de diametre, & le champ une ligne de largeur.

2520. Pour faire la roue de rencontre, on prendra du cuivre de chaudiere bien pur, on le forgera très-dur ; enfuite on percera la roue d'un trou qui ait $\frac{4}{12}$ de ligne ; on la chaffera fur un arbre liffe tourné bien rond ; on tournera la roue felon les dimenfions prefcrites, & laiffant une force convenable au fond, afin que, les croifées étant faites, elle foit folide, & ne puiffe fe courber. Le champ de la roue fur lequel doivent être faites les dents, doit être épais du côté du fond de la roue, & aller en aminciffant au bord pour les pointes des dents ; mais il ne faut pas que ce champ de la roue fe termine en pointe ; il faut au contraire que fon épaiffeur foit de $\frac{3}{24}$, afin que ces dents ne creufent pas les palettes : la roue ainfi tournée, on fera les croifées.

Fff ij

2521. On mettra le balancier en place ; & préfentant la roue contre le nez de potence, & de forte qu'elle approche contre l'affiette du balancier, on fera par le trou de la roue un point fur le nez de potence qui indiquera l'élévation du trou du pivot de rencontre ; on percera par ce point un trou avec le même foret qui a fervi à percer les trous de pivot de balancier.

2522. Si le derriere du nez de potence approche trop du corps de la verge, on le reculera, & de forte qu'il refte un intervalle pour la plaque d'acier qui doit recouvrir le trou de rencontre : il ne faut pas non plus trop reculer ce nez de potence, car alors le pivot étant éloigné du devant des dents de rencontre, fouffrira une plus grande preffion : le derriere du nez de potence étant reculé, comme il convient, on limera le devant, enforte qu'il refte feulement un peu plus que l'épaiffeur requife pour la longueur du pivot.

2523. On limera de même épaiffeur le bout de la contre-potence ; on ajuftera la plaque d'acier qui doit recevoir le bout du pivot ; cela difpofé, on levera les pivots de pignon de rencontre ; on commencera par celui du côté de la roue ; & avant cela, on formera d'abord les portées pour y river la roue : on y fera entrer la roue à force ; on levera le pivot au bout du tigeron, & le tenant plus gros qu'il n'eft befoin, on agrandira le trou du nez de potence pour que ce pivot y entre ; on reculera, petit à petit, la portée du pivot, jufqu'à ce que la roue approche tout contre le corps de la verge ; alors on ôtera la roue, & on achevera le pivot : on fera l'autre pivot en fe réglant fur la diftance du nez de potence à la contre-potence, celle-ci ayant fon plan parallele à la potence.

2524. Les pivots ainfi faits, on rebouchera avec un bouchon percé fur le tour & taraudé, le trou fait au nez de potence ; on l'agrandira pour y faire entrer jufte le pivot, & pour achever de pofer le pignon de rencontre, il faudra percer le trou à la contre-potence, & parfaitement à même diftance de la platine que l'eft celui du nez, afin que l'axe du pignon foit parallele au plan de la platine : pour cet effet on fe servira de l'outil représenté (*Pl. XXXVIII*, fig. 24); on fait poser la base *b* de l'outil sur la platine, & on élève la pointe *a* à la hauteur du trou fait au nez de potence; en cet état on trace, avec cette pointe, un trait sur la contre-potence qui désigne l'élévation du trou du pivot; & pour la direction de l'axe, on se réglera sur le centre de la roue de champ & du balancier; on percera ce trou, & on l'agrandira pour y faire entrer le pivot.

2525. On présentera la roue de rencontre afin de voir si elle approche assez du corps de la verge. Pour juger de cela, il faut que les palettes soient tournées du côté de la potence, afin de ne pouvoir toucher à la roue, on ne fait, pour cela, que tourner le balancier; si elle en étoit trop distante, il faudroit reculer un peu la portée du pivot; on rivera la roue sur son pignon, & on tournera la roue avec soin dessus, devant, & dedans : & si la roue touchoit à la verge, il faudroit en tourner du devant; on verra aussi si le devant de la roue approche également du haut & du bas du corps de la verge, c'est-à-dire, si le plan de la roue est parallele à l'axe de balancier; si cela n'étoit pas, il faudroit reboucher le trou de la contre-potence, si elle approche trop du bas; & au-contraire limer le dessous de la contre-potence, si elle approche trop du haut; on évitera de reboucher le trou en ne le perçant pas tout-à-fait au trait fait avec l'outil (2524), mais un peu plus haut; alors on lime du dessous de la contre-potence jusqu'à ce que la roue de rencontre soit parfaitement droite avec la verge : cela ainsi fait, on pourra faire l'engrenage de champ, & finir le reste du dedans de la cage.

2526. La roue de rencontre ainsi posée, on mettra la roue de champ en cage, & on verra si l'engrenage est trop fort ou trop foible, afin de pouvoir reculer l'une ou l'autre portée en faisant les pivots: on arrondira quelques dents de cette roue, afin de pouvoir examiner l'engrenage: s'il est trop fort, ainsi que cela doit être, on ôtera du dessous de la traverse du pont *f f* (*Pl. XXXVII*, fig. 7), cette traverse étant faite plus épaisse qu'il ne faut; on observera aussi si la roue est droite en cage, afin d'étirer l'un ou l'autre trou avant de le reboucher : on fera donc d'abord le pivot du côté du pont, & selon les dimensions prescrites (2444); on fera de même l'autre ; on rebouchera les trous, les agrandissant convenablement, & les taraudant, ensuite perçant sur le tour les trous des pivots aux rebouchons ; on mettra cette roue libre, & on fera les noyures pour l'huile ; on tournera la roue bien droite & ronde, on fera la denture, & on terminera avec soin l'engrenage, ensorte qu'il n'y ait ni accotement ni chûte, & plutôt le dernier que le premier.

2527. Enfin on fera la denture de la petite roue moyenne, & on achevera l'engrenage avec les soins prescrits ; on pratiquera une fenêtre à la grande platine pour voir l'engrenage: nous observerons ici par rapport aux engrenages que la perfection de cette partie d'une montre est très-essentielle; car de-là dépend l'uniformité de la force transmise à la roue de rencontre ; mais ce n'est pas de cela seul que la justesse de la montre sera troublée, parce que ces inégalités se répetent tous les jours de la même maniere ; ces inégalités dans les engrenages tendent à détruire les trous des pivots, & à changer la nature des frottements ; & c'est par-là principalement que les mauvais engrenages sont nuisibles aux montres ; cela fait, on pourra achever l'échappement.

2528. La roue de rencontre tournée & posée, comme on l'a vu ci-dessus, il restera à la fendre. Pour cet effet, on la fixera sur le tasseau de la maniere qu'on l'a expliqué (2322); on choisira une fraise de l'épaisseur & figure convenable, ce que l'usage enseigne; on inclinera l'*H* de 25 degrés ; on mettra l'alidade sur la premiere division du nombre 13 ; on fendra la premiere dent à moitié ; ensuite on tournera la plate-forme en arriere, afin que le plan de la dent se fasse dans le plein du cercle de la roue, & qu'il ne puisse fléchir, ce qui ne manque pas d'arriver, lorsqu'après avoir formé une dent, on fait commencer la suivante par le côté du devant de la dent finie ; car alors le plan incliné de la fraise la rejette sur la dent déja enfoncée, & recourbe la pointe, au lieu que par l'autre méthode la courbure de la fraise termine la dent sans pouvoir la courber. J'entre dans ces détails, parce que pour faire une roue parfaitement juste, il ne suffit pas d'avoir un bon instrument, il faut de plus savoir en faire usage, & la perfection de la roue de rencontre est de très-grande conséquence pour la justesse de la montre. Il ne faut pas d'abord rendre les extrémités des dents aiguës, il faut au contraire les tenir quarrées, & quand on a fait le tour, on les rend aiguës en devissant tant soit peu la vis de l'H, afin de faire descendre la fraise; on terminera ainsi les pointes des dents en appuyant très-légerement sur l'H, afin de ne pas courber les dents : une roue ainsi fendue ne peut manquer d'être parfaitement juste ; ainsi pour la terminer, il ne faudra qu'ôter les *bavures* de la fraise, friser les pointes des dents (1320) avec beaucoup de précaution, & étirer le devant & le derriere des dents avec des limes fort douces (1322).

2529. Mais si la roue est mal fendue & inégale, pour l'égaliser, on se servira de l'outil représenté (*Pl. XXXVIII, fig.* 23) dont on a vu la description (2355).

2530. La roue de rencontre ainsi finie, on fera l'échappement : pour cet effet, on ajustera la plaque d'acier F (*Pl. XXXVIII, fig.* 10) dessus le lardon de potence, & de sorte que la partie q de cette plaque pose contre le derriere m du nez de potence D (*fig.* 9), afin de recevoir le bout du pivot de rencontre qui doit affleurer avec le derriere du nez de potence, & il faut qu'en cet état la roue n'approche pas tout-à-fait contre le corps de la verge ; on trempera & adoucira cette plaque afin de n'avoir plus à y toucher ; alors on pourra étrecir les palettes petit à petit, jusqu'à ce qu'en même temps que les dents n'accrochent plus avec les palettes, le bout du pivot de rencontre porte contre la plaque d'acier : il faut diminuer les palettes avec beaucoup de précaution, afin de n'en pas trop ôter, ce qui donneroit des chûtes à l'échappement, auxquelles on ne pourroit pas remédier, puisque la la roue est supposée approcher tout contre le corps de la verge *. Il faudroit donc dans ce cas diminuer le corps de la verge, & c'eſt une opération très-longue & difficile : il eſt néceſſaire que les palettes ſoient parfaitement de même largeur, afin que les levées par chaque palette ſoient égales ; on ſe ſervira, pour les rendre égales, d'un calibre à pignon, dont on fera uſage pendant tout le temps qu'on étrecira les palettes pour trouver leur largeur.

2531. Lorſque l'échappement eſt prêt de ſe faire, ce que l'on voit quand la roue approche du corps de la quantité dont on l'avoit vue approcher avant de préſenter les palettes ſans y toucher, & ſans accrocher; il faut alors ôter les angles des palettes, afin qu'ils ne déchirent pas les dents, & ne puiſſent faire accrochement. A meſure que l'on fait l'échappement, les palettes étant d'égale largeur, on fait mouvoir la vis de rappel de la potence, afin de trouver le vrai point, pour que les chûtes ſoient parfaitement égales.

2532. On reculera la palette d'en bas juſqu'à la roue, afin de l'éloigner du pivot, & par conſéquent de l'huile qu'elle pourroit attirer ; il ſuffit que l'engrenement des dents de la roue ſe faſſe en plein ſur la palette ; ſi la roue approchoit trop près de l'aſſiette de balancier, il faudroit un peu reculer cette aſſiette avec une lime.

2533. On achevera l'ajuſtement des trous de pivots de la roue de rencontre; on arrondira pour cet effet en goutte de ſuie le derriere du nez de potence, & de même de la contre-potence ; on percera à l'extrémité n (Pl. XXXVII, fig. 6,

---

* Dans une montre à roue de rencontre dont la force motrice eſt donnée, ainſi que la grandeur de la roue, & le nombre de ſes dents, il eſt eſſentiel que la roue approche le plus près du centre de la verge qu'il eſt poſſible ; car, 1°, le frottement de l'échappement eſt moindre, puiſque la preſſion de la roue eſt la même, & la traînée plus petite : 2°, les arcs de levée ſont plus grands, & par conſéquent ceux de ſupplément plus petits, d'où ſuit un moindre dérangement par les variations de force motrice. Il faut encore obſerver que pour parvenir à faire un échappement à roue de rencontre, qui ait moins de recul, il faut avoir une roue plus grande & moins nombrée ; le corps de la verge reſtant le même, les arcs de levée ſeront plus grands, & le recul ſera dans un moindre rapport avec ces arcs, condition qui conduit à l'iſochroniſme des vibrations.

un trou pour y chaſſer un tenon ; on alongera le trou de la vis faite à la contre-potence, afin qu'on puiſſe mettre & ôter la roue de rencontre ſans ôter cette vis.

2534. L'échappement étant entiérement fini, on placera la cheville de renverſement : pour cet effet, on commencera par faire une marque ſur le devant du coq avec une lime angulaire : il faut que cette marque ſoit juſte dans le milieu entre les deux pieds du coq ; cette marque indiquera l'endroit où la cheville de renverſement devra s'arrêter pour que les palettes ſoient également en priſe avec les dents de la roue, cela marque auſſi le point de repos de ſpiral, c'eſt-à-dire, l'endroit où la cheville s'arrêtera lorſque le ſpiral étant en place : le balancier ſera libre & arrêté. Maintenant pour marquer ſur le balancier ce repaire, ou ce qui revient au même, la place de cette cheville, il faut mettre la roue de rencontre en place : on introduira entre le balancier & le coq, un petit morceau de papier pour empêcher le balancier de tourner librement : cela fait, on fera tourner le balancier très-doucement, juſqu'à ce qu'une dent de la roue de rencontre que l'on preſſera avec le doigt, échappe : dans l'inſtant on fera un petit trait ſur le bord du balancier, préciſément au-deſſous de la marque faite au coq ; on fera revenir le balancier ſur lui-même, juſqu'à ce qu'une dent de la roue échappe de l'autre palette ; on fera un petit trait ſur le bord du balancier à l'endroit du repaire du coq : ces deux traits faits au balancier marqueront l'arc total de levée ; ainſi en diviſant cet intervalle en deux parties égales, & faiſant à cet endroit un trait un peu plus fort, il donnera le repaire où le balancier doit s'arrêter pour que les palettes ſoient également en priſe avec la roue, & le ſpiral à ſon repos : on percera ſur la ligne qui va de ce repaire du balancier au centre, un trou dans l'épaiſſeur du balancier & près du bord extérieur pour la cheville de renverſement ; on fera cette cheville avec une aiguille revenue bleu ; on la rivera ſur le balancier, & de ſorte qu'elle ſoit perpendiculaire au plan du balancier.

2535. Maintenant pour trouver le point où l'on doit reculer la couliſſe pour éviter le renverſement, & que le balancier puisse décrire les plus grands arcs, on se servira de la méthode suivante. On mettra le coq en place, & l'on marquera sur la platine immédiatement au-dessous du trait de repaire fait au coq un point qui servira aussi de repaire ; on mettra la roue d'échappement & le balancier en place, & l'on introduira un morceau de papier entre le coq & le balancier; on fera tourner le balancier jusqu'à ce qu'une dent de la roue de rencontre soit parvenue à l'extrémité de la palette sans pouvoir être renversée ; alors on fera vis-à-vis le repaire du coq un petit trait au balancier ; ce trait désignera le chemin que le balancier peut faire de ce côté sans renversement ; c'est-à-dire sans que la palette abandonne la dent de la roue : on fera rétrograder le balancier jusqu'à ce qu'une dent de la roue étant reculée par la palette soit parvenue à l'extrémité de cette palette, sans pouvoir cependant l'abandonner ; on fera un petit trait sur le bord du balancier, directement au-dessous du repaire du coq ; on prendra avec un compas la distance qu'il y a depuis le trait de repaire ou de la cheville, jusqu'à un des petits traits derniérement marqués au bord du balancier ; on mettra la coulisse en place, & posant une pointe du compas sur le point ou repaire N de la platine (*Planche XXXVII, fig.* 8), de l'autre pointe on tracera en p & q sur la coulisse, des petits traits qui marqueront l'endroit où l'on doit pousser l'entaille pour le renversement de la cheville ; mais pour prévenir l'erreur qui pourroit s'être glissée en opérant, on ne reculera pas tout-à-fait jusqu'en p & q, afin qu'après avoir mis le balancier de la roue, on puisse examiner le renversement lorsque la cheville touche au fond des entailles de la coulisse.

2536. Les bords $p\,h$, $q\,g$ de la coulisse sont limés selon un trait de compas tiré du centre d ; la grandeur de ce cercle dépend de la distance de la cheville de renversement au centre du balancier ; plus on place cette cheville sur le bord du champ, & moins cette entaille a besoin d'être rapprochée du centre ; il suffit que la cheville ne puisse jamais y toucher.

2537. Il faut placer le piton de spiral en dehors de la coulisse ; comme on le voit en G (*fig.* 8), assez distant de la coulisse pour que le bras du rateau, lorsque l'aiguille est à o, ne puisse toucher à la cheville du piton ; il doit être rapproché du centre du balancier, afin que le spiral, par son extension, n'aille pas frapper contre le dedans de la coulisse : on percera le trou pour le piton, & on l'agrandira bien droit, & passant l'équarrissoir des deux côtés, on passera aussi un alezoir pour unir & durcir le trou : ce trou ainsi fait doit avoir environ $\frac{1}{2}$ lig. de grosseur. Pour faire le piton, on prendra du laiton écroui quarré, de 1 ligne d'épaisseur ; on levera sur le tour un pivot que l'on diminuera petit à petit, jusqu'à ce qu'il entre bien à force dans le trou fait à la platine : on fait ce pivot presque cylindrique, ou pour le mieux, un peu plus dégagé du côté de la portée ; on coupe le pivot sur le tour en l'arrondissant du devant pour faciliter l'entrée : on perce ensuite le trou pour la goupille ; ce trou doit être d'environ $\frac{1}{12}$ de lig. de grosseur ; il doit être parfaitement percé droit & agrandi des deux côtés ; l'élévation de ce trou, au-dessus de la platine, doit être dans le milieu de la distance qu'il y a entre la platine & le dessous du balancier ; on coupera le piton sur le tour, ensorte qu'il ne reste que peu de matiere au-dessus du trou, crainte que le piton ne puisse toucher aux barrettes de balancier.

2538. Pour faire la virole de spiral, on prendra du cuivre bien écroui, de l'épaisseur de l'assiette de balancier ; on percera un trou qui, agrandi, soit plus petit que l'assiette du balancier ; on tournera la virole sur un arbre lisse ; la grandeur de cette virole ne doit être suffisante que pour y percer le trou, pour la cheville qui arrête le bout intérieur du spiral ; on perce d'abord ce trou en dirigeant le foret, de sorte qu'il affleure l'arbre lisse sans le toucher ; on l'agrandira des deux côtés, & on tournera la virole du dessus, ensorte qu'il reste assez de force en dehors du trou, pour soutenir la goupille ; on a dû laisser la virole plus épaisse, afin que le trou de la goupille puisse être déjetté (en tournant les bords de la virole) d'un ou d'autre côté, pour que ce trou soit à la même élévation que celui du piton, & que par conséquent ce spiral soit dans un plan parallele à la platine & au balancier ; on creusera le côté de la virole qui doit s'appuyer contre le balancier, afin qu'elle s'y applique, & joigne exactement, c'est le côté le moins agrandi du trou de la virole qui doit être placé contre le balancier, afin d'y être retenu, & qu'en tournant la virole avec un tourne-vis, elle ne tende pas à sortir de sa place. Avant d'ôter la virole de dessus l'arbre, on la fendra en travers avec une lime à égaler ; il faut faire cette fente en dehors du trou de la cheville pour le spiral, du côté opposé à l'entrée de la goupille, c'est-à-dire, à celui par où entre le bout intérieur du spiral : cette fente de la virole doit aller jusqu'à l'arbre, & couper tout-à-fait la virole, afin qu'elle fasse ressort pour s'ouvrir en entrant sur l'assiette, & se refermer, lorsqu'elle est dessus, en produisant cependant un bon frottement : la virole ainsi faite, on la placera sur son assiette.

2539. Il restera, pour achever ce qui concerne le finissage du dessus, à placer les chevilles sur le bras du rateau pour le passage du spiral. Pour marquer la place de ces chevilles, on prendra un compas dont une pointe posera au centre d du balancier, & on fera passer l'autre par le bord intérieur du trou du piton ; on fera, avec cette ouverture de compas, un trait sur le bras du rateau ; on percera aux deux côtés de ce trait, deux petits trous pour les chevilles ; ces trous ne doivent être distants entr'eux, que de la quantité requise, pour que le spiral y passe librement ; on mettra la roue de rosette en place & à son repaire avec le rateau : on placera la rosette que je suppose gravée & divisée, comme on le voit (*fig.* 8) ; on mettra l'aiguille de rosette aussi à son repaire ; on amènera cette aiguille sur le o (de la rosette) : dans ce moment, on prendra le foret qui a servi à faire les trous des goupilles ; on marquera par ces trous deux points sur la platine ; on avancera l'aiguille à la division 4 ; on marquera de nouveau deux points par ces trous, & ainsi de suite, jusqu'à ce que l'aiguille ait parcouru toute la rosette ; ces points désigneront le chemin des chevilles, & par-conséquent la courbure que devra avoir le spiral, lorsqu'il est en repos, pour n'être pas plus contraint dans son mouvement par l'une ou l'autre cheville.

2540. Avant de démonter la coulisse, il faudra percer à la platine les trous pour deux chevilles qui doivent arrêter le rateau, de sorte que l'aiguille de rosette ne puisse approcher trop près du balancier, ce qui pourroit ou arrêter la Montre, ou faire casser le pivot du balancier. Pour cet effet, lorsque l'aiguille est sur la division o ou 32 des extrémités de la rosette, on percera avec un foret, au bout du rateau, des trous x, y, dans chacun desquels étant chassée une cheville, ces chevilles borneront la course du rateau & de l'aiguille; si les bouts g, h de la coulisse recouvrent le rateau, ainsi parvenu au bout de sa course, on les raccourcira de la quantité nécessaire, pour que le rateau affleure, & que par-conséquent on puisse marquer & percer les trous : on ne met ces chevilles que lorsque la platine a été adoucie à la pierre, & qu'elle est prête à dorer; elles ne doivent pas être plus élevées que la coulisse.

2541. Si on s'apperçoit qu'en tournant l'aiguille de rosette, le rateau fait lever les bouts de la coulisse, on rivera sur la platine aux bouts de la coulisse deux griffes de cuivre g, h portant de petits biseaux qui recouvriront les bouts de la coulisse aussi limés en biseau, afin que ces griffes ne soient pas saillantes au-dessus de la coulisse; on aura soin d'ajuster la coulisse, ensorte que le rateau tourne dessous avec un frottement ni trop fort ni trop foible, mais moëlleux, & à l'abri des secousses qui pourroient le faire mouvoir, s'il étoit sans frottement.

2542. On démontera la coulisse; on limera le bras du rateau, & on l'amincira de sorte que le spiral étant en place, il ne puisse y toucher; on arrondira le dessus de ce bras, on le polira par dessus & des côtés, & l'on rivera les deux chevilles qu'il faut faire entrer par-dessus, & river par-dessous; on raccourcira les chevilles, de sorte qu'elles ne puissent pas toucher aux barrettes du balancier.

2543. La montre étant amenée à ce point, on pourroit faire tirer le balancier, afin de voir si le ressort a la force convenable; mais il vaut mieux attendre, pour cela, que l'on ait doré la montre, coupé les vis de longueur, poli le tout, & mis les roues libres, parce que la liberté que l'on donne aux pièces après la dorure, change la force que la roue de rencontre auroit eue à sa circonférence, si on l'eût fait marcher en blanc, ainsi que cela se pratique communément ; & delà il arrive qu'une montre dont le balancier tiroit 25 minutes avant de la dorer, en tire 28 & 30 après qu'elle est dorée, quoique le balancier n'ait pas changé de poids, le ressort de force, & qu'il paroisse que la montre est dans le même état ; mais le plus ou moins de jeu dans les trous, &c, change sensiblement le rapport de la force motrice au régulateur ; & c'est de ce rapport que dépend, ainsi que nous l'avons fait voir, la plus grande justesse de la montre. Pour donc établir ce rapport, il faut que toutes les parties de la machine aient acquis un état constant & toute la liberté dont elles sont susceptibles ; on fera donc dorer la montre.

2544. Avant de faire dorer la montre, il faut adoucir toutes les pieces de cuivre avec la pierre à l'eau ; mais avant cela, il faut *rogner* toutes les vis, ensorte que leurs bouts affleurent seulement les platines ou autres pieces où elles sont attachées ; on arrondit & polit les bouts de ces vis.

2545. Il faut aussi couper le quarré de fusée, après avoir premierement adouci sur le tour la rainure de la chaîne.

2546. Avant de dorer la montre, il faut que l'on ait fait la boîte & la charniere, ajustement dont je ne parle pas ; il n'a rien de commun à la bonté de la montre.

2547. On ne fera pas mal, avant de dorer la montre, & lorsque toutes les pieces sont adoucies, de la remonter entiérement, & de goupiller les platines, comme si on vouloit la faire marcher, on verra si toutes les roues ont la hauteur convenable en cage ; elles doivent avoir un peu de jeu, & les creusures pour l'huile doivent affleurer les bouts des pivots (995) ; s'il y a des roues qui n'aient pas assez de jeu en hauteur, il faudra reculer les portées, ainsi des autres parties.

2548. Les platines ainsi adoucies, on chassera, & on rivera les chevilles qui doivent régler la course du rateau, on prendra pour cela du cuivre de chaudiere, parce que le fil de fer prend mal la dorure.

2549. Toutes les pièces de cuivre de la montre doivent être dorées, à l'exception seulement de la roue de rencontre, de la fufée & du rateau de fpiral que l'on polit.

2550. En dorant la montre, il s'introduit de l'or dans tous les trous, enforte qu'il les faut nettoyer tous avec grand foin; les trous de pivots, avec des équarriffoirs bien adoucis, & les trous taraudés avec les tarauds qui ont fervi à les tarauder, ou au défaut de taraud, on fe fervira des vis mêmes.

2551. Lorfque la montre fera dorée, on commencera par mettre libre la cage, paffant, pour cet effet, un équarriffoir dans les trous de piliers de la petite platine; on ôtera les angles ou bavures faites par l'équarriffoir avec un petit cylindre d'acier, dont le bout eft conique, & fait à trois faces; cet outil que j'appelle *Outil à bavures*, eft repréfenté en *C g* (*Pl. XXXVIII*, *fig.* 3); il eft néceffaire pour ôter les angles de tous les trous, & fur-tout des pivots; on paffera un équarriffoir dans les trous de goupilles des piliers; on ôtera les angles & bavures des trous, avec l'outil à bavures.

2552. Tous les équarriffoirs dont on fe fert pour rendre libres les trous des pivots doivent être d'une bonne figure (peu en pointe), & adoucis avec foin, avec une pierre à huile, enforte que ces équarriffoirs rendent les trous unis & polis.

2553. On paffera avec précaution un équarriffoir dans le trou de fufée de la grande platine; on ôtera les bavures; on paffera auffi un équarriffoir dans les trous des pieds du pont de fufée; & ainfi à chaque trou dans lequel on paffera l'équarriffoir, on ôtera avec l'outil à bavure les petits angles du trou: je ne répéterai donc plus cette opération. On paffera le taraud dans le trou de la vis du pont de fufée, on paffera l'équarriffoir dans le trou de fufée de la petite platine; on paffera un équarriffoir dans le trou du pont de fufée; on mettra le pont en place, & pour que fa vis entre aifément, on mettra de l'huile dans le trou de cette vis; on mettra la fufée en cage, & on goupillera les platines, afin de voir fi elle a le jeu convenable en hauteur; on en ôtera, ou on en donnera en conféquence; on examinera fi les trous ne font pas trop juftes : il faut qu'ils aient un peu de jeu, afin que l'huile y étant introduite, le pivot ne foit pas trop jufte dans fon trou; il ne faut pas non plus que le trou foit trop grand; car alors les engrenages changent. Je voudrois pouvoir faire entendre le point convenable qu'il faut donner à chaque partie; c'eft un milieu affez difficile à rendre; il y a pour cela un tact qui ne fe donne pas.

2554. On mettra libre, avec les mêmes précautions, la roue de grande moyenne, le barillet, la petite roue moyenne & celle de champ. Pour mettre libre la petite roue moyenne & celle de champ, il faut d'abord commencer par mettre libre le pont porté par la grande platine, & fur lequel doivent rouler les pivots de ces roues : pour cet effet, on paffera un équarriffoir dans les trous des pieds de ce pont, & on paffera le taraud dans les trous des vis; on mettra ce pont en place avec les vis, ayant foin d'y mettre de l'huile. Pour mettre libre la roue de rencontre, il faudra d'abord paffer l'équarriffoir dans les trous des tenons de potence, afin de mettre la potence libre; on en fera autant à la contre-potence. Comme ces deux pieces font dorées, il faut avoir foin de gratter, avec un burin, l'or qui pourroit s'être attaché à la bafe de ces pieces; on paffera un taraud dans le trou de la vis du lardon de potence, ainfi que dans celui de la plaque : même opération pour la vis de plaque de contre-potence : cela ainfi fait, on paffera, avec foin, un équarriffoir dans les trous de pivots de rencontre, & on les mettra libres, enforte que ces pivots n'aient ni trop, ni trop peu de jeu dans leurs trous; on paffera les tarauds dans tous les trous à vis de la petite platine; on mettra libre le pivot de la roue de rofette : s'il eft entré de l'or dans la rainure de la couliffe, on le grattera avec un burin; on paffera un équarriffoir dans le trou du piton, mais très-légerement, afin de n'ôter que l'or, & pour que ce piton tienne toujours à frottement; on remontera la couliferie, la rofette & fa roue, ayant foin de mettre de l'huile à tous les trous de vis; on examinera fi le rateau tourne à frottement fous la couliffe : s'il alloit trop libre, il faudroit un

peu

peu limer du deſſous de la couliſſe, afin de la faire frotter ſur le rateau.

2555. On paſſera un équarriſſoir dans les trous des pieds du coq; on mettra libre le coqueret & ſa vis; on paſſera un équarriſſoir légerement, & enſuite un alezoir dans le trou du pivot de balancier; on en fera autant au trou de pivot du talon de potence; on mettra le balancier en place, ainſi que le coq; on examinera d'abord le jeu du balancier en hauteur: s'il a trop ou trop peu de jeu, ce ſera une marque que le coq s'eſt courbé; on le ramenera donc avec un marteau. Cela fait, on verra ſi les trous ſont de bonne grandeur; ils doivent être un peu juſtes; car en parlant de leur exécution, j'ai ſuppoſé qu'on ne les faiſoit que juſtes & ſans jeu; or il eſt néceſſaire que les pivots aient un peu de jeu pour que l'huile puiſſe s'y introduire, & que même lorſqu'elle eſt un peu épaiſſie, le pivot n'en ſoit pas empêché: on démontera le balancier, & on mettra libre le garde-chaîne; on fera la goupille, avec ſoin, après avoir paſſé un équarriſſoir dedans le trou.

2556. On mettra libre le barillet ſur ſon arbre; on nettoiera le barillet, & de même le reſſort: on fera entrer le reſſort dans le barillet (on vend des outils, faits pour cet uſage, chez tous les Marchands); on introduira de l'huile entre les lames du reſſort; on mettra la bride, l'arbre & le couvercle, & le barillet ſera prêt.

2557. Enfin pour achever de mettre libre la montre, on paſſera un taraud dans tous les trous à vis de la grande platine; on mettra en place le cliquet d'encliquetage de barillet; on paſſera un équarriſſoir dans le trou du pivot de la roue de renvoi; on paſſera de même un équarriſſoir dans les trous des pieds du coq de la roue de renvoi; on paſſera auſſi l'équarriſſoir dans le trou du pivot de ce coq; on mettra libre le reſſort de cadran; ainſi la montre ſera prête à être remontée, pour éprouver ſi le reſſort eſt de bonne force.

REMARQUES.

2558. Nous avons fait voir (1891 & 1893) que la relation du poids du balancier à la force motrice n'est pas la même dans toutes les montres, & qu'elle varie selon la nature des frottemens, des forces de mouvemens, &c; d'où il suit que pour parvenir sûrement à la compensation des effets du chaud & du froid, on peut se dispenser d'éprouver combien le balancier tire, puisque, d'après nos principes, deux montres peuvent paroître faites de la même maniere, le balancier tirer le même nombre de minutes, & cependant varier différemment du chaud au froid; il est vrai que ce sera de peu de chose, si on a donné les mêmes dimensions; mais puisque l'épreuve du nombre de minutes tiré par le balancier ne suffit pas, il vaut mieux recourir à l'expérience qui satisfait à toutes les conditions : c'est l'épreuve de la montre par différentes températures; si on est en été, l'épreuve devient plus difficile; cependant j'en ais usage dans toutes les saisons.

2559. Pour remonter le mouvement, on nettoiera toutes les pieces avec soin; on séparera, les unes des autres, toutes les parties de la montre, & on les mettra dans une tasse ou un verre rempli d'esprit-de-vin, on les y laissera pendant une demi-heure environ; on ôtera ces pieces les unes après les autres; on les brossera avec des brosses faites exprès, & que l'on plonge aussi dans l'esprit-de-vin; on prend ensuite une brosse seche qui acheve, en ôtant l'esprit-de-vin, de nettoyer la piece; quand les pieces sont grandes, on se sert de linge pour les essuyer; toutes les pieces étant ainsi nettoyées, on passe du bois de fusin dans tous les trous des platines : on mettra d'abord en place le pont des roues de petite moyenne & de champ qui s'attache à la grande platine; on met en place le ressort de cadran, & le cliquet d'encliquetage de barillet; on pose cette platine sur l'outil appellé *Main*; on remonte la fusée avec sa roue, ayant soin de mettre de l'huile au trou de cette roue, au cliquet & à la base de la fusée, & sous la goutte

SECONDE PARTIE, CHAP. XLVII.

qui assemble la roue contre la fusée : le barillet étant nettoyé, on mettra de l'huile aux noyures des trous de pivot, du couvercle & du fond ; on mettra la fusée & le barillet en place ; on assemblera les pieces de la potence ; on nettoiera les trous de ses pivots ; on attachera la potence à la petite platine ; on mettra le garde-chaîne & son ressort en leur place ; on attachera le pont de fusée ; on passera un bois de fusin dans le trou ; on remontera la roue de rencontre, après avoir rassemblé & nettoyé la contre-potence, on serrera la vis de la contre-potence, & de sorte que la roue de rencontre étant libre, n'ait point de jeu selon son axe; on mettra de l'huile à ses pivots; toutes les pieces du dedans de la petite platine étant posées, on appliquera cette platine sur celle des piliers ; on fera entrer les pivots dans leurs trous, & le rouage sera remonté ; on fera des goupilles pour arrêter la cage ; on mettra le rochet d'encliquetage de barillet sur son quarré ; on accrochera la chaîne au barillet, & on fera tourner l'arbre par son quarré, jusqu'à ce que la chaîne entoure le barillet, à l'exception d'un bout que l'on fera accrocher à la fusée ; on continuera à tourner l'arbre de barillet, jusqu'à ce que le ressort bande la chaîne, c'est de cet instant que l'on compte la quantité de bande du ressort ; on tournera donc jusqu'à ce que l'arbre soit parvenu à son repaire ; on égalise sur le barillet les tours de la chaîne ; afin qu'elle s'applique bien sur la fusée, & sans *chevaucher* les filets ; on mettra la roue de rosette en place ; on attachera la rosette avec ses vis; on menera l'aiguille au milieu de la rosette, afin que le repaire se présente au rateau ; on posera le rateau à son repaire, & on mettra la coulisse que l'on attachera avec ses deux vis ; on examinera si on n'a pas dérangé le rateau de son repaire en posant la coulisse, ce qui se connoîtra en conduisant l'aiguille aux extrémités de la rosette ; on mettra de l'huile à tous les trous de pivots de la petite platine ; on nettoiera le balancier avec un linge ; & les palettes & les pivots de la verge avec du liege ; on mettra le balancier en place ; on remontera le coqueret de cuivre après avoir nettoyé le trou du pivot ; on mettra le coqueret d'acier pour fixer l'un & l'autre sur le coq ; on mettra le coq en place, & ſes vis ; on remontera la fuſée d'un demi-tour , & la montre marchera ; on mettra de l'huile aux pivots de balancier ; on ôtera la montre de deſſus la main, afin de l'y replacer en la faiſant porter par la petite platine : alors on remontera le reſſort , prenant garde que la chaîne n'enjambe deſſus les filets de la fuſée ; on mettra de l'huile à tous les trous de pivots de la grande platine & du pont ; on remontera la roue de renvoi , la chauſſée & la roue de cadran, on placera l'entonnoir ſur le quarré de la fuſée ; enfin on mettra le cadran , & on l'attachera avec la vis ; on mettra les aiguilles , & on goupillera la chauſſée ; la montre ſera ainſi toute remontée.

2560. La montre étant donc remontée , on choiſira un ſpiral , & on l'ajuſtera ſur la virole de balancier, & ſur le piton ; on réglera la montre , c'eſt-à-dire, que l'on changera de ſpiral juſqu'à ce qu'elle ſoit à-peu-près réglée ; on la laiſſera marcher quelques jours dans la température actuelle de la chambre ; on notera , comme je le pratique pour ces ſortes d'épreuves , l'avance ou retard de la montre en 24 heures , & le degré de température où elle eſt expoſée ; enſuite après avoir bien mis la montre avec la pendule, je poſe la montre ſur l'outil décrit (1921) , & qui eſt repréſenté (*Pl. XXIV* , *fig.* 5) ; j'entoure de glace pilée le verre qui recouvre la montre ; je note l'heure où la glace a fait deſcendre à ſon terme le thermometre qui eſt en-dedans du verre : je laiſſe ainſi la montre pendant 12 heures , ayant ſoin de renouveller la glace à meſure qu'elle fond : je note l'écart que la montre a fait , & je dis : Puiſque la montre qui étoit réglée à 20 degrés de température , je ſuppoſe , retarde par le froid ; il ſuit de nos principes , que le balancier décrit de trop grands arcs , & que par conſéquent le reſſort eſt trop fort : je le fais donc diminuer, & je recommence l'épreuve juſqu'à ce que la montre ne varie pas du chaud au froid. Voyez les expériences que j'ai rapportées ſur cette matiere (art. 1904 *& ſuiv.*).

2561. Quand on aura ainſi réglé la montre par les différentes températures , il faudra la régler dans les deux ſituations, à plat & suspendues, Pour cet effet, après avoir remonté le ressort au haut, on la fera marcher suspendue, & on notera la quantité dont elle aura avancé ou retardé en 12 heures, par exemple ; on remontera de nouveau le ressort, afin qu'en la faisant marcher à plat, si le ressort n'est pas parfaitement égalisé avec sa fusée, on ne mette pas sur le compte de la différence de position, un écart qui pourroit n'être produit que par l'inégalité de la force motrice. On pourra donc avec cette précaution, juger de la différence que la montre fait *mise à plat ou suspendue*: si la montre avance, étant suspendue, on ôtera du haut du balancier, & au contraire (*voyez* 1915). Quand on aura ainsi laissé marcher la montre pendant quelque temps, & qu'elle sera bien réglée dans tous les cas, on la démontera pour la nettoyer ; on polira les têtes des vis, & on les bleuira ; on polira les pieces d'acier ; on remontera la montre, & elle sera finie.

Voilà le précis des recherches qui m'ont occupé jusqu'à présent ; je vais, en continuant l'étude du bel art de l'Horlogerie, mettre en pratique les principes que j'ai exposés dans cet Essai.

FIN.

TABLE

QUI marque la longueur que doit avoir un Pendule simple, pour battre en une heure de temps un nombre de vibrations donné, calculée pour différentes longueurs, depuis un pouce jusqu'à 80 pieds.

Nombre de vibrations par heure.	Longueur du Pendule.				Nombre de vibrations par heure.	Longueur du Pendule.				Nombre de vibrations par heure.	Longueur du Pendule.				Nombre de vibrations par heure.	Longueur du Pendule.			
	Pieds.	Pouces.	Lignes.	Douziemes de ligne.		Pieds.	Pouces.	Lignes.	Douziemes de ligne.		Pieds.	Pouces.	Lignes.	Douziemes de ligne.		Pieds.	Pouces.	Lignes.	Douziemes de ligne.
21000	0	1	0	11	13700	0	2	6	5	9100	0	5	8	9	4500	1	11	6	1
20000	0	1	2	3	13600	0	2	6	11	9000	0	5	10	6	4400	2	0	7	1
19000	0	1	3	9	13500	0	2	7	4	8900	0	5	11	11	4300	2	1	8	11
18000	0	1	5	7	13400	0	2	7	9	8800	0	6	1	9	4200	2	2	11	10
17900	0	1	5	9	13300	0	2	8	3	8700	0	6	3	5	4100	2	4	3	10
17800	0	1	6	0	13200	0	2	8	9	8600	0	6	5	3	4000	2	5	9	0
17700	0	1	6	2	13100	0	2	9	3	8500	0	6	7	0	3900	2	7	3	7
17600	0	1	6	5	13000	0	2	9	9	8400	0	6	8	11	3800	2	8	11	7
17500	0	1	6	7	12900	0	2	10	3	8300	0	6	10	11	3700	2	10	9	3
17400	0	1	6	10	12800	0	2	10	10	8200	0	7	0	11	3600	3	0	8	10
17300	0	1	7	1	12700	0	2	11	5	8100	0	7	3	0	3500	3	2	9	10
17200	0	1	7	3	12600	0	2	11	11	8000	0	7	5	2	3400	3	5	2	2
17100	0	1	7	6	12500	0	3	0	6	7900	0	7	7	6	3300	3	7	8	7
17000	0	1	7	9	12400	0	3	1	1	7800	0	7	9	10	3200	3	10	5	6
16900	0	1	8	0	12300	0	3	1	9	7700	0	8	0	4	3100	4	1	6	6
16800	0	1	8	2	12200	0	3	2	4	7600	0	8	2	11	3000	4	4	10	9
16700	0	1	8	5	12100	0	3	3	0	7500	0	8	5	6	2900	4	8	7	4
16600	0	1	8	8	12000	0	3	3	8	7400	0	8	8	3	2800	5	0	8	8
16500	0	1	8	11	11900	0	3	4	4	7300	0	8	11	2	2700	5	5	3	4
16400	0	1	9	2	11800	0	3	5	0	7200	0	9	2	2	2600	5	10	5	1
16300	0	1	9	6	11700	0	3	5	9	7100	0	9	5	4	2500	6	4	2	1
16200	0	1	9	9	11600	0	3	6	4	7000	0	9	8	5	2400	6	10	7	10
16100	0	1	10	0	11500	0	3	7	8	6900	0	10	0	0	2300	7	6	0	0
16000	0	1	10	3	11400	0	3	7	11	6800	0	10	3	2	2200	8	2	4	4
15900	0	1	10	7	11300	0	3	8	8	6700	0	10	7	3	2100	8	11	11	6
15800	0	1	10	10	11200	0	3	9	5	6600	0	10	11	5	2000	9	11	0	3
15700	0	1	11	2	11100	0	3	10	3	6500	0	11	3	2	1900	10	11	10	7
15600	0	1	11	6	11000	0	3	11	2	6400	0	11	7	4	1800	12	2	11	4
15500	0	1	11	9	10900	0	4	0	0	6300	1	0	0	0	1700	13	8	8	10
15400	0	2	0	1	10800	0	4	0	11	6200	1	0	4	7	1600	15	5	11	10
15300	0	2	0	4	10700	0	4	1	10	6100	1	0	9	6	1500	17	7	7	2
15200	0	2	0	8	10600	0	4	2	10	6000	1	1	2	8	1400	20	2	10	10
15100	0	2	1	0	10500	0	4	3	9	5900	1	1	8	1	1300	23	5	8	7
15000	0	2	1	4	10400	0	4	4	9	5800	1	2	1	10	1200	27	6	6	8
14900	0	2	1	8	10300	0	4	5	10	5700	1	2	7	10	1150	30	0	0	0
14800	0	2	2	0	10200	0	4	6	10	5600	1	3	2	0	1100	32	9	5	7
14700	0	2	2	5	10100	0	4	8	0	5500	1	3	8	10	1050	35	11	10	0
14600	0	2	2	9	10000	0	4	9	1	5400	1	4	3	11	1000	39	8	1	2
14500	0	2	3	0	9900	0	4	10	3	5300	1	4	11	4	950	43	11	2	9
14400	0	2	3	6	9800	0	4	11	5	5200	1	5	7	3	900	48	11	9	4
14300	0	2	3	11	9700	0	5	0	8	5100	1	6	3	7	850	54	6	10	11
14200	0	2	4	4	9600	0	5	1	11	5000	1	7	0	0	800	61	11	10	10
14100	0	2	4	9	9500	0	5	3	3	4900	1	7	9	11	750	70	6	4	9
14000	0	2	5	2	9400	0	5	4	7	4800	1	8	7	11	700	80	11	7	7
13900	0	2	5	7	9300	0	5	6	1	4700	1	9	6	7					
13800	0	2	6	0	9200	0	5	7	4	4600	1	10	6	0					

Remarques sur la Table des longueurs des Pendules.

Cette Table est dressée d'après l'expérience que je fis il y a plusieurs années avec un Pendule simple de 30 pieds de longueur qui fit constamment 450 vibrations par heure: or, on trouve par analogie, que le Pendule à secondes devroit être de 3 pieds 8 lig. $\frac{10}{12}$, c'est-à-dire, environ $\frac{1}{4}$ de ligne plus long que ne l'ont trouvé MM. de Mairan, Bouguer & l'Abbé de la Caille. Selon ces savants Académiciens, le Pendule simple à secondes est à Paris de 3 pieds 8 lig. $\frac{57}{100}$: je ne certifie pas l'exactitude de ma détermination, je préfere au contraire celle de MM. de Mairan, Bouguer & de la Caille; car outre que leurs expériences sont faites avec toutes les attentions imaginables, ils y ont fait entrer la considération du poids, du fil, &c, que j'avois cru pouvoir négliger: ma Table étoit dressée lorsque je me suis instruit de leurs recherches; mais je n'ai pas cru devoir la recommencer pour cette petite différence, qui n'est de nulle considération pour son usage en Horlogerie. Au reste ceux qui desireront avoir exactement la longueur d'un pendule simple, feront cette analogie : Le quarré du nombre des vibrations du pendule cherché est au quarré des vibrations du pendule à secondes, comme la longueur du pendule à secondes (qui est ici 44057 centiemes de ligne) est à celle du pendule cherché (n°. 1526).

TABLE ALPHABÉTIQUE
DES MATIERES;
Avec les définitions des Termes qui n'ont pas été données dans le cours de l'Ouvrage.

Les Chiffres romains I. & II. marquent le Tome premier ou second, la Lettre n. *indique le numéro où l'on doit recourir pour l'explication ou définition du terme cherché.*

A

Acceléré, se dit d'un mouvement dont la vitesse s'augmente à chaque instant.

Acier, le plus dur des Métaux. L'acier est naturel ou préparé. *Voyez le premier volume de l'Encyclopédie.*
Sa dilatation, II. n. 1696. Est préférable au fer pour les verges de Pendule, II. n. 1719, 1752.

Agent ou *Moteur* : puissance qui fait mouvoir une roue, I. n. 42.

Aiguille : index qui marque les parties du temps. Ajustement des aiguilles, I. n. 1201. des secondes; son poids augmente le frottement, II. n. 1995. Effet de son inertie, II. n. 1622. de rosette, I. n. 169. On peut aussi rétrograder les aiguilles d'une répétition, I. n. 191.

Aile, se dit aussi de la dent d'un pignon.

Alaisoir, outil rond pour polir les trous des pivots, I. n. 831.

Alexandre (le Pere), Discours préliminaire, p. xxxiv. I. n. 289.

Alidade, I. n. 431.

Alongement des Métaux par la chaleur, *voyez* Dilatation.

Ancre ou piece d'échappement, I. n. 39. Le tracer pour rendre les oscillations isochrones, I. n. 1324. Son exécution, I. n. & 1336. Plus les bras de l'ancre sont courts, plus le frottement est réduit, II. n. 2267.

Arbre, *Aissieu*, *Tige* ou *Axe*, termes synonymes pour désigner une piece qui se meut sur elle-même.

Arbre à fusée, I. n. 479.

Arbre lisse, I. n. 496.

Arbre à vis, I. n. 482.

Arc de levée de l'échappement, I. n. 399. de vibration, I. n. 400. Différence des arcs de vibration du pendule de l'Horloge astronomique, en passant de l'été à l'hiver, II. n. 2265. Limites de l'étendue des arcs décrits par le pendule, II. n. 1621. *& suiv.* 2040.

Archet, branche de baleine ou autre, qui bande une corde pour entourer un cuivrot ou poulie, & le faire tourner.

Argent, sa dilatation, II. n. 1696.

Assiette, se dit en Horlogerie d'une base qui reçoit une roue ou autre, pour s'y fixer & appuyer : pour fixer la roue sur son axe, I. n. 879. Préparation pour les souder, I. n. 880. Maniere de les souder & de tremper l'axe, n. 887.

Atmosphere : on appelle ainsi l'air qui environne la terre : cet air n'est pas toujours également pesant comme on le voit par les Barometres.

Avance & retard : tige qui passe au cadran des Horloges à cartels pour régler la machine, I. n. 1299, 120.

Axiome, principe qui porte avec soi l'évidence.

B.

TABLE DES MATIERES.

B

Balancier, ce que c'est, I. n. 124. Comment sa vitesse augmente ou diminue, n. 128. Il est le régulateur des machines portatives, n. 131. Comment on le doit travailler ; la matiere que l'on doit employer pour le faire, n. 556, 557. doit être léger du centre, n. 552. Le Balancier simple a la propriété de conserver son mouvement par toutes sortes de positions, I. n. 124, II. n. 1806. n'a par lui-même aucune tendance à se mouvoir d'un côté plus que de l'autre, n. 1807. Sa vitesse est variable selon le plus ou moins de force qui le meut, n. 1808. Les oscillations du balancier réglées par le spiral ne sont pas isochrones, II. n. 1816. Elles approchent d'autant plus de l'isochronisme, que le balancier est léger & le spiral fort, n. 1817. Principes sur les balanciers : on prouve qu'un grand balancier est préférable à un plus petit, II. 1826. que deux balanciers d'égales grandeurs & d'inégales vitesses, ayant une pesanteur qui soit en raison inverse du quarré des vitesses; 1°, qu'ils ont la même force de mouvement; 2°, que les frottements des pivots sont en raison inverse des vitesses, II. n. 1828. qu'un grand balancier léger, dont les vibrations sont promptes, vaut mieux qu'un grand balancier pesant, dont les vibrations sont lentes, n. 1831. Deux balanciers d'inégales grandeurs & de même pesanteur & même vitesse, & les pivots de même grosseur, produiront des frottements qui sont en raison inverse des diametres des balanciers, n. 1825. On prouve qu'un balancier léger à vibrations promptes est préférable à un grand balancier pesant à vibrations lentes, II. n. 1833. & celui-là est préférable, qui étant grand & léger, fait des vibrations promptes, n. 1834. un grand balancier léger qui décrit de grands arcs, préférable au balancier de même diametre qui est pesant, & décrit de petits arcs, II. 1836.

Sur le calcul du poids des balanciers, comparer les vitesses de deux balanciers, II. n. 1948. Trouver la pesanteur que doit avoir le balancier d'une Montre à cylindre, pour que sa force soit dans le rapport convenable avec le moteur, II. n. 1955. Le diametre d'un balancier étant donné, trouver le nombre de vibrations qu'il devra faire pour avoir à sa circonférence la même vitesse qu'un autre balancier petit ; II. n. 1976. Remarque sur le calcul de la pesanteur des balanciers, II. n. 2272. Donner au balancier la pesanteur nécessaire, afin qu'il soit dans un tel rapport avec le moteur, que le chaud & le froid ne changent pas la justesse de la Montre; II. n. 1890, 1891, 1904, 1908, 1910, 1917, 1919.

Faire tirer le Balancier, I. n. 609, 610. faire son repaire, I. n. 616; II. n. 2534.

Barette, ou bride pour le ressort de barillet, I. n. 174. On appelle aussi *Barette* une sorte de pont pour alonger le tigeron du pignon, I. n. 574. quand elles sont bien faites, l'usage en est fort bon, II. n. 2405.

Barillet ou *Tambour*, piece dans laquelle on enferme le ressort moteur, I. n. 789, 791. de Montre n. 2467.

Barometre à aiguille, I. n. 687. sa construction, 694.

Bascule, petit levier qui agit sur le marteau pour l'élever, I. n. 1050.

Bâti, sorte de cage.

Bernoulli, (M.) II. n. 1879.

Bigorne, outil, I. n. 805.

Bissextile, année de 366 jours. On a imaginé un méchanisme, pour faire qu'une roue annuelle fasse tantôt sa révolution en 365, & tantôt en 366 jours, I. n. 234 & n. 267.

Bleuir les pieces d'acier, I. n. 1384.

Bois, s'alonge par la chaleur & par l'humidité ; il est sujet à de grands écarts; ne vaut rien pour les verges de pendules, II. n. 1698.

Borax, sel qui facilite la fusion du cuivre, de l'argent, la soudure, &c. I. n. 802.

Bouchon excentrique, I. 720 & 1001.

Bouchon de trou à pivot, doit être de cuivre de chaudiere, I. n. 906. II. n. 2489.

Bouchon ou *Tampon* pour les Cylindres, I. n. 407. II. n. 2352.

Bouguer (M.) II. n. 1523.

Braser, I. n. 1070.

II. Partie.

Broche à lunette, outil, I. n. 503.

Broches, tiges sur lesquelles on fait rouler librement des roues, canon ou pieces de cadratures, I. n. 1095, 1098.

Brunissoir, outil à polir, I. n. 847.

Burin, outil d'acier trempé, dont les Horlogers se servent pour tourner.

C

Cadran, piece graduée pour marquer les parties du temps.

Cadran d'émail; détail de pratique pour faire un cadran d'émail, I. n. 1164. faire la plaque, n. 1165. préparation de l'émail, n. 1169. de la plaque, avant de la charger d'émail, 1175. du fourneau 1181. de l'arrangement du charbon & de la mouffle, n. 1183. passer le cadran au feu, n. 1186. le peindre, n. 1191. noir d'écaille pour peindre n. 1196. maniere de le préparer, n. 1197. *cadran mobile* pour produire l'équation, I. n. 238.

Cadrature, I. n. 182. On appelle en général *Cadrature* les pieces d'une Répétition qui sont situées sous le cadran; comment tracer la cadrature dans une Pendule, I. n. 1002. de son exécution, n. 1019.

Cage, I. n. 35, 728. De Montre, II. n. 2446.

Calcul des révolutions d'un rouage, sans faire usage des fractions, II. n. 1450. par les fractions, n. 1465.

Calibre ou *Plan*, sur lequel on trace la disposition des machines que l'on veut exécuter.

Calibre de Montres, à équation, à secondes d'un seul battement, à répétition, allant un mois, marquant les mois de l'année, &c. I. n. 328. d'une Montre à répétition à secondes allant huit jours, I. n. 300. d'une Montre à répétition à secondes de deux battements, marquant les mois de l'année, & leurs quantiemes, I. n. 322. Quand on trace le calibre d'une Montre, il faut éviter qu'il ne passe aucune piece sur les trous des pivots, I. n. 573. Tracer le calibre de la Pendule à répétition, I. n. 709. Calibre d'une bonne Montre à roue de rencontre; comment le tracer, II. n. 2367.

Calibre à pignon, outil, I. n. 484.

Camus (M.), a traité des figures des dents des roues, II. n. 1447.

Canon métallique de M. Rivaz, II. n. 1742.

Centre de mouvement, c'est le point autour duquel une piece tourne.

Centre d'oscillation ou *de percussion*, II. n. 1527.

Centrifuge (force); on appelle ainsi celle avec laquelle un corps qui tourne, tâche de s'éloigner de son centre.

Chaleur, dilate tous les corps, II. n. 1662. Son effet sur les Pendules, *voyez* Dilatation. Elle fait avancer une Montre dont les frottements sont dans un trop grand rapport avec la force de mouvement du régulateur, II. n. 1883. & au contraire, la chaleur fait retarder une Montre dont les frottements sont dans un trop petit rapport avec la force de mouvement du balancier, II. n. 1884, 1888. Son action rend les huiles plus fluides, ce qui diminue le frottement & augmente la vitesse des vibrations, II. n. 1882.

Chalumeau, tuyau recourbé par le petit bout, I. 834.

Champ d'une roue, I. n. 787.

Chanfrein, pour river, I. n. 810.

Chaussée, I. n. 130, d'une Pendule; comment se fait, I. n. 910.

Chevilles de la poulie de répétition; comment se placent, I. n. 1124.

Clavette, piece qui sert à retenir deux roues, en leur donnant la liberté de tourner séparément, I. n. 65, 246.

Clepsydre ou Horloge d'eau, Discours préliminaire, *page* xxvij.

Cliquet, piece qui soutient l'effort du moteur, & facilite le remontage.

Compas à cercle, I. n. 475. d'épaisseur, n. 478, à mesurer les grosseurs des pivots, II. n. 2273.

Compensation: j'appelle en général *Compensation* dans les machines qui mesurent le temps, un effet qui est tel, que deux vices d'une même machine étant mis en opposition, ils se détruisent mutuellement, ensorte qu'il en résulte la plus grande perfection pour la machine; par exemple, les verges de Pendules se dilatent par la chaleur, défaut qui peut être corrigé en appliquant à côté de la verge une barre d'un métal plus extensible, qui en se dilatant, remonte autant la lentille que la verge d'acier l'avoit fait descendre, & de forte que le pendule ne change pas de longueur; c'eſt cet effet que j'appelle *compenſation*. De même dans les Montres le froid augmente l'élaſticité ou force du reſſort ſpiral, ce qui tend à accélérer les oſcillations du balancier, & la même action du froid agiſſant ſur les huiles des pivots de balancier, augmente le frottement, ce qui tend à retarder ſes oſcillations. Ces deux vices peuvent donc ſe détruire, en ſorte qu'il en réſulte une telle compenſation que la Montre marche conſtamment, comme ſi le chaud & le froid n'avoit aucune action ſur elle, II, n. 1887, 1894.

Regles pour parvenir à cette ſorte de compenſation dans les Montres, II. n. 1887, 1889, 1890, & 2277. J'ai prouvé que pour la compenſation, il faut que les arcs de vibrations, groſſeurs des pivots, &c. doivent varier ſelon le rapport des frottements à la force de mouvement du régulateur, II. n. 1891, 1893. Pour que la compenſation ait toujours lieu, il faut que la force motrice & les frottements ſoient conſtants, II. n. 2281. Expériences qui prouvent que les principes que j'ai établis pour compenſer les effets du chaud & du froid dans les Montres, ſont vrais, II. 1904, & ſuiv. 1908, 1917 & 1919. Autre ſorte de compenſation qui peut avoir lieu dans les Montres à cylindre, lorſque les huiles ſont coagulées, II. n. 1896.

Concentrique, qui a le même centre. On dit que deux aiguilles ſont concentriques, lorſqu'elles ont le même centre de mouvement.

Condenſation, terme qui exprime la diminution de volume d'un corps par le froid.

Contact, point de contact, I. n. 331.

Contraction, voyez *Condenſation*.

Contrepotence, I. n. 146, II. n. 2396.

Coq d'échappement, doit être épais, I. n. 567, ſon exécution, II. n. 2480 & ſuiv.

Coqueret, I. n. 163, II. n. 2482.

Corps. La viteſſe que deux corps qui ſe ſoutiennent en équilibre, tendent à acquérir par un mouvement communiqué, eſt en raiſon inverſe des maſſes, II. n. 1408.

Couliſſe, I. n. 167, II. n. 2429.

Couliſſerie, I. n. 167, ſon exécution, II. n. 2472.

Courbe d'équation; comment la tailler dans une Pendule, I. n. 336. dans une Montre, n. 340.

Courbures des dents des roues, II. n. 1430 & ſuiv.

Couteau de ſuſpenſion; l'angle de ce couteau doit varier ſelon le poids de la lentille, II. n. 2268. ſon exécution, n. 1549.

Couvercle de barillet, I. n. 791.

Cremaillere, I. n. 183.

Crochet de fuſée, I. n. 172.

Croiſée, I. n. 783.

Croiſées (finir les), I. n. 966.

Cuivre, ſa dilatation, II. n. 1696. rouge, *ibid*.

Cuivrot, eſpece de poulie, I. n. 225. cuivrot briſé, n. 486.

Cycloïde, Diſcours préliminaire, p. xxix.

Cylindre ſur lequel la corde qui porte le poids eſt entourée, I. n. 59, & 245. eſt préférable à une poulie, note du n. 59.

Cylindre, (piece de l'échappement à) obſervation ſur les frottements du Cylindre; comment les rendre plus conſtants, II. n. 2292. Comment faire l'ouverture du cylindre, n. 2348.

D

D'Alembert, (M.) I. n. 19.

De la Caille, (M. l'Abbé) Plan de l'Ouvrage, page ix, xxvj, I. n. 361. II. n. 1517.

De la Lande, (M.) II. n. 1447.

Dent, eſpece de levier, *voyez* Levier. Principes ſur les courbures des dents des roues, II. n. 1430. La dent qui mene le flanc de l'aile d'un pignon ne peut être formée par une ligne droite 1435. Sa courbure, n. 1436. comment la déterminer, n. 1437. celle du pignon, 1439. Tracer la courbe des dents de la roue & du pignon, n. 1441.

Denture, de leur exécution, I. n. 969. & ſuiv. à vis ſans fin, défectueuſes, 971.

Deſſus de Platine, I. n. 1781.

Détente, piece d'une ſonnerie qui ſuſpend l'action du rouage, & qui écartée, laiſſe ſonner, I. n. 82.

Détentillon, I. n. 84.

Dilatation, terme de Phyſique, par lequel on exprime l'effet de la chaleur ſur les corps pour en augmenter le volume; Extenſion eſt ſynonime;

Iii ij

Expériences sur la dilatation & contraction des Métaux, II. n. 1691, & suiv. Table de leur dilatation, n. 1696. Les Métaux se dilatent en tout sens, n. 1699. La dilatation est différente quand le corps est chargé d'un poids, n. 1697. Tous les corps de même espece ne se dilatent pas également, n. 1732, 2252. Loix de la dilatation, n. 2256.

Diviser un pignon pour le fendre, I. n. 865. un cylindre pour en faire l'ouverture juste, pour produire la levée donnée, II. n. 2348.

Doigt d'une répétition, I. n. 109.

Dorure en or moulu, I. n. 1226, & suiv.

Drageoir : rainure faite pour retenir le couvercle de barillet, I. n. 814. ou dans une boîte pour le crystal.

Dresser un pignon, I. n. 928. un pignon après la trempe, n. 890. la face d'un pignon, I. n. 870, 898.

Duterire, (Jean-Baptiste) pere d'un Horloger du même nom : Discours préliminaire, p. xlv.

E

Echantillon à roue de rencontre, outil, I. n. 487. II. n. 2355.

Echappement défini, I. n. 58, 135, à roue de rencontre, I. n. 136. décrit, n. 416. à cylindre, n. 401. à double levier, n. 423. à ancre, n. 427. à repos; ses effets expliqué, n. 396. Son exécution en Pendule, n. 1386. Propositions sur les échappements; celui à repos rend les oscillations du pendule libre plus lentes, II. n. 1626. Expériences qui le prouvent, n. 1633. L'échappement à recul accélere la vibration du pendule libre, n. 1627. Expériences sur les échappements, 1646, & suiv. 1651. Il faut réduire, autant qu'il est possible, la traînée de l'échappement, n. 1658. Combien les échappements troublent les oscillations du pendule libre, n. 1654. Comment on peut parvenir à faire un échappement qui soit isochrone, n. 1629, & suiv. Il doit être à recul, n. 1631. Le recul doit varier, n. 1637. Echappement rendu isochrone expérience, n.1661. L'échappement à cylindre ne peut corriger les inégalités de la force motrice, n. 1927. L'huile que l'on met à cet échappement est une source de variations, I. n. 628. Le frottement dans l'échappement à repos change la justesse de l'horloge, II. n. 2266, & 2267. De l'exécution de l'échappement à cylindre, n. 2342. Comment un échappement de Montre pourroit être rendu isochrone, II. n. 1929, 1933. Obstacles, n. 1934. Avec celui à roue de rencontre on peut parvenir assez sensiblement à l'isochronisme pour corriger les effets des huiles du rouage, 1934.

Echappement, mettre l'horloge dans son échappement ; usage de la vis de rappel de la fourchette pour cela, I. n. 77.

Regles générales sur les conditions requises pour obtenir le meilleur échappement, II. n. 2267.

Ecrou, piece percée & taraudée.

Ecrou pour régler les horloges à Pendule ; maniere de les graduer, II. n. 1745.

Ecrouir, I. n. 729.

Efflanquer, (lime à), I. n. 871.

Elasticité, propriété des corps par laquelle, lorsque leur figure a été changée par quelque effort, ils reprennent cette figure dès que l'effort vient à cesser. C'est par cette propriété élastique des corps que les ressorts font marcher les machines qui servent à mesurer le temps. Propositions pour servir à prouver comment un ressort perd son élasticité, II. n. 1980. Application de ce principe, 1981. Le changement de la température est la cause de la diminution de l'élasticité des ressorts moteurs, 1982, 1983. Un ressort ne perd de son élasticité que pendant qu'il est bandé; s'il fait des vibrations promptes, il perd une très-petite partie de sa force élastique, 1984. On tire de-là, 1°, que si dans une Montre le ressort est long-temps à se débander, il perdra une plus grande quantité de sa force élastique, 1985 : 2°, le ressort spiral du balancier doit perdre fort peu de sa force élastique. n. 1986. Tous les ressorts moteurs ne perdent pas également de leur force élastique, 1987.

Ellipse, ou courbe, I. n. 224. Comment la tailler, n. 300.

Encliquetage, I. n. 54.

Enderlin, (M.) Horloger, Discours préliminaire, page xlv.

Engrenage défini, I. n. 40. Effets des mauvais engrenages, II. n. 1425, & suiv. faits sur l'outil ; comment les marquer

TABLE DES MATIERES. 437

sur la cage pour percer les trous, I. n. 974, 991, & suiv.
Engrener en plein, I. n. 923.
Ennarbrée, roue, I. n. 895.
Entonnoir ou réservoir pour l'huile des pivots, I. n. 908. Voyez *Réservoir*.
Emboîtage du mouvement de l'horloge à répétition, I. n. 1144.
Equarrissoir, outil à pan pour agrandir les trous.
Equation du temps ou des horloges, I. n. 11.
Pendule d'équation à deux aiguilles de minutes concentriques, I. n. 217. à deux aiguilles & deux cadrans, n. 281. Horloge à équation qui fait changer la longueur du pendule, n. 290. Montre d'équation à répétition, à secondes d'un seul battement, n. 300. Allant un mois, n. 328. à 30 heures, n. 322. Comment on doit exécuter les courbes d'équation des Pendules & des Montres, I. n. 330, & suiv. 340, &c. de l'utilité des Montres à équation, I. n. 356.
Equilibre, se dit de deux puissances qui étant en action opposée, restent en repos.
Etain: sa dilatation, II. n. 1696.
Etampe, outil, I. n. 834. Etamper un trou, 835.
Etau à mouvement parallele, incliné, &c, I. n. 488.
Etau à main, I. n. 868.
Etoffe de pont; acier pour les ressorts de Pendules, I. n° 1256.
Etoile; sorte de roue dont les dents sont faites en rayons; l'étoile sert à porter le limaçon des heures, I. n. 108.
Etuve: boîte qui renferme le méchanisme du pyrometre pour produire la chaleur à volonté, 1679. Comment la chaleur s'introduit dans l'étuve, 1686.
Excentricité du soleil, I. n. 15.
Excentrique, qui n'a pas même centre de mouvement.
Excentrique, ou porte-pivot, I. n. 1342.

F

Fausse-plaque, I. n. 1148.
Faux piliers, I. n. 1149.
Fendre les roues ennarbrées, I. n 435. la roue d'échappement & la finir, I. n. 1316.
Fer, sa dilatation, II. n. 1696. Fer doré se dilate, omme s'il ne l'étoit pas, n. 1702.
Filiere, (outil) plaque d'acier trempée dans laquelle il y a des trous de diverses grandeurs qui sont taraudés pour y canneler les vis.
Force. La mesure de la force des corps en mouvement est en raison composée de leurs masses par le quarré de leur vitesse, II. n. 1935. La force employée à donner le mouvement à un corps est comme le produit de la masse de ce corps par le quarré de la vitesse qu'il a acquise, 1936. Cotollaire de ce principe, n. 1937.
Force motrice: combien il est essentiel qu'elle soit dans un parfait rapport avec le régulateur, sans quoi la compensation du chaud & du froid ne peut avoir lieu, II. n. 1965. Elle doit être constante, sans quoi la Montre variera du chaud au froid, II. n. 1978, 1979, & 2281.
Force de mouvement des balanciers, II. n. 1942, & suiv. Principes sur la quantité de force motrice requise pour donner le mouvement au balancier, II. n. 1942, & suiv. Calcul de la force transmise par le moteur à la derniere roue du rouage, II. n. 1412, & suiv. Regle générale sur cette force, 1416. Application de cette regle, 1418. Les frottements des pivots & l'inertie des roues diminuent cette force, 1422. L'épaississement des huiles change d'autant plus la force motrice qu'elle est petite, II. n. 2280. Comment on peut rendre constante la force que le moteur transmet au régulateur, n. 2282.
Foret, outil pour percer les trous, I. n. 496.
Foret à tenon, outil, I. n. 959.
Foret à chanfrein, I. n. 908.
Fourchette: son effet, I. n. 1300. Sa longueur, n. 1310.
Fourchette à tige, mobile par une vis de rappel, pour mettre la Pendule dans son échappement, I. n. 78.
Fraises, limes circulaires pour fendre les roues, I. n. 438.
Friser les pointes des dents des roues avant d'achever de les arrondir, I. n. 978. En faisant rouler les pivots dans des trous, n. 980. des dents de chaussées & roues à canon, n. 981.
Froid: son action raccourcit ou contracte tous les corps, II. n. 1662. Le même degré

de froid ou de chaleur fait également varier les horloges à pendule, soit que ces pendules soient longs ou courts, II. n. 1717. Du degré de froid dont je me suis servi pour mes expériences sur la dilatation & contraction des Métaux, n. 1689. Son action sur les huiles des pivots, en augmentant les frottements, rend les oscillations du balancier plus lentes, n. 1881. L'action du froid dans une Montre produit deux effets contraires qui peuvent se détruire & produire la compensation, n. 1882, 1885. L'action du froid sur le grand ressort n'en change pas assez sensiblement la force, pour influer sur la justesse de la Montre, n. 1896.

Frottement : ce que c'est, II. n. 1838. Tous les corps qui se meuvent ont du frottement, n. 1840. Expérience sur la force requise pour vaincre les frottements, n. 1848, & *suiv.* Une plus grande surface n'augmente pas sensiblement le frottement, n. 1854. Calcul du frottement, n. 1858. Maniere de réduire le frottement, n. 1841, & *suiv.* 1863, 1869. Ce n'est pas tant à la quantité absolue des frottements à laquelle il faut avoir égard, qu'à rendre ce frottement constant, n. 1875. Pour rendre le frottement constant il faut proportionner le nombre des parties frottantes à la pression, vitesse, &c. & différemment selon la dureté des corps, n. 1876. Comment les rendre constants dans une Montre, n. 2298, 2369. Les frottements peuvent n'être pas les mêmes dans des Montres de même dimension, n. 2295. Le frottement des pivots de balancier augmente la durée des vibrations, n. 1819. Si on parvenoit à détruire le frottement des pivots de balancier d'une Montre, cette machine feroit de fort grands écarts, les frottements sont donc la cause de la justesse des Montres, n. 1894. Effet du frottement dans un échappement à repos, II. n. 2265.

Frottement de l'air, II. n. 1879.

Fusée : ses propriétés, I. n. 149, 449, & *suiv.* Maniere de tailler une fusée, n. 465. l'égaliser, n. 467.

G

Garde-chaîne, I. n. 172. à plot est préférable, n. 576. Son exécution, II. n. 2471.

Gaudron, (M.) Discours prélimin. p. xlv.

Goupille, cheville un peu en pointe qui sert à assembler deux pieces l'une contre l'autre.

Goutte de suie, pour retenir l'huile aux pivots de balancier, II. n. 2425, 2431. de roue de rencontre, n. 2426.

Graham, (M.) célebre Horloger Anglois, de la Société Royale de Londres, Discours préliminaire, *p.* xliij.

H

Heure, vingt-quatrieme partie du jour.

Horizion, cercle qui sépare la partie visible du ciel de celle que l'on ne voit pas.

Horizontal, posé de niveau.

Horloge, machine qui mesure le temps, I. n. 44. Premieres notions que l'on doit prendre d'une machine qui mesure le temps, I. n. 20, & *suiv.* jusqu'au n. 35.

Horloge astronomique : Description de cette Horloge qui va un an sans monter ayant une sonnerie de secondes : pendule composé, &c. II. n. 1768, & *suiv.*

Recherches & expériences sur la derniere Horloge astronomique que j'ai composée, II. n. 2008. Du pendule composé à chassis, n. 2010. Première expérience faite avec ce pendule, n. 2011, 2012. Résultat de cette expérience, n. 2013. Seconde expérience, n. 2014. Résultat de cette expérience, qui prouve que la lentille étant plus de temps que la verge à être pénétrée par les différentes températures; la compensation n'est pas exacte; comment j'ai remédié à ce défaut, n. 2015. Troisieme expérience, n. 2016. Résultat de cette expérience, par lequel on voit à quel degré de perfection je suis parvenu à compenser les effets du chaud & du froid sur le pendule, n. 2017. Cette expérience confirme les rapports établis sur les dilatations des Métaux, n. 2020. De l'utilité du pyrometre pour juger de la bonté d'un pendule composé, n. 2021. Détail sur la suspension du pendule, n. 2023. Description de l'horloge astronomique, n. 2030. De la sonnerie de secondes, n. 2046. Maniere de régler une horloge astronomique par les étoiles fixes, I. n. 383. par le passage du soleil au méridien, n. 376, &c.

TABLE DES MATIERES.

Horloge Marine. Recherches pour parvenir à sa construction, II. n. 2080, & *suiv.* Analyse des propriétés du Pendule, 1°, la pesanteur de la lentille, n. 1082. Le peu de frottement du point de suspension, n. 2083. Causes de l'isochronisme des vibrations du pendule & de la justesse de l'horloge astronomique; 1°, l'action constante de la pesanteur, n. 2085. 2°, Le peu de force du moteur qui en entretient le mouvement, n. 2086, 2090. 3°. La force motrice est un poids dont l'action est constante, n. 2087. 4°. Un pendule composé pour compenser les effets du chaud & du froid. 2088. Le frottement de la suspension est constamment le même, n. 2089.

Comment on peut substituer aux horloges de mer les propriétés d'une horloge astronomique, n. 2092. par un balancier pesant, 2094. fort grand, n. 2095. Substituant à l'effet de la pesanteur un ressort spiral, n. 2096. En formant le régulateur de deux balanciers, n. 2097. En suspendant l'horloge dans le vaisseau, de sorte qu'elle reste toujours sensiblement horizontale, n. 2098. Les balanciers se mouvant horizontalement, n. 2099. Suspendus par des ressorts, n. 2100. Faisant rouler les pivots de balanciers dans des trous faits à des agathes orientales, n. 2104. En adaptant une machine qui compense les effets du chaud & du froid sur l'horloge, n. 2121.

Détails de la suspension pour maintenir l'horloge horizontale, n. 2101. Un ressort à tire-bourre pour adoucir les cahotages du vaisseau, n. 2102. Eviter les mouvements de trépidation du vaisseau, n. 2103. Description de la suspension de l'horloge marine, n. 2126. Description de l'horloge, n. 2131. Détail de main-d'œuvre, des ressorts spiraux des balanciers, n. 2165. Des agathes dans lesquelles roulent les pivots de balancier, n. 2169. De l'échappement, n. 2174. Des verges de compensation. Expériences, n. 2182. Défauts de ces verges, n. 2190. Comment j'y ai remédié, n. 2192. Dimensions de ces verges, n. 2201. Expériences qui prouvent que la compensation du chaud & du froid se fait parfaitement, n. 2204. Ecart que fait l'horloge quand on suspend l'effet des verges de compensation, d'où l'on voit combien elles sont essentielles à la perfection de la machine, n. 2208.

Horloge Marine plus simple, n. 2210. Le moteur est un poids, n. 2217. Détail des autres parties de l'horloge, n. 2218. Description de cette horloge, n. 2227. Description du poids, n. 2235.

Horloge Marine d'une autre combinaison, n. 2242.

Horloge d'équation, ce que c'est, I. n. 217. présentée à l'Académie en 1752, I. n. 265. Ses défauts, n. 275.

Horloge d'équation à cercle mobile, I. n. 238. à équation produite par le pendule qui s'alonge & s'accourcit, I. n. 290. Ses défauts, n. 294.

Horloges ordinaires à pendule: Examen des causes qui les font arrêter & varier, I. n. 634. à ressort; comment le régulateur doit être construit, II. n. 1632. Expériences sur une horloge à ressort, échappement à repos, n. 1633.

Horloge à secondes (ordinaire): Variation qui est produite par la dilatation & contraction de la verge du pendule, II. n. 1707, &c. Combien on doit alonger ou accourcir le pendule pour faire avancer ou retarder l'horloge d'une quantité donnée en vingt-quatre heures, II. n. 1712, & *suiv.* Les horloges qui ont de longs ou de courts pendules avancent ou retardent des mêmes quantités par les mêmes degrés de température, n. 1717.

Horlogerie: son utilité pour la Marine, II. n. 2058 & 2067. Comment on peut apprétier les nouvelles découvertes d'Horlogerie, I. n. 669.

Huiles: leur effet pour diminuer les frottements, II. n. 1859. Le frottement change par l'épaississement des huiles, n. 1861. Les huiles sont plus ou moins mobiles, selon qu'il fait chaud ou froid, ce qui change le frottement, n. 1864. La force perdue par un balancier, lorsque l'huile des pivots est épaissie par le froid, sera dans un rapport d'autant plus grand avec la force de mouvement du balancier que ce balancier aura une petite quantité de mouvement, II. n. 1865. Dans les Montres d'un mois, les changements de frottements causent de plus grands écarts que dans celles qui vont 24 heures, n. 1866. Les huiles coagulées ne causent pas les mêmes écarts dans toutes sortes de Montres, n. 1898 & *suiv.*

Hulot (M.), Machiniste, I. n. 444, 488.

Huyghens, Discours préliminaire, page xxix. II. n. 1517, 1808.

I

Jeu, se dit d'une piece qui se meut librement.

Inclinaison des dents de roue de rencontre, doit être de vingt-cinq degrés & non de vingt, ainsi que je l'ai dit, I. n. 420.

Inégalité des révolutions du Soleil, I. n. 5.

Inertie, deff. note de l'article 124. I. P.

Instrument des passages, I. n. 391.

Jour astronomique, I. n. 3.

Jour, intervalle entre deux roues, &c. I. n. 828.

Isochrones, (oscillations), I. n. 37. On peut parvenir à rendre l'échappement à roue de rencontre sensiblement isochrone, I. n. 559.

L

Latitude d'un lieu, ce que c'est, II. n. 2059. Son usage, 2060. On la détermine facilement en mer, 2061.

Lardon, piece attachée à la potence d'une Montre à roue de rencontre, I. n. 164.

Lentille : poids que l'on attache au bas du pendule ; on le rend angulaire pour qu'il éprouve une moindre résistance de l'air : une lentille trop pesante augmente le frottement de la suspension, en sorte que le pendule ne la meut pas plus long-temps qu'avec une lentille légere, II. n. 1589, 1590. Une lentille trop pesante dans un pendule composé affaisse la verge & empêche la compensation, II. n. 1733 & 1734. dans un pendule à simple verge, n. 2263. Pourquoi doit être suspendue par son centre, II. n. 2015.

Le Paute, (M.) Horloger, Discours préliminaire, page xxxiv.

Levée, arc de levée de l'échappement. Ce n'est pas la levée qui trouble l'oscillation du balancier, mais c'est la traînée sur le repos ou le trop grand recul, II.

n. 1932. Plus l'arc de levée sera grand & celui de supplément petit, moins l'oscillation sera troublée par l'inégalité du moteur, II. n. 2267.

Levier : on appelle en général levier, un bras qui sert à faire mouvoir une piece.

Levier : sa définition, II. n. 1403. Loix de l'équilibre, n. 1405.

Levier : outil qui sert à mesurer la force des ressorts, I. n. 508.

Levier de compensation, II. n. 1751.

Limaçon : piece d'une répétition, I. n. 108. Limaçon des quarts, n. 109. Comment tailler le limaçon des heures dans une Pendule, I. n. 1129. Celui des quarts, n. 1119.

Lime à fendre, I. n. 867, à efflanquer, I. n. 871. à arrondir, n. 874. de fer pour polir, n. 900.

Longitude : ce que c'est, II. n. 2063. Moyens que l'on peut employer pour la découverte des longitudes en mer, 1°, le Loch, n. 2071. 2°, La déclinaison de la lune, n. 2073. 3°, Les satellites de Jupiter, n. 2074 & 2075. 4°, Une Horloge, n. 2076. Enfin la déclinaison de l'aiguille aimantée.

M

Machine à centrer les roues pour les fendre ennarbrées, I. n. 447.

Machine à fendre les roues de Pendules & de Montres. Sa description, I. n. 428. à fendre les roues de Montres ; roues de rencontre ; à cylindre, &c. II. n. 2304.

Machine à fusée, sa description, I. n. 455.

Machine propre à faire des expériences sur les suspensions & les résistances du pendule libre dans l'air, II. n. 1545. Pour faire des expériences sur les effets des échappements, II. n. 1639.

Main, outil, II. n. 1922.

Maître-danse, outil, I. n. 485.

Mandrin, I. n. 806.

Marcher en blanc (faire), I. n. 1356.

Mercure : sa dilatation, II. n. 1696.

Métaux, se dilatent par la chaleur, & se contractent par le froid, selon toutes leurs dimensions, II. n. 1699.

Midi, I. n. 3.

Minute, soixantieme partie d'une heure, I. n. 4.

Minuteries,

TABLE DES MATIERES,

Minuteries, I. n. 145. II. n. 2403, 2482.

Montre, Horloge portative : premieres notions des principales parties de cette machine, I. n. 124. & *suiv*. Description d'une Montre ordinaire à roue de rencontre, n. 155. D'une Montre à répétition & à cylindre, n. 176. D'une Montre à réveil, n. 200. à trois parties, n. 541. D'une Montre à équation simple, n. 257. D'une répétition & équation à secondes concentriques allant huit jours, n. 300. Utilité des Montres à équation, n. 356. Description d'une Montre à huit jours à deux balanciers, II. n. 1996. D'une Montre à secondes concentrique, qui fait deux vibrations par seconde, aiguille portée par une roue de l'intérieur du mouvement, enforte que les battemens sont nets, & l'addition des secondes réduite au moindre frottement, II. n. 1991. Principes sur les Montres, *voyez* Balancier, Frottement, Compensation, Huile, &c, & ce qui suit. Les Montres à roue de rencontre à vibrations lentes, sont sujettes au battement de la cheville de balancier contre la coulisse quand on les porte, I. n. 565. Les Montres à roue de rencontre doivent aller en retardant à cause de l'épaississement des huiles, II. n. 1897. Les Montres à roue de rencontre préférables à celles à cylindre, II. n. 1992, 2363. Pourquoi les Montres d'un mois ne peuvent aller aussi juste que celles de trente heures, II. n. 1865, 2280. Trouver la pesanteur du balancier pour une Montre d'un mois, n. 1971. de celle à huit jours, pour que le poids du balancier soit en rapport convenable avec le moteur, n. 1967. Montre à demi-secondes avec l'échappement à cylindre ; ses dimensions, II. n. 2284 & *suiv*. La force que le moteur transmet à la circonférence de la roue d'échappement, n. 2293. Expériences faites sur des Montres à roues de rencontre, pour prouver les principes que j'ai établis pour parvenir à la compensation du chaud & du froid dans les Montres, II. n. 1908, 1917. Expériences faites sur les Montres à cylindre, pour prouver le principe de la compensation, n. 1904 & 1919. Pourquoi une Montre nouvellement faite doit avancer par la chaleur, n. 1920. De quelques soins de construc-

tion & d'exécution d'une Montre, I. n. 550. sur le balancier, n. 551. sa main-d'œuvre, n. 556. La matiere que l'on doit employer : le cuivre préférable à l'acier, & l'or au cuivre, n. 557. De l'échappement, n. 558. Du rouage, n. 568. De quelques causes qui font arrêter & varier des Montres, n. 578.

Montre : de la construction & de l'exécution d'une Montre dans laquelle on rassemble tout ce qui peut contribuer à sa *justesse*, II. n. 2361. Pourquoi je la préfere à roue de rencontre, n. 2363 & *suiv*. Pourquoi on la fait grande, n. 2366. Observations préliminaires pour servir à la construction de la Montre, & tracer le calibre, n. 2367. De la justesse d'une Montre, dequoi dépend, n. 2368. Des frottemens, n. 2369. Il faut que le balancier ait une grande quantité de mouvement pour diminuer le rapport des frottemens du rouage, n. 2371. Augmenter les surfaces frottantes à proportion des pressions, n. 2372. Que la pression se fasse à égale distance des pivots, afin de réduire le frottement ; pratiquer des réservoirs, n. 2374. N'employer pas des vibrations trop lentes, n. 2375. Du balancier, n. 2377. Du calibre, n. 2379. Nombres à mettre aux roues lorsque l'on fait la Montre sans secondes, n. 2385. Quand elle est à secondes, n. 2386. Description de la Montre, n. 2409 & *suiv*. *Détails de pratique* : Dimensions sur lesquelles on doit se régler pour l'exécution, II. n. 2436 & *suiv*. Faire les platines, le ressort de cadran, & monter la cage, n. 2446. Faire les roues, n. 2457. le pignon de grande roue moyenne, & le mettre en cage, n. 2461 & *suiv*. L'arbre & la fusée, la mettre en cage, n. 2464 & *suiv*. Faire le barillet & le mettre en cage, n. 2467 & *suiv*. Faire la potence, n. 2470. le garde-chaîne, 2471. Faire le dessus de platine, n. 2472 & *suiv*. Faire les minuteries, n. 2483 & *suiv*. Faire les pignons de petite roue moyenne & de champ, n. 2485.

Montre (*du finissage de la*) : faire faire le cadran, l'ajuster, n. 2486. Mettre libres les platines & les bien dresser, n. 2487. Achever de mettre la grande moyenne en cage, n. 2488. Faire l'engrenage de la roue de fusée, n. 2491 & *suiv*. Tailler la fusée, &

II. Partie.

Kkk

faire exécuter le ressort moteur, n. 2497 & suiv. Faire les engrenages de roue de cadran & ajuster les aiguilles, n. 2502. Achever l'engrenage de la grande roue moyenne, n. 2503.

De l'exécution de l'échappement: faire le balancier, n. 2505 & suiv. Faire la verge de balancier, n. 2509 & suiv Mettre le balancier en cage, n. 2513. Faire la roue de rencontre & la mettre en cage, n. 2519 & suiv. Faire l'engrenage de champ, n. 2526. celui de petite roue moyenne, n. 2527. Fendre la roue de rencontre & finir les dents, n. 2528. l'égaliser, n. 2529. Faire l'échappement, n. 2530 & suiv. Placer la cheville de renversement, n. 2534. Reculer la coulisse pour empêcher le battement de la cheville de balancier & le renversement, n. 2535. Faire le piton de spiral, n. 2537, la virole de spiral, n. 2538. Poser les chevilles du rateau pour le spiral, n. 2539. Poser des chevilles à la platine pour borner le chemin du rateau & de l'aiguille de rosette, n. 2540. Adoucir les pieces de cuivre pour les dorer, n. 2544 & suiv. Mettre les pieces libres après la dorure, n. 2551 & suiv. Comment on doit éprouver si le balancier est dans le rapport convenable avec le moteur, n. 2558. Remonter le mouvement pour faire cette épreuve, n. 2559. Ajuster le spiral, régler la Montre & faire l'épreuve par les différentes températures, ce qui détermine le rapport du moteur au régulateur, frottement, &c. n. 2560. Régler la Montre du plat au pendu, 2561.

Pourquoi les Montres qui ont peu de force de mouvement, sont plus sujettes à varier, II. n. 1623, 1867, 2280. Les variations des Montres sont plus ou moins grandes, selon le rapport des frottements à la force de mouvement, 1893. Les Montres sont susceptibles de grands écarts par le froid & le chaud, n. 1894. La justesse des Montres dépend du rapport entre le régulateur & le moteur, II. n. 1891, 2277, 2297. Les Montres de mêmes dimensions peuvent varier par la différence des matieres dont elles sont faites, 2295.

Moteur, ce que c'est, I. n. 42. Comment on peut parvenir à rendre constante la force qu'il transmet au balancier, II. n. 2282.

Muschenbroek; ses expériences sur les dilatations des métaux, II. n. 1663. Ses expériences sur les frottements, n. 1852.

N

Nombres: comment trouver le nombre des dents des rouages, II. n. 1477. Trouver le nombre de dents à mettre au rateau, I. n. 344. à mettre à un rochet d'échappement, II. n. 1450. à mettre au rouage d'une Pendule d'équation, pour que la roue annuelle fasse sa révolution en 365 jours 5 heures 49 minutes, I. n. 237.

O

Observer: usage de la sonnerie des secondes de mes Horloges astronomiques, pour observer le passage d'une étoile, &c. par le méridien, I. n. 393.

Or: sa dilatation, II. n. 1696. est préférable au cuivre & à l'acier pour faire des balanciers, I. n. 557.

Oscillation, I. n. 22. Les oscillations libres d'un balancier ne peuvent être isochrones, II. n. 1816. Comment on pourroit y parvenir avec un échappement, n. 1929, 1932, 1934.

Outil d'engrenage, I. n. 515. Outil à mettre les balanciers d'équilibre, I. n. 480. à placer les roues droites en cage, n. 504. à égaliser très-parfaitement les roues de rencontre, II. n. 2355. Maniere de s'en servir, n. 2358 & suiv. Outil à tailler les fraises pour exécuter les roues de cylindre, n. 2341. Outil à renouer les chaînes, I. n. 483. à resserrer les chaussées de Montres, n. 481.

P

Palette, petit levier porté par l'axe du balancier dans les Montres à roue de rencontre, I. n. 125.

Parallele, deux lignes également distantes entr'elles dans toute leur longueur.

Pendule, (Horloge à) I. n. 43. Pendule à secondes & à sonnerie, I. n. 59 & suiv. Pendule d'équation à deux aiguilles des minutes concentriques, I. n. 217.

TABLE DES MATIERES.

Autre forte d'équation à deux aiguilles, n. 265. Pendule d'équation à cercle mobile, n. 238. Pendule d'équation à deux aiguilles & deux cadrans, n. 281. qui ne marque que le temps vrai, n. 285. Pendule d'équation du Pere Alexandre, I. n. 290. Pendules d'équation; Comment on doit former les courbes ou ellipses, I. n. 330 & *suiv.* à répétition, I. n. 110. Pendule à sonnerie d'un an, I. n. 93.

Pendule composé : j'appelle en général pendule composé celui dont la verge est faite de deux ou plusieurs barres qui ont pour objet la compensation du chaud & du froid. Description du premier pendule composé que j'ai construit, II. n. 1721. Calcul pour en déterminer les dimensions, n. 1725 & *suiv.* Expérience faite avec ce pendule, n. 1733. Pendule composé de deux verges, n. 1735. Ses défauts, n. 1741. Pendule de M. Rivaz, à canon de composition métallique, n. 1742. Description & calcul d'un autre pendule composé que j'ai construit, n. 1754 & *suiv.* Autre construction & calcul de pendule composé, n. 1759. Description d'un pendule composé à chassis, n. 1761. Calcul pour en trouver les dimensions, n. 1762 & *suiv.* Expériences faites sur ce pendule, n. 2010, 2014. Du degré de perfection où je l'ai porté, n. 2017, & 2019. Expériences faites sur un second pendule à chassis que j'ai exécuté, n. 2251. Les verges ne font pas assez longues, ce qui est produit par la différente dilatabilité du fer & du cuivre, n. 2252. La lentille est trop pesante, ou, ce qui revient au même, les verges trop foibles, n. 2253. Pendule composé de trois verges, deux d'acier & une de cuivre & un levier de compensation. Comment on peut construire ce pendule pour que la compensation ait lieu, n. 2255. Dimensions de ce pendule, n. 2257. Thermometre mis en action par la dilatation & contraction des verges de ce pendule, n. 2261.

Pendule libre, définition, II. n. 1566. Expériences sur le pendule libre, qui prouvent que la lentille de même poids qu'une boule éprouve une moindre résistance de l'air, n. 1568, &c. Du calcul de la force requise pour entretenir le pendule, dont la lentille pese 21 liv. lorsqu'il décrit des arcs de dix degrés, n. 1591. Quand le même pendule décrit un degré, n. 1596. Comparaison de ces forces, n. 1598. Le pendule, quand il décrit dix degrés, exige 157 fois plus de force que lorsqu'il décrit un degré, n. 1599. Qu'il est nécessaire de proportionner la force motrice à la perte de mouvement du pendule, n. 1600, 1604 & 1605. Comparaison des forces de mouvement d'un pendule qui décrit de grands ou petits arcs; préférence des petits arcs, n. 1601. Calcul de la force pour entretenir le mouvement du même pendule, lorsqu'il décrit des arcs d'un quart de degré, n. 1603. De la force requise pour entretenir le mouvement du pendule qui décrit dix degrés, lorsque la lentille pese sept livres cinq onces, n. 1608. Cette force est plus grande relativement à la quantité de mouvement du pendule, que n'est la force requise pour entretenir la lentille pesante, 1608. On tire de-là une regle générale pour les régulateurs quelconques, n. 1610. Comparaison d'un pendule pesant 63 liv. avec celui de 21 liv. n. 1616. Comparaison de la force de mouvement du pendule à secondes avec celui à demi-secondes, n. 1612. Des obstacles qui résultent des trop petits arcs, n. 1622. Les oscillations du pendule libre sont troublées par l'échappement, & différemment selon la nature de l'échappement, n. 1625.

Pendule : régulateur des horloges, I. n. 21. Pourquoi ne peut être employé aux machines portatives, n. 55.

Pendule simple : définition, II. n. 1517. M. Huyghens en a démontré le premier les loix. Discours prélimin. p. xxix. Loix du pendule simple, n. 1518, 1519 & *suiv.* Problême dont on s'est servi pour le calcul de la table des longueurs des pendules, n. 1526. Propriétés du pendule, n. 1533, &c. Comment la force du pendule augmente, n. 1558. Sa résistance dans l'air, n. 1560, 1561, 1562, &c.

Pendule à pirouette, Discours préliminaire, p. xxix.

Percer un canon sur le tour, I. n. 910.

Pesanteur : propriété qu'ont tous les corps de tendre au centre de la terre.

Piece des quarts, I. n. 186.

Kkk ij

Pieds ou *Tenons*, I. n. 958.
Pied de balancier, outil, I. n. 480.
Pied de biche, détente brisée, I. n. 102.
Pignon, petite roue dentée : on fait ordinairement les pignons d'acier & pris sur l'axe même de la roue, I. n. 29. Comment trouver la grosseur des pignons, I. n. 522. Ces grosseurs varient, n. 538. Les pignons doivent avoir plus de vuide que de plein, n. 871.
Piliers, montants qui servent à assembler deux plaques pour former une cage. I. n. 35, 740.
Pince à spiral, outil, I. n. 513.
Piton, I. n. 166. II. n. 2537.
Pivots, bout des axes, ou aissieu, ils sont ronds pour faciliter le mouvement, & plus petits que l'axe pour diminuer le frottement, I. n. 35. La surface des pivots doit être proportionnelle à la pression qu'ils reçoivent, I. n. 555, 941, II. n. 1863. Comment déterminer leurs grosseurs, I. n. 571. De l'exécution des pivots, n. 903 & *suiv*. Pivot de chaussée, n. 909. Sur les grosseurs de pivots de balancier dans les Montres, pour que la compensation du chaud & du froid ait lieu, II. n. 2276 & *suiv*. Dans les Montres qui ont peu de force de mouvement, les pivots de rouage n'étant pas diminués proportionnellement à la diminution de la force, causent de plus grands frottements, ensorte qu'il en résulte des écarts, II. n. 2280 ; comment réduire le frottement des pivots, n. 2299, 2373. Une Montre est susceptible de plus ou moins de justesse selon les diametres des pivots, 2272. Pivots de balancier : comment éviter qu'ils ne cassent par une chûte de la Montre, & comment réparer cet accident, n. 2393. Pour fixer les diametres des pivots, il faut recourir à l'expérience, 2283. Les frottements des pivots de balancier causent la plus grande justesse des Montres, lorsqu'ils sont en rapport convenable, n. 1894. *Voyez aussi* Compensation.
Planer, durcir au marteau, I. n. 729.
Planispheres, Discours préliminaire, p. xxxiij.
Plat & pendu : les Ouvriers appellent ainsi la position horizontale & verticale d'une Montre. Quand une Montre est réglée dans ces deux situations, on dit qu'elle est réglée *plate & pendue*. Comment on regle une Montre plate & pendue, II. n. 1915.
Platines ; plaques qui servent à former une cage avec quatre piliers ; comment exécuter les platines, I. n. 728 & *suiv*.
Plate-forme, I. n. 430. Les nombres de divisions qu'il faut marquer dessus. *Voyez* après la Table des Planches, p. 450.
Plomb ; sa dilatation, II. n. 1696.
Poids, moteur ; son action est la même de quelle hauteur qu'il agisse, I. n. 33. Sa distribution pour doubler le temps de la marche de l'horloge, II. n. 1783. Le poids mis en mouvement par l'air réfléchi du pendule fait arrêter l'horloge, I. n. 642. Le poids ne peut être employé pour moteur d'une Montre, I. n. 56.
Pointes d'un axe ; comment il faut les former pour qu'elles soient rondes, I. n. 819. Celles d'un pignon, après qu'il est dressé, I. n. 891.
Pointeau à river, I. n. 915. Autre pointeau, n. 742.
Polir les ailes d'un pignon, I. n. 893. Dresser la face & la polir, n. 898. les tiges, n. 933. le mouvement de l'horloge, I. n. 1382.
Ponts ou barrettes ; leur usage, n. 2299.
Portée ; petite largeur qui termine le pivot, afin que l'axe ne fasse que tourner sur lui-même sans se mouvoir, selon sa longueur : largeur de ces portées, I. n. 944.
Porte-fraise ; partie d'une machine à fendre : on l'appelle aussi l'H. I. n. 436.
Potence, piece d'une montre, I. n. 146.
Poussoir d'une répétition, I. n. 184.
Pyrometre : machine pour mesurer les dilatations & contractions des métaux, II. n. 1663. Description du pyrometre que j'ai composé, II. n. 1671.

Q

Quantité de mouvement : voyez *Force*.
Quarré de l'arbre ; comment le faire, I. n. 832, 1040.

R

Rateau : portion de roue dentée, I. n. 168. Comment le diviser, I. n. 1093, 344.
Rateau de spiral, I. n. 166. II. n. 2475.

TABLE DES MATIERES.

Reboucher un trou ; comment cela se pratique, I. n. 906. d'une roue, n. 918.

Recul ; échappement à recul. *Voyez* Echappement. Très-peu de recul produit l'isochronisme, II. n. 1631.

Recuire, (faire) I. n. 850.

Régler une horloge astronomique; méthode pour cela, II. n. 2269. Régler l'horloge à répétition, I. n. 1377.

Régulateur, désigne en général ce qui détermine la justesse du mouvement d'une machine qui mesure le temps, I. n. 36. *Voyez* Balancier & Pendule. Regle sur les régulateurs quelconques, II. n. 1610. Régulateur fait par un seul balancier à vibrations lentes, plus commode pour observer, II. n. 2003. de deux balanciers, inutile dans une Montre, II. n. 2002. Examen du régulateur avec la force motrice dans une Pendule, I. n. 1376. Il est très-essentiel dans une Montre que le régulateur soit dans un rapport convenable avec la force motrice ; ce rapport varie selon la distribution de la Montre, II. n. 1891 & 2272. Principes pour servir aux régulateurs des Montres, II. n. 1822, 1823 & 1824.

Remonter le mouvement, I. n. 1358.

Renversement, I. n. 138. Comment le faire, II. n. 2535. dans les Montres à vibrations lentes, 2354.

Repaire : points ou marques que l'on fait à deux pieces, pour qu'à chaque fois qu'on les rassemble, elles agissent l'une sur l'autre de la même maniere, II. n. 2479.

Répétition, voyez *Horloge*, *Montre* & *Pendule*.

Repos, (échappement à) II. n. 1633 & *suiv.* Les frottements de cet échappement varient, II. n. 1932, 2267.

Réservoirs pour l'huile des pivots, II. n. 2300, 2374, 2405, 2409, 2426.

Résistance, que l'air oppose au mouvement des pendules ; expériences, II. n. 1576, 1577, & 1578. Avec une lentille plus légere, n. 1582, 1583, 1584. Expériences pour connoître si un court pendule éprouve une plus grande résistance que le pendule à secondes, II. n. 1585. Remarque sur cette expérience : on compare les résistances du long & court pendule, & on fait voir qu'elles sont les mêmes, & que la résistance de la suspension, lorsque la lentille est légere, détruit une fort petite quantité de mouvement du pendule, n. 1588. La résistance de l'air dans les grands balanciers légers à vibrations promptes est un léger obstacle en comparaison des frottements des pivots, 1832. Résistances des huiles pour la compensation doivent être proportionnelles à la quantité de mouvement du balancier, II. n. 2276.

Ressort, se dit en général de tous corps, qui cedant à un effort, restituent la force employée à les faire fléchir. Il y a différentes sortes de ressorts. Propriété du ressort, II. n. 1810. Vibrations du ressort, n. 1811. Elles sont isochrones, n. 1813. On dit qu'un ressort *se rend* quand il perd de sa force.

Ressort moteur ; la lame d'un tel ressort doit être large, II. n. 1988. Trouver la force que doit avoir le ressort d'une Montre pour donner le mouvement à un régulateur donné ; ce qui est applicable à une Montre dont le ressort est cassé, II. n. 1959.

Ressort moteur d'une Pendule : son exécution ; de l'acier que l'on employe pour les ressorts de Pendules : maniere de forger ces ressorts, I. n. 1256, & *suiv.* Forger le ressort à froid, n. 1259. Préparation pour le tremper, n. 1265. De la trempe, n. 1267, le faire revenir, n. 1270. Planer le ressort après la trempe, n. 1271. égaliser la lame, n. 1272. adoucir le ressort & le polir, 1276. le bleuir, n. 1278, plier le ressort en spiral, 1281. éprouver le ressort, n. 1292.

Ressort de suspension, I. n. 69. II. n. 1545 & *suiv.*

Réveil, (Montre à) I. n. 200.

Revenir, (faire) I. n. 834. les pignons, n. 888.

Rivaz, (M. de) célebre Méchanicien, Discours préliminaire, *p.* xlv.

River, rabattre de la matiere d'une piece sur une autre pour les fixer ensemble. River une roue sur son pignon, I. n. 895. une roue sur son assiette, n. 914, 915, 916.

Rochet, I. n. 34.

Romilly, (M.) Horloger, II. n. 2000.

Rosette, I. n. 169. doit être grande, n. 566. II. n. 2392.

Rouler un pivot, I. n. 938. & 939.

Rouage, I. n. 41. Trouver les révolution d'un rouage donné sans employer le calcul des fractions, II. n. 1450. Trouver le nombre des vibrations, n. 1455 & *suiv.* Trouver le nombre de dents qu'il faut mettre à une roue d'échappement, lorsque la longueur du pendule est donnée ainsi que le reste du rouage, II. n. 1460 & 1471. Trouver les révolutions du rouage par le calcul des fractions, n. 1465. Un rouage étant donné ainsi que la longueur du pendule, trouver le nombre de dents qu'il faut mettre au rochet d'échappement pour que l'horloge soit réglée, n. 1460, 1471.

Rouage de l'horloge à répétition, détail de pratique, I. n. 728.

Rouage à huit jours, II. n. 1474, & *suiv.*

Rouages, (calcul des) de la recherche des nombres de dents qu'il faut mettre aux roues & pignons d'un rouage pour produire des révolutions données, II. n. 1477 & *suiv.* Regle générale pour cette recherche, n. 1484 & *suiv.* 1495 & *suiv.*

Roues dentées, considérées comme assemblage de lévier, II. n. 1409. Comment les roues se communiquent la force, n. 1409 & 1410. Lorsqu'une roue mene un pignon par le simple attouchement ou par des dents infiniment petites, elle lui fait faire un nombre de révolutions qui sont dans le rapport des circonférences, *ibid.* lorsque le nombre de révolutions que doit faire un pignon pour une de la roue est donné, on peut mettre sur le pignon le nombre d'ailes que l'on veut, & sans que la force communiquée change, pourvu que l'on proportionne le nombre des dents de la roue, II. n. 1411.

Roue annuelle, I. n. 214, 237.

Roue de champ, I. n. 141.

Roue de cadran, I. n. 67 & 143.

Roue de cheville : son exécution, II. n. 1006.

Roue de compte, I. n. 81.

Roue de longue tige, I. n. 139.

Roue de cylindre ; comment la tailler sur l'outil, II. n. 2328. L'épaisseur de la dent doit augmenter à proportion de la force motrice, n. 2292, 2375.

Roue de rencontre, I. n. 136. doit avoir un nombre de dents impair, n. 421. Son exécution, II. n. 2520, 2528.

Roue de renvoi, I. n. 144.

Roue, (petite) moyenne, I. n. 140.

Roue trop haute en cage, I. n. 907.

Roy, (M. Julien le) Horloger, Discours préliminaire, p. xlv. II. n. 2426.

Roy, (M. Pierre le) Discours préliminaire, p. xlv.

S

Sautoir, piece d'une répétition, I. n. 115.

Seconde, soixantieme partie d'une minute, I. n. 4.

s'*Gravesande*, (M.) II. n. 1935.

Société d'Horlogerie : son utilité en France, Discours préliminaire, p. xlvij.

Soleil : causes de ses variations, I. n. 12.

Solidité dans les machines, doit être relative à l'effort que chaque partie doit vaincre, I. n. 650.

Sonnerie (Horloge à) description, I. n. 79. Remarque sur les sonneries, n. 87. Description d'une sonnerie d'un an, 93.

Sonnerie des secondes, que j'ajoute aux Horloges astronomiques. Son usage, I. n. 392. II. n. 1792 & *suiv.* 2046.

Soudure, I. n. 801.

Spheres mouvantes : Discours préliminaire, page xxxiij.

Spiral : Ressort, I. n. 151. Le ressort spiral appliqué au balancier lui fait faire des vibrations qui se font plus vite ou plus lentement, selon la force du spiral & la pesanteur & la vitesse du balancier, II. n. 1815. Plus il est élastique & plus il fait faire un grand nombre de vibrations, n. 1818. L'action du chaud & du froid sur le spiral changent sa force, & par conséquent la vitesse des vibrations, n.1880. Tracer le chemin du spiral pour que les chevilles du rateau ne le fassent pas brider, I. n. 622. II. n. 2539.

Sully, Discours préliminaire, p. xlv. II. n. 2426.

Surprise. Son effet, I. n. 116, n. 1120.

Suspension du pendule, II. n. 1544. Suspension à ressort, n. 1548. Celle à couteau détruit une plus petite quantité de la force du pendule, n. 1548. De l'exécution de la suspension à couteau, n. 1549. De

TABLE DES MATIERES.

l'acier que l'on doit employer, & le fens des veines, n. 1550. De la trempe, n. 1551. Longueur du couteau relative au poids de la lentille, n. 1553. L'angle du couteau plus ou moins aigu, felon la pefanteur de la lentille, n. 2268. De la maniere de terminer l'angle du couteau, n. 1554. Figurer la rainure pour le couteau, n. 1555. Détails fur la fufenfion à couteau, II. n. 2023 & *fuiv.*

T

Table d'équation, à la fin de la premiere Partie : fon ufage pour régler les ouvrages d'horlogerie, I. n. 357.

Table de l'accélération des Etoiles fixes à la fuite des Tables d'équation, fin de la premiere Partie. Son ufage, I. n. 383.

Table des longueurs des pendules, fin de la feconde Partie. Son ufage, II. n. 1531, 1460.

Taraud, outil cannelé en fpirale pour former les pas de vis dans un trou, I. n. 846.

Température : machine pour obferver la juftefle des Montres par différentes températures, II. n. 1921. Ecarts que la différence de la température caufe aux horloges à pendule, II. n. 1710.

Temps moyen, I. n. 9.

Temps vrai ou apparent, I. n. 10.

Tenons, ou pieds, I. n. 847.

Thermometre, mis en mouvement par la dilatation & contraction de la verge du pendule, dont il indique les changemens, II. n. 2261.

Thermometre à aiguille, I. n. 701.

Thiout, (M.) Auteur d'un traité d'horlogerie, Difcours préliminaire, *page* xlv.

Timbre : ajuftement du timbre de l'Horloge à répétition, I. n. 1234.

Tirer, (faire tirer le balancier), ce que c'eft ; I. n. 609, 610. Cette opération eft inutile, II. n. 2558.

Tour d'Horloger, propre à divifer les pignons & à déterminer l'ouverture des cylindres d'échappement, I. n. 497.

Tour à balancier, I. n. 493.

Tout ou rien : piece de cadrature, I. n. 917.

Tranche du cylindre, I. n. 403.

Trempe, opération par laquelle on fait acquérir à l'acier toute la dureté dont il eft fufceptible, I. n. 834. II. n. 1551.

Trous foncés, I. n. 1342. font défectueux, II. n. 2406.

V

Vendelinus, (M.) eft le premier qui ait découvert la dilatation & contraction des Métaux, II. n. 1663.

Verge de balancier, I. n. 137. Pour éviter que l'huile ne monte à la palette d'en bas, il faut réferver un tigeron, I. n. 626. II. n. 2517. Son exécution, II. n. 2509 & *fuiv.*

Verges compofées pour la compenfation ; propofition pour fervir à ce calcul, II. n. 1748, 1749. Pour la conftruction de ces verges. Voyez *Pendule compofé*. On ne doit pas faire les verges de pendule ordinaire de fil de fer, I. n. 663, 1352. Verges fimples de pendule à fecondes, leurs dimenfions relativement au poids de la lentille, II. n. 2263. Les groffes verges de pendule n'empêchent pas fa dilatation & contraction, II. n. 1704. Verges de fer dorées fe dilatent & contractent comme fi elles ne l'étoient pas, n. 1702. Verges de bois défectueufes, n. 1698. La dilatation & contraction des verges different felon la nature de l'acier, du cuivre, &c. II. n. 1732, 2252.

Verre : fa dilatation, II. n. 1696.

Vibration, I. n. 22. La durée des vibrations du balancier varie felon que le froid ou la chaleur changent les frottemens des pivots, II. n. 1881, 1891. Des vibrations lentes ; leur effet par le *porté*, II. n. 2001. Les vibrations lentes doivent être employées de préference aux échappemens à repos, n. 2004. Défaut des vibrations lentes avec l'échappement à roue de rencontre, n. 2004. Les Montres à vibrations lentes de groffeur ordinaire ne font pas fufceptibles de la même juftefle, n. 2005. Expériences fur les vibrations lentes, 2006.

Virole de barillet, I. n. 791.

Vis, cylindre cannelé en fpiral.

Vis à portée, ou à affiette, I. n. 844.

Vis de rappel, fert à approcher ou à écarter deux pieces l'une de l'autre par un mouvement infenfible, en faifant tourner la vis.

Volant, I. n. 79.

Fin de la Table des Matieres.

TABLE DES PLANCHES
DE LA SECONDE PARTIE.

Cette Table indique le numéro du Livre dans lequel les Figures de ces Planches sont expliquées.

PLANCHE XX, Figure 1, n°. 1403. = Fig. 2, n°. 1406. = Fig. 3, n°. 1409. = Fig. 4, n°. 1418. = Fig. 5 & 6, n°. 1430.

PLANCHE XXI, Fig. 1, n°. 1436. = Fig. 2, n°. 1439. = Fig. 3, n°. 1441. = Fig. 4, n°. 1442.

PLANCHE XXII. Fig. 1, n°. 1544. = Fig. 2, 3, 4, 5 & 6, n°. 1735 & suiv.

PLANCHE XXIII, Fig. 1 & 2, n°. 1639. = Fig. 3, (I. Partie.) n°. 1323. = Fig. 5 & 6, n°. 1933 & suiv. = Fig. 7, n°. 1759. = Fig. 8, n°. 1754. = Fig. 9 & 10, n°. 1742. = Fig. 12, n°. 1761.

PLANCHE XXIV, Fig. 1, n°. 1680. = Fig. 2, n°. 1671. = Fig. 3, n°. 1673. = Fig. 4, n°. 1677. = Fig. 5 & 6, n°. 1921.

PLANCHE XXV, Fig. 1, n°. 1769. = Fig. 2, n°. 1721.

PLANCHE XXVI, Fig. 1, 2, 3, 4 & 5, n°. 1782 & suiv. = Fig. 6, 7, 8 & 9, n°. 1776 & suiv.

PLANCHE XXVII, Fig. 1, 2, 3, 4 & 5, n°. 1991 & suiv. = Fig. 7, 8, 9 & 10, n°. 1996 & suiv.

PLANCHE XXVIII, Fig. 1, n°. 2015. = Fig. 2 & 4, n°. 2025. = Fig. 3, 5, 6, 7, 8 & 9, n°. 2030 & suiv.

PLANCHE XXIX, Fig. 1, n°. 2039. = Fig. 2, n°. 2041. = Fig. 4, n°. 2044. = Fig. 5 & 6, n°. 2046.

PLANCHE XXX, n°. 2125 & suiv.

PLANCHE XXXI,

TABLE DES PLANCHES.

PLANCHE XXXI, n°. 2133 & suiv.

PLANCHE XXXII, n°. 2145 & suiv.

PLANCHE XXXIII, Fig. 1, n°. 2154. = Fig. 2 & 3, n°. 2155. = Fig. 5, n°. 2159. = Fig. 6, n°. 2161. = Fig. 7 & 8, n°. 2162. = Fig. 9, n°. 2163. = Fig. 10, n°. 2067. = Fig. 11, n°. 2060 & suiv.

PLANCHE XXXIV, Fig. 1, n°. 2227. = Fig. 2, n°. 2256. & suiv.

PLANCHE XXXV, Fig. 1, n°. 2242. = Fig. 2, n°. 2235. = Fig. 3, n°. 2236. = Fig. 4, n°. 2237. = Fig. 5, n°. 2238. = Fig. 6, 7 & 8, n°. 2239. = Fig. 9, 10, 11, n°. 2240. = Fig. 12, n°. 2273.

PLANCHE XXXVI, Fig. 1, 2, 3, 4, n°. 2305 & suiv. = Fig. 5, n°. 2307. = Fig. 6, n°. 2324. = Fig. 7, n°. 2335. = Fig. 8, 9, n°. 2328. = Fig. 10, n°. 2322.

PLANCHE XXXVII, Fig. 1, n°. 2378. = Fig. 2, n°. 2399. = Fig. 4, n°. 2409. = Fig. 5, n°. 2410. = Fig. 6, n°. 2411. = Fig. 7, n°. 2412. = Fig. 8, n°. 2413. = Fig. 9, n°. 2414. = Fig. 10, n°. 2415. = Fig. 11, n°. 2416. = Fig. 12, n°. 2418.

PLANCHE XXXVIII, Fig. 1, n°. 2419. = Fig. 2, n°. 2420. = Fig. 3, n°. 2448. = Fig. 4 & 5, n°. 2421. = Fig. 6 & 7, n°. 2422. = Fig. 8, n°. 2423. = Fig. 9 & 10, n°. 2425. = Fig. 11, n°. 2427. = Fig. 12, n°. 2428. = Fig. 13 & 14, n°. 2429. = Fig. 15, n°. 2430. = Fig. 16, n°. 2431. = Fig. 17, n°. 2432. = Fig. 18, n°. 2433. = Fig. 19, n°. 2434. = Fig. 20, n°. 2435. = Fig. 21, n°. 2481 = Fig. 23, n°. 2341. = Fig. 23, n°. 2355

II. Partie.

TABLE *des nombres de divisions à placer sur une plate-forme de Machine à fendre; nombre dont on fait communément usage en Horlogerie pour fendre les Roues, graduer les Cadrans, &c.*

720 pour les degrés & demi-degrés du cercle; ce nombre contient 2 fois 360, 3 fois 240, 4 fois 180, 6 fois 120, 8 fois 90, &c.
366 pour les roues annuelles à année bissextille, il contient 2 fois 183, 6 fois 61.
365 pour les roues annuelles de 365 jours, il contient 5 fois 73.
350, il contient 2 fois 175, 5 fois 70, & 7 fois 50, &c.
300 . . . . . . 2 . 150 . 4 . . 75, &c.
146 pour fendre les roues annuelles de Montres; pour graduer ces roues, on se sert du nombre 365.
144 contient 2 fois 72, 4 fois 36, &c.
140 . . . . 2 . . 70 . . 4 . . 35.
126 . . . . 2 . . 63 . . 3 . . 42.
120 . . . . 2 . . 60 . . 4 . . 30.
116 . . . . 2 . . 58 . . 4 . . 29.
112 . . . . 2 . . 56 . . 4 . . 28.
110 . . . . 2 . . 55 . . . .
108 . . . . 2 . . 54 . . 4 . . 27.
104 . . . . 2 . . 52 . . 4 . . 26.
100 . . . . 2 . . 50 . . 4 . . 25.
98 . . . . 2 . . 49 . . . .
96 . . . . 2 . . 48 . . 4 . . 24.
94 . . . . 2 . . 47 . . . .
92 . . . . 2 . . 46 . . 4 . . 23.
88 . . . . 2 . . 44 . . 4 . . 22.
86 . . . . 2 . . 43 . . . .
84 . . . . 2 . . 42 . . 4 . . 21.
83. Ce nombre & le 69 serviront pour la révolution annuelle dont il est parlé *I. Partie. art.* 237.
82 . . . . 2 . . 41 . . . .
80 . . . . 2 . . 40 . . 4 . . 20.
78 . . . . 2 . . 39 . . 3 . . 26.
76 . . . . 2 . . 38 . . . .
74 . . . . 2 . . 37 . . . .
69 . . . .
68 . . . . 2 . . 34 . . . .
66 . . . . 2 . . 33 . . . .
64 . . . . 2 . . 32 . . . .
62 . . . . 2 . . 31 . . . .
59 . . . .

FAUTES A CORRIGER.
TOME PREMIER.

PLAN de l'Ouvrage, *Page* xxiv, *derniere ligne*, la pofition, *lifez*, l'Expofition.
PREMIERE PARTIE. *Page* 21, *lig.* 12, Quadrature; *lif.* Cadrature:
Page 37, *lig.* 10, fixés fur la roue L; *lifez*, portés fur l'axe de la roue L:
Ibidem, *lig.* 12, (*fig.* 3) *lif.* (*fig.* 1).
Page 58, *ligne.* 24, c'eft fur cette cheville que preffe le reffort 7. Pour faire frapper le marteau des quarts, le reffort S eft le fautoir qui agit fur l'étoile E ; *lifez*, c'eft fur cette cheville que preffe le reffort S pour faire frapper le marteau des quarts ; le reffort S eft le fautoir qui agit fur l'Etoile E.
Page 64, *ligne* 1, moteur; *lifez*, rouage.
Page 70, *ligne* 7, fautoir 3, 4, *lifez*, fautoir S.
Page 88, *avant derniere ligne*, la plaque D L ; *lifez*, la plaque I L.
Page 266, *ligne* 11, rendus fins ; *lifez*, rendus fixes.
Page 270, *ligne* 13, Chapitre XXII; *lifez*, XXIX.
Page 316, *ligne* 20, 4°; *lifez*, 5°.
Page 439, *ligne* 6, le coq d'échappement de l'avance & retard : *lifez*, le coq d'échappement & l'avance ou retard.
Page 443 ; *ligne* 23, retranchez 1°.

TOME SECOND.

Page 5, *ligne* 6, mais les circonférences des cercles étant; *lifez*, mais les circonférences étant.
Page 11 *au titre du Chapitre IV*; retranchez, des conditions requifes pour faire de bons engrenages.
Page 81, *ligne* 14, $159 \frac{9}{23}$; *lifez*, $157 \frac{9}{23}$.
Page 104, *ligne* 3 ; *retranchez le mot* auffi.
Page, 107, *ligne* 24, la vis de preffion D ; *lifez*, la vis de preffion G.
Page 119, *ligne* 27, 360 degrés par l'aiguille ; *lifez*, 360 degrés parcourus par l'aiguille.
Page 152, *titre du Chapitre* XXVI, Du Reffort fpiral des ; *lifez* : Du Reffort fpiral ; des.
Page 292, *ligne* 22, cylindre K ; *lifez*, cylindre R.
Page 303 ; *ligne* 26, Planche XXXVI ; *lifez*, XXXIV.
Page 369, *ligne* 3, fig. 1 ; *lifez*, fig. 12.
Page 377, *ligne* 28, le bord A a, auquel on ; *lifez*, le bord A a (Planche XXXVII, fig. 4.) auquel.
Page 389, *ligne* 2, fig. 10 ; *lifez*, fig. 11.
Page 392, *ligne* 2, fig. 12 ; *lifez*, (Planche XXXVIII, fig. 12).
Page 418, *ligne* 22, (fig. 1); *lifez*, (fig. 8.).

NOTE à ajouter à l'article 1889.

Il faut obferver ici que cette méthode de corriger les écarts d'une Montre qui varie par le chaud & le froid, en augmentant ou diminuant la force motrice, eft très-délicate : & qu'on n'obtiendra pas le même effet à toutes les Montres. Car fi on a une Montre dont les frottements de pivots de balanciers foient dans un petit rapport avec la force de mouvement du balancier; plus on augmentera l'étendue des arcs par une plus grande force ou moteur, & plus les réfiftances des huiles feront petites; enforte qu'une pareille Montre avancera encore plus par le froid qu'elle ne faifoit auparavant; (& ceci eft conforme au principe de l'article 2277): & au contraire, fi dans une Montre dont les frottements font dans un grand rapport avec la force de mouvement du régulateur, on augmente la force motrice, & par conféquent l'étendue des vibrations; alors les réfiftances des huiles augmenteront en plus grande raifon que la quantité de mouvement, & par ce moyen on fera retarder la Montre par le froid. Voilà donc deux effets contraires produits par l'augmentation de force motrice. J'ajoute ici ce petit éclairciffement, pour que l'on ne croie pas que ce que je dis dans cet article (1889) eft contradictoire au principe évident que j'établis dans les articles 2276 & 2277.

AVIS AU RELIEUR.

Les dix-neuf premieres Planches doivent être placées à la fin de la premiere Partie, immédiatement après la Table des Planches; & les Planches XX. à XXXVIII. fe placeront à la fin de la feconde Partie après la Table des Planches du fecond Volume.

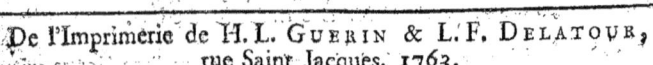

De l'Imprimerie de H. L. GUERIN & L. F. DELATOUR, rue Saint Jacques. 1763.

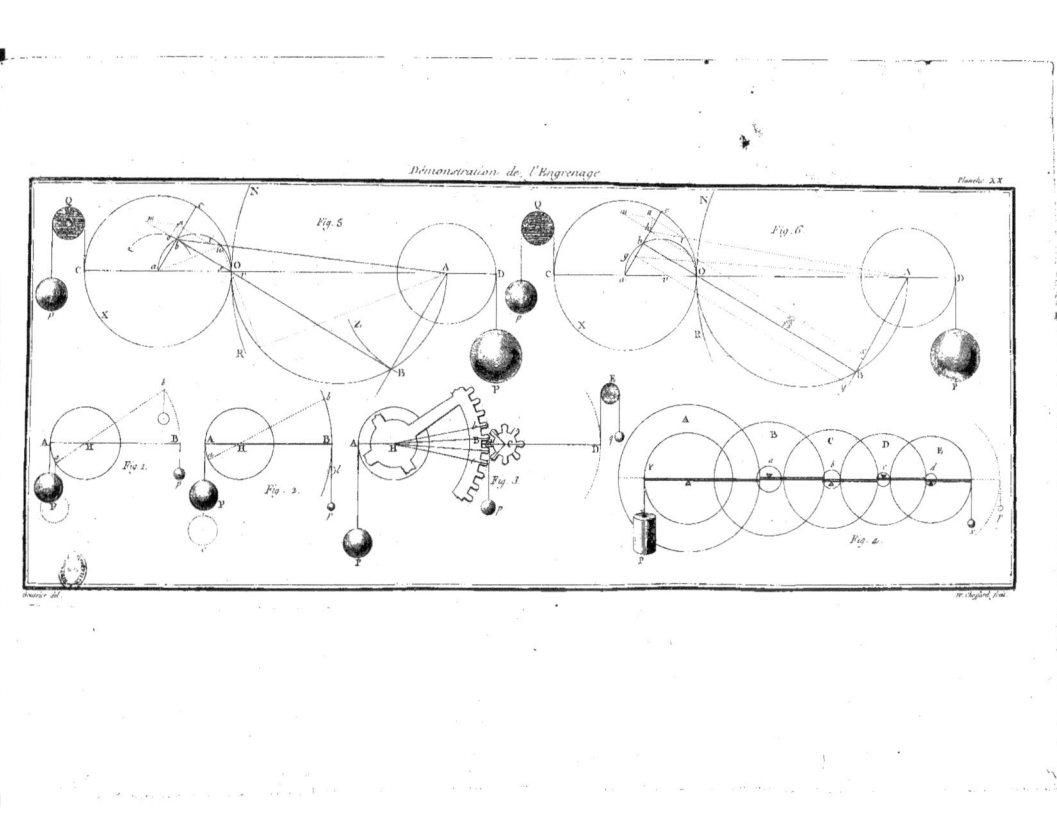

Démonstration de l'Engrenage

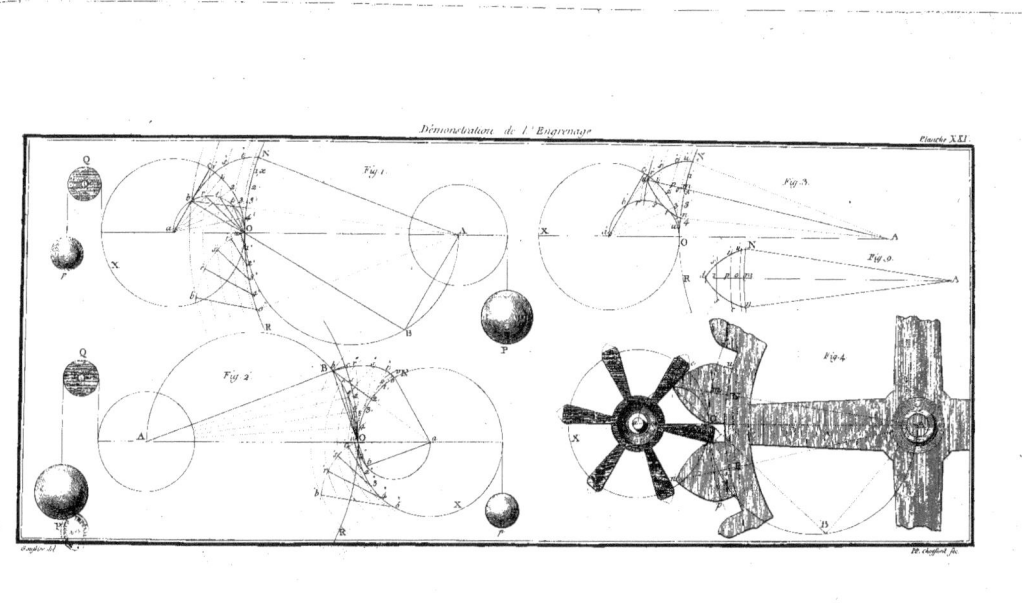

Pendule d'experience.

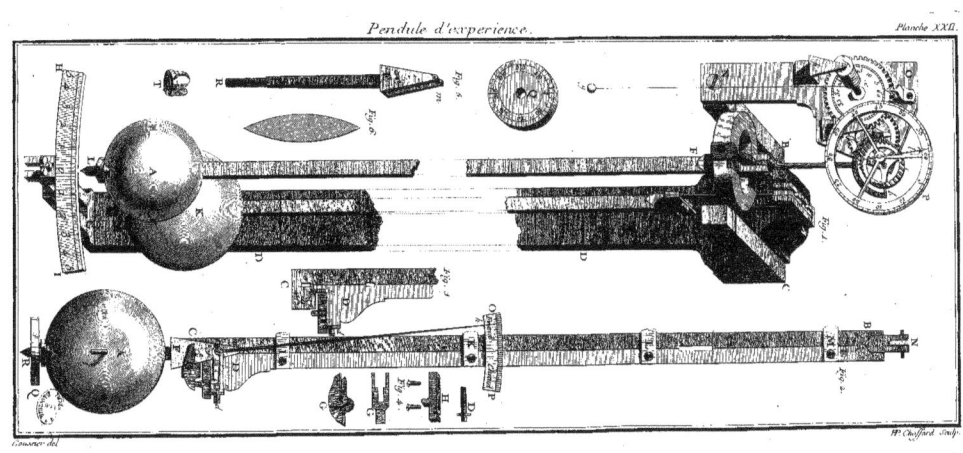

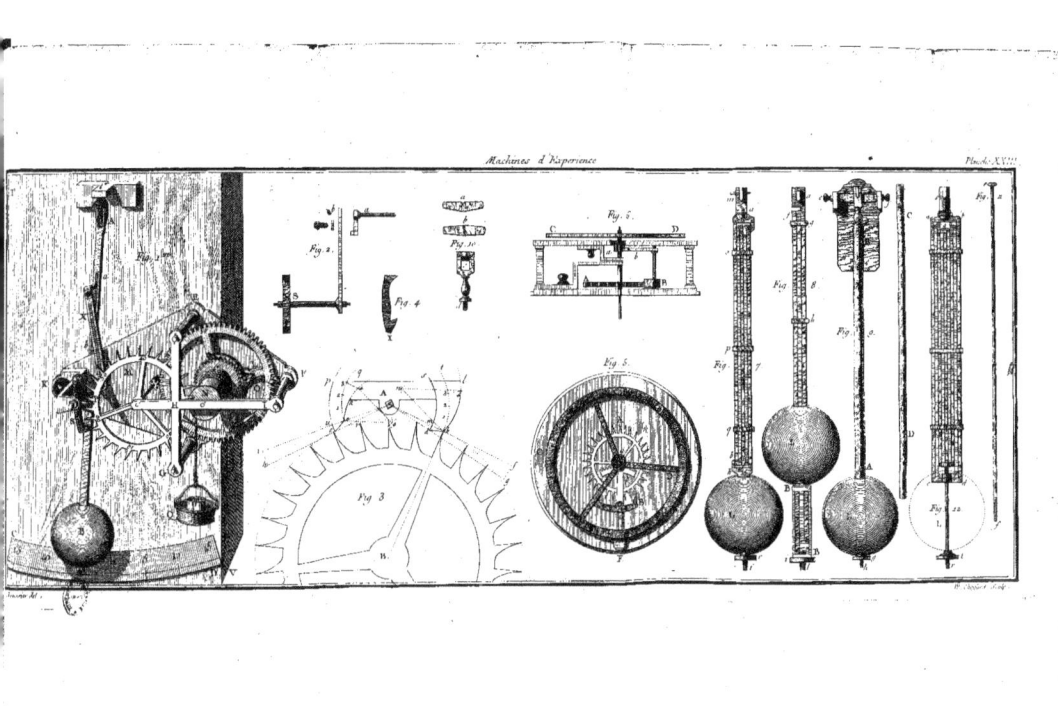

Machines d'Experience

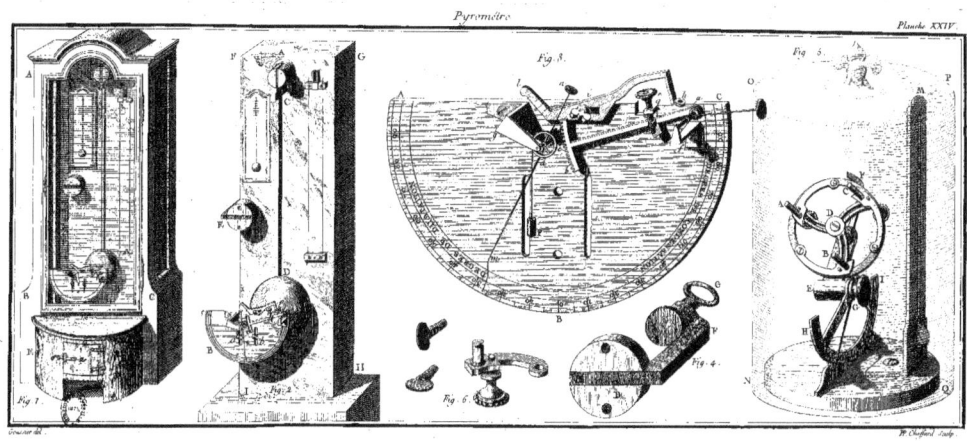

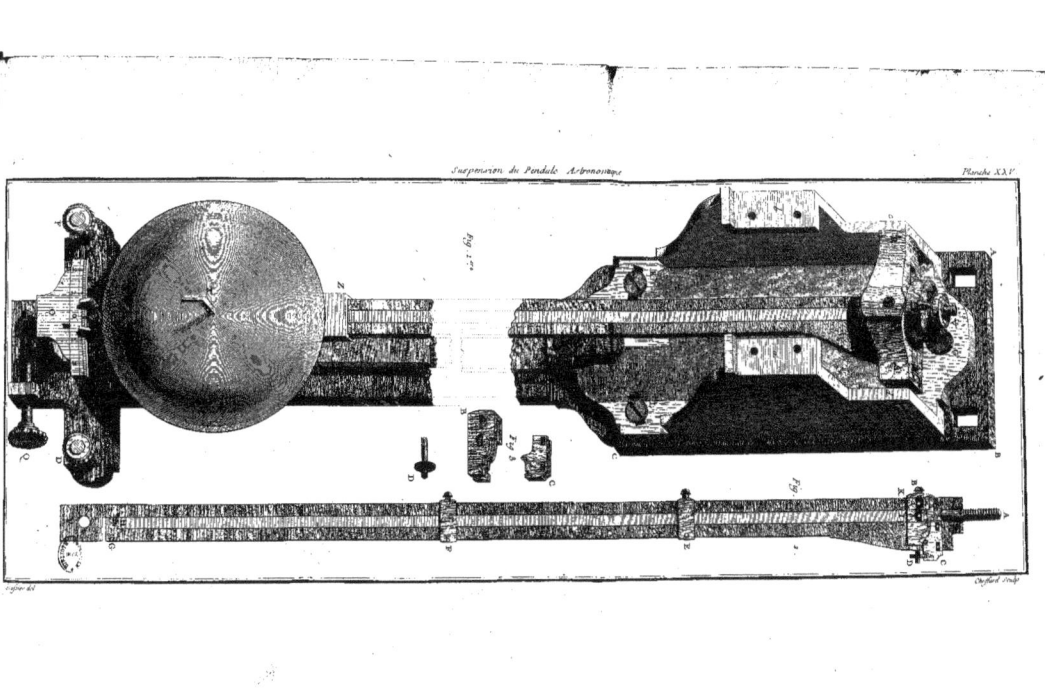

Suspension du Pendule Astronomique.

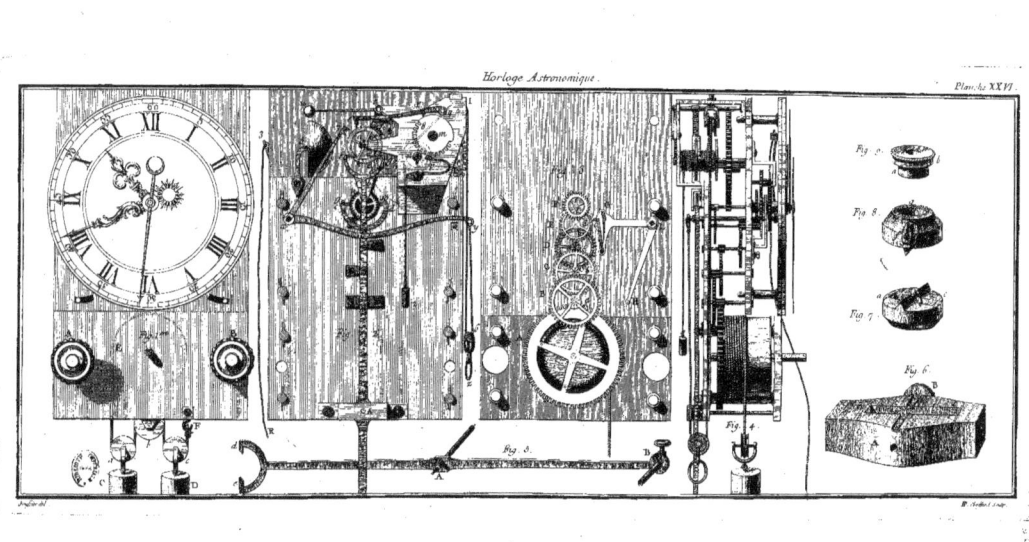

Horloge Astronomique.

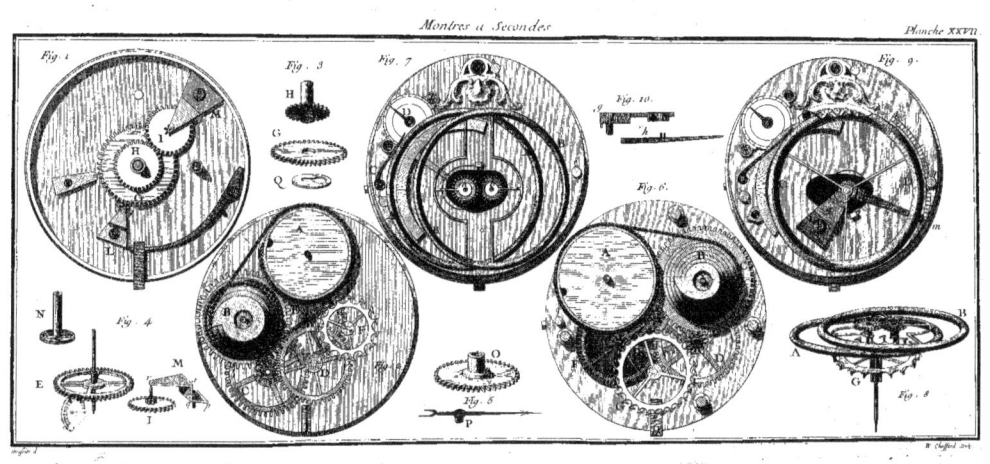

Montres à Secondes.

Planche XXVII.

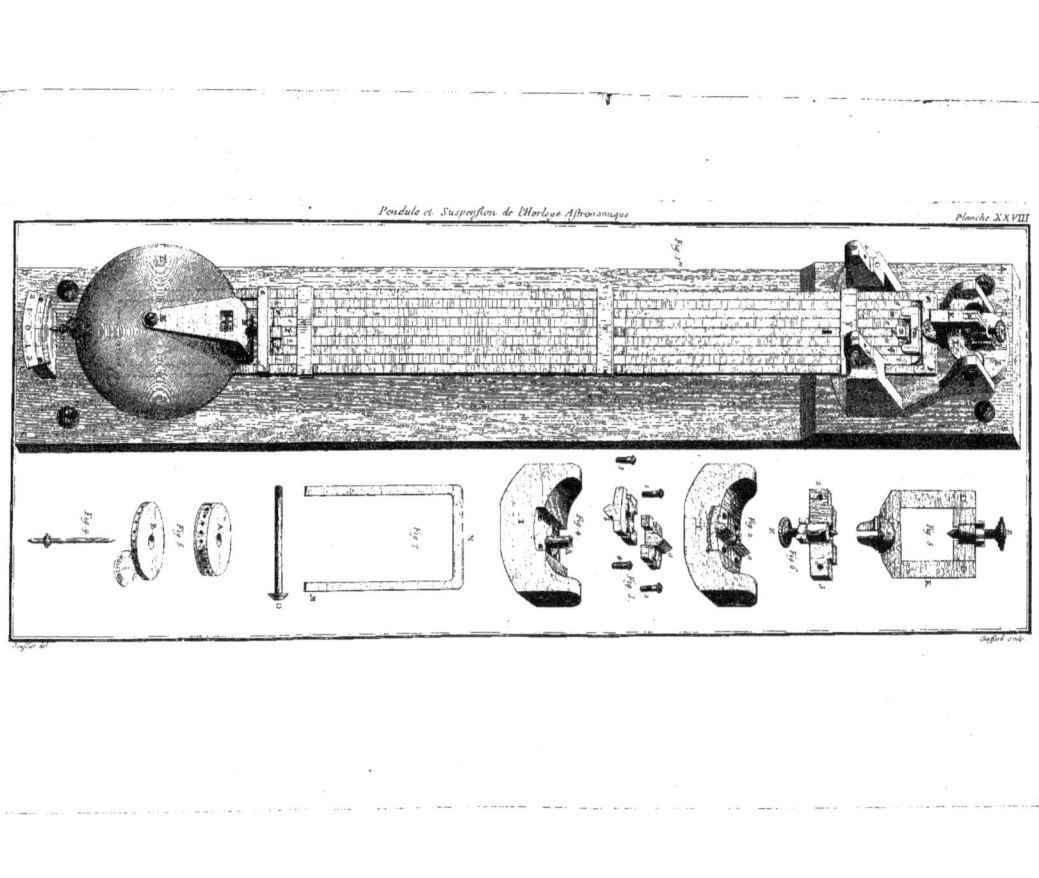
Pendule et Suspension de l'Horloge Astronomique

Planche XXVIII

Mouvement de l'Horloge Astronomique.

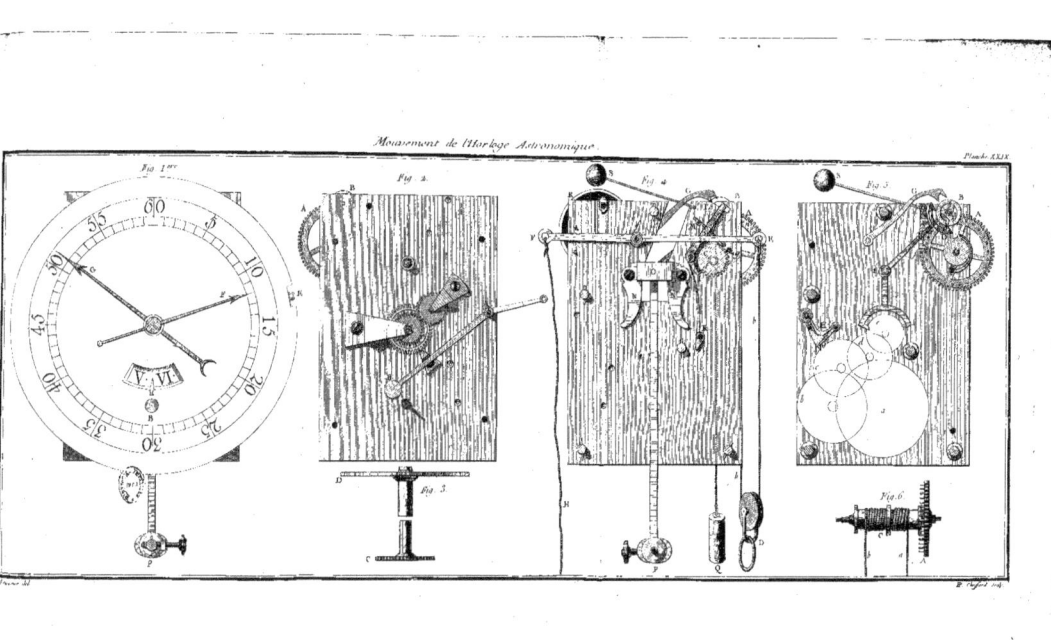

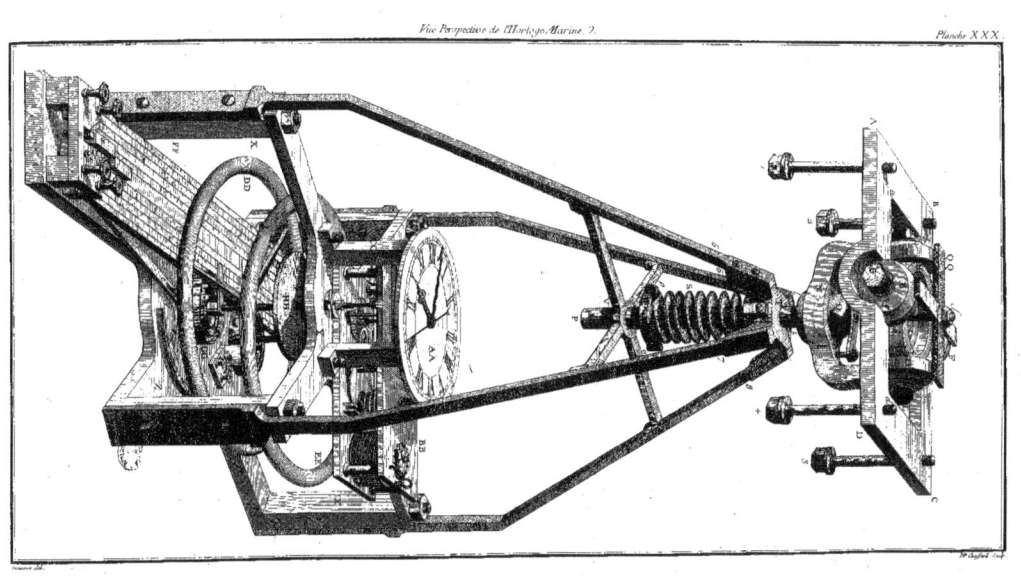

Vue Perspective de l'Horloge Marine, 2.

Planche XXX.

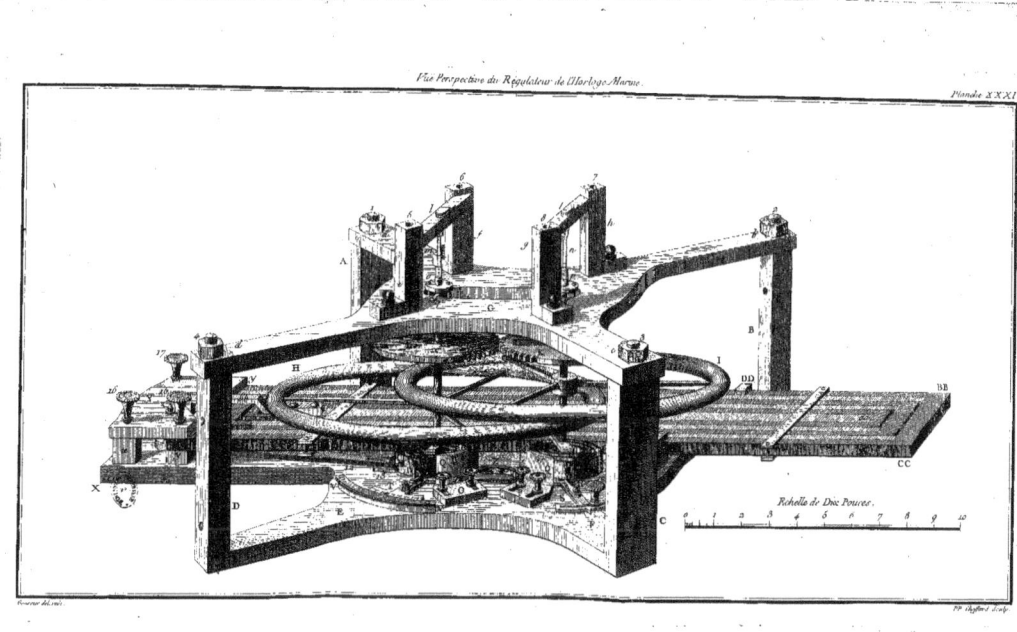

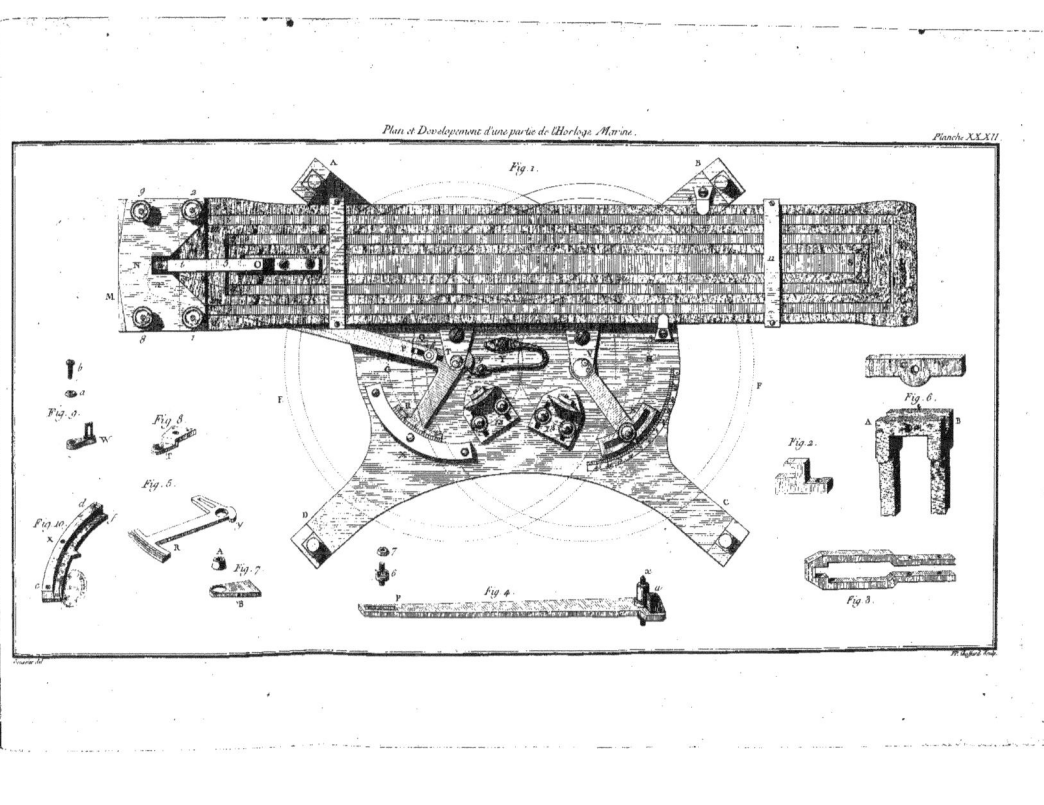

Plan et Developement d'une partie de l'Horloge Marine.

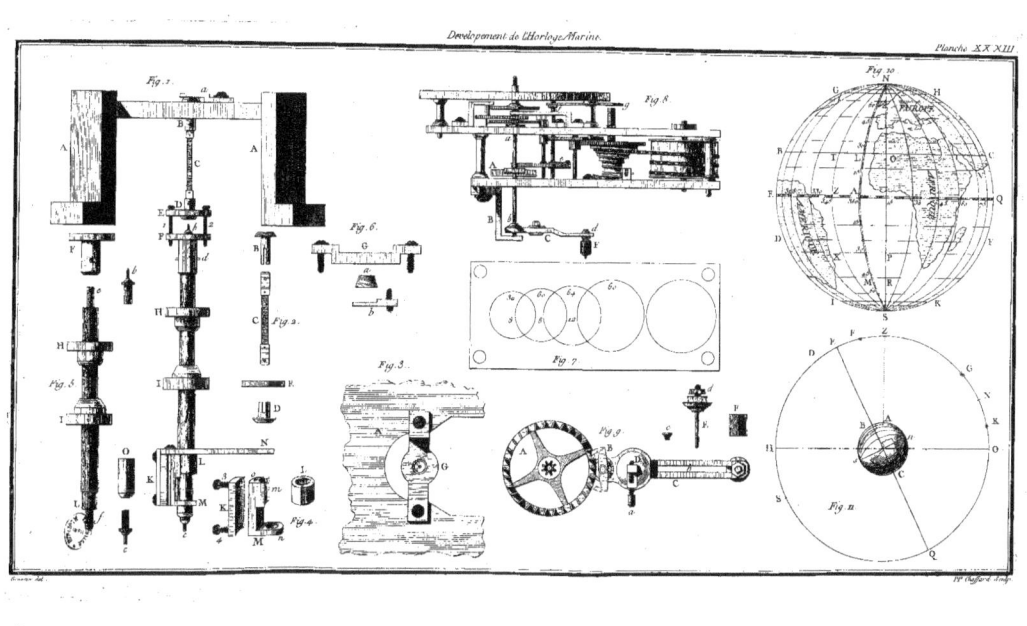

Développement de l'Horloge Marine.

Planche XXIII.

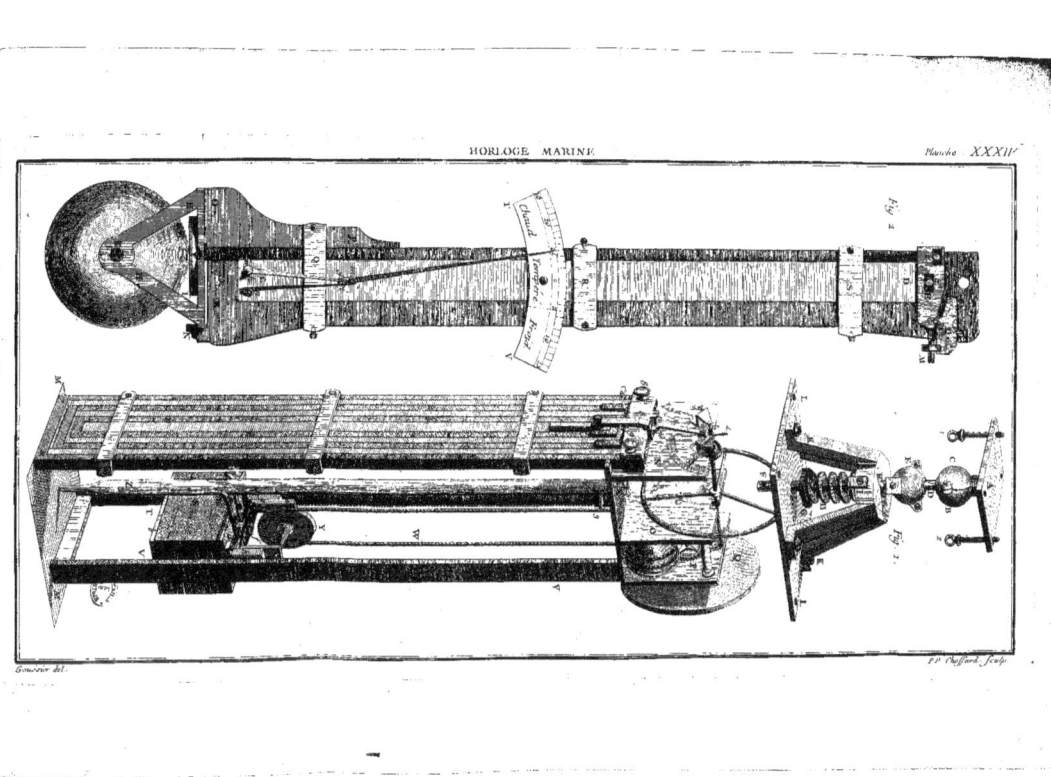

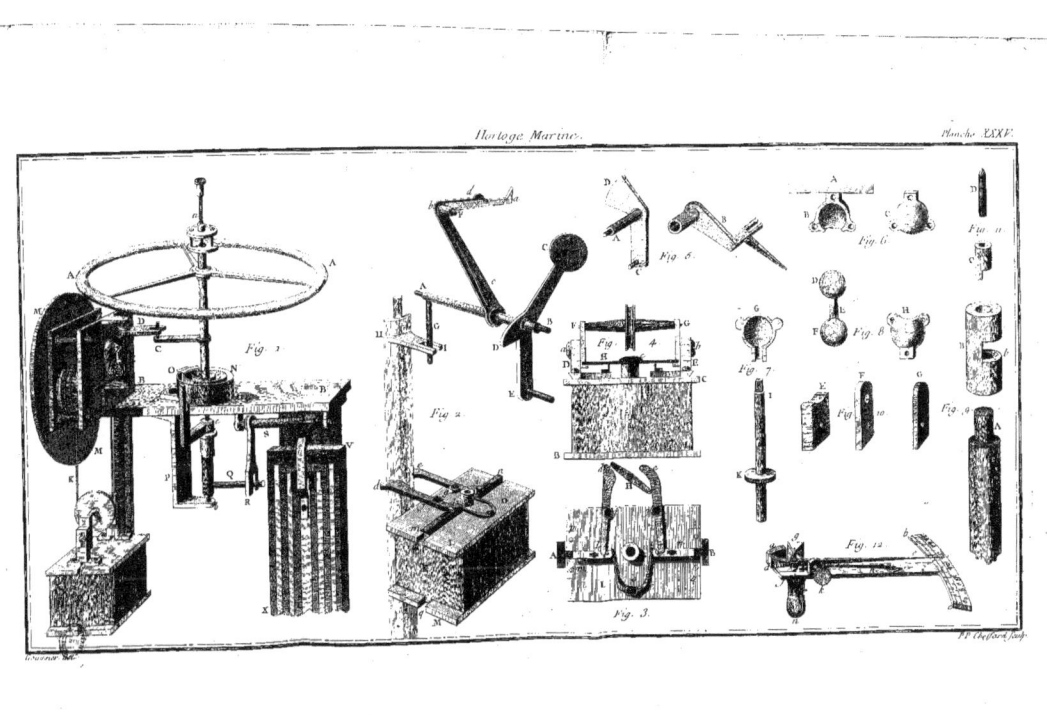

Horloge Marine. Planche XXXV.

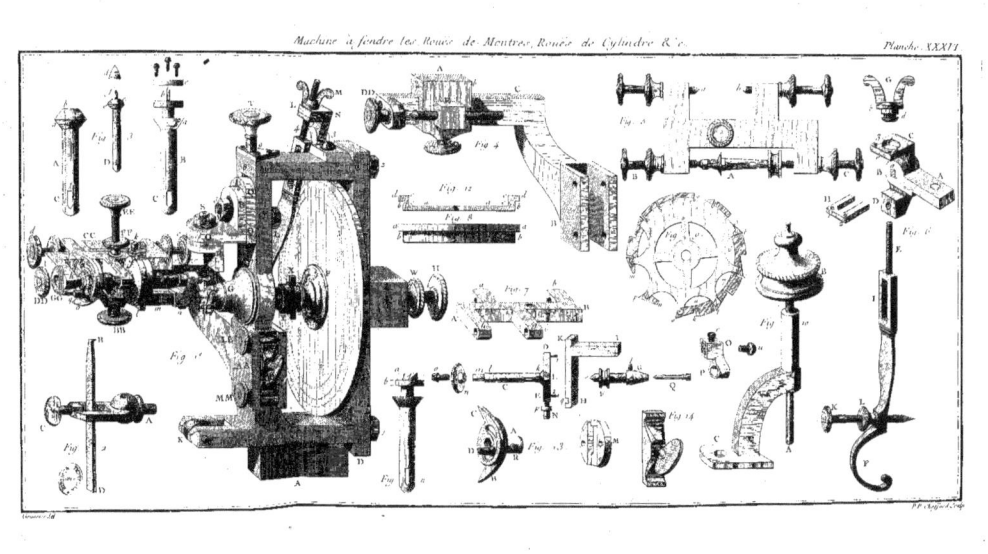

Machine à fendre les Roues de Montres, Roues de Cylindre &c.

Planche XXXII.

Montre à Roue de rencontre, d'une nouvelle disposition. Planche XXXVII

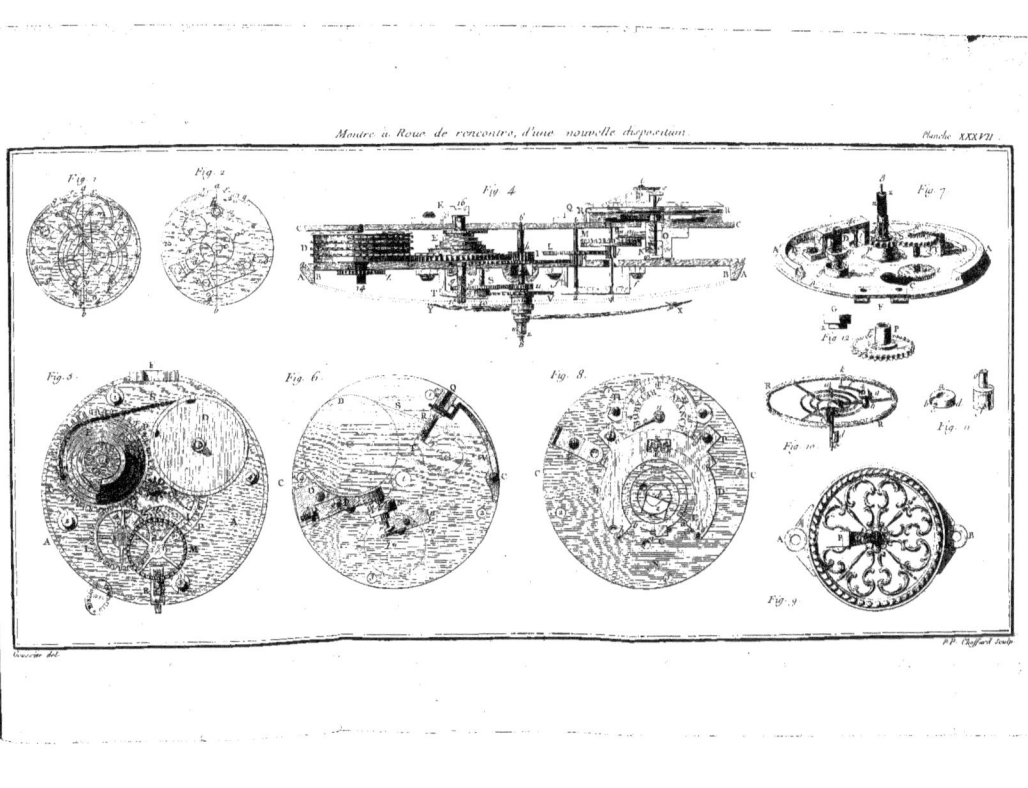

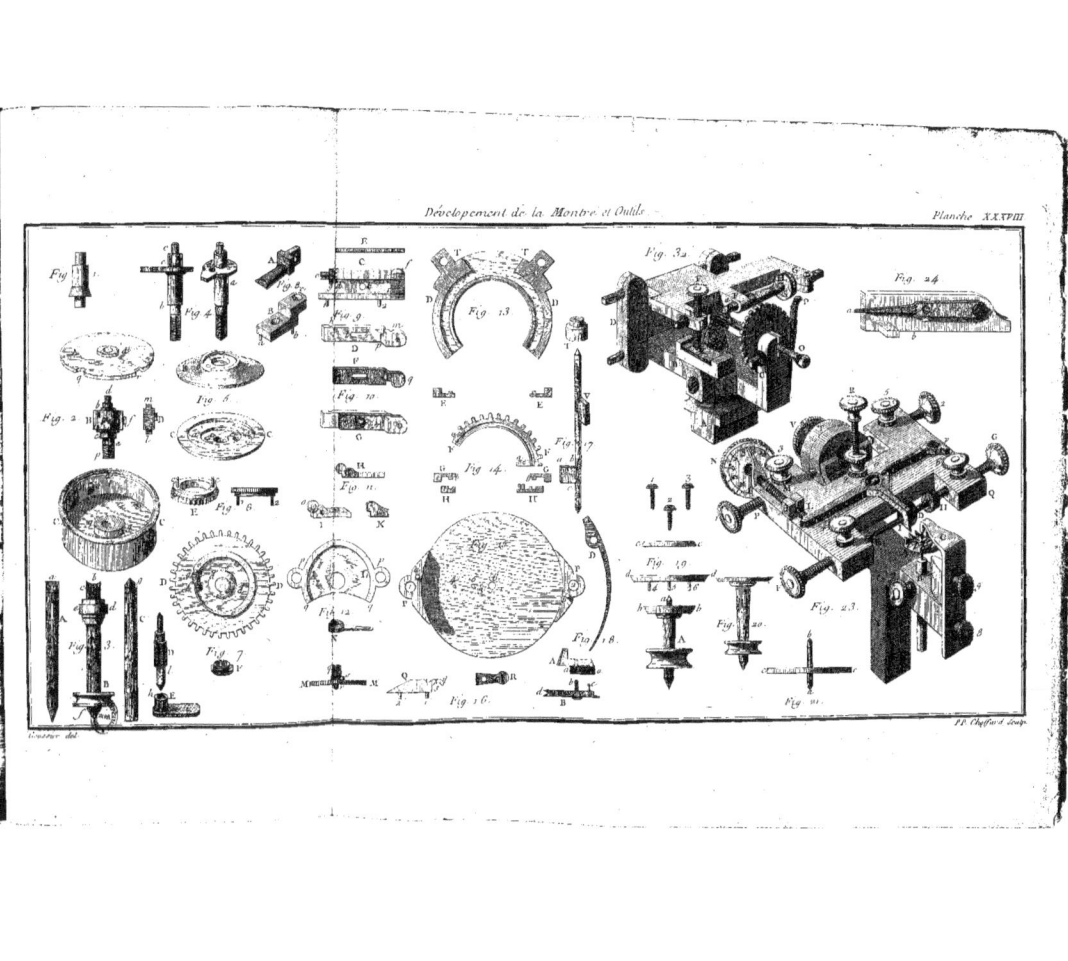

www.ingramcontent.com/pod-product-compliance
Lightning Source LLC
Chambersburg PA
CBHW051130230426
43670CB00007B/752